化学工业出版社“十四五”普通高等教育规划教材

普通高等教育一流本科专业建设成果教材

房屋建筑学

FANGWU
JIANZHUXUE

邹 波 付 春 李晓红 主编

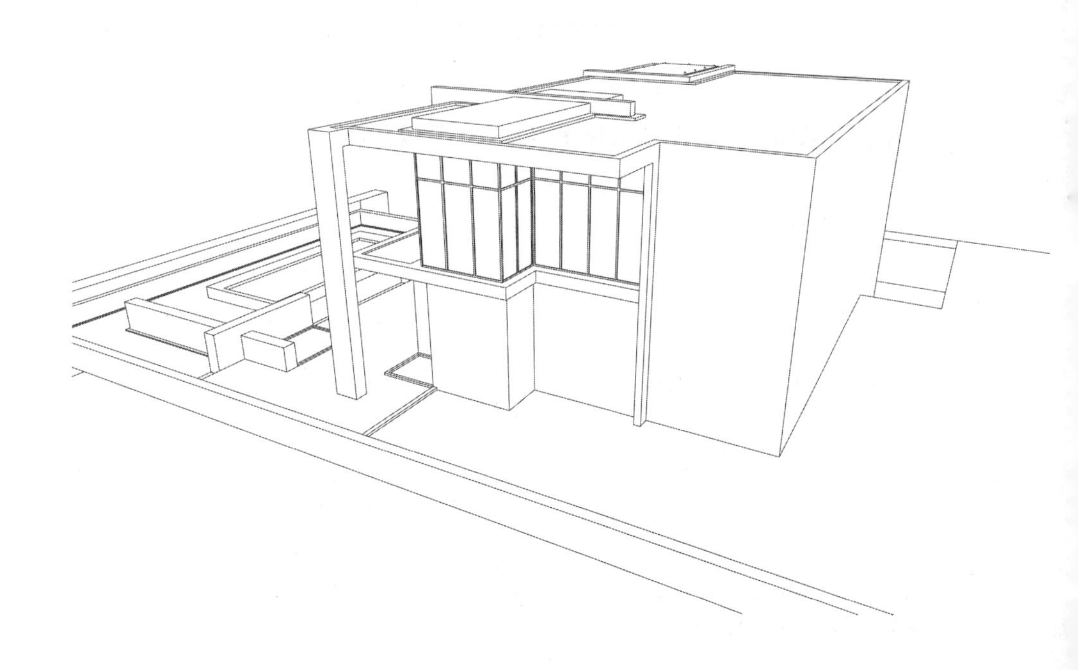

化学工业出版社

·北京·

内 容 简 介

《房屋建筑学》共分 3 篇 16 章，内容主要包括：第 1 篇，民用建筑设计（民用建筑设计概述，民用建筑平面设计，民用建筑剖面设计，民用建筑体型与立面设计）；第 2 篇，民用建筑构造（房屋建筑构造概述，基础与地下室，墙体，楼地层及阳台、雨篷，屋面构造，楼梯及其他垂直交通设施，门和窗，变形缝，装配式混凝土建筑构造与设计）；第 3 篇，工业建筑设计及构造（工业建筑概述，单层工业建筑构造，建筑防火构造和建筑节能）。为了适应教学的新变化，本书在相应章节编有 BIM 建模实例，可供师生教学使用，读者可扫码获取教学视频。

本书可作为土木类专业及其他相关专业的教学用书，也可供建筑企业相关工程技术人员学习参考。

图书在版编目（CIP）数据

房屋建筑学/邹波，付春，李晓红主编．—北京：化学工业出版社，2023.8

普通高等教育一流本科专业建设成果教材　化学工业出版社“十四五”普通高等教育规划教材

ISBN 978-7-122-43673-3

Ⅰ.①房…　Ⅱ.①邹…②付…③李…　Ⅲ.①房屋建筑学-高等学校-教材　Ⅳ.①TU22

中国国家版本馆 CIP 数据核字（2023）第 111416 号

责任编辑：刘丽菲
责任校对：李　爽
装帧设计：刘丽华

出版发行：化学工业出版社
（北京市东城区青年湖南街 13 号　邮政编码 100011）
印　　装：大厂聚鑫印刷有限责任公司
787mm×1092mm　1/16　印张 19　字数 489 千字
2024 年 10 月北京第 1 版第 1 次印刷

购书咨询：010-64518888
售后服务：010-64518899
网　　址：http：//www. cip. com. cn
凡购买本书，如有缺损质量问题，本社销售中心负责调换。

定　　价：58. 00 元　

前言

本教材为2022年辽宁省普通高等学校一流本科教育示范专业——土木工程专业的核心课程“房屋建筑学”配套教材。本教材是在省级一流本科专业建设支持下，结合当前教学大纲要求编写的。

本书立足于普通本科应用型人才培养需要，兼顾从业人员学习参考，力求充分体现新规范、新材料、新技术、新工艺成果，注重产教融合，强调工程能力与创新意识培养。书中系统介绍了民用和工业建筑设计与构造的基本原理和应用知识，并根据“新工科”育人要求，对《房屋建筑学》教材内容进行改造，利用 Revit 的工程应用性，编写课程知识与信息技术深度融合的内容。教材结合本课程教学实际情况，在相应的教学环节，添加工程案例，内容紧扣专业知识，以期体现新时代建筑业的新技术、新成果及发展趋势。此外，本书为新形态教材，书中的 BIM 建模案例配有的视频讲解可通过扫封底二维码（刮取防伪码获取授权）获得。

本书涵盖的知识面较宽，可作为土木工程、工程管理、工程造价等专业及相关专业的师生教学用书，也可作为高等教育自学考试、注册建筑师考试的参考教材，同时可供从事建筑设计、建筑工程管理与施工的技术人员学习参考。

本书由辽宁石油化工大学邹波、付春、李晓红主编。各章节的编写人员分别为：绪论、第5章为邹波、赵莹莹；第1章~第4章、第10章、第11章、第15章和第16章为付春；第6章~第9章为李晓红；第12章~第14章为陶传奇。全书 Revit 建模部分为赵冰川编撰。

由于时间仓促，编者水平有限，书中难免有不妥之处，敬请读者给予批评和指正。

编者

目录

第 2 篇　民用建筑构造

第3篇 工业建筑设计及构造

绪论

0.1 课程简介

0.1.1 房屋建筑学课程的主要内容

房屋建筑学是研究建筑空间构成的原理和方法的一门综合性课程。为了使土木工程、工程管理、给水排水等专业的学生掌握建筑和建筑设计的基本知识，房屋建筑学主要从建筑设计的角度介绍建筑的空间构成和建筑实体构造。

(1) 建筑空间构成的原理和方法

建筑空间包括内部空间、外部空间和实体空间。建筑的内部空间及外部空间通过建筑实体分隔而成。建筑的内部空间是指建筑内部的各类使用房间、辅助房间和交通联系空间。建筑的外部空间是指建筑的外围构件以外的空间，涉及建筑的形象以及建筑与周边道路、绿化景观、相关建筑等关系的协调、融合等。

(2) 建筑实体构造的原理和方法

建筑实体构造原理是研究符合建筑实体功能要求的相关构造做法，解决建筑实体构造“为什么要这么做”“怎样做更合理”等问题。

建筑实体构造方法是介绍建筑实体构造的一些基本的做法。例如，如何通过建筑实体构造来实现建筑的形象设计？如何通过建筑实体的构造来满足墙体的围护、分隔、节能、美观要求？如何通过建筑实体的构造来满足楼地面的各项使用要求？如何通过建筑实体的构造来实现屋面的排水、防水、保温隔热等功能？如何通过建筑实体的构造实现建筑防变形、防火及建筑节能？这些都是建筑实体构造需要解决的问题。

0.1.2 房屋建筑学课程的主要作用

房屋建筑学是研究建筑设计和建筑构造的基本原理和方法的科学，是土木工程专业的一门必修课。对于立志从事建筑物的设计、施工和管理相关工作的学生，是应该掌握的。通过本课程的学习，学生可全面、系统、正确地理解和认识房屋建筑工程。

房屋建筑学课程作为一门“专业基础课”，是联系前置课程与后续课程的纽带，是联系基础课程与专业课程的桥梁，起到“承上启下”的重要作用。一方面，土木工程、工程管理等土建类专业的学生通过房屋建筑学课程的学习，为顺利进行后续专业课程学习做准备。另一方面，通过研究建筑实体与空间的形象美学艺术，可促进学生形成与提高建筑的科学构成观和审美观。

0.2 建筑的基本概念

0.2.1 建筑的定义

通常把建筑物与构筑物统称为建筑。建筑物是为了满足社会需要，利用已有的技术手段和社会条件，依据科学规律与美学法则，通过对空间的限定和组织而创造的生产、生活环境。构筑物是指人们一般不直接在内进行生产和生活的建筑。

0.2.2 建筑设计的基本规范和标准

建筑法规体系分为法律、规范和标准3个层次。规范标准是由政府或立法机关颁布的对新建建筑物所作的最低限度技术要求，是建筑法规体系的组成部分。规范标准是广大工程建设者必须遵守的准则和规定。规范标准的制定和实施有助于提高工程建设科学管理水平，保证工程质量和安全，促进技术进步。常用设计规范及标准如下：

（1）城市规划类

《城市规划制图标准》（CJJ/T 97—2003）；

《城市用地分类与规划建设用地标准》（GB 50137—2011）；

《城市综合交通体系规划标准》（GB/T 51328—2018）；

《城市道路绿化规划与设计规范》（CJJ 75—1997）；

《城市居住区规划设计标准》（GB 50180—2018）；

《村镇规划标准》（GB 50188—2007）；

《城市工程管线综合规划规范》（GB 50289—2016）。

（2）建筑设计类

《房屋建筑制图统一标准》（GB/T 50001—2017）；

《民用建筑设计统一标准》（GB 50352—2019）；

《公共建筑节能设计标准》（GB 50189—2015）；

《住宅设计规范》（GB 50096—2011）。

（3）景观设计类

《风景名胜区分类标准》（CJJ/T 121—2008）；

《风景名胜区总体规划标准》（GB/T 50298—2018）；

《公园设计规范》（GB 51192—2016）。

（4）技术（结构、设备、防火）

《建筑设计防火规范》（GB 50016—2014）；

《建筑地基基础设计规范》（GB 50007—2011）；

《建筑抗震设计规范》（GB 50011—2010）。

0.2.3 建筑模数制及建筑模数协调

对建筑物及其构配件的设计、制作、安装所规定的标准尺度体系，称为建筑模数制。制定建筑模数协调体系的目的是用标准化的方法实现建筑制品、建筑构配件的生产工业化。建筑模数协调与建筑标准化和建筑工业化密切相关。它通过减少构件种类，实现大批量生产预制构件。

《建筑模数协调标准》（GB/T 50002—2013）中模数包括基本模数和导出模数，各有适用范围。在建筑统一模数制中，基本模数的数值为100mm（1M等于100mm）。建筑物的一部分及建筑部件的模数化尺寸，应是基本模数的倍数。导出模数应分为扩大模数和分模数。扩大模数基数应为2M、3M、6M、9M、12M；分模数基数应为（1/10）M、（1/5）M、（1/2）M。

0.3 建筑的分类与等级划分

0.3.1 建筑的分类

(1) 按使用功能分类

根据建筑物使用功能，通常可以分为生产性建筑和非生产性建筑两大类。生产性建筑是指提供人们从事各类生产加工的房屋，可分为工业建筑和农业建筑。非生产性建筑可统称为民用建筑。

① 民用建筑。民用建筑是供人们居住和进行公共活动的建筑的总称。民用建筑按使用功能分为居住建筑和公共建筑两大类。

居住建筑是供人们居住使用的建筑，可分为住宅建筑和宿舍建筑。

公共建筑是供人们进行各种公共活动的建筑。公共建筑包括：

a. 教育建筑。如托儿所、幼儿园、学校等。

b. 办公建筑。如机关、企业单位的办公楼等。

c. 科研建筑。如研究所、实验室等。

d. 商业建筑。如商店、商场、菜市场、餐馆、食堂、旅店等。

e. 金融建筑。如银行、证券交易所、保险公司等。

f. 文娱建筑。如电影院、剧院、音乐厅、影城、会展中心、展览馆、博物馆等。

g. 医疗建筑。如医院、诊所、疗养院等。

h. 体育建筑。如体育馆、体育场、健身房等。

i. 交通建筑。如航空港、火车站、汽车站、地铁站、水路客运站等。

j. 民政建筑。如养老院、福利院、殡仪馆等。

k. 司法建筑。如检察院、法院、公安局、监狱等。

l. 宗教建筑。如寺院、教堂等。

m. 通信建筑。如电信楼、广播电视台、邮政局等。

n. 园林建筑。如公园、动物园、植物园、亭台楼榭等。

o. 纪念性建筑。如纪念堂、纪念碑、陵园等。

② 工业建筑。工业建筑是指供人们从事各类生产活动的工业建筑物和构筑物。

工业建筑物类型：

a. 按用途分，有主要生产厂房、辅助生产厂房、动力用厂房、储存用房屋、运输用房屋和其他等。

b. 按层数分，有单层厂房、多层厂房、混合层次厂房等。

c. 按生产状况分，有冷加工车间、热加工车间、恒温恒湿车间、洁净车间、其他各种情况的车间、有爆炸可能性的车间、有大量腐蚀作用的车间、防电磁波干扰等车间。

d. 按工业类别分，有化工厂房、医药厂房、纺织厂房、冶金厂房等。

构筑物一般指人们不直接在内进行生产和生活活动的场所，如水塔、烟囱、栈桥、堤坝、蓄水池等。

③ 农业建筑。以农业性生产为主要使用功能的建筑。农业建筑类型包括：动物生产建筑、植物栽培建筑、农产品储藏保鲜及其他库房建筑、农副产品加工建筑、农机具维修建筑、农村能源建筑等。如畜禽饲养场、温室、种子库、粮食与饲料加工站、农机修理站、沼气池等。

(2) 按总高度及层数分类

① 按建筑高度进行分类。

建筑高度不大于 27.0m 的住宅建筑、建筑高度不大于 24.0m 的公共建筑及建筑高度大于 24.0m 的单层公共建筑，为低层或多层民用建筑。

建筑高度大于 27.0m 的住宅建筑和建筑高度大于 24.0m 的非单层公共建筑，且高度不大于 100.0m，为高层民用建筑。

建筑高度大于 100.0m 为超高层建筑。

② 按层数进行分类。按层数分类，民用建筑可以分为低层、多层、高层和超高层四类。

低层建筑：1～3 层的建筑。

多层建筑：4～6 层的建筑。

高层建筑：超过一定高度和层数的建筑。世界各国对高层建筑的界定不尽相同，我国《建筑设计防火规范（2018 年版）》(GB 50016—2014) 中有高层民用建筑的详细规定（表 0-1)。

表 0-1 民用建筑分类

名称	高层民用建筑		单、多层民用建筑
	一类	二类	
住宅建筑	建筑高度大于 54m 的住宅建筑(包括设置商业服务网点的住宅建筑)	建筑高度大于 27m，但不大于 54m 的住宅建筑(包括设置商业服务网点的住宅建筑)	建筑高度不大于 27m 的住宅建筑(包括设置商业服务网点的住宅建筑)
公共建筑	1. 建筑高度大于 50m 的公共建筑； 2. 建筑高度大于 24m 以上部分任一楼层建筑面积大于 1000m² 的商店、展览、电信、邮政、财贸金融建筑和其他多种功能组合的建筑； 3. 医疗建筑、重要公共建筑，独立建造的老年人照料设施； 4. 省级及以上的广播电视和防灾指挥调度建筑、网局级和省级电力调度建筑； 5. 藏书超过 100 万册的图书馆和书库	除一类高层公共建筑外的其他高层公共建筑	1. 建筑高度大于 24m 的单层公共建筑； 2. 建筑高度不大于 24m 的其他公共建筑

③ 按结构类型分类。建筑物按结构类型的不同，可以分为砖木结构、砖混结构、钢筋混凝土结构和钢结构四大类。

④ 按结构承重方式分类。建筑物按结构承重方式不同，可以分为墙承重结构、框架结构、排架结构、剪力墙结构、框架-剪力墙结构、筒体结构、大跨度空间结构等。

⑤ 按施工方法分类。

a. 现浇现砌式建筑。这种建筑物的主要承重构件均是在施工现场浇筑和砌筑而成。

b. 预制装配式建筑。这种建筑物主要承重构件在加工厂制成预制构件，在施工现场进行装配而成。

c. 部分现浇或现砌建筑。这种建筑物的一部分构件（如墙体）是在施工现场浇筑或砌筑而成，另一部分构件（如楼板、楼梯）采用在加工厂制成的预制构件。

d. 部分装配式建筑。由预制部分部件在工地装配而成的建筑，称为装配式建筑。按预制构件的形式和施工方法分为砌块建筑、板材建筑、盒式建筑、骨架板材建筑及升板升层建筑等类型。

0.3.2 建筑的等级划分

(1) 按耐久年限分级

按照我国现行的《民用建筑设计通则》，以主体结构确定的建筑耐久年限分为四级：

一级建筑：耐久年限为100年以上，适用于重要的建筑和高层建筑；

二级建筑：耐久年限为50～100年，适用于一般性建筑；

三级建筑：耐久年限为25～50年，适用于次要的建筑；

四级建筑：耐久年限为15年以下，适用于临时性建筑。

（2）按耐火等级分级

按照我国现行的《建筑设计防火规范（2018年版）》（GB 50016—2014），民用建筑的耐火等级应根据其建筑高度、使用功能、重要性和火灾扑救难度等确定，可分为一、二、三、四级。一级的耐火性最好，四级的最差。

建筑物的耐火等级是按照组成房屋构配件的耐火极限和燃烧性能这两个因素确定的。

① 耐火极限。在标准耐火试验条件下，建筑构配件或结构从受到火的作用时起，到失去稳定性、完整性或隔热性时止的这段时间。

a. 耐火稳定性。在标准耐火试验条件下，承重或非承重建筑构件在一定时间内抵抗坍塌的能力。

b. 耐火完整性。在标准耐火试验条件下，建筑分隔构件当其一面受火时，能在一定时间内防止火焰和热气穿透或在背火面出现火焰的能力。

c. 耐火隔热性。在标准耐火试验条件下，建筑分隔构件当其一面受火时，能在一定时间内其背火面温度不超过规定值的能力。

② 燃烧性能。

a. 不燃烧体。用不燃烧材料做成的建筑构件，如天然石材、人工石材、金属材料等。

b. 难燃烧体。用难燃烧的材料做成的建筑构件，或用燃烧材料做成而用不燃烧材料做保护层的建筑构件，如沥青混凝土构件、木板条抹灰的构件均属难燃烧体。

c. 燃烧体。用能燃烧的材料做成的建筑构件，如木材等。

第1篇 民用建筑设计

本篇主要内容有：民用建筑设计概述，民用建筑平面设计，民用建筑剖面设计，民用建筑体型与立面设计。

本篇是“房屋建筑学”的入门篇，通过本篇的学习，可以掌握建筑构成的基本要素；建筑设计的内容和程序；建筑设计的要求和依据以及建筑空间设计的基本概念等。

学习目标：

掌握建筑空间的本质和空间设计的影响因素；

熟悉建筑设计阶段的划分和各阶段设计的内容；

了解建筑构成的三大要素及三者之间的相互关系。

第1章
民用建筑设计概述

1.1 构成建筑的基本要素

(1) 建筑功能

人们建造房屋的目的和使用要求即为建筑功能，体现了人们对生产、生活、工作、学习、娱乐的各种实际需要，并为此提供良好的室内环境。因此，不同的功能要求必然会产生不同的建筑类型，不同的建筑类型具有不同的功能特点。

由此可见，建筑功能在建筑中起决定性的作用，对建筑平面布局、平面组合、结构形式以及建筑体型等方面都有极大的影响。人们建筑房屋除了要满足生产、生活、居住等要求，也要适应社会的需求。因此，房屋的建筑功能并不是一成不变的，随着科学技术的发展、经济的繁荣、物质和文化水平的提高，人们对建筑功能的要求也日益提高。

(2) 建筑技术

建筑技术是指建造房屋的手段，包括建筑材料与制品技术、结构技术、施工技术和设备技术。任何建筑都不可能脱离建筑技术而存在。建筑水平的提高，离不开建筑技术的发展，而建筑技术的发展，又与社会生产力的水平、科学技术的进步有关。建筑技术的进步、建筑设备的完善、新材料的出现、新结构体系的产生，为高层和大跨度建筑的建设与发展奠定了基础。

(3) 建筑形象

建筑作为一种物质产品，除了具有使用功能外，还应具有一定的艺术形象，以满足人们的精神和审美要求。建筑形象处理得当，就会产生积极的效果，给人以一定的感染力和美的享受，如庄严雄伟、宁静幽雅、简洁明快等。

建筑形象包括建筑形体、建筑色彩、材料质感、内外装修等，不同时代、不同地域、不同文化、不同功能要求，都会对建筑形象产生不同的影响，从而表现出不同的建筑形象，即不同的建筑风格和特色。

建筑功能、建筑技术和建筑形象作为建筑的基本要素，三者之间是辩证统一的关系。建筑功能是主导因素，它对建筑的物质技术条件和建筑形象起决定性作用；建筑技术是实现建筑功能的手段，它对建筑功能起约束或促进的作用；建筑形象则是建筑功能、建筑技术在形象美学方面的综合体现。

1.2 建筑物的各组成部分及其作用

建筑物一般由基础、墙或柱、楼地面、楼梯、屋顶和门窗六大部分组成。这些构件处在不同的部位，发挥各自的作用。

① 基础。基础与地基直接接触，是位于建筑物最下部的承重构件，其作用是承受建筑物的全部荷载，并将其传递给它下面的土层地基。因此，基础必须具有足够的强度、坚固稳

定、安全可靠，并能抵御地下各种有害因素的侵蚀。

② 墙或柱。墙是建筑物的承重构件和围护构件。墙起着承重、围护和分隔作用。墙作为承重构件时，承受着建筑物由屋顶和楼板层传来的荷载，并将这些荷载传给基础。当柱承重时，柱间的墙仅起围护作用和分隔作用。墙作为围护构件，外墙抵御自然界各种因素的影响与破坏；内墙起着分隔空间、组成房间、隔声等作用。墙体要有足够的强度、稳定性及隔热保温、隔声、防水、防潮、防火、耐久等性能。柱是框架或排架结构的主要承重构件。柱和承重墙一样承受着屋顶和楼板层传来的荷载，必须具有足够的强度、刚度和稳定性。

③ 楼地面。楼地面包括楼板层和地坪层。楼板层是建筑水平方向的承重和分隔构件，它承受着家具、设备和人体荷载及本身的自重，并将这些荷载传给墙或柱。同时，楼板层将建筑物分为若干层，并对墙体起着水平支撑的作用和保温、隔热及防水作用。楼板层应有足够的强度、刚度、隔声、防水、防潮、防火等能力。地坪层是底层房间与土壤层相接触的部分，它承受着底层房间内部的荷载。地坪层应具有坚固、耐磨、防潮、防水和保温等性能。

④ 楼梯。楼梯是建筑的垂直交通构件，供人们上下楼层和紧急疏散之用。楼梯应有足够的通行能力以及防水、防滑的功能。

⑤ 屋顶。屋顶是建筑物最上部的外围护构件和承重构件，由屋面和承重结构两大部分组成。作为外围护构件，屋顶抵御着各种自然因素（风、雨、雪、霜、冰雹、太阳辐射热、低温）对顶层房间的影响；作为承重构件，屋顶结构层承受风雪荷载及施工、检修等屋顶的全部荷载，并将这些荷载传给墙和柱。因此，屋顶应有足够的强度、刚度及隔热、防水、保温等性能。此外，屋顶对建筑立面造型有重要的作用。

⑥ 门窗。门与窗均属非承重构件，门的主要作用是交通，同时还兼有采光、通风及分隔房间的作用。门的大小和数量以及开启方向是根据通行能力、使用方便和防火要求决定的。窗的作用是采光和通风。门窗是房屋围护结构的一部分，在立面造型中占有较重要的地位，设置门窗需考虑保温、隔热、隔声、防风沙、防火排烟等要求。

建筑物除了述六大基本部分外，还有一些附属部分，如阳台、雨篷、散水、勒脚、防潮层等，有的还有特殊要求，如楼层之间还要设置电梯、自动扶梯或坡道等。如图 1-1 所示。

1.2.1 建筑物的构成系统分析

如果将建筑物看成一个大系统，其各主要组成部分可以看成子系统，建筑物由结构系统、围护系统和设备系统组成。

(1) 结构系统

结构系统即建筑物结构支承体系，承受竖向荷载和侧向荷载，并将这些荷载安全地传至地基，一般将其分为上部结构和地下结构：上部结构是指基础以上部分的建筑结构，包括墙、柱、梁、屋顶等；地下结构指建筑物的基础结构。

(2) 围护系统

建筑物的围护系统由屋面、外墙、门、窗等组成，屋面、外墙围护出的内部空间，能够遮蔽外界恶劣气候的侵袭，同时也起到隔声的作用，从而保证使用人群的安全性和私密性。门是连接内外的通道，窗户可以透光、通气和开放视野，内墙将建筑物内部划分为不同的单元。

(3) 设备系统

设备系统通常包括供电系统、给排水系统、供热通风空调系统、消防系统等。其中，供电系统分为强电系统和弱电系统两部分，强电系统指供电、照明等，弱电系统指满足人员对

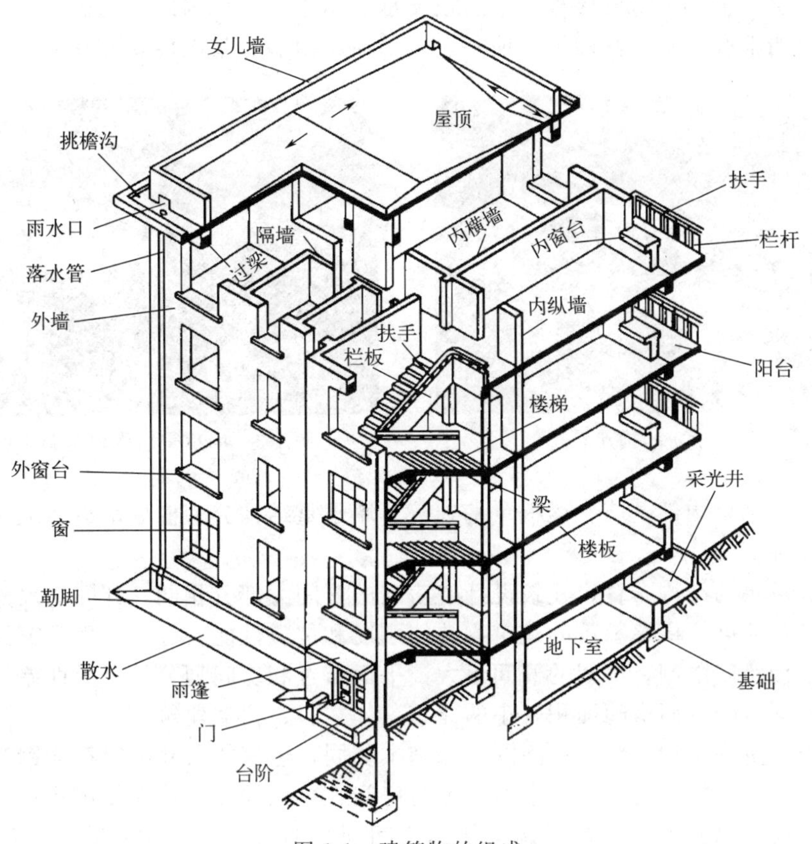

图 1-1　建筑物的组成

信息的要求的管网系统，包括电话、电视、广播、宽带、卫星、无线信号等管网。给水系统为建筑物的使用人群提供饮用水和生活用水，排水系统排走建筑物内的污水。供热通风空调系统指改善室内空气环境的设备及管道，包括采暖、空调、排气、排烟等。消防系统指保证人员防火安全的系统，包括报警、喷洒、防火栓、灭火器、防火门、防火楼梯、防火墙、防火卷帘、消防广播、消防照明等。

1.2.2　常用的建筑物结构支承体系及其基本构成

建筑构造、建筑经济和建筑整体造型都受到建筑结构因素的影响。建筑结构是构成建筑物并为使用功能提供空间环境的支承体系，承担着建筑物的重力、风力、撞击、振动等作用所产生的各种荷载；同时又是影响建筑构造、建筑经济和建筑整体造型的基本因素。为此，有必要了解建筑物的结构体系对构造形式选择的影响，建筑结构与各组成部分的构造关系，不同建筑结构与建筑构造的关系等；了解建筑物的结构体系对建筑刚度、强度、稳定性和耐久性等的影响。

建筑物由受压、受弯、受扭矩、抗剪的一系列构件构成建筑物的结构支承系统，使建筑物受到的各种作用力通过这个结构支承体系传到地基上。

(1) 墙承重结构

墙承重结构是指以墙体、钢筋混凝土梁板等构件构成的承重结构系统，用墙体来承受由屋顶和楼板传来荷载。图 1-2 所示为墙承重结构建筑示例，图 1-3 所示为墙承重结构建筑施工现场。墙承重结构的传力途径是：屋盖的重量由屋架（或梁）承担，屋架（或梁）支承在承重墙上，楼层的重量由组成楼板的梁、板支承在承重墙上。因此，屋盖、楼层的荷载均由承重墙承担，墙下有基础，基础下为地基，全部荷载由墙、基础传到地基上。

图 1-2 墙承重结构建筑示例

图 1-3 墙承重结构建筑施工现场

建筑的主要承重构件是墙、梁板、基础等。墙承重结构分为横墙承重、纵墙承重、纵横墙混合承重三种。

采用横墙承重的结构布置，建筑设计时房间的开间大部分相同，开间的尺寸一般符合钢筋混凝土板经济跨度。横墙承重的建筑物整体刚度和抗震性能较好，立面开窗灵活。但由于横墙间距受梁板跨度限制，房间的开间不大，平面布置和房间划分的灵活性差。因此，其适用于有大量相同开间，而房间面积较小的建筑，如宿舍、住宅建筑。

采用纵墙承重的结构布置，房间的进深基本相同，进深的尺寸一般符合钢筋混凝土板的经济跨度。纵墙承重的主要特点是平面布置时房间大小比较灵活，在使用建筑过程中，可以根据需要改变横向隔断的位置，以调整使用房间面积的大小，但建筑整体刚度和抗震性能差，立面开窗受限制，适用于一些开间尺寸比较多样的办公楼，以及房间布置比较灵活的住宅建筑中采用。

在建筑平面组合中，一部分房间的开间尺寸和另一部分房间的进深尺寸符合钢筋混凝土板的经济跨度时，建筑平面可以采用纵横墙混合承重的结构布置。这种布置方式，平面中房间安排比较灵活，建筑刚度相对也较好，但是由于楼板铺设的方向不同，平面形状较复杂，因此施工时比上述两种布置方式麻烦。一些开间进深都较大的教学楼，可采用有梁板等水平构件的纵横墙承重的结构布置。

(2) 框架结构

框架结构是由许多梁和柱共同组成的框架来承受房屋全部荷载的结构。图 1-4 所示为框架结构施工现场，图 1-5 所示为框架结构建筑内部。框架结构主要承重体系由横梁和柱组成，即由梁和柱组成框架共同抵抗使用过程中出现的水平荷载和竖向荷载。横梁与柱为刚接（钢筋混凝土结构中通常通过端部钢筋焊接后浇灌混凝土，使其形成整体），从而构成了一个整体刚架（或称框架）。砌在框架内的墙，仅起围护和分隔作用，除负担本身自重外，不承受其他荷重。为减轻框架荷重，应尽量采用轻质墙，一般用预制的加气混凝土、膨胀珍珠岩、泡沫混凝土砌块（墙板）、空心砖或多孔砖、浮石、蛭石、陶粒等轻质板材砌筑。一般框架以现场浇筑居多，为了加快工程进度，节约模板与顶撑，也可采取部分预制（如柱）部分现浇（梁），或柱梁预制接头现浇的施工方式。框架结构一般适用于不超过 15 层的房屋。

框架结构又称构架式结构。房屋的框架按跨数分为单跨、多跨；按层数分为单层、多层；按立面构成分为对称、不对称；按所用材料分为钢框架、混凝土框架、胶合木结构框架或钢与钢筋混凝土混合框架等。其中最常用的是混凝土框架（现浇式、装配式、整体装配式，也可根据需要施加预应力，主要是对梁或板）、钢框架。装配式、装配整体式混凝土框架和钢框架适合大规模工业化施工，效率较高，工程质量较好。框架结构可设计成静定的三铰框架或超静定的双铰框架与无铰框架。混凝土框架结构广泛用于住宅、学校、办公楼，也有根据需要对混凝土梁或板施加预应力，以适用于较大的跨度；框架钢结构常用于大跨度的公共建筑、多层工业建筑和一些特殊用途的建筑物中，如剧场、商场、体育馆、火车站、展览厅、造船厂、飞机库、停车场、轻工业车间等。

图 1-4 框架结构施工现场

图 1-5 框架结构建筑内部

框架建筑的主要优点：空间分隔灵活，自重轻，节省材料；具有可以较灵活地配合建筑平面布置的优点，利于安排需要较大空间的建筑结构；框架结构的梁、柱构件易于标准化、定型化，便于采用装配整体式结构，以缩短施工工期；采用现浇混凝土框架时，结构的整体性、刚度较好，设计处理好也能达到较好的抗震效果，而且可以把梁或柱浇筑成各种需要的截面形状。

框架结构体系的缺点为：框架节点应力集中显著；框架结构的侧向刚度小，属柔性结构框架，在强烈地震作用下，结构所产生水平位移较大，易造成严重的非结构性破坏，吊装次数多，接头工作量大，工序多，浪费人力，施工受季节、环境影响较大；不适宜建造高层建筑，框架是由梁柱构成的杆系结构，其承载力和刚度都较低，特别是水平方向（即使可以考虑现浇楼面与梁共同工作以提高楼面水平刚度，但也是有限的），它的受力特点类似于竖向悬臂剪切梁，其总体水平位移上大下小，但相对于各楼层而言，层间变形上小下大，设计时如何提高框架的抗侧刚度及控制好结构侧移为重要因素，对于钢筋混凝土框架，当高度大、层数相当多时，结构底部各层不但柱的轴力很大，而且梁和柱由水平荷载所产生的弯矩和整体的侧移亦显著增加，从而导致截面尺寸和配筋增大，对建筑平面布置和空间处理，就可能带来困难，影响建筑空间的合理使用，在材料消耗和造价方面，也趋于不合理。

(3) 剪力墙结构

剪力墙结构是指纵横向的主要承重结构全部为结构墙（剪力墙）的结构。图 1-6 所示为剪力墙结构施工现场。剪力墙结构在高层房屋中被大量运用。当结构墙处于建筑物中合适的位置时，它们能形成一种有效抵抗水平荷载作用的结构体系，同时，又能起到对空间的分割作用。结构墙的高度一般与整个房屋的高度相等，自基础直至屋顶，高达几十米或一百多米；其宽度则视建筑平面的布置而定，一般为几米到十几米。相对而言，它的厚度则很薄，一般仅为 200～300mm，最小可达 160mm。因此，结构墙在其墙身平面内的抗侧移刚度很大，而其墙身平面外刚度却很小，一般可以忽略不计。所以，建筑物上大部分的水平作用或水平剪力通常被分配到结构墙上，这也是剪力墙名称的由来。事实上，“剪力墙”更确切的名称应该是“结构墙”。

(4) 框架剪力墙结构

框架剪力墙结构俗称为框剪结构，它是框架结构和剪力墙结构两种体系的结合，在结构平面上除了布置框架还增加了部分剪力墙（或称抗震墙），吸取了各自的长处，既能为建筑平面布置提供较大的使用空间，又具有良好的抗侧力性能。框剪结构中的剪力墙可以单独设置，也可以利用电梯井、楼梯间、管道井等墙体。框架剪力墙结构中，框架和剪力墙是协同工作的，框架主要承受垂直荷载，剪力墙主要承受水平荷载。框架剪力墙结构既具有框架结构布置灵活、使用方便的特点，又有较大的刚度和较强的抗震能力，因而广泛应用于高层办公建筑和旅馆建筑中。框剪结构一般宜用于10～20层的建筑。图1-7所示为框架剪力墙结构施工现场。

图1-6 剪力墙结构施工现场

图1-7 框架剪力墙结构施工现场

(5) 排架结构

采用屋架和柱构成的排架作为其承重骨架的建筑。图1-8所示为排架结构单层工业建筑示意，图1-9所示为钢筋混凝土排架结构施工现场，图1-10所示为排架结构施工现场。排架结构主要承重体系由屋架和柱组成。屋架与柱的顶端为铰接（通常为焊接或螺栓连接），

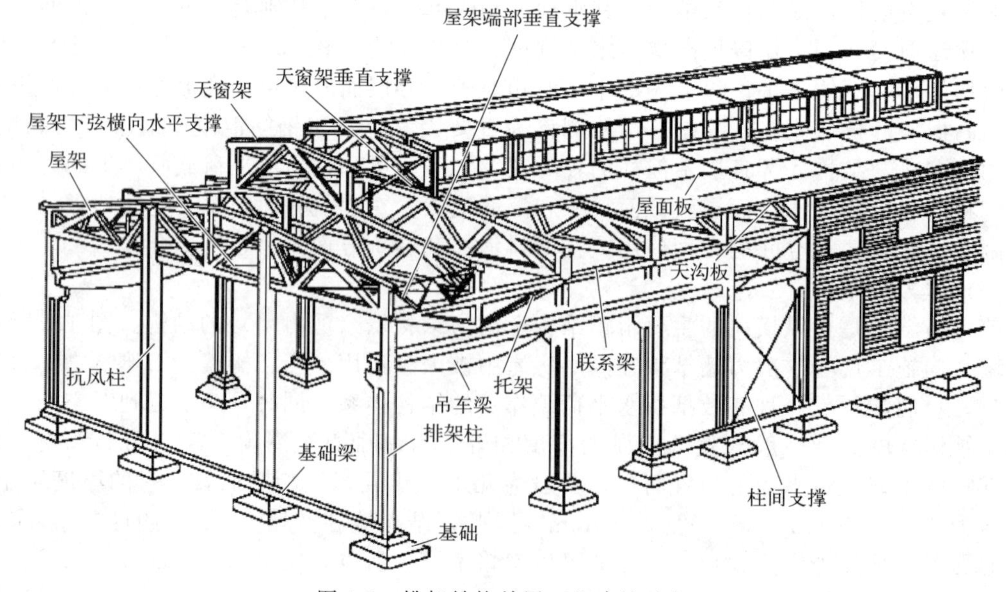

图1-8 排架结构单层工业建筑示意

而柱的下端嵌固于基础内。排架结构主要用于单层厂房，由屋架、柱子和基础构成横向平面排架，是厂房的主要承重体系，再通过屋面板、吊车梁、支撑等纵向构件将平面排架联结起来，构成整体的空间结构。排架结构常用于高大空旷的单层建筑物如工业建筑、飞机库和影剧院的观众厅等。其柱顶用大型屋架或桁架连接，再覆以装配式的屋面板，根据需要，有的排架建筑屋顶还要设置大型的天窗，有的则纵向设置吊车梁。由于排架结构的房屋刚度小，重心高，需承受动荷载，因此需要安装柱间斜支撑和屋盖部分的水平斜支撑，还要在两侧山墙设置抗风柱。

图 1-9 钢筋混凝土排架结构施工现场

图 1-10 排架结构施工现场

(6) 筒体结构

筒体结构建筑是由一个或几个密柱形筒体构成高耸空间、抗侧力及承重结构的高层建筑，由于这种建筑如同一个固定于基础的中间由楼板逐层封闭的空心悬臂梁，故具有良好的刚度和防震能力，在现代高层建筑中广泛应用。图 1-11 所示为框架筒体结构施工现场。世界上的高层建筑多是筒体结构，如美国芝加哥的约翰·汉考克大厦、西尔斯大厦、标准石油公司大厦和纽约的世界贸易中心大厦等。

图 1-11 框架筒体结构施工现场

筒体结构作为高层建筑的一种结构形式，古已有之，如建于公元 2 世纪的印度佛祖塔，平面为正方形，砖砌塔身高 55m；1055 年建成的中国定县开元寺塔，塔身为砖砌筒中筒，共 11 层，高 84m。

筒体结构按布置方式和构造可分为三种基本形式：单筒结构，包括框架单筒结构和桁架单筒结构；筒中筒结构，由内筒和外筒共同组成；束筒结构，即组合筒结构。筒体结构一般按材料区分有钢筋混凝土结构和钢结构，以及两者相结合的结构。

(7) 大跨度空间结构

大跨度空间结构是国家建筑科学技术发展水平的重要标志之一。世界各国对空间结构的研究和发展都极为重视，例如国际性的博览会、奥运会、亚运会等，各国都以新型的空间结构来展示本国的建筑科学技术水平，空间结构已经成为衡量一个国家建筑技术水平高低的标志之一。图 1-12 所示为大跨度空间钢结构施工现场。

横向跨越 60m 以上空间的各类结构可称为大跨度空间结构。我国大跨度空间结构发展迅速，特别是大型体育场馆的建设规模和技术水平在世界上都是领先的。空间结构以其优美的建筑造型和良好的力学性能而被广泛应用于大跨度结构中。常用的大跨度空间结构形式包括折板结构、壳体结构、网架结构、悬索结构、充气结构、膜结构等。

① 折板屋顶结构。一种由许多块钢筋混凝土板连接成波折形整体薄壁折板屋顶的结构。这种折板也可作为垂直构件的墙体或其他承重构件使用。折板屋顶结构组合形式有单坡和多坡，单跨和多跨，平行折板和复式折板等，能适应不同建筑平面的需要。常用的截面形状有 V 形和梯形，板厚一般为 5～10cm，最薄的预制预应力板的厚度为 3cm。跨度为 6～40m，波折宽度一般不大于 12m，现浇折板波折的倾角不大于 30°，坡度大时须采用双面模板或喷射法施工。折板可分为有边梁和无边梁两种。无边梁折板由若干等厚度的平板和横隔板组成，V 形折板是无边梁折板的一种常见形式。有边梁折板由板、边梁、横隔板等组成，一般为现浇结构。图 1-13 所示为变截面桁架折板钢屋盖结构效果。

图 1-12　大跨度空间钢结构施工现场

图 1-13　变截面桁架折板钢屋盖结构效果

② 壳体屋顶结构。用钢筋混凝土建造的大空间壳体屋顶结构。壳体形式有圆筒形、球形扁壳，劈锥形扁壳和各种单曲、双曲抛物面、扭曲面等形式。壳体结构可以减轻自重，节约钢材、水泥，而且造型新颖流畅。图 1-14 所示为国家大剧院壳体屋面开始安装。

③ 网架屋顶结构。使用比较普遍的一种大跨度屋顶结构。这种结构整体性强，稳定性好，空间刚度大，防震性能好。网构架高度较小，能利用较小杆形构件拼装成大跨度的建筑，有效地利用建筑空间。适合工业化生产的大跨度网架结构，外形可分为平板形网架和壳形网架两类，能适应圆形、方形、多边形等多种平面形状。平板形网架多为双层，壳形网架有单层和双层之分，并有单曲线、双曲线等屋顶形式。图 1-15 所示为框架结构屋顶网架施工现场图。

图 1-14　国家大剧院壳体屋面开始安装

图 1-15　框架结构屋顶网架施工现场

④ 悬索屋顶结构。由钢索网、边缘构件和下部支承构件三部分组成的大跨度屋顶结构，在悬索结构上部铺设预制钢筋混凝土板构成屋面，建筑造型轻盈明快。图1-16所示为悬索结构屋顶。

⑤ 充气屋顶结构。用尼龙薄膜、人造纤维表面敷涂料等作材料，通过充气构筑成大跨度屋顶结构。这种结构安装、拆装都很方便。图1-17所示为充气结构屋顶。

⑥ 膜结构。分为骨架式膜结构、张拉式膜结构、充气式膜结构三种形式。城市中越来越多地可以见到膜结构的身影。膜结构已经被应用到各类建筑结构中，在城市中充当着不可或缺的角色。图1-18所示为膜结构建筑，图1-19所示为膜结构帽顶式车棚。

图1-16　悬索结构屋顶

图1-17　充气结构屋顶

图1-18　膜结构建筑

图1-19　膜结构帽顶式车棚

1.3　建筑设计的内容、程序及要求

1.3.1　建筑设计的内容

任何一项工程，从拟定计划到建成使用都需要经历一个完整的工作过程，这个过程通常有编制计划任务书、选择建设用地、场地勘测、设计、施工、工程验收及交付使用等几个阶段。设计工作是其中极为重要的阶段，具有较强的政策性和综合性。通过设计，把建设方所提出的设计要求，编制成能够全面清楚地表达房屋整体和局部的空间关系和形象，并有完善配套设施的全套图纸文件。

建筑工程设计的全部工作包括建筑设计、结构设计、设备设计等几个方面的内容。

(1) 建筑设计

建筑设计是在总体规划的前提下，根据设计任务书的要求，对建设场地环境、使用功能、结构形式、施工条件、材料设备、建筑经济及建筑艺术等各方面的条件和要求进行综合考虑后，做出的平面关系、空间关系和造型的设计。所设计的建筑物必须满足新的建筑方针要求，即适用、经济、绿色、美观。

建筑设计包括总体设计和单体设计，在整个工程设计中起着主导和先行的作用。建筑设计一般由建筑师完成。

（2）结构设计

结构设计主要是根据建筑设计选择合理的结构方案并进行结构计算，进而做结构布置和构件设计。结构设计由结构工程师完成。

（3）设备设计

设备设计主要包括建筑物的给排水、电气照明、采暖通风等方面的设计，由相关专业的工程师配合完成。

上述建筑、结构、设备几个方面的设计工作既有分工，又相互配合，共同构成建筑工程设计的整体，各专业设计的图纸、说明书、计算书等汇总在一起，就构成一套建筑工程设计的完整文件，作为建筑工程施工的依据。

1.3.2 建筑设计的程序

建筑设计通常按初步设计和施工图设计两个阶段进行。大型建筑工程，在初步设计之前应进行方案设计。小型建筑工程，可用方案设计代替初步设计文件。对于技术复杂大型的工程，可增加技术设计阶段。

（1）设计前的准备工作

建筑设计是一项复杂而细致的工作，涉及的学科较多，同时要受到各种客观条件的制约。为了保证设计质量，设计前必须做好充分准备，包括熟悉设计任务书，广泛深入地进行调查研究，收集必要的设计基础资料等几方面的工作。

① 熟悉设计任务书。任务书的内容包括：拟建项目的要求、建筑面积、房间组成和面积分配；有关建设投资方面的问题；建设场地的范围，周围建筑、道路、环境和地形图；供电、给排水、采暖和空调设备方面的要求，以及水源、电源等各种工程管网的接用许可文件；设计期限和项目建设进程要求等。

② 收集设计基础资料。开始设计之前要搞清楚与工程设计有关的基本条件，掌握必要和足够的基础资料。

a. 定额指标，指国家和所在地区有关本设计项目的定额指标及标准。

b. 气象资料，指所在地的气温、湿度、日照、降雨量、积雪厚度、风向、风速以及土壤冻结深度等。

c. 地形、地质、水文资料，指建设场地地形及标高，土壤种类及承载力，地下水位、水质及地震设防烈度等。

d. 设备管线资料，指建设场地地下的给水、排水、供热、煤气、通信等管线布置，以及建设场地地上架空供电线路等。

③ 调查研究。主要应调研的内容有：

a. 使用要求。通过调查访问掌握使用单位对拟建建筑物的使用要求，调查同类建筑物的使用情况，进行分析、研究、总结。

b. 当地建筑传统经验和生活习惯。作为设计时的参考借鉴，以取得在习惯上和风格上的协调一致。

c. 建材供应和结构施工等技术条件。了解所在地区建筑材料供应的品种、规格、价格，新型建材选用的可能性，可能选择的结构方案，当地施工力量和起重运输设备条件。

d. 建设场地踏勘。根据当地城市建设部门所划定的建筑红线做现场踏勘，了解建设场地和周围环境的现状，如方位、原有建筑、道路、绿化等，考虑拟建建筑物的位置与总平面图的可行方案。

（2）初步设计

① 任务与要求。初步设计是供建设单位选择方案，主管部门审批项目的文件，也是技术设计和施工图设计的依据。

初步设计的主要任务是提出设计方案，即根据设计任务书的要求和收集到的基础资料，结合建设场地环境，综合考虑技术经济条件和建筑艺术的要求，对建筑总体布置、空间组合进行可能与合理的安排，提出两个或多个方案供建设单位选择。在选定的方案基础上，进一步充分完善，综合成为较理想的方案，并绘制成初步设计文件，供主管部门审批。初步设计文件的深度应满足确定设计方案的比选需要，确定概算总投资，确定土地征用范围，可以作为主要设备和材料的订货依据，据此确定工程造价，编制施工图设计以及进行施工准备。

② 初步设计的图纸和文件。

a. 设计总说明。设计指导思想及主要依据，设计意图及方案特点，建筑结构方案及构造特点，建筑材料及装修标准，主要技术经济指标，以及结构、设备等系统的说明。

b. 建筑总平面图。比例1∶500、1∶1000，应表示用地范围，建筑物位置、大小、层数，设计标高，道路及绿化布置，标注指北针或风玫瑰图等。地形复杂时，应表示粗略的竖向设计意图。

c. 各层平面图、剖面图、立面图。比例1∶100、1∶200，应表示建筑物各主要控制尺寸，如总尺寸、开间、进深、层高等，同时应表示标高，门窗位置，室内固定设备及有特殊要求的厅、室的具体布置，立面处理，结构方案及材料选用等。

d. 工程概算书。建筑物投资估算，主要材料用量及单位消耗量。

e. 大型民用建筑及其他重要工程，根据需要可绘制透视图、鸟瞰图或制作模型。

（3）技术设计阶段

初步设计经建设单位同意和主管部门批准后，对于大型复杂项目需要进行技术设计。

技术设计是初步设计的深化阶段，主要任务是在初步设计的基础上协调解决各工种之间的技术问题，经批准后的技术设计图纸和说明书即为编制施工图、主要材料、设备订货及工程拨款的依据文件。

技术设计的图纸和文件与初步设计大致相同，但更详细些。具体内容包括整个建筑物和各个局部的具体做法，各部分确切的尺寸关系，内外装修的设计，结构方案的计算和具体内容，各种构造和用料的确定，各种设备系统的设计和计算，各技术工种之间矛盾的合理解决，设计预算的编制等。这些工作都是在有关各技术工种协商之下进行的，并应相互确认。

对于不太复杂的工程，技术设计阶段可以省略，把这个阶段的一部分工作纳入初步设计阶段，称为“扩大初步设计”，另一部分工作则留待施工图设计阶段进行。

（4）施工图设计阶段

① 任务与要求。施工图设计是建筑设计的最后阶段，是提交施工单位进行施工的设计文件，必须根据上级主管部门审批同意的初步设计（或技术设计）进行施工图设计。

施工图设计的主要任务是满足施工要求，即在初步设计或技术设计的基础上，综合建筑、结构、设备各工种，相互交底、确认核对，深入了解材料供应、施工技术、设备等条件，把满足工程施工的各项具体要求反映在图纸中，做到整套图纸齐全统一，准确无误。

鉴于施工图文件对于实际建造过程的上述重要作用，施工图设计更重视解决技术层面的问题，特别要求各专业之间有良好的技术配合和协调，做到细致、恰当、准确、周全。近年来，为了在设计过程中能更好地实行专业之间的协调，同时对项目建造过程中可能发生的问题进行预判和改进，从而达到优化设计、提高效率的目的，许多项目在传统的计算机辅助设计的基础上，进一步运用了建筑信息模型（building information modeling，BIM）这一数据化工具，以建筑工程项目的各项相关信息数据作为基础来建立模型，通过数字信息仿真来模拟建筑物所具有的真实信息。例如，在施工图设计的阶段，利用 BIM 可视化的特点，通过 BIM 模拟实际的建筑工程建设行为，能够较为清晰地对各专业的碰撞问题进行检查，生成协调数据，从而使设计得到合理的修正和优化，减少在建筑施工实施阶段可能发生的错误损失和返工的可能性。事实上，BIM 不单可以用于建设项目的策划、设计阶段，在项目建造、运营到维护的整个过程中，都可以有效应用这项技术。例如，BIM 可以进行日照、热能传导、地震人员逃生、消防人员疏散等专项的模拟；对一些难度比较大的异形和特殊设计，可以通过 BIM 提供的几何、物理、规则等信息，实现对复杂项目的优化，并带来显著的工期和造价改进。此外，BIM 还可以被利用来模拟施工的组织设计和实际施工，从而确定合理的施工方案，用于指导施工、实现成本控制等。目前，对 BIM 的应用正在从一些大型或比较复杂的建设项目逐步推广到中小型的项目，并逐渐覆盖到建设项目的全生命周期。

② 施工图设计的图纸和文件。施工图设计的内容包括建筑、结构、水电、电信、采暖、空调通风、消防等工种的设计图纸、工程说明书，结构及设备计算书和预算书。

a. 设计说明书。包括施工图设计依据，设计规模，面积，标高定位，用料说明等。

b. 建筑总平面图。比例 1∶500、1∶1000、1∶2000。应标明建筑用地范围，建筑物及室外工程（道路、围墙、大门、挡土墙等）位置、尺寸、标高，建筑小品、绿化美化设施的布置，并附必要的说明及详图、技术经济指标。地形及工程复杂时应绘制竖向设计图。

c. 建筑物各层平面图、立面图、剖面图。比例 1∶50、1∶100、1∶200。除表达初步设计或技术设计内容以外，还应详细标出门窗洞口、墙段尺寸及必要的细部尺寸、详图索引。

d. 建筑构造详图。建筑构造详图包括平面节点、檐口、墙身、门窗、室内装修、立面装修等详图。应详细表示各部分构件关系、材料尺寸及做法、必要的文字说明。根据节点需要，比例可分别选用 1∶20、1∶10、1∶5、1∶2、1∶1 等。

e. 各工种相应配套的施工图纸，如基础平面图、结构布置图，水、暖、电平面图及系统图等。

f. 工程预算书。

与前阶段相比，施工图的图纸除了必须标明建筑物所有构配件的详细定位尺寸及必要的型号、数量，交代清楚工程施工中所涉及的各种建筑细部外，还应说明实现建筑性能要求的各项建造细则，包括引用国家现有的设计规范和设计标准、对施工结果的性能要求、使用材料的规格和构配件的安装规格等，并以符合逻辑、方便查阅的方式加以编排，达到可以按图施工的深度。

施工图文件完成后，设计单位应当将其经由建设单位报送有关施工图审查机构，进行强制性标准、规范执行情况等内容的审查。审查内容主要涉及：建筑物的稳定性、安全性，包括地基基础和主体结构是否安全可靠；是否符合消防、卫生、环保、人防、抗震、节能等有关强制性标准、规范；施工图是否达到规定的深度要求；是否损害公共利益等。施工图经由审图单位认可或按照其意见修改并通过复审后，可提交相关部门审批。建设方如果要求设计方在施工图设计阶段提供施工图预算，设计方应当予以配合。

1.3.3 建筑设计的要求

(1) 满足建筑功能的需求

功能要求是建筑最基本的要求，即为人们的生产和生活活动创造良好的环境，是建筑设计的首要任务。例如设计学校，首先要满足教学活动的需要，其中教室设置应做到合理布局，使各类活动有序进行、动静分离、互不干扰；教学区应有便利的交通联系和良好的采光及通风条件，同时还要合理安排学生的课外和体育活动空间以及教师的办公室、卫生设备、储藏空间等。又如工业建筑，首先应该适应生产流程的安排，合理布置各类生产和生活、办公及仓储等用房，使得人流、物流能方便有效地运行，同时还要达到安全、节能等各项标准。

(2) 符合所在地规划发展的要求并有良好的视觉效果

规划设计是有效控制城镇发展的重要手段。所有建筑物的建造都应该纳入所在地规划控制的范围。例如城镇规划通常会给某个建筑总体或单体提供与城市道路连接的方式、部位等方面的设计依据。同时，规划还会对建筑提出形式、高度、色彩等方面的要求。人们通常会将建筑比作“凝固的乐章”，在这方面，建筑设计应当做到既有鲜明的个性特征、满足人们对良好视觉效果的需求，同时又是整个城市空间“和谐乐章”中的有机部分。

(3) 符合建筑法规、规范和一些相应的建筑标准的规定

建筑法规、规范和一些相应的建筑标准是对行业行为和经验的不断总结，具有指导性的意义，尤其是其中一些强制性的规范和标准，具有法定的意义。建筑设计人员在发挥创造力的同时，还必须做到有理有据，使设计的各个环节和设计作品都在相关的建筑规范、标准所允许的范围之内。

(4) 采用合理的技术措施

采用合理的技术措施能为建筑物安全、有效地建造和使用提供基本保障。随着人类社会物质文明的不断发展和生产技术水平的不断提高，可以运用于建筑工程领域的新材料、新技术层出不穷。根据所设计项目的特点，正确地选用相关的材料和技术，尤其是适用的建筑结构体系、合理的构造方式以及可行的施工方案，可以做到高效率、低能耗，兼顾建筑物在建造阶段及较长使用周期中的各种相关要求，达到可持续发展的目的。例如建筑物的门窗，看似只与通风、采光的需要有关，但因其要开启，有缝隙，故而涉及防风、防水的密闭性能的问题；同时对于建筑物的围护结构构件而言，门窗又是热工性能的薄弱环节。因此，在我国的北方地区，常常选用热导率低的工程塑料来制作门窗框和门窗扇的主体部分，又采用双层玻璃以及合适的门窗构造做法来保证其适应密闭和节能的需求。

(5) 提供在投资计划所允许的经济范畴之内运作的可能性

工程项目的总投资一般是在项目立项的初始阶段就已经确定。在设计的各个阶段之所以要反复进行项目投资的估算、概算以及预算，就是要保证项目能够在给定的投资范围内得以实现或者根据实际情况及时予以调整。作为建设项目的设计人员，应当具有建筑经济方面的相关知识，特别是应当了解建筑材料的近期价格以及一般的工程造价，在设计过程中做到切实根据投资的可能性选用合适的建材及建造方法，合理利用资金，避免浪费人力和物力。这样，既向建设单位负责，也向国家和人民的利益负责。

1.3.4 建筑设计的依据

(1) 使用功能

① 人体尺度及人体活动所需的空间尺度。人体尺度及人体活动所需的空间尺度是确定

民用建筑内部各种空间尺度的主要依据之一。比如门洞、窗台及栏杆的高度，走道、楼梯、踏步的高宽，家具设备尺寸，以及建筑内部使用空间的尺度等都与人体尺度及人体活动所需的空间尺度直接或间接有关。人体尺度和人体活动所需的空间尺度如图 1-20 所示。

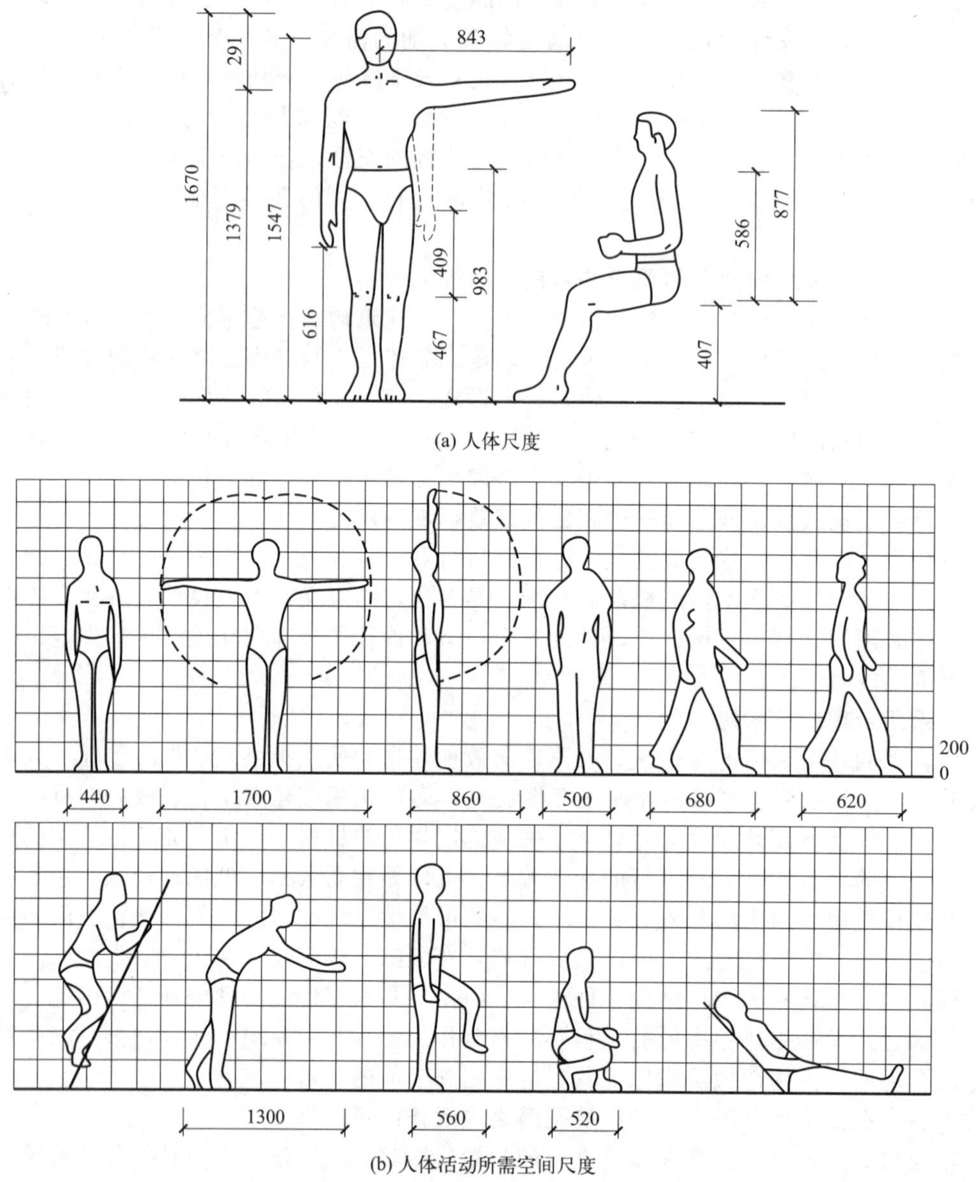

图 1-20　人体尺度和人体活动所需的空间尺度

② 家具、设备尺寸和使用它们所需的必要空间。房间内家具设备的尺寸，以及人们使用它们所需活动空间是确定房间内部使用面积的重要依据。图 1-21 为民用建筑常用家具基本尺寸示例。

(2) 自然条件

① 气象条件。建设地区的温度、湿度、日照、雨雪、风向、风速等是建筑设计的重要依据，对建筑设计有较大的影响。炎热地区的建筑应考虑隔热、通风、遮阳，建筑处理较为开敞；寒冷地区则应考虑防寒保温，建筑处理较为封闭；雨量较大的地区要特别注意屋顶形

图 1-21　民用建筑常用家具基本尺寸

式、屋面排水方案的选择，以及屋面防水构造的处理；在确定建筑物间距及朝向时，还应考虑当地日照情况及主导风向等因素。此外，风速还是高层建筑、电视塔等设计中考虑结构布置和建筑体型的重要因素。图 1-22 为我国部分城市的风向频率玫瑰图，即风玫瑰图。风玫瑰图上的风向是指由外吹向地区中心的风的来向，比如由北吹向中心的风称为北风。风玫瑰图是依据该地区多年各个方向吹风的平均日数的百分数按比例绘制而成，一般用 16 个罗盘方位表示。

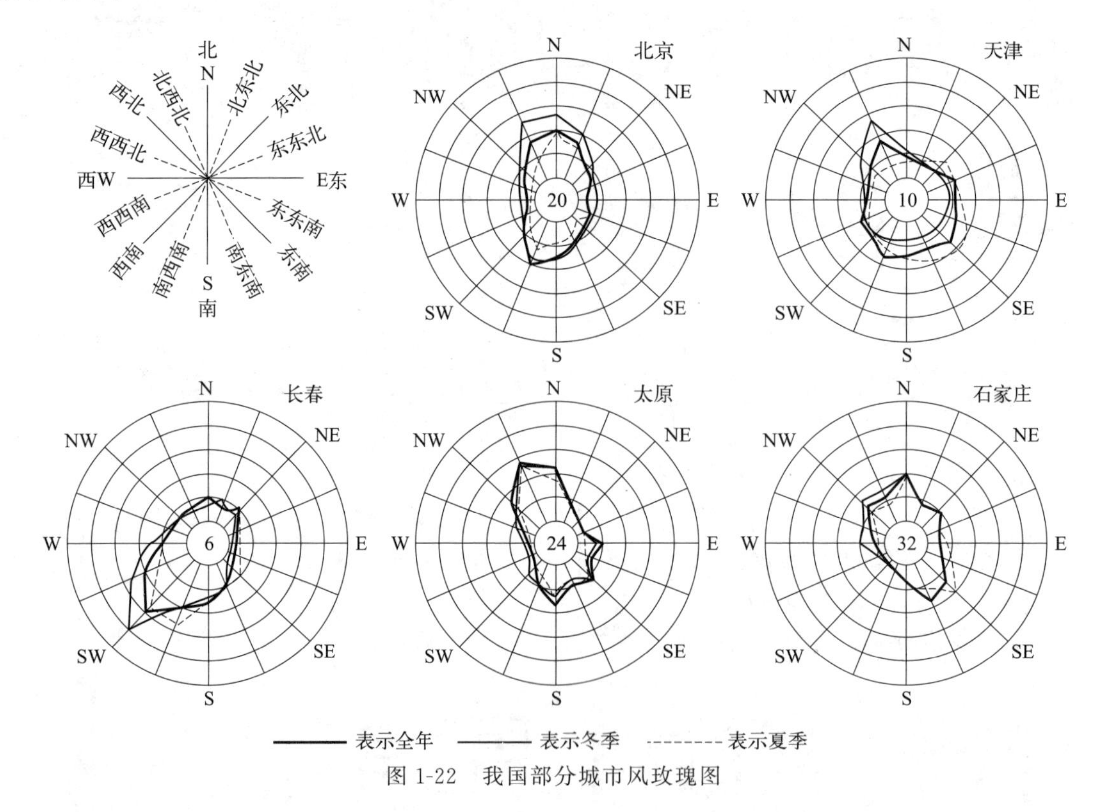

图 1-22 我国部分城市风玫瑰图

② 地形、地质及地震烈度。建设场地地形、地质构成、地下水位、土壤特性和地耐力的大小及地震烈度，对建筑物的平面组合、结构布置、建筑构造处理和建筑体型都有明显的影响。如，坡度陡的地形，常使房屋结合地形采用错层、吊层或依山就势等较为自由的组合方式；复杂的地质条件，要求房屋的构成和基础的设置采取相应的结构与构造措施；在地震烈度在 6 度以下时，地震对建筑物影响较小，一般可不考虑抗震措施，对地震烈度在 6 度以上的地区均需进行抗震设计。

思考题

1. 建筑的定义是什么？
2. 建筑的耐久等级如何划分？
3. 建筑的耐火等级如何划分？
4. 建筑按高度及层数如何分类？
5. 建筑按使用功能如何进行分类？
6. 常用设计规范有哪些？
7. 建筑模数协调的内容主要包括哪些？什么是基本模数，什么是扩大模数？
8. 建筑物如何进行分类和分级？

第2章 民用建筑平面设计

建筑物是由若干单体空间有机地组合起来的整体空间，任何空间都具有三个方向的度量关系。因此，在进行建筑设计的过程中，人们常从平面、剖面、立面三个不同方向的投影来综合分析建筑物的各种特征，并通过相应的图示来表达其设计意图。

建筑的平面、剖面、立面设计三者是密切联系而又互相制约的。平面设计是关键，它集中反映了建筑平面各组成部分的特征及其相互关系，同时还不同程度地反映了建筑空间艺术构思及结构布置关系等。一些简单的民用建筑如办公楼、单元式住宅等，其平面布置基本上能反映建筑的空间组合关系。因此，在进行方案设计时，通常先从平面入手，同时认真分析剖面及立面的可能性和合理性，及其对平面设计的影响。只有综合考虑平、立、剖三者的关系，按完整的三度空间概念去进行设计，才能做出好的建筑设计。

2.1 建筑平面设计的内容与任务

2.1.1 建筑平面设计的内容

民用建筑类型繁多，各类建筑房间的使用性质和组成类型也不相同。无论是由几个房间组成的小型建筑物或由几十个甚至上百个房间组成的大型建筑物，均是由使用空间与交通联系空间组成，而使用空间又可以分为主要使用空间与辅助使用空间。平面设计的内容即为对使用空间与交通联系空间的合理布局和设计。

① 主要使用房间是建筑物的核心，它决定了建筑物的性质，往往表现为数量多或空间大，如住宅中的起居室、卧室，教学楼中的教室、办公室，商业建筑中的营业厅，影剧院中的观众厅等都是各类建筑中的主要使用空间。

② 辅助使用房间是为保证建筑物的主要使用要求而设置的，与主要使用空间相比，其属于建筑物的次要部分，如公共建筑中的卫生间、储藏室及其他服务性房间，住宅建筑中的厨房、厕所等。

③ 交通联系空间是建筑物中各房间之间、楼层之间和室内与室外之间联系的空间，如各类建筑物中的门厅、走道、楼梯间、电梯间等。

图 2-1 所示为一教学楼的平面图，其中教室、教师休息室为主要使用房间，卫生间、饮水处、配电室为辅助使用房间，门厅、楼梯间、走道为交通联系空间，主要使用房间和辅助使用房间通过门厅、楼梯间和走道将各部分房间连接成有机的整体。图 2-2 为某住宅平面图，图 2-3 为某住户的三维视图。其中，客厅和卧室为主要使用房间，卫生间和厨房为辅助使用房间，走道和楼梯间为交通联系空间。

2.1.2 建筑平面设计的任务

建筑平面设计的任务，就是充分研究以上几个部分的特征和相互关系，以及平面与周围环境的关系，在各种复杂的关系中找出平面设计的规律，使建筑能满足功能、技术、经济、美观的要求。

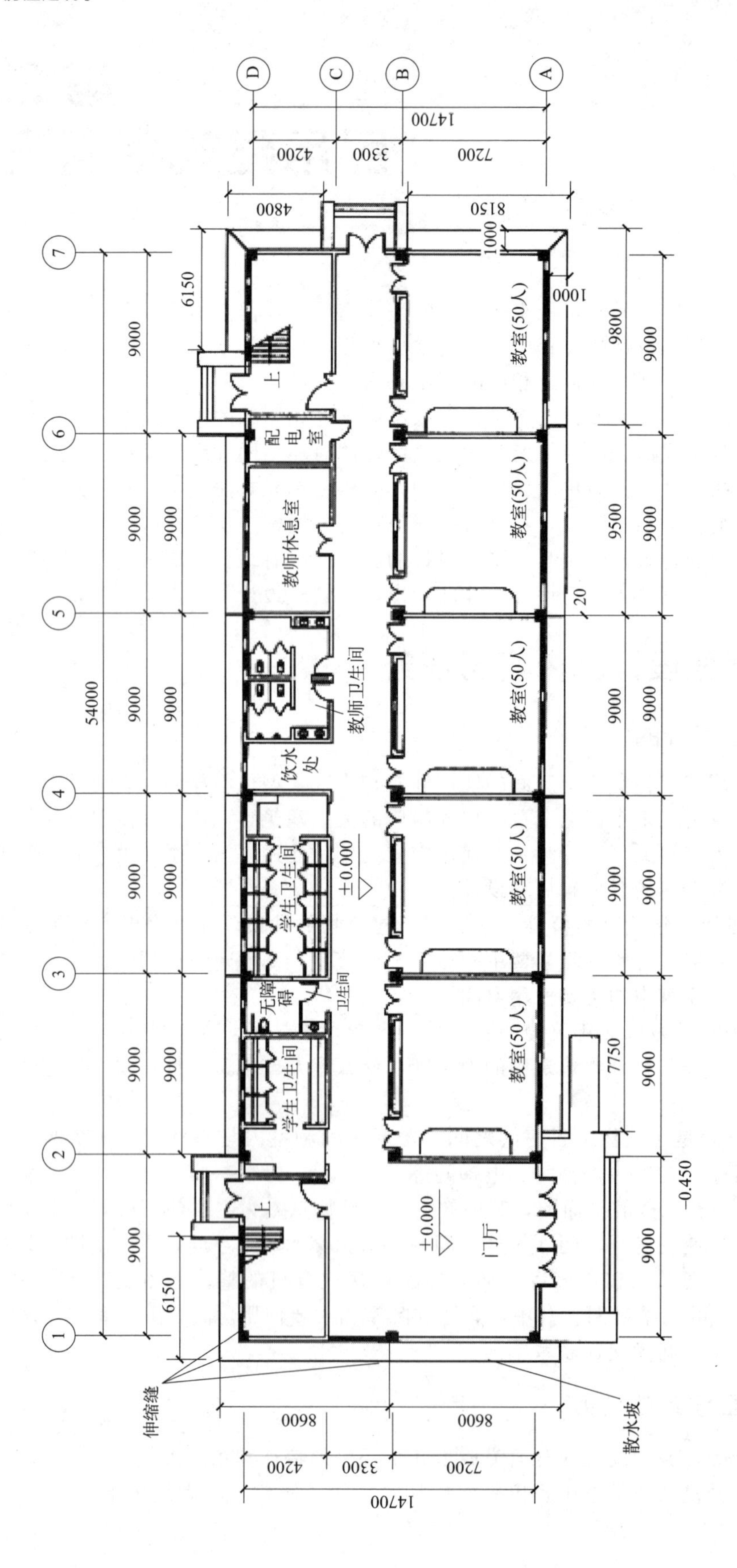

D
C
B
A
14700
4200
3300
7200
4800
8150
1000
1000
6150
9800
9500
9000
7750
20
54000
1
2
3
4
5
6
7
上
配电室
教师休息室
教师卫生间
饮水处
学生卫生间
无障碍卫生间
±0.000
门厅
−0.450
教室(50人)
教室(50人)
教室(50人)
教室(50人)
教室(50人)
伸缩缝
散水坡
8600
8600

图 2-1 某教学楼平面图

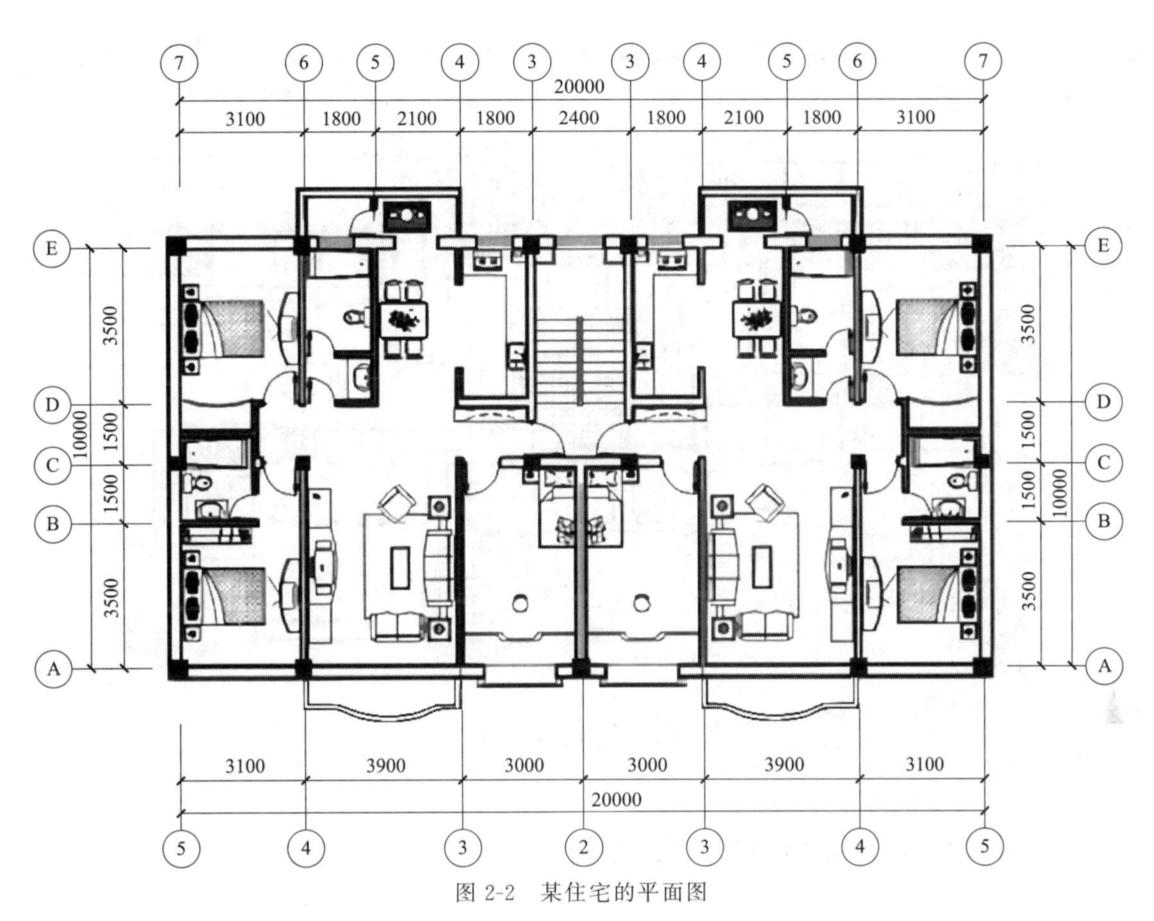

图 2-2　某住宅的平面图

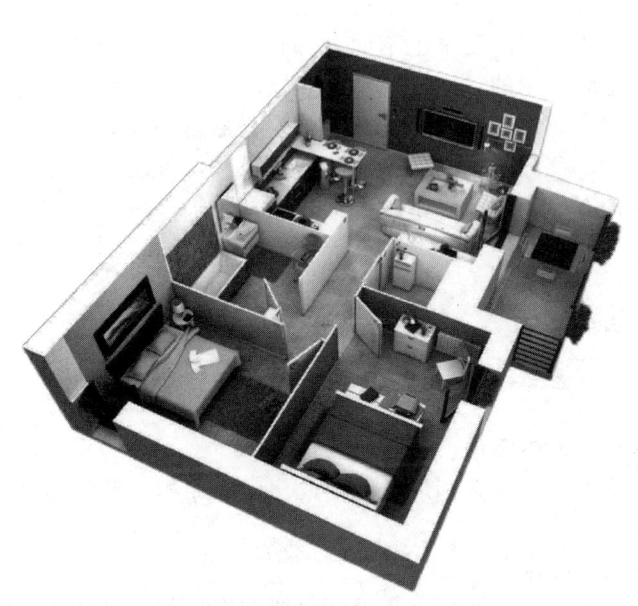

图 2-3　某住户的三维视图

建筑平面设计解决建筑物在水平方向各房间的具体设计，以及各房间之间的关系问题，是建筑设计的重要内容。进行平面设计时，根据功能要求确定房间合理的面积、形状和尺寸以及门窗的大小、位置；满足日照、采光、通风、保温隔热、隔声、防潮、防水、防火、节能等方面的需要；考虑结构的可行性和施工的方便；保证平面组合合理、功能分区明确，如图 2-4 所示。

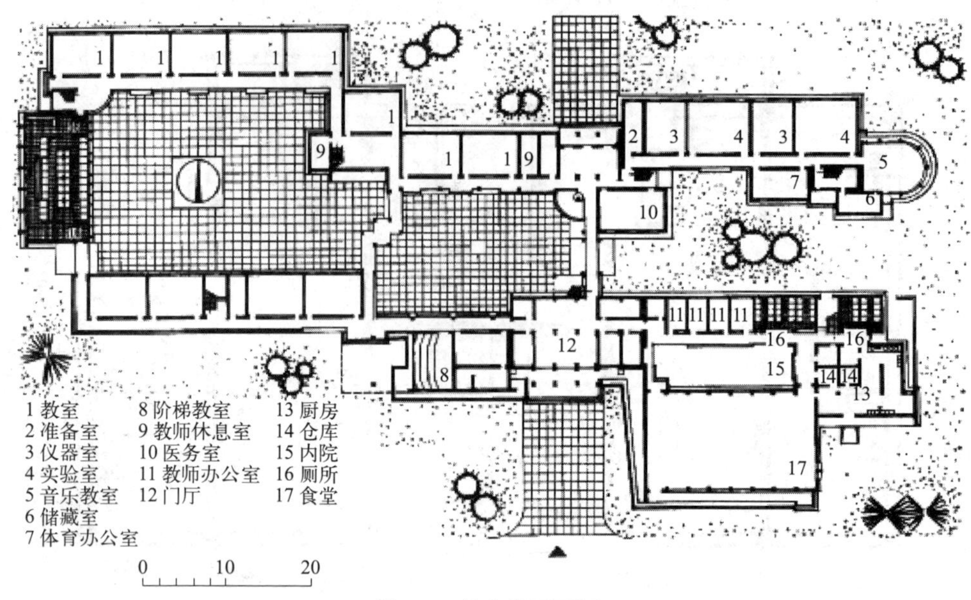

图 2-4 某中学平面图

2.2 主要使用房间的平面设计

主要使用房间，是指供人们工作、学习、生活、娱乐等的房间。由于建筑类别不同，使用功能不同，因此对使用房间的要求也不同。如住宅中的卧室是满足人们休息、睡眠用的；教学楼中的教室是满足教学用的；电影院中的观众厅是满足人们观看电影和集会用的。虽然如此，总的来说，使用房间设计应考虑的基本因素仍然是一致的，即要求有适宜的尺度，足够的面积，恰当的形状，良好的朝向、采光和通风条件，方便的内外交通联系，能有效地利用建筑面积，以及结构布局合理和便于施工等。

2.2.1 设计要求

(1) 满足使用特点的要求

不同功能要求的建筑类型，具有不同的使用特点，因此房间在空间形式上也会有所不同。

(2) 满足室内家具、人体活动、设备的要求

不同的房间会布置不同的家具和设备，因此房间的面积、形状和尺寸要满足室内使用活动和家具、设备的布置要求。

(3) 满足通风采光的要求

不同性质的房间有不同的采光要求。设计时要在满足相应采光要求的基础上，考虑通风要求，要有利于穿堂风的形成。

(4) 满足安全的要求

一是保证结构方面的安全，做到结构布置合理，且便于施工；二是安全疏散，做到交通联系便捷，满足防火规范的要求。

(5) 满足审美的要求

室内空间尺度适宜，比例恰当，色彩协调，给人以舒适愉悦之感。

2.2.2　主要使用房间的分类

主要使用房间按功能要求的分类如表 2-1 所示。

表 2-1　主要使用房间的分类

类别	举例
生活用房	居住建筑中的起居室、卧室，宿舍和宾馆的客房等
工作、学习用房	各类建筑中的办公室，学校的教室、实验室等
公共活动用房	商场的营业厅，剧院、电影院的观众厅、休息厅等

一般来说，生活、工作、学习用房要求相对安静，少干扰，由于人们在其中停留的时间相对较长，因此需要具有良好的朝向；公共活动用房的主要特点是人流比较集中，通常进出频繁，因此室内活动和交通组织比较重要，特别是人流疏散问题较为突出。

2.2.3　房间的面积

典型房间的面积组成一般包括家具所占用的面积、人的使用活动面积和房间内部的交通面积。由图 2-5 的面积分析示意图可知，房间使用面积的确定，除了需要掌握家具、设备所需的数量和尺寸外，还需要了解室内活动和交通面积的大小，这些面积的确定又与人体的基本尺寸及与其活动有关的人体工学方面的基本知识密切相关。例如，教室平面中学生就座、起立时桌椅近旁必要的使用活动面积，入座、离座时需要的最小通行宽度，以及教师讲课时在黑板前的活动面积等。因此，房间的面积确定实际上就是确定各组成部分的面积。

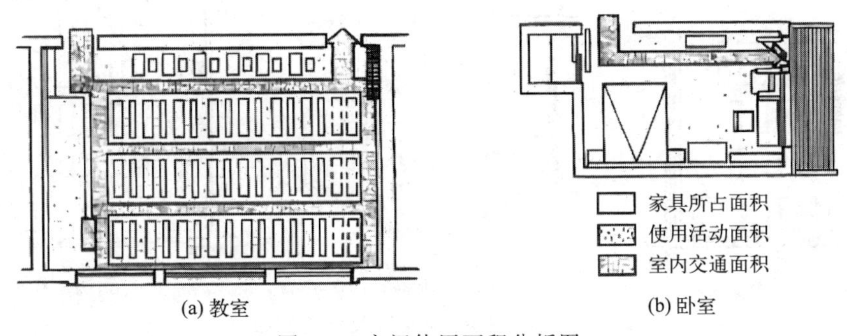

(a) 教室　(b) 卧室

图 2-5　房间使用面积分析图

影响房间面积的因素有以下几个方面：

① 房间用途、使用特点及其要求；

② 房间容纳人数的多少；

③ 家具设备的品种、规格、数量及布置方式；

④ 室内交通情况和活动特点；

⑤ 采光、通风要求；

⑥ 结构合理性以及建筑模数要求等。

在实际设计工作中，各类建筑主要使用房间的面积指标，均在国家或政府颁布的相关建筑法规中一一给出，供设计人员参考和直接采用，据此由房间容纳人数和面积定额算得房间的总面积。表 2-2 是部分民用建筑房间面积定额参考指标。

表 2-2 部分民用建筑房间面积定额参考指标

项目	房间名称	面积指标/(m^2/人)	备注
中小学	普通教室	1.36～1.39	小学取下限
办公室	一般办公室	4.0	不包括走道
铁路旅客站	普通候车室	1.1	
图书馆	普通阅览室	1.8～2.5	4～6座双面阅览桌

2.2.4 房间的形状

民用建筑常见的房间形状可以是矩形、方形、多边形、圆形以及不规则形。工业建筑的房间形状在满足生产工艺要求的前提下也多以矩形居多，将在本书 14.5 节中进行介绍。在设计中，应从使用要求、平面组合、结构形式与结构布置、经济条件、建筑造型等多方面进行综合考虑，选择合适的平面形状。在实际工程中，矩形是优先选择也是选择最多的平面形状。其原因在于，矩形形状规则，便于家具布置和设备安装，能充分利用房间的有效面积，有较大的灵活性。同时，由于墙身平直，便于施工，结构布置和预置构件的选用较易解决，也便于统一建筑开间和进深，利于建筑平面的组合。如图 2-6(a) 所示，矩形教室即为最普遍使用的教室平面布局，便于教室的平面组合。当然，矩形也不是唯一的平面形式。就中小学教室而言，在满足视听及通行要求的条件下，也可采用方形及六角形平面形式［图 2-6(b)、(c)］。方形教室的优点是进深加大，长度缩短，外墙减少，交通线路也相应缩短，同时，方形教室缩短了最后一排的视距，视听条件有所改善。但为了保证水平视角的要求，前排两侧均不能布置课桌椅。

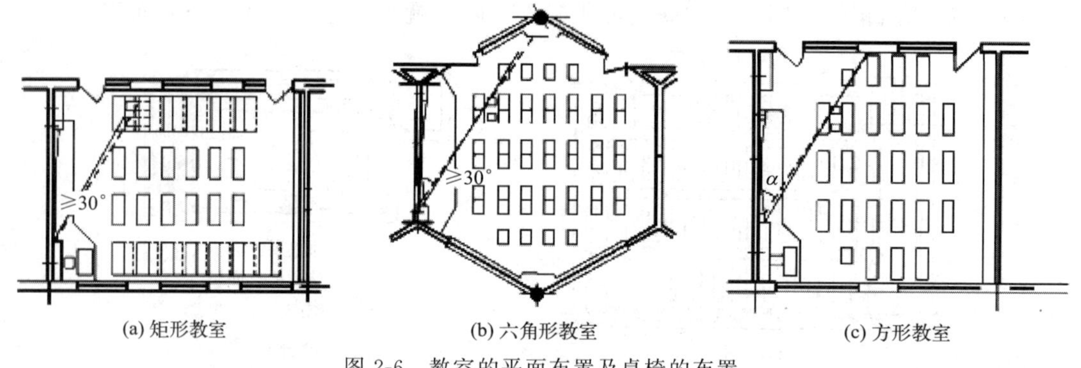

(a) 矩形教室　(b) 六角形教室　(c) 方形教室

图 2-6 教室的平面布置及桌椅的布置

在某些特殊情况下如有较高视听要求的房间，采用非矩形平面形状如六边形、钟形、扇形、圆形等，往往具有较好的功能适应性，或易于形成极有个性的建筑造型，如图 2-7 所示。

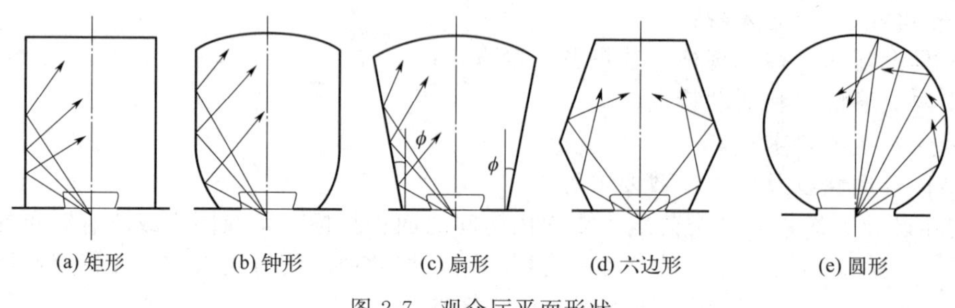

(a) 矩形　(b) 钟形　(c) 扇形　(d) 六边形　(e) 圆形

图 2-7 观众厅平面形状

2.2.5　房间的尺寸

在确定房间面积和形状的基础上，房间的尺寸便可以确定下来。房间尺寸通常是指房间的开间和进深，而面宽往往可由一个或多个开间组成。在房间面积相同情况下开间和进深有多种组合，因此要使房间尺寸合适，应根据以下几方面要求来综合考虑：

(1) 满足家具设备布置和人体活动的要求

家具的尺寸和布置方式以及人体活动空间，不仅影响到房间的使用面积，也影响房间的尺寸。以住宅中的卧室为例，其平面尺寸的计算应考虑床、床头柜、书桌、衣柜等家具的布置方式及尺寸，如图 2-8 所示。主卧室开间尺寸常取 3300～3600mm，进深尺寸常取 3900～4500mm；次卧室开间尺寸常取 2700～3300mm。医院病房的开间进深尺寸主要是满足病床的布置和人员活动的要求，3～4 人病房开间尺寸常取 3300～3600mm，6～8 人病房开间尺寸常取 5700～6000mm，见图 2-9。

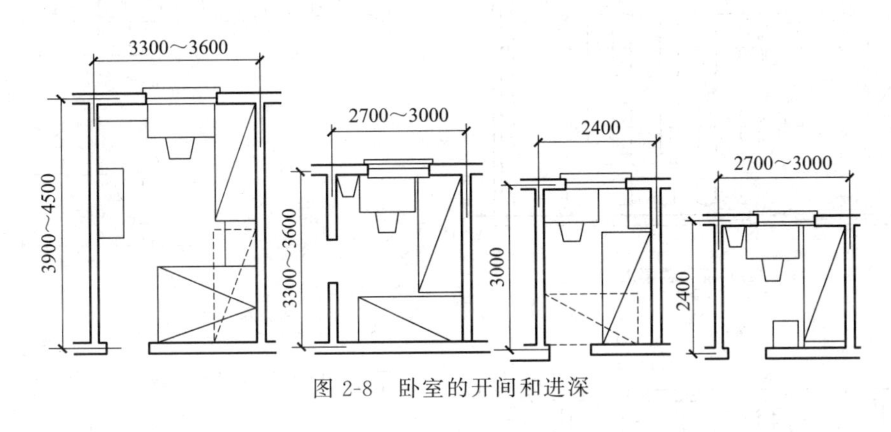

图 2-8　卧室的开间和进深

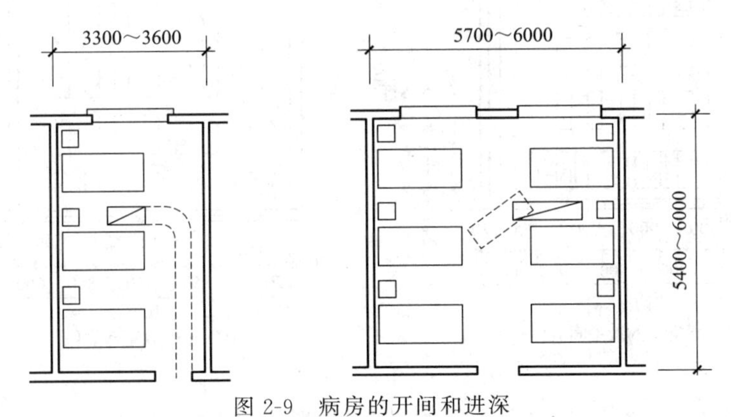

图 2-9　病房的开间和进深

(2) 满足视听要求

有的房间在确定平面尺寸时，除了要满足家具设备布置及人体活动要求以外，还应重点保证良好的视听条件，如教室、会堂、观众厅等。为使前两排靠边座位不至太偏，最后排座位不至太远，必须根据水平视角、视距、垂直视角的要求，认真研究座位的布置排列，确定出适合的房间平面尺寸。

下面以中学教室的视听要求来做一简要说明：

① 为防止第一排座位离黑板面太近，垂直视角太大，第一排座位到黑板的距离必须大于等于 2.0m（以保证垂直视角不大于 45°）。

② 为防止最后一排座位离黑板面太远影响学生的视力和听力，最后一排至黑板面的距离不宜大于 8.5m。

③ 为避免学生过于斜视而影响视力，水平视角（前排边座与黑板远端的水平夹角）应大于等于 30°。

按照以上原则，并结合家具布置、学生活动、建筑模数要求等，一般教室的常用尺寸为（6.0m×9.0m）～（6.9m×9.9m）等规格。如中学教室的平面尺寸常取 6.3m×9.0m、6.6m×9.0m、7.2m×9.0m、8.1m×8.1m，见图 2-10。

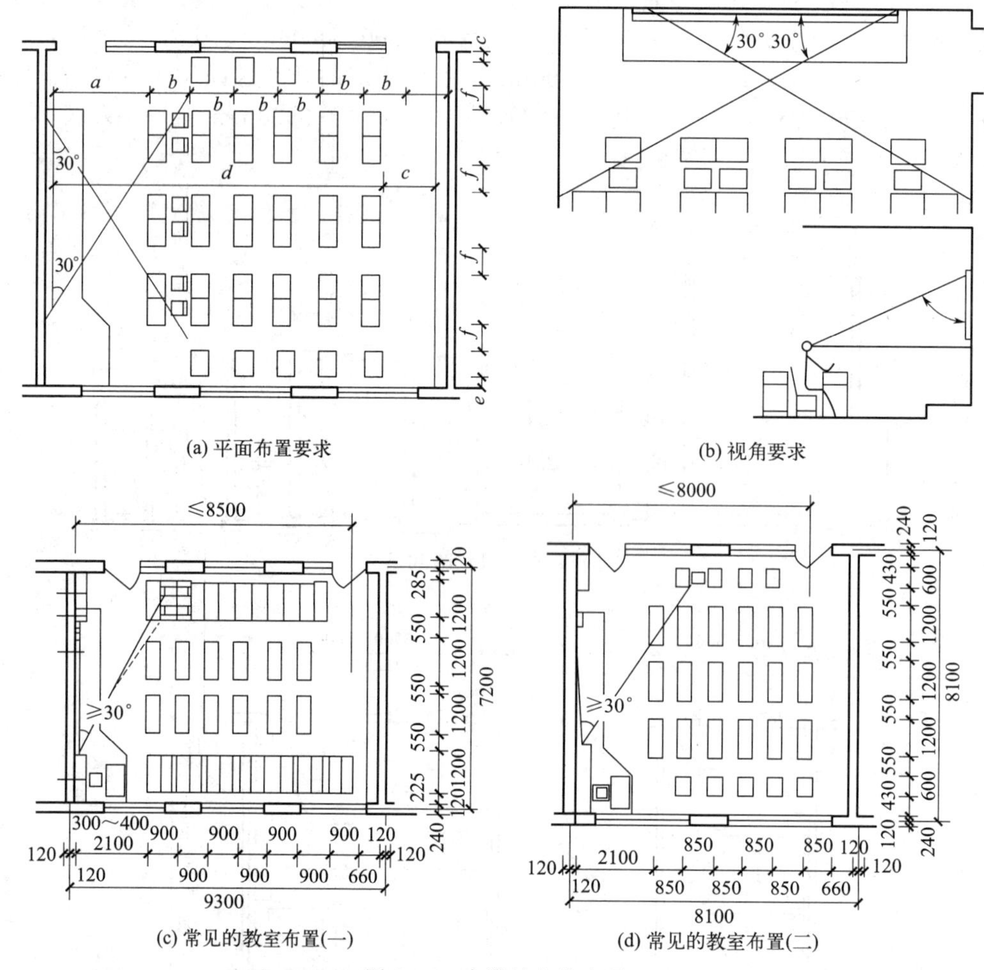

(a) 平面布置要求　(b) 视角要求

(c) 常见的教室布置(一)　(d) 常见的教室布置(二)

图 2-10　中学教室的布置

$a \geqslant 2200$；$b \geqslant 900$；$c \geqslant 1100$；$d \leqslant 9000$；$e \geqslant 150$；$f \geqslant 600$

(3) 有良好的天然采光

民用建筑除少数有特殊要求的房间如演播室、观众厅等以外，均要求有良好的天然采光。一般房间多采用单侧或双侧采光，因此，房间的深度常受到采光的限制。为保证室内采光的要求，一般单侧采光时房间进深不大于窗上口至地面距离的 2 倍，双侧采光时进深可较单侧采光时增大一倍。因此房间的进深应根据层高及开窗高度、考虑采光要求来综合考虑。图 2-11 为采光方式对房间进深的影响。

(4) 有合适的比例

比例得当的房间，常常是使用方便而且视觉观感好的，而比例失调如开间较小而进深过

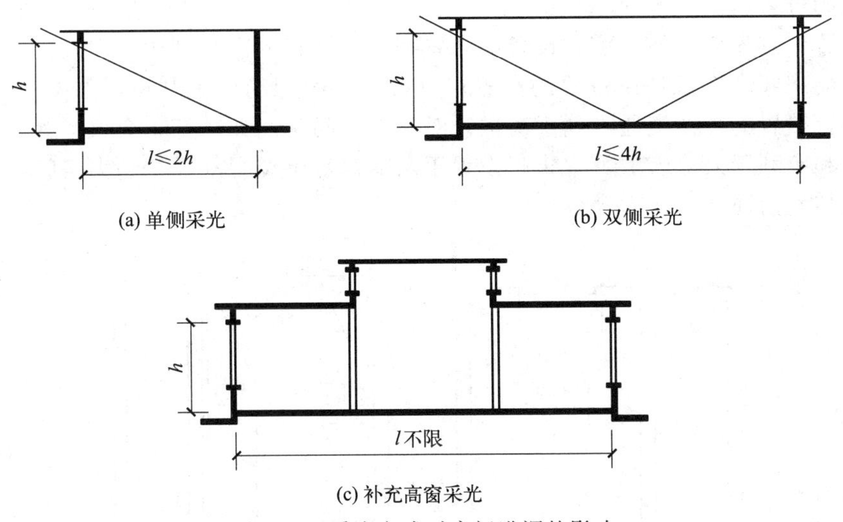

图 2-11　采光方式对房间进深的影响

大的房间，常常是既不好用也不美观的。一般房间的开间进深比例在（1∶1）～（1∶2）为宜，能控制在 1∶1.5 左右为最好。

(5) 符合建筑模数协调统一标准的要求

为了提高建筑工业化水平，要求房间的开间和进深采用统一适当的模数尺寸。按照建筑模数统一协调标准的规定，房间的开间进深尺寸一般以 300mm 为模数。

2.2.6　房间中门的设置

房间中门的作用是供人们出入房间和各房间之间的交通联系，有时也兼采光和通风。同时门也是外围护结构的组成部分。因此，门设计是一个综合性的问题，它的大小、数量、位置及开启方式，会直接影响到房间的通风和采光、家具的布置、房间面积的有效利用、人流活动及交通疏散、建筑外观及经济性等各个方面。

(1) 门的大小和数量

平面设计中，门的大小是指门的宽度，其最小宽度取决于人体尺寸、通过的人流股数及家具设备的大小等。一般单股人流通行的最小宽度取 550～600mm，一个人侧身通行需要 300mm 宽。门的最小宽度一般为 700mm，常用于住宅中的厕所、浴室。住宅中卧室门的宽度常取 900mm，这样的宽度可使一个携带物品的人方便地通过，也能搬进床、柜等尺寸较大的家具。厨房、阳台的门宽可取 800mm，这些较小的门窗开启时可以少占室内的使用面积，对于住宅这类平面要求紧凑的建筑，显得尤其重要。住宅入户门考虑家具尺寸，常取 1000mm。普通教室、办公室等的门应考虑一人正常通行，另一人侧身通行，常采用 1000mm。当房间面积较大，使用人数较多时，单扇门宽度小，不能满足通行要求，应相应增加门的宽度或数量。当门宽大于 1000mm 时，为了开启方便和少占使用面积，应根据使用要求采用双扇门或多扇门。双扇门的宽度可为 1200～1800mm，四扇门的宽度可为 1800～3600mm。

按照《建筑设计防火规范》(GB 50016—2014) 的要求，公共建筑内房间的疏散门数量经计算确定且不应少于 2 个。对于一些大型公共建筑如影剧院的观众厅、体育馆的比赛大厅等，由于人流集中，为保证紧急情况下人流迅速、安全地疏散，所有内门、外门、楼梯和走道的各自总净宽度，应根据疏散人数按每 100 人的最小疏散净宽度规定计算确定。

（2）门的位置和开启方向

门的位置，首先应该便于家具设备的布置和室内面积的充分利用。门位置设置的是否合适将直接影响房间内部家具设备等的布置，以及室内面积的合理利用，如图 2-12 所示。其次，门的位置设置应方便交通，利于疏散。对于多开间房间如教室、会议室等，为了便于组织内部交通和有利于人流疏散，常将门设置于两端；对于像观众厅等超大房间，为了便于疏散，常将门与室内通道结合起来设计。

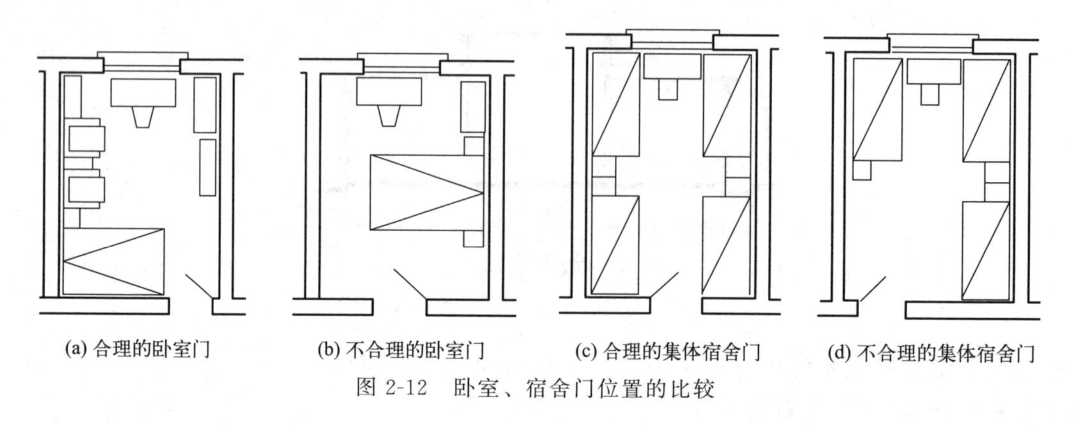

图 2-12　卧室、宿舍门位置的比较

为了便于平面组合，门的开启通常采用房间门向内开的方式，以免影响走廊交通，且应防止门扇相互碰撞，如图 2-13 所示。人流进入比较频繁的建筑物的门常采用双向开启的弹簧门；剧院、礼堂等人流集中的观众厅的疏散门必须向外开。

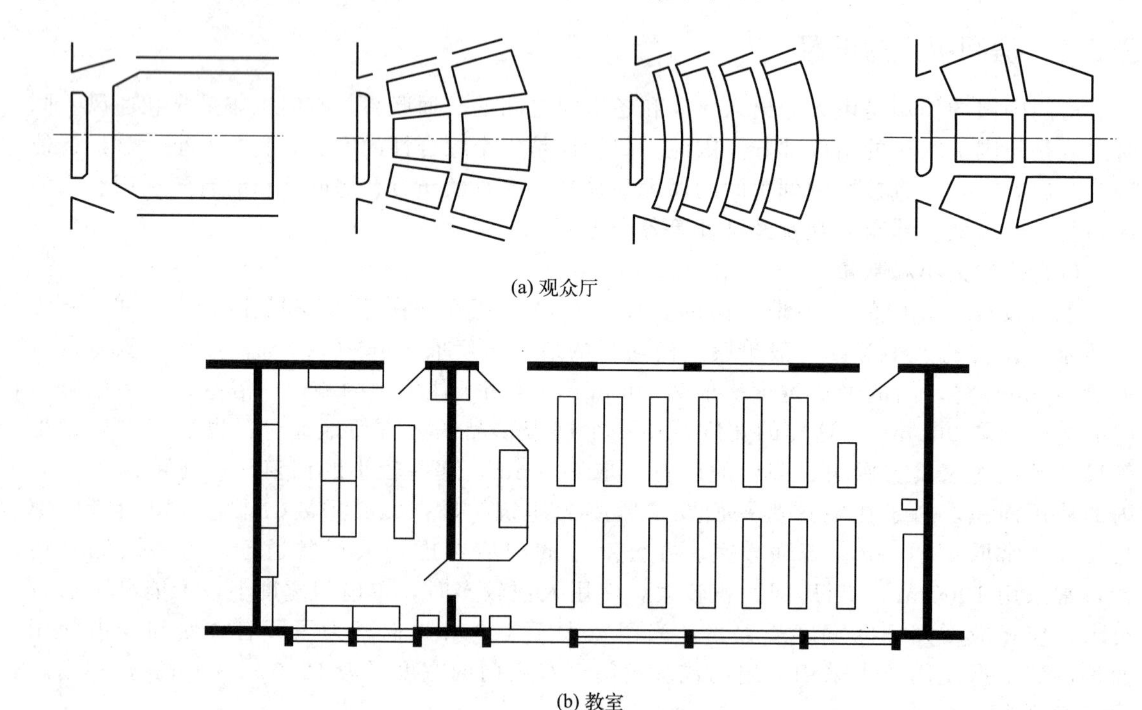

图 2-13　门与室内通道位置关系

有的房间由于平面组合的需要，几个门的位置比较集中，并且经常需要同时开启，这时要注意协调几个门的开启方向，防止门开启时相互碰撞和妨碍人们通行（图 2-14）。

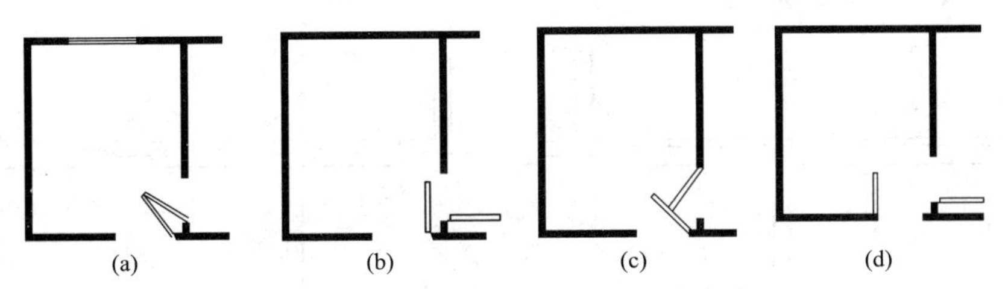

图 2-14　房间两个门靠近时的开启方式

2.2.7　房间中窗的设置

窗在建筑中的主要作用是采光通风，也是围护结构的一部分。窗的设计内容包括其大小、数量、形状、位置及开启方式等。这些都直接影响采光、通风、立面造型、建筑节能和经济性等。为避免窗扇开启时占用室内空间，大多数的窗扇采用外开方式或推拉开启方式。

(1) 窗的面积

窗的面积大小取决于房间的用途对环境明亮程度的要求，设计时根据房间的用途由有关建筑设计规范查得采光等级及相应的窗地面积比指标，计算出窗的面积。表 2-3 给出民用建筑部分房间窗地面积比指标（窗地面积比，窗口面积与地面面积之比），可供设计时参考。

表 2-3　民用建筑部分房间窗地面积比指标

采光等级	视觉工作特征		房间名称	窗地比
	工作或活动要求精确度	要求识别的最小尺寸/mm		
Ⅰ	极精密	＜0.2	绘图室、制图室、画廊、手术室	(1∶3)～(1∶5)
Ⅱ	精密	0.2～1	阅览室、医务室、健身房、专业实验室	(1∶4)～(1∶6)
Ⅲ	中精密	1～10	办公室、会议室、营业厅	(1∶6)～(1∶8)
Ⅳ	粗糙	＞10	观众厅、居室、盥洗室、厕所	(1∶8)～(1∶10)
Ⅴ	极粗糙	不做规定	储藏室、门厅、走廊、楼梯	1∶10 以下

当然，采光要求也不是确定窗口面积的唯一因素，还应结合通风要求、朝向、建筑节能、立面设计、建筑经济等因素综合考虑。气候炎热地区，可适当增大窗口面积以争取通风量，寒冷地区为防止冬季热量从窗口过多散失，在保证采光要求下可适当减小窗口面积。有时，为了取得一定立面效果，窗口面积可根据造型设计的要求统一考虑。从建筑节能与节约造价角度来看，窗口面积亦不能过大，因为窗口是建筑保温与隔热的薄弱环节。然而在实践中，为了建筑美观而加大窗口面积的情况也是经常存在的。设计中应具体问题具体对待，切忌生搬硬套。

(2) 窗的位置

窗的位置应考虑采光、通风、室内家具布置和建筑立面效果等要求。窗的位置也决定了室内采光是否均匀，有无暗角和眩光。如果房间的进深较大，同样面积的矩形窗采用竖向布置，可使房间进深方向的采光比较均匀。如教室为了保证学生的视觉要求，在一侧采光情况下，窗应该在学生左边，窗间墙宽度一般不应大于 80cm，以保证室内光线均匀。同时为避免产生眩光，靠近黑板处最好不要开窗，一般距离黑板不应小于 80cm，如靠近黑板处一定要开窗，应设窗帘或用不反光毛玻璃黑板（图 2-15）。

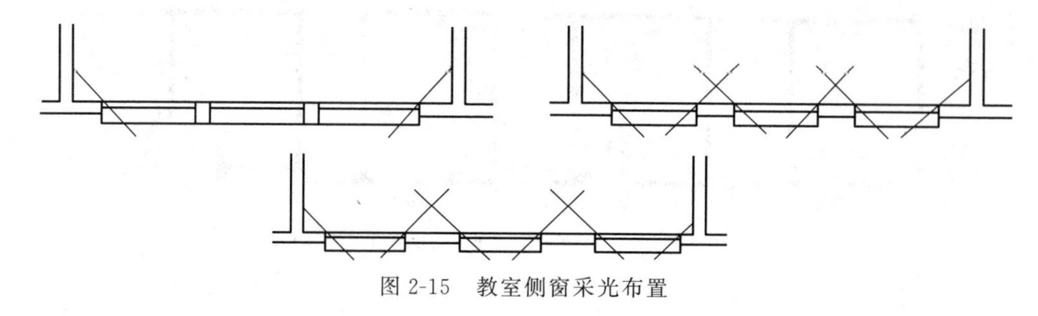

图 2-15 教室侧窗采光布置

为了使采光均匀，通常将窗居中布置于房间的外墙上，但这样的窗位有时会使两边的墙都小于摆放家具所需要的尺度，应灵活布置窗位，使其偏向一边。有时为避免眩光的产生，也会使窗偏向一边。

窗的位置对室内通风效果的影响也很明显。门窗的相对位置采用对面通直布置时，室内气流通畅，同时，也要尽可能使穿堂风通过室内使用活动部分的空间。图 2-16 所示为门窗平面位置对气流组织的影响。图中所示为教室平面，常在靠走廊一侧开设高窗，以调节出风通路，改善教室内的通风条件。

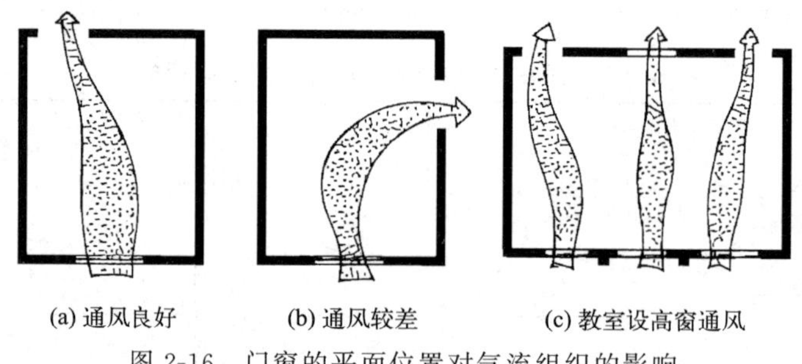

(a) 通风良好　(b) 通风较差　(c) 教室设高窗通风

图 2-16 门窗的平面位置对气流组织的影响

2.3 辅助使用部分的平面设计

辅助使用房间是指为主要使用房间提供服务的房间，如厕所、盥洗室、浴室、厨房、通风机房、配电房等。这些房间在整个建筑平面中虽然属于次要地位，但却是不可缺少的部分，直接关系到人们使用方便与否。

辅助使用房间平面设计的原理和方法与主要使用房间基本相同。但由于这类房间内大多布置有管道和设备，因此，设计时受到的限制较多，需合理布置。

2.3.1 卫生间设计

不同类型的建筑，辅助用房的内容、大小、形式均有所不同，而其中卫生间（民用建筑中的厕所、盥洗室、浴室，通称为卫生间）是最为常见的辅助使用房间，其特点是用水频繁，平面设计应满足以下要求：

① 在满足设备布置及人体活动要求前提下，力求布置紧凑，以节约面积。

② 公共建筑的卫生间，使用人数较多，应有足够的天然采光和自然通风；住宅、旅馆客房的卫生间，仅供少数人使用，允许间接采光或无采光，但必须设有通风换气设施。

③ 为了节省上下水管道，卫生间宜左右相邻，上下对应。

④ 位置既要相对隐蔽，又要便于到达。

⑤ 要妥善处理防水排水问题。

⑥ 满足无障碍设计要求。

卫生间设备主要有大便器、小便器、洗手盆、污水池等。大便器有蹲式和坐式两种。小便器有小便斗和小便槽两种。图 2-17 为卫生设备所需的尺寸。

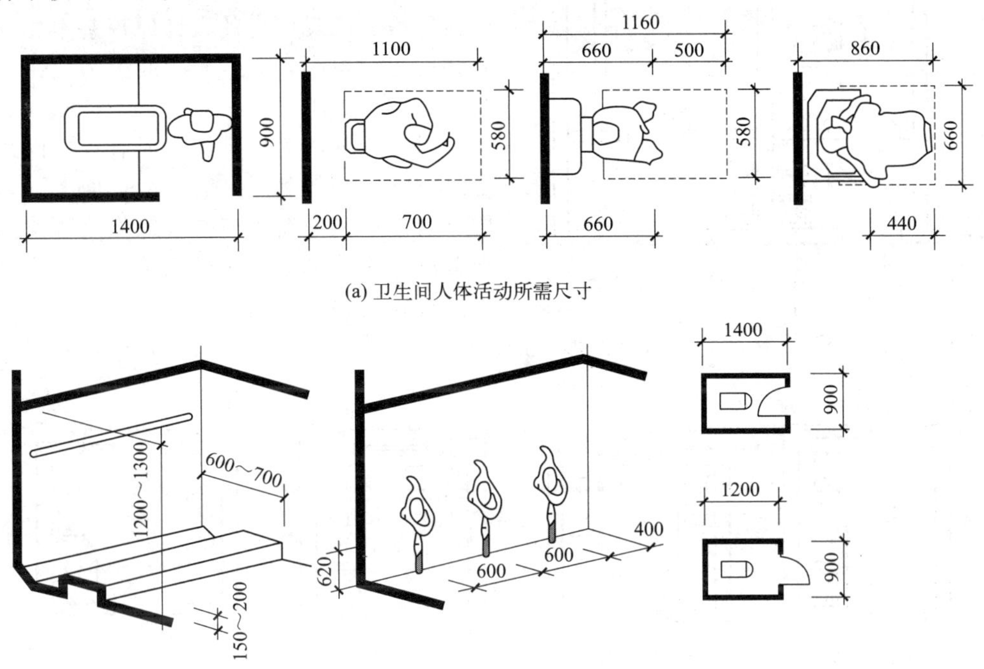

(a) 卫生间人体活动所需尺寸

(b) 厕所单间及卫生设备间距

图 2-17　卫生设备及人体必要的活动尺寸

公共建筑中卫生间内大便器的布置方式一般有单排式和双排式两种。其布置方式以及尺寸要求如图 2-18 所示。

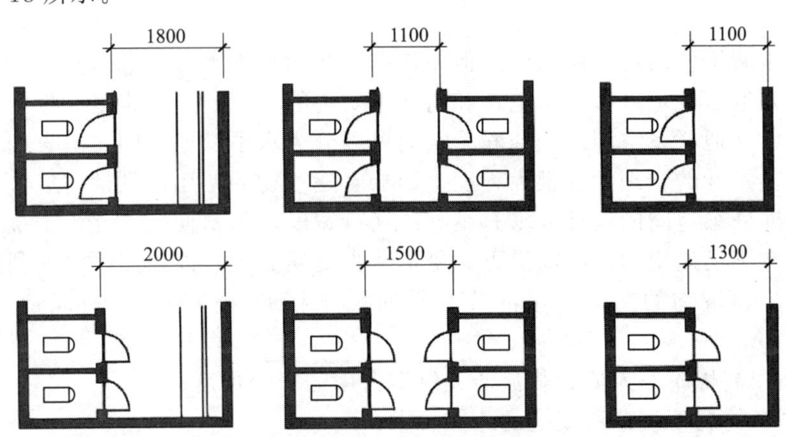

图 2-18　卫生间平面的组合方式

卫生间的平面布置方式分为有前室和无前室两种。有前室的卫生间常用于公共建筑中，它有利于隐蔽，可以改善通往卫生间的走道和过厅的卫生条件。前室设双重门，通往卫生间的门可设弹簧门，以便于随时关闭。前室内一般设有洗手盆及污水池，为保证必要的使用空间，前室的深度应不小于 1.5m（图 2-19）。当卫生间面积小，不可能布置前室时，应注意门的开启方向，务必使卫生间蹲位及小便器处于隐蔽位置。

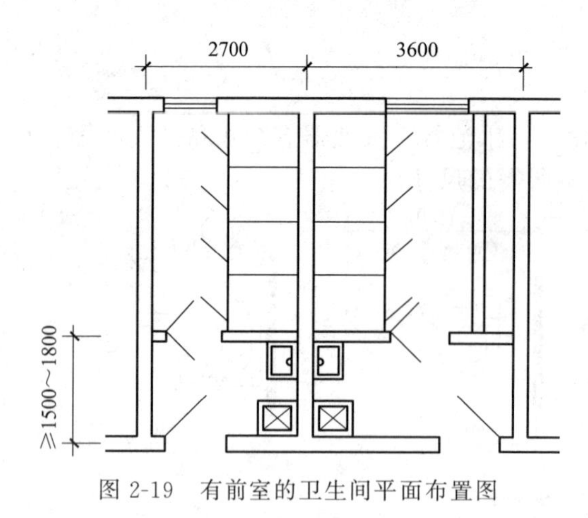

图 2-19 有前室的卫生间平面布置图

2.3.2 厨房设计

厨房分为专用厨房和公共厨房。住宅、公寓内的厨房是专用厨房，食堂、饭店的厨房是公共厨房。两类厨房的设计原理基本相同，但公共厨房规模大，分区和流线更为复杂，往往是多个空间的组合。

以专用厨房为例，厨房应有良好的采光和通风条件；高效利用空间；墙地面考虑防水并便于清洁；室内布置应符合操作流程。厨房的布置形式有单排、双排、L 形、U 形等几种，单排布置的最小开间为 1.8m，双排布置的最小开间为 2.4m，U 形布置主要用于方形平面。图 2-20 为厨房布置的几种形式。

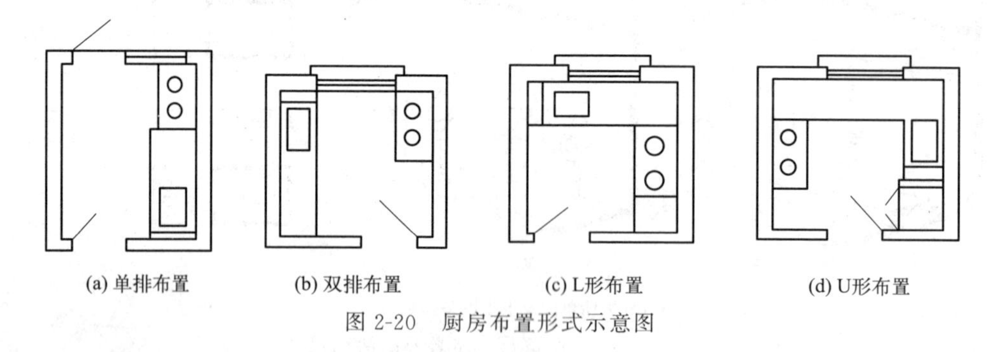

图 2-20 厨房布置形式示意图

2.4 交通联系部分的平面设计

建筑物是由若干使用房间组成的，但使用房间之间在水平方向和垂直方向的联系及其与室外的联系，是通过走道、楼梯、电梯和门厅来实现的，因此，将走道、楼梯、电梯、门厅等称为建筑物的交通联系空间。交通联系空间可以分为水平交通空间、垂直交通空间、交通枢纽空间等，其设计的合理性在很大程度上影响着建筑物的使用便利性与经济性。

因此，交通联系空间的设计要求有足够的通行宽度，联系便捷，互不干扰，通风采光良好等。此外，在满足使用功能的前提下，尽量减少交通面积，以提高平面的利用率。

一般说来，建筑物的交通联系部分的平面尺寸和形状的确定，可以从以下方面进行考虑：

① 满足使用高峰时段人流、货流通过所需占用的安全尺度；

② 符合紧急情况下规范所规定的疏散要求；

③ 方便各使用空间之间的联系；

④ 满足采光、通风等方面的需要。

2.4.1 走道

走道也称走廊或过道，属于建筑物中的水平联系空间，其作用主要是联系同层内各个房间，有时兼有其他功能。如教学楼中的走道，除了用作交通联系，还可作为学生课间休息活动的场所；医院门诊部的走道除了供人流通行，还可供病人候诊之用。

走道的平面设计即确定走道的宽度、长度及采光处理。

① 走道的宽度。走道的宽度主要根据人流通行、安全疏散、空间感受来综合确定。一般情况下，根据人体尺度及人体活动所需空间尺寸确定走道的宽度，单股人流走道宽度尺寸为 900mm，两股人流走道宽度尺寸为 1100～1200mm，三股人流走道宽度尺寸为 1500～1800mm。而对于有大量人流通过的走道，或者对于有特殊使用功能的建筑，根据使用情况，相关规范都对其走道的宽度做出了详细的要求。例如，考虑到青少年行为的特点以及人员使用密集的情况，民用建筑中中小学校的设计规范规定，中小学校内每股人流的宽度应按 600mm 计算，其疏散通道宽度最少应为 2 股人流，并应按 600mm 的整数倍增加疏散通道宽度；当走道为内廊，也就是两侧均有使用房间的情况下，其净宽度不得小于 2400mm；而当走道为外廊，也就是单侧连接使用房间，并为开敞式明廊时，其净宽度不得小于 1800mm。又如，考虑到使用的特殊性，医院的设计规范规定，通行推床的室内走道，其净宽不应小于 2100mm；利用走道单侧候诊者，其走道净宽不应小于 2100mm，而两侧候诊者，其净宽不应小于 2700mm（即按再增加一股人流计算），等等。在实际设计中，如果走道还兼有其他功能时，应视情况适当加宽，并根据情况考虑无障碍设计的要求。

② 走道的长度。走道的长度根据房间组合的需要来确定，并受消防疏散的限制。这里的长度是指到达消防出口，例如到达消防楼梯间或直接对外的出口门之间的距离。简言之，即为房间门到疏散口（楼梯、门厅等出口）的距离。而房间门到疏散口的疏散方向有双向和单向之分，因此将双向疏散的走道称为普通走道；单向疏散的走道称为袋形走道（图 2-21）。走道的长度直接影响火灾时紧急疏散人员所需要的时间，而这个时间限度又是与建筑物的耐火等级有关，因此，走道的长度根据建筑物的性质和耐火等级确定，现行《建筑设计防火规范》（GB 50016—2014）中做了规定（表 2-4）。

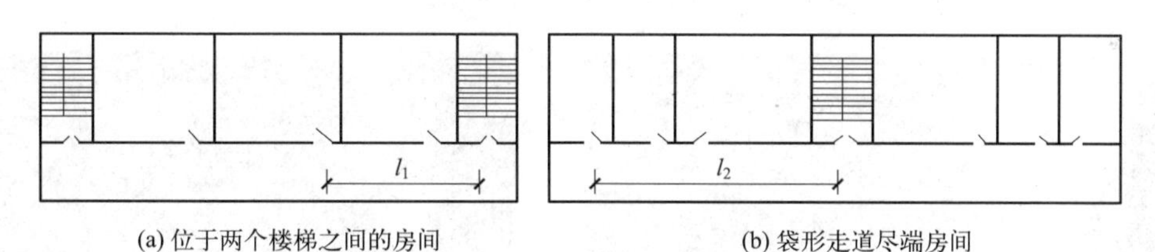

(a) 位于两个楼梯之间的房间　　(b) 袋形走道尽端房间

图 2-21　疏散距离示意图

表 2-4　直通疏散走道的房间疏散门至最近安全出口的直线距离　　单位：m

名称			位于两个安全出口之间的疏散门			位于袋形走道两侧或尽端的疏散门		
			耐火等级			耐火等级		
			一、二级	三级	四级	一、二级	三级	四级
托儿所、幼儿园、老年人建筑			25	20	15	20	15	10
歌舞娱乐放映游艺场所			25	20	15	9	—	—
医疗建筑	单、多层		35	30	25	20	15	10
	高层	病房部分	24	—	—	12	—	—
		其他部分	30	—	—	15	—	—
教学建筑	单层、多层		35	30	25	22	20	10
	高层		30	—	—	15	—	—

续表

<table>
<tr><th colspan="2" rowspan="3">名称</th><th colspan="3">位于两个安全出口之间的疏散门</th><th colspan="3">位于袋形走道两侧或尽端的疏散门</th></tr>
<tr><th colspan="3">耐火等级</th><th colspan="3">耐火等级</th></tr>
<tr><th>一、二级</th><th>三级</th><th>四级</th><th>一、二级</th><th>三级</th><th>四级</th></tr>
<tr><td colspan="2">高层旅馆、展览建筑</td><td>30</td><td>—</td><td>—</td><td>15</td><td>—</td><td>—</td></tr>
<tr><td rowspan="2">其他建筑</td><td>单、多层</td><td>40</td><td>35</td><td>25</td><td>22</td><td>20</td><td>15</td></tr>
<tr><td>高层</td><td>40</td><td>—</td><td>—</td><td>20</td><td>—</td><td>—</td></tr>
</table>

注：1. 建筑内开向敞开式外廊的房间疏散门至最近安全出口的直线距离可按本表的规定增加 5m。

2. 直接疏散走道的房间疏散门至最近敞开楼梯间的直线距离，当房间位于两个楼梯间之间时，应按本表的规定减少 5m；当房间位于袋形走道两侧或尽端时，应按本表的规定减少 2m。

3. 建筑物内全部设置自动喷水灭火系统时，其安全疏散距离可按本表的规定增加 25%。

③ 走道的采光。考虑到采光、通风、防火、疏散和观感等要求，应减少走道的空间封闭感，除某些公共建筑走道可用人工照明外，一般走道应有直接的天然采光，采光面积比不应低于 1/10。例如走道尽端开窗，利用楼梯间、门厅或走廊两侧房间设高窗等。

2.4.2 门厅和过厅

(1) 门厅

门厅是公共建筑的主要出入口，其主要作用是接纳人流、疏导人流，室内外空间过度及衔接过道、楼梯等，是建筑物内部的主要交通枢纽。根据建筑物使用性质的不同，有时门厅还兼有其他功能需求，如医院的挂号间、导诊台等。在空间处理上，公共建筑的门厅往往会给人留下深刻的印象，如办公楼、银行、会堂等建筑的门厅往往给人以端庄大方的印象，而宾馆的门厅则要创造出温馨、亲切的气氛（图 2-22、图 2-23）。过厅一般位于体型较复杂的建筑物各分段的连接处或建筑物内部某些人流或物流的集中交汇处，起到缓冲的作用。因此，门厅和过厅是民用建筑设计中需要重点处理的部分。

图 2-22 某银行门厅

图 2-23 某宾馆门厅

导向性明确，是门厅和过厅设计中的重要问题。门厅和过厅作为交通枢纽，在遇到紧急疏散情况时，需要快速疏散人群，因此导向性明确非常重要，如宾馆门厅，旅客一进门就能够发现楼梯和总台的位置，办理手续后又很容易到达电梯厅，人流在其中往返上下很少干扰，交通路线较为明确。

门厅设计的要求如下：

① 位置突出。一般结合建筑主要出入口，面向主干道，便于人流出入。

② 导向性明确，交通流线简洁，尽量减少干扰和人流交叉。因此，门厅与走道、主要楼梯应有直接便捷的联系。

③ 入口处应设宽敞的雨篷或门廊等，供出入人流停留。对于大型公共建筑，门廊还应便于汽车通过。

④ 应设宽敞的大门以便出入，门厅对外出口的宽度按防火规范的要求不得小于通向该门厅的走道、楼梯宽度的总和。门的开启方向一般宜向外或采用弹簧门。

⑤ 应对顶棚、地面、墙面进行重点装饰处理，同时处理好采光和人工照明问题。门厅的面积大小应根据建筑的使用性质、规模及质量等因素来确定，设计时也可参考有关面积定额指标（表 2-5）。

表 2-5　部分建筑门厅面积设计参考指标

建筑名称	面积定额
中小学校	0.06～0.08m^2/人
食堂	0.08～0.18m^2/座
城市综合医院	11m^2/日百人次
旅馆	0.2～0.5m^2/床
电影院	0.13m^2/座

（2）过厅

为了避免人流过于拥挤，常在公共建筑的走道与楼梯间、走廊的转折处或走廊与人数较多房间的衔接处，将交通面积扩大成为过厅，起人流的转折与缓冲的作用。设计过厅时，应注意结合楼梯间、走廊、采光口来改善其采光条件。对于许多公共建筑而言，门厅和过厅的内部空间组织和所形成的体型、体量，往往可以成为建筑物设计中的活跃元素，或者是复杂建筑物形态中的关节点。例如许多大型商厦的门厅被处理为中庭（图 2-24），上面覆盖采光天窗，四周环绕多层购物空间，使得视觉通透，光线充足，形成良好的内部环境。

图 2-24　某公共建筑的中庭

2.5　建筑平面组合设计

每一幢建筑物都是由若干房间组合而成的。前面已经着重分析了组成建筑物的各种单个房间与交通联系空间的使用要求和平面设计。如何将这些单个房间与交通联系空间有机地组合起来，使之成为一幢使用方便、结构合理、体型简洁、构图完整、造价经济及与环境协调的建筑物，这就是平面组合设计的任务。

2.5.1　建筑平面功能分区

合理的功能分区是将建筑物的若干部分按不同的功能要求进行分类，并根据它们之间的密切程度加以划分，使之分区明确、联系方便。在分析功能关系时，常借助功能分析图来形象地表示各类建筑的功能关系及联系顺序（图 2-25）。按照功能分析图将性质相同、联系密切的房间邻近布置或组合在一起，将使用中有干扰的部分适当分隔，这样既满足了联系密切的要求，又能创造相对独立的使用环境（图 2-26～图 2-28）。

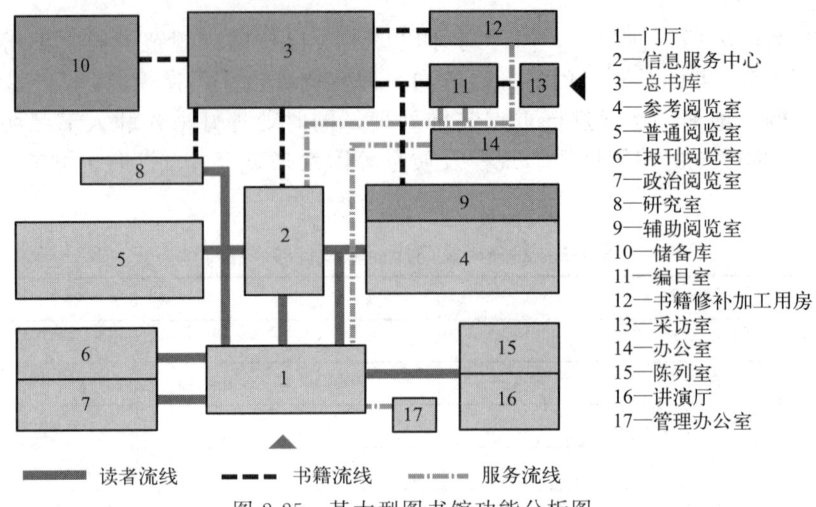

图 2-25 某大型图书馆功能分析图

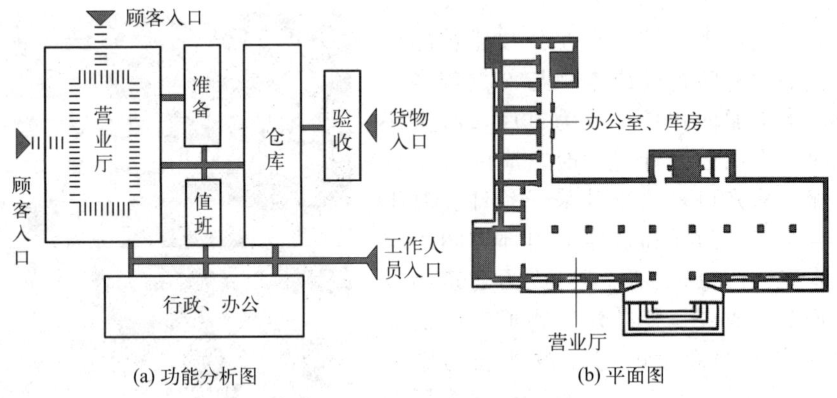

图 2-26 商业建筑功能分析

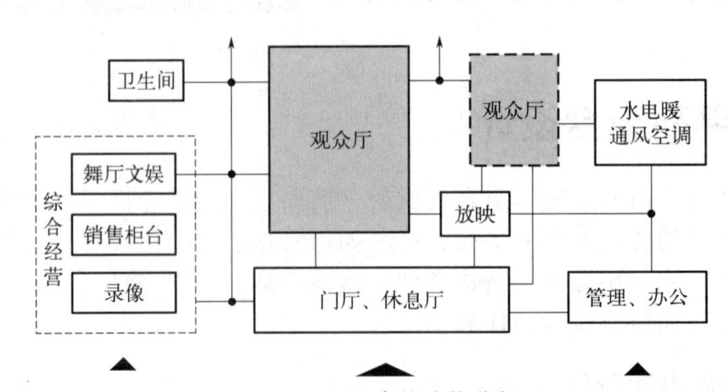

图 2-27 观影建筑功能分析

应该指出的是，在对建筑物的各使用部分进行功能分区时，经常会受到各种技术因素的制约，除了上文所提及的采光、管线布置等因素外，最重要的是建筑的结构传力系统的布

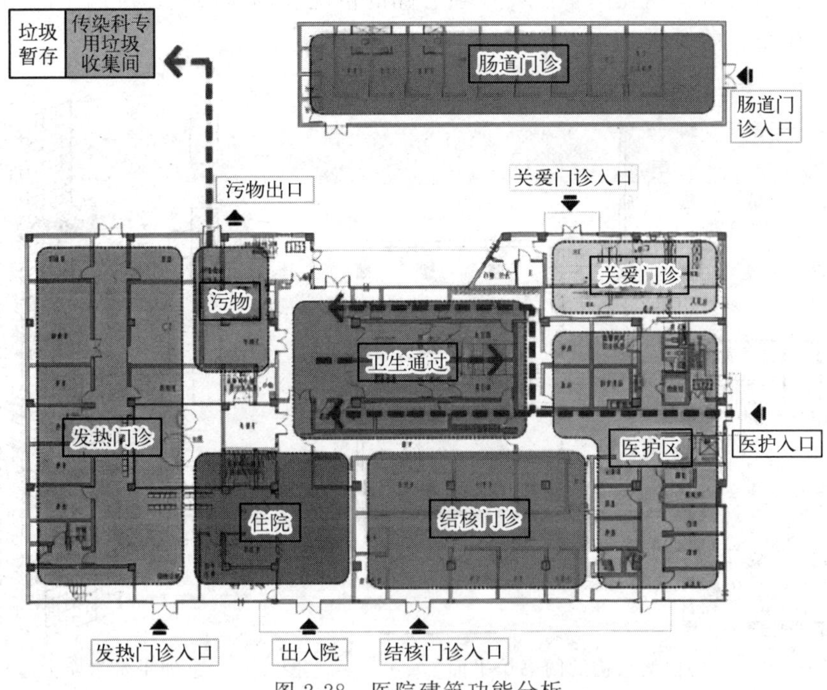

图 2-28　医院建筑功能分析

置。例如在学校教学楼的设计中，经常可以看到将一组不同教学内容的实验室上下对齐，与普通教室分开布置，而不是将它们集中设在某一层。这主要是因为单个教学实验室的面积要大于普通教室，把它们集中在一层布置与其上下的普通教室要取得结构布置上的一致性，往往需要做特殊处理。因此，功能分区并不只是简单使用性质的归类，还应兼顾其他的可能性。一般说来，空间的平面面积大小及空间高度也直接影响其归类。

民用建筑中，砌体结构多用砖墙承重，造价低，平面规整，但空间尺寸及形状受限制，抗震性能差，近年来使用量在逐渐减少。框架结构以柱子作支撑，空间划分灵活，平面形式多变，适应性强，在公共建筑设计中大量使用（图 2-29）。剪力墙结构、筒体结构等，因其抗震性能较好，多用于高层建筑。大跨度空间结构，造型新颖活泼，多用于体育场馆、航空港、大型观演类建筑等。

建筑平面组合除受到使用功能、结构类型、设备管线的影响外，还受建筑造型的影响。建筑造型一般是建筑内部空间的直接反映，同时，建筑体型及其外部特征又会反过来影响建筑平面布局及平面形状。如芝加哥希尔斯大厦（图 2-30），由 9 个框筒并列构成束筒结构，平面形式简单，空间划分灵活度大，较好地满足了办公空间的使用要求；造型上，分别在第 50、68、91 层减掉两个筒体，形成高空退台，造型新颖挺拔，个性突出。

2.5.2　建筑平面组合形式

在对建筑物的各使用部分进行功能分区及流线组织的分析后，交通联系的方式及其相应的布置和安排成为实现目标的关键。一般说来，建筑物的平面组合方式有如下几种：

(1) 套间式组合

这种组合方式将各使用部分之间互相串通。套间式组合按其空间序列的不同可分为串联式（图 2-31）和放射式（图 2-32）两种。串联式是按照一定的顺序关系将房间连接起来；放射式是将各房间围绕交通枢纽呈放射状布置。通常可见于空间的使用顺序和连续性较强，或使用时联系相当紧密，相互间不需要单独分隔的情况。例如某些工厂的生产车间、某些展览馆的展室、车站、商场等。

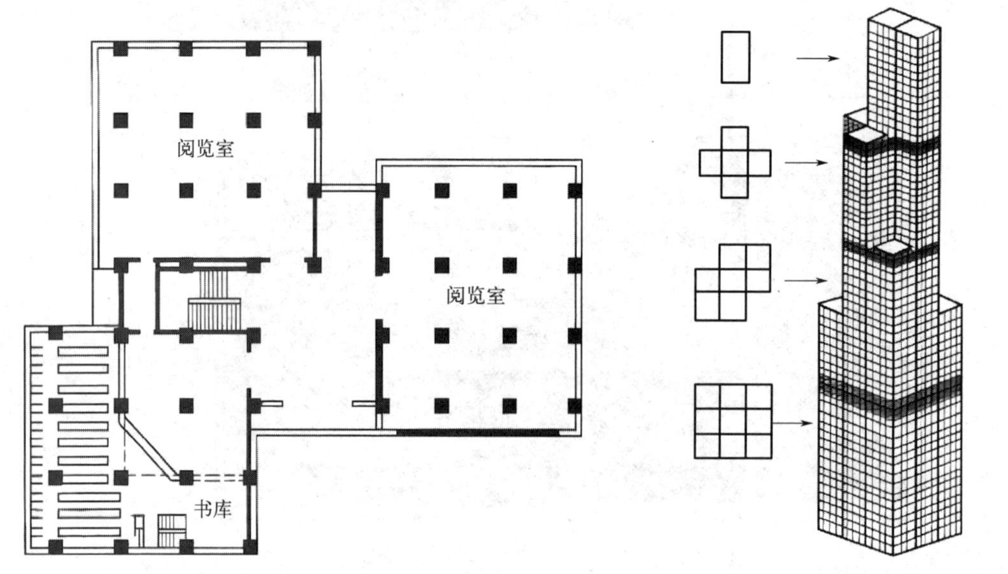

图 2-29 采用框架结构的图书馆平面

图 2-30 芝加哥希尔斯大厦建筑造型

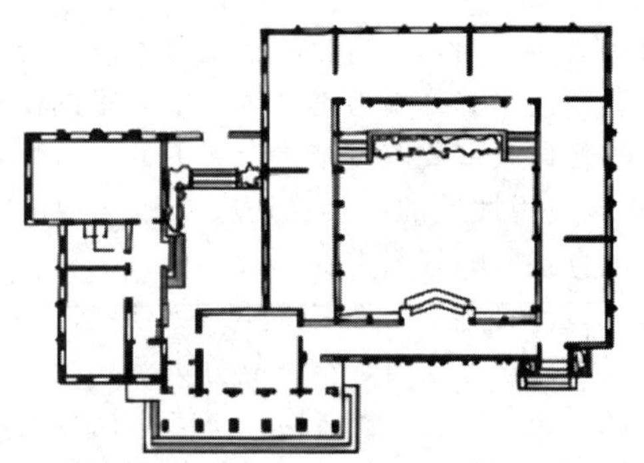

图 2-31 串联式空间组合示例（某展览馆）

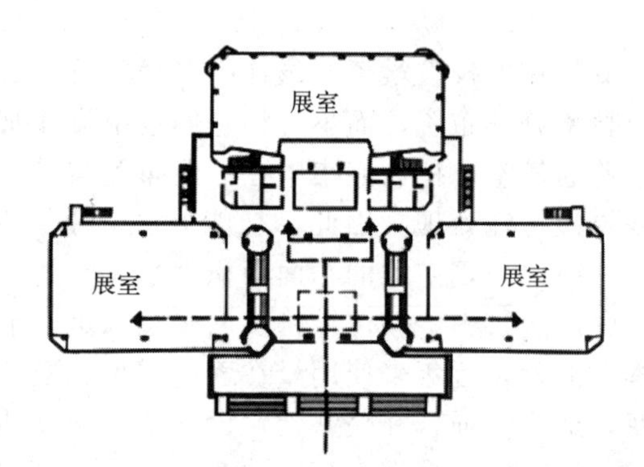

图 2-32 放射式空间组合示例（某纪念馆）

(2) 走廊式组合

走廊式组合的特点是房间与交通联系部分明确分开，各房间沿走廊一侧或两侧并列布置（图 2-33）。其优点是各房间有直接的天然采光和通风，平面紧凑，结构简单，施工方便等。因此，这种形式广泛应用于一般性的民用建筑，特别适用于房间面积不大、数量较多的重复空间组合，如学校、宿舍、医院、旅馆等。走廊有内廊和外廊之分。内廊式组合占地面积小、平面紧凑，外墙长度较短，对建筑节能有利，但采光通风条件相对较差；外廊式组合占地面积较大，不够经济，但采光通风较好。因此，我国南方地区的建筑多采用单侧外走廊的布置形式。

(3) 大厅式组合

大厅式组合以公共活动的大空间为主，辅助房间围绕大空间布置。这种组合的特点是大空间的使用人数多、面积大、层高大，其主体地位十分突出，如影剧院、会场、体育馆等（图 2-34）。

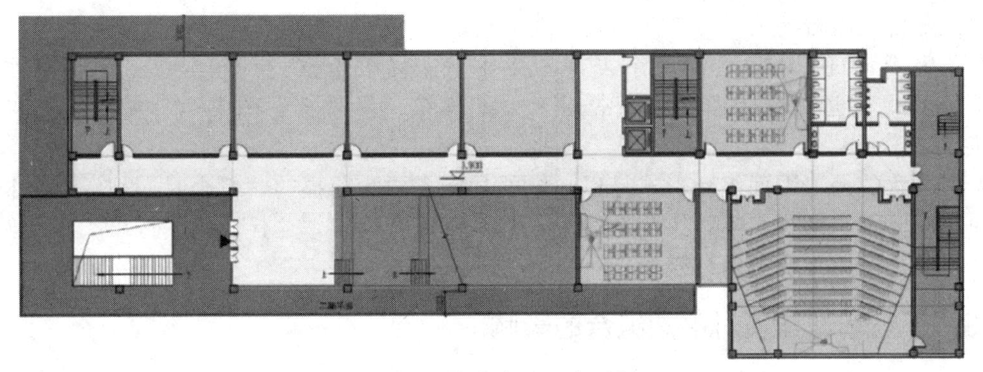

图 2-33　某走廊式组合示例

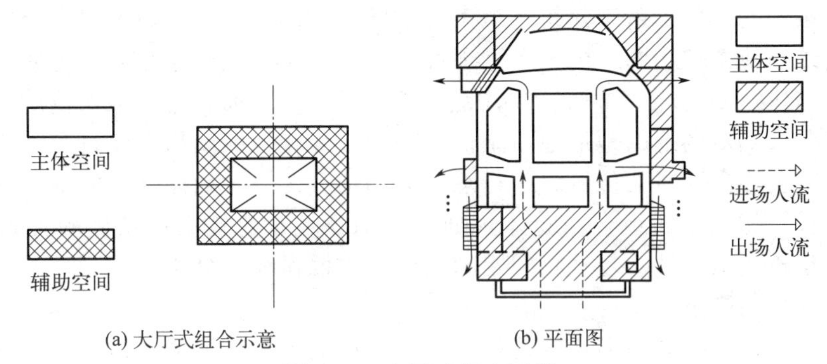

图 2-34　大厅式组合示例

(4) 单元式组合

将关系密切的各种房间组合起来，形成一个相对独立的整体，称为组合单元。将一种或多种单元按地形和环境特征组合起来形成一幢建筑，这种组合方式称为单元式组合。

单元式组合的优点是平面布置紧凑，单元与单元之间相对独立，互不干扰。此外，单元式组合布局灵活，能适应不同的地形，形成多种不同的组合平面，因此，广泛用于民用建筑，如住宅、学校、医院等（图 2-35）。

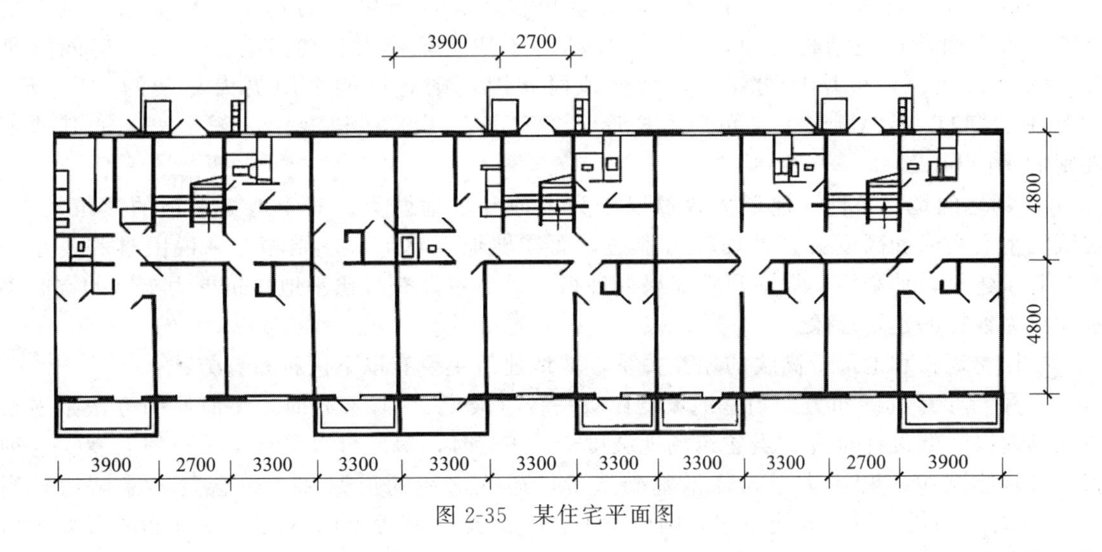

图 2-35　某住宅平面图

(5) 混合式组合

某些民用建筑，由于功能关系复杂，往往不能局限于某一种组合形式，而必须采用多种组合形式，也称混合式组合，常用于大型宾馆、俱乐部、图书馆、城市综合体等民用建筑。

需要注意的是，平面组合形式是以一定的功能需要为前提的，组合时必须深入分析各类建筑的特殊要求，结合实际，灵活地运用各种平面组合规律，这样才能创造出既满足使用功能，又符合经济美观要求的建筑。

2.5.3 建筑场地环境对平面组合的影响

任何一幢建筑物（或建筑群）都不是孤立存在的，而是处于一个特定的环境之中，它在建筑场地上的位置、形状、平面组合、朝向、出入口的布置及建筑造型等都必然受到总体规划及建筑场地条件的制约。由于建筑场地条件不同，相同类型和规模的建筑会有不同的组合形式。即使建筑场地条件相同，由于周围环境不同，其组合也不会相同。为使建筑既满足使用要求，又能与建筑场地环境协调一致，首先必须做好总平面布置。根据使用功能要求，结合城市规划的要求，对场地的地形地质条件、朝向、绿化，以及周围建筑等因地制宜地进行总体布置，确定主要出入口的位置，进行总平面功能分区。在功能分区的基础上进一步确定单体建筑的布置。建筑平面组合与总体规划、周围环境、建筑场地条件的关系涉及范围很广，这里仅就建筑场地条件、建筑物间距和朝向等方面做简要分析。

(1) 场地条件的影响

建筑物的平面组合和平面形式的选择与建筑场地的大小、形状和地形条件有关。任何建筑，只有当它和周围环境融合在一起构成一个统一、协调的整体时，才能充分地显示出它的价值和表现力；如果脱离了周围环境和建筑群体而孤立存在，即使建筑物本身尽善尽美，也不可避免地会因为失去烘托而大为减色。

① 场地的大小和形状。在满足使用要求的情况下，建筑的平面布局是采用集中布置还是分散布置，除与气候条件、节约用地及管网设施等因素有关外，还与场地的大小和形状有关。例如建筑场地面积大，则平面形状规则；建筑场地面积小，则平面形状不规则。同样是设计一栋教学楼，会因为建筑场地条件的不同而平面形式截然不同。

一般来说，当场地规整、平坦时，对于规模小、性质单一的建筑，常采用简洁、规整的矩形平面，以使结构简单，施工方便。对于建筑规模大、功能关系复杂、房间数量较多的公共建筑，根据功能要求，结合地段状况，则有可能采用更为复杂的“L”形、“T”形、“口”形、圆形、三角形、梯形、“Y”形、扇形，以及由此派生出来的其他不规则的平面形式。

② 场地的地形条件。地形大致可以分为平地和坡地两类。对于地势平坦的建筑场地，建筑的平面交通和高度关系处理较为容易，而在坡地上建造房屋则相对来说困难和复杂一些。对于建筑设计来说，坡地建筑如果处理得好，将可能获得比平地建筑更为丰富的空间关系和更为独特的建筑形象。

根据建筑物和地形等高线的相互关系，坡地建筑主要有以下两种布置方式：

a. 平行于等高线布置。当基地坡度比较平缓（坡度 $i \leqslant 10\%$）时，最简便的方法是平整建筑场地以降低设计难度。当建筑场地坡度 $i \leqslant 25\%$时，房屋可以平行于等高线布置，这种布置方式能减少工程土方量，降低基础造价，通往房屋的道路和入口台阶容易解决。当 $i > 25\%$时，如仍平行等高线布置，则应对平、剖面设计做适当调整，以采用沿进深方向横向错层布置比较合理，这时房屋的入口有可能分层设置（图 2-36）。

图 2-36　建筑物平行于等高线的布置

b. 与等高线垂直或斜交布置。当建筑场地坡度 $i>25\%$时，常采用与等高线垂直或斜交的布置方式，并以沿开间方向纵向错层的布置比较合理，这时应利用房屋中部的楼梯间解决错层部分的垂直交通联系，单元或住宅也可以按住宅单元纵向错层（图 2-37）。

(2) 建筑物的间距

建筑物之间的距离，主要应根据日照、通风等条件与建筑防火安全要求来确定。除此以外，还应综合考虑防止声音和视线的干扰，绿化、道路及室外工程所需要的间距，以及地形利用、建筑空间处理等问题。

日照间距是为了保证房间有一定的日照时数，建筑物彼此互不遮挡所必须具备的距离。

从图 2-38 中可以看出，从早晨到晚上太阳的高度角在不断变化，春夏秋冬太阳的位置也在不断变化。为保证日照要求，一般以冬至日正午 12 时太阳能照到南向房屋底层窗台高度为设计依据，来计算并控制建筑的日照间距。

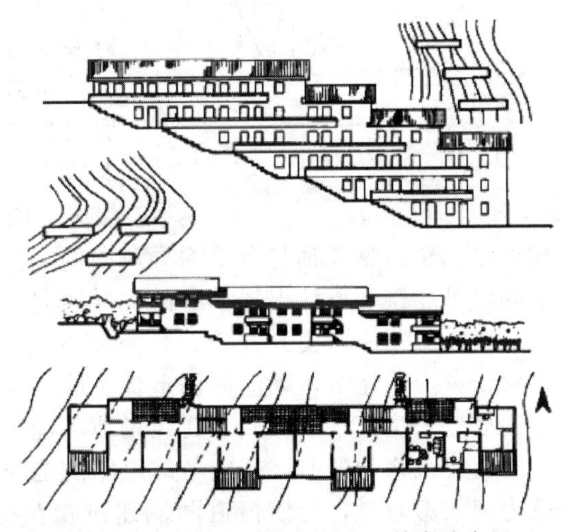

图 2-37　建筑物垂直或斜交于等高线布置

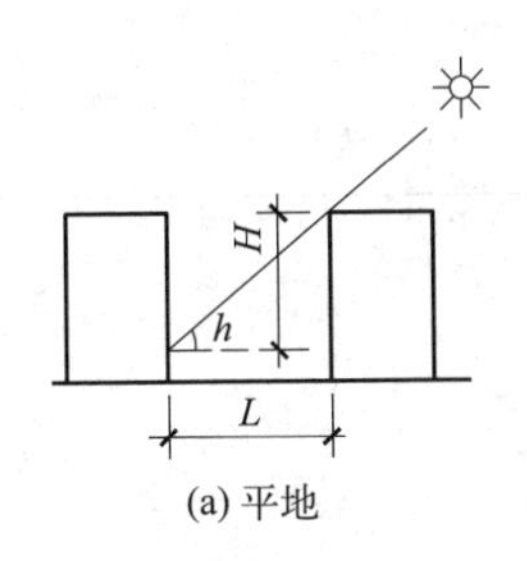

(a) 平地

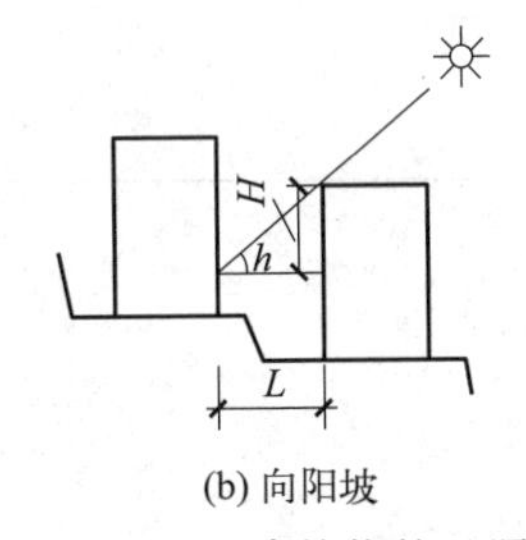

(b) 向阳坡

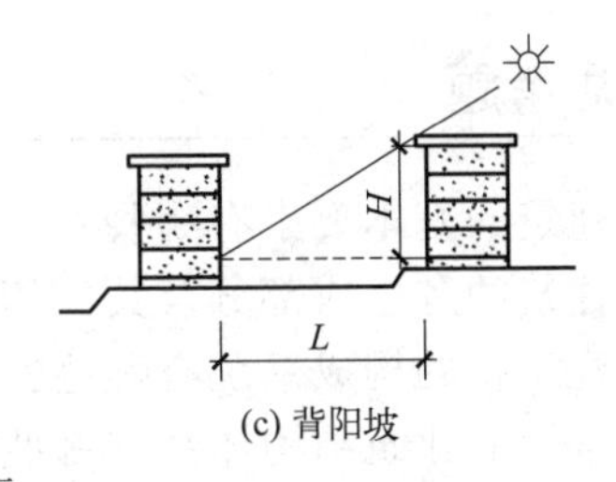

(c) 背阳坡

图 2-38　建筑物的日照间距

日照间距由下式确定：

$$L=\frac{H}{\tan h}$$

式中，L 为房屋间距；H 为南向前排房屋檐口至后排房屋底层窗台的高度；h 为冬至日正午的太阳高度角（当房屋正南向时）。我国大部分地区日照间距为 $(1.0\sim1.7)H$。越往南日照间距越小，越往北日照间距越大，这是因为太阳高度角在南方要大于北方。

坡地建筑的日照间距，随坡地的朝向和坡度的大小而改变。向阳坡的日照间距比平地小，坡度越大，相应所需的日照间距越小；背阳坡则相反（图 2-38）。

(3) 建筑物的朝向

建筑物的朝向主要是综合考虑太阳辐射强度、日照时间、主导风向、建筑使用要求、道路走向、周围环境及地形条件等因素来确定。

在不同季节与时间里，太阳的位置、高度都在发生变化，阳光射进房间里的深度和日照时间也不相同。太阳在天空的位置可以用高度角和方位角来确定（图 2-39）。太阳高度角是指太阳射到地球表面的光线与地平面的夹角 h，方位角是太阳射到地球表面的光线与南北轴线所成的夹角 A。方位角在南北轴线之西标注正值，在南北轴线之东标注负值。

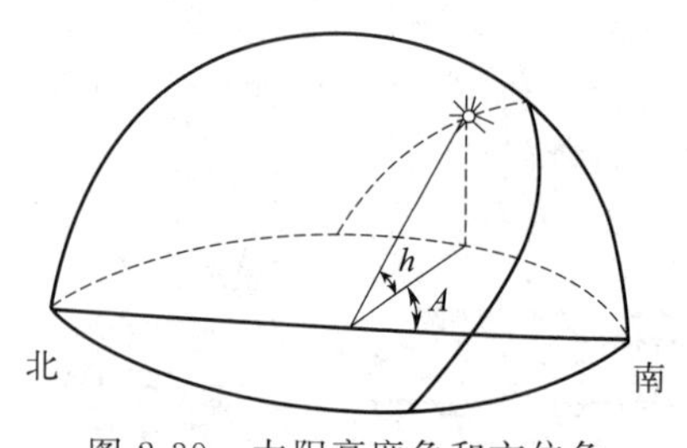

图 2-39 太阳高度角和方位角

我国大部分地区处于夏季热、冬季冷的状况。为了改善室内卫生条件，人们常将主要房间朝南或南偏东、偏西少许角度。这是因为在我国，夏季南向太阳高度角大，射入室内光线很少、深度小，冬季太阳高度角小，射入室内光线多、深度大，这就有利于做到冬暖夏凉。

在确定建筑朝向时，还可根据主导风向的不同适当加以调整，这样可以改变室内气候条件，创造舒适的室内环境。如在南方炎热地区，为了改善夏季室内的气候状况，确定建筑朝向时，应兼顾到夏季主导风向。当条件允许时，建筑物长轴与夏季主导风向的夹角应不小于 45°。在多风沙地区，建筑朝向还应考虑到尽可能避开风沙出现季节的主导风向。北方则应避免正对冬季的主导风向。

对于人流集中的公共建筑，房屋朝向主要考虑人流走向、道路位置和与邻近建筑的关系，对于风景区建筑，则应以创造优美的景观作为考虑朝向的主要因素。所以合理的建筑朝向，还应考虑建筑物的性质、建筑场地环境等因素。

沿街建筑物的朝向，还应考虑道路的走向。一般常将建筑物的长轴与道路平行布置。当街道为南北走向时，为使街道两侧建筑物获得好的朝向，常把建筑的主体部分沿南北向布置，将辅助用房或商业服务性建筑沿街布置，两者连成一个整体，这样既照顾了城市街景要求，又使主体建筑处于好的朝向。

思考题

1. 建筑的基本要素有哪些？
2. 建筑的各组成部分及其作用有哪些？
3. 建筑物的构成系统有哪些？
4. 常用的建筑结构体系有哪些？
5. 建筑设计的程序有哪些？
6. 建筑设计的依据有哪些？

第3章 民用建筑剖面设计

建筑剖面设计主要是确定建筑物在垂直方向上的空间组合关系，重点解决建筑物各部分应有的高度、建筑层数、建筑空间的组合和利用，以及建筑剖面中的结构和构造关系等问题。它与平面设计是从两个不同的方面来反映建筑物的内部空间关系。平面设计着重解决内部空间在水平方向上的问题，而剖面设计则主要研究竖向空间的处理，两者都涉及建筑的使用功能、技术经济条件、建筑形式美等诸多方面。

通常，对于一些剖面形状比较简单，房间高度尺寸变化不大的建筑物，剖面设计是在平面设计完成的基础上进行，如大多数住宅、普通教学楼、办公楼等。但对于那些空间形状比较复杂，房间高度尺寸相差较大，或者有夹层及共享空间的建筑物，就必须先通过剖面设计分析空间的竖向特性，再确定平面设计方案，以解决空间的功能性和艺术性问题，如体育馆、影剧院、部分旅馆等。因此，建筑剖面设计是建筑设计完成过程中必不可少的重要环节。它与建筑平面设计相互联系，相互作用，限定了建筑物各个组成部分的三维空间尺寸，并对建筑物的造型及立面设计起到制约作用。

剖面设计主要包括以下内容：

① 确定房间的剖面形状、尺寸及比例关系。

② 确定房屋的层数和各部分的标高，如层高、净高、窗台高度、室内外地面标高。

③ 解决天然采光、自然通风、保温、隔热、屋面排水及选择建筑构造方案。

④ 进行房屋竖向空间的组合，研究建筑空间的利用。

3.1 剖面形状及各部分高度确定

房间的剖面形状大体可分为矩形和非矩形两类，绝大多数民用建筑采用矩形，矩形剖面简单、规整，便于竖向空间的组合，容易获得简洁而完整的体型，同时结构简单、施工方便。非矩形剖面常用于有特殊功能要求的房间，或由独特的结构形式所形成。

3.1.1 剖面形状的确定

房间的剖面形状主要是根据使用要求和特点来确定，同时也要结合具体的物质、技术、经济条件及特定的艺术构思来考虑，使之既满足使用要求又能达到一定的艺术效果。

3.1.1.1 使用要求

对一般功能要求的建筑，如住宅、办公楼、教学楼、旅馆、商店等，剖面形状采用矩形，即能满足这类建筑的使用要求；而对某些有特殊功能要求（主要体现在视线和音质两个方面）的建筑空间则需根据需要选择合适的剖面形状。

(1) 有视线要求的房间

有视线要求的房间主要是指影剧院的观众厅、体育馆的比赛大厅、教学楼中的阶梯教室等。这类房间除平面形状、大小满足一定的视距、视角要求外，为获得良好的视觉效果，地面应有一定的坡度，以保证视线没有遮挡。

地面升起坡度的大小与设计视点的选择、视线升高值 C（即后排与前排的视线升高差）、座位排列方式（即前排与后排对位或错位排列）、排距等因素有关。

设计视点是指按设计要求所能看到的极限位置，并以此作为视线设计的主要依据。各类建筑由于功能不同，观看的对象不同，设计视点的选择也会有所差异。如电影院的设计视点通常选在银幕底边的中点处，这样可以保证观众看清银幕的全部；阶梯教室的设计视点通常选在教师的讲桌桌面上方，距地大约 1100mm 的位置；体育馆的设计视点一般选在篮球场边线或边线上空 300～500mm 处。设计视点选择是否合理，是衡量视觉质量好坏的重要标准，也直接影响地面升起坡度的大小以及建筑的经济性。图 3-1 反映了电影院和体育馆设计视点与地面坡度的关系。从图中可以看出，设计视点越低，视觉范围就越大，但房间的地面升起坡度也随之加大；设计视点越高，视觉范围就越小，地面升起坡度也相对平缓。

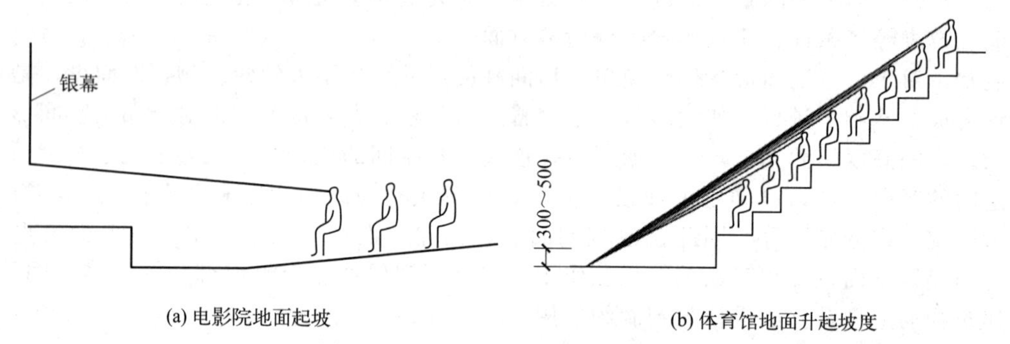

图 3-1 设计视点与地面坡度的关系

视线升高值 C 的确定与人眼到头顶的高度和视觉标准有关，一般取 120mm。当座位排列方式采用对位排列时，C 值每排取 120mm，此时可保证视线无遮挡［图 3-2(a)］，被称为无障碍视线设计。当座位排列方式采用错位排列时，C 值隔排取 120mm，此时会出现部分视线遮挡［图 3-2(b)］，被称为允许部分遮挡设计。显然，座位错位排列比对位排列的视觉标准要低。但是，由于错位排列方式可以明显降低地面升起坡度，设计较为经济，故而使用依然很广泛。

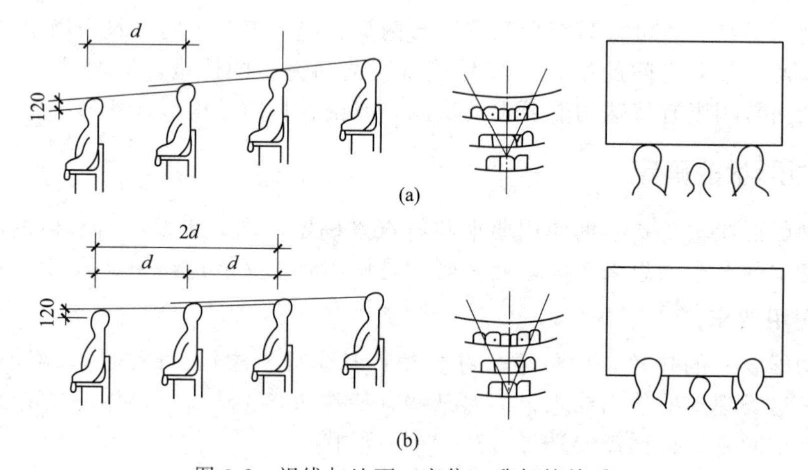

图 3-2 视线与地面（座位）升起的关系

此外，地面升起坡度与排距也有着直接关系，排距大则坡度缓，排距小则坡度陡。目前影剧院的座位排列分为长排法和短排法两种。长排法的排距取 900～1050mm，短排法的排距取 780～800mm，当设计标准较高时，座位的排距也会随之加大。学校阶梯教室或报告厅的排距通常取 850～1000mm，桌椅的排放方式不同，排距也会有差异。

图 3-3 为中学阶梯教室地面升高剖面，排距取 900mm，图 3-3(a) 为对位排列，视线逐排升高 120mm，地面升起坡度较大；图 3-3(b) 为错位排列，视线每两排升高 120mm，地面升起坡度较小。通常当地面坡度大于 1∶8（或放宽至 1∶6）时，就应做阶梯，走道坡度大于 1∶10 应做防滑处理。

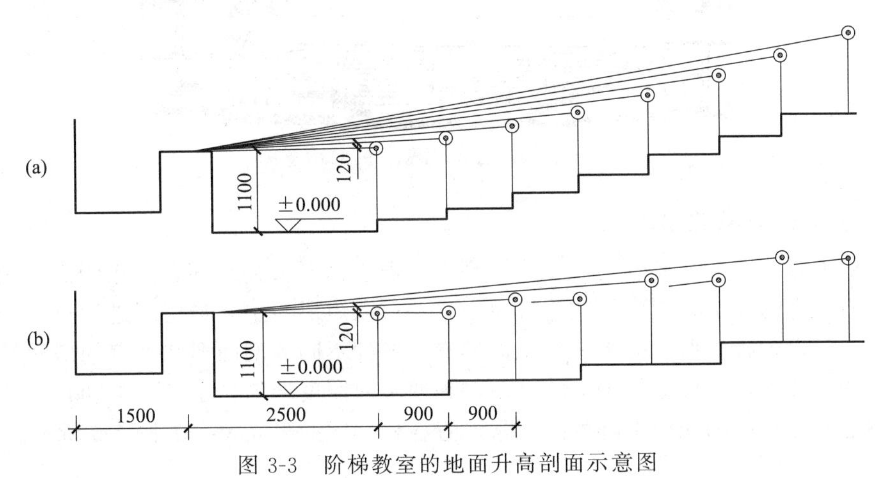

图 3-3　阶梯教室的地面升高剖面示意图

(2) 有声音要求的建筑

剧院、电影院、会堂等建筑，房间的剖面形状对大厅的音质影响很大。为保证室内声场分布均匀，防止出现声音空白区、回声和声聚焦等现象，在剖面设计中要注意顶棚、墙面和地面的处理。为有效地利用声能，加强各处直达声，必须使大厅地面逐渐升高，对于剧院、电影院、会堂等，声学上的这种要求和视线上的要求是一致的，按照视线要求设计的地面一般能满足声学要求。除此以外，顶棚的高度和形状是保证听得清、听得好的一个重要因素，它的形状应使大厅各座位都能获得均匀的反射声，同时应能加强声压不足的部位。一般说来，凹面易产生聚焦，声场分布不均匀；凸面是声扩散面，不会产生聚焦，声场分布均匀。因此，大厅顶棚应尽量避免采用凹曲面或拱顶。

图 3-4 为观众厅的几种剖面形状示意图。其中，图 3-4(a) 平顶棚仅适用于容量小的观众厅；图 3-4(b) 降低台口顶棚，并使其向舞台面倾斜，声场分布较均匀；图 3-4(c) 采用波浪形顶棚，反射声能均匀分布到大厅各座位。

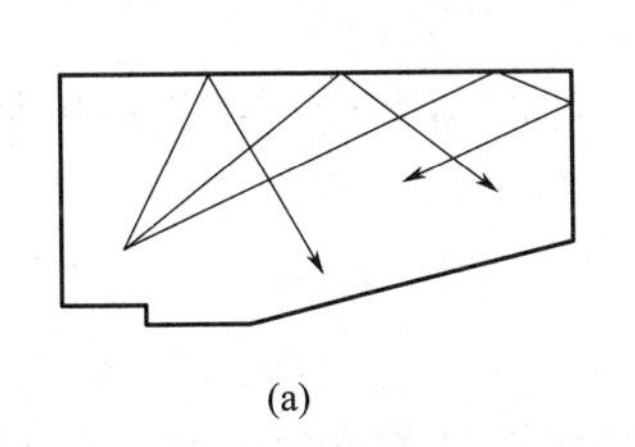

(a)

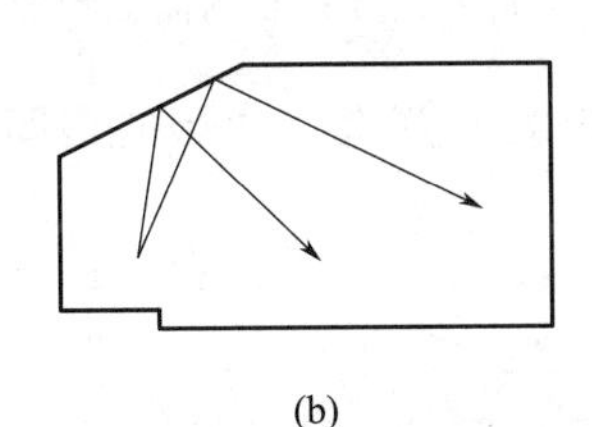

(b)

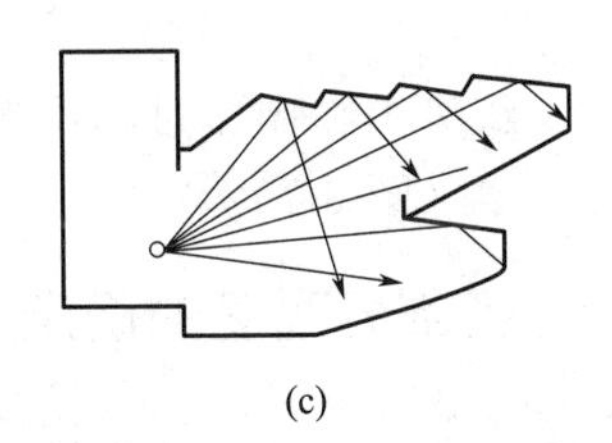

(c)

图 3-4　观众厅的剖面形状示意图

3.1.1.2　建筑结构形式的影响

结构类型对剖面形状的影响体现在大跨度建筑的房间剖面，由于结构形式的不同与砖混等常见结构形成差异。长方形的剖面形状规整、简洁，有利于梁板式结构布置，同时施工也较简单。有特殊结构要求的房间，在能满足使用要求的前提下，宜优先考虑采用矩形剖面。

有些大跨度建筑的房间，由于受结构形式的影响，常形成具有结构特点的剖面形状。

体育馆比赛厅所形成的剖面形状就常常受到不同结构形式（桁架、悬索等）的影响，如图 3-5 所示。

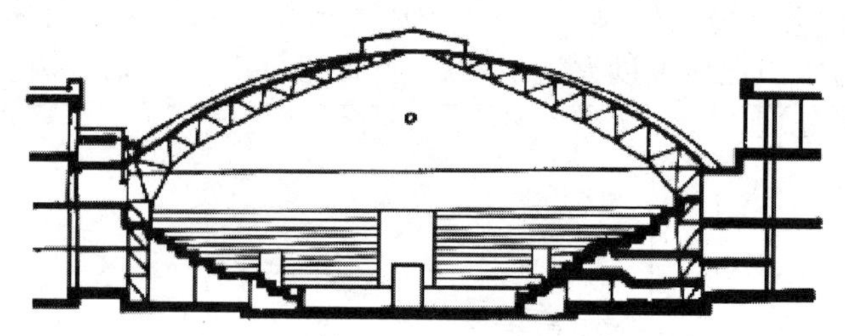

图 3-5 某体育馆比赛厅剖面示意图

3.1.1.3 采光、通风的要求

采光一般通过在墙面或屋顶上开窗来实现。一般进深不大的房间，采用侧窗采光和通风已足够满足室内卫生的要求，剖面形式比较单一，一般以矩形为主。当房间进深较大，侧窗不能满足要求时，常设置各种形式的天窗，从而形成了各种不同的剖面形状。有的房间虽然进深不大，但具有特殊要求，如展览馆中的陈列室，为使室内照度均匀、稳定、柔和，并减轻和消除眩光的影响，避免直射阳光损害陈列品，常设置各种形式的采光窗，如图 3-6 所示。

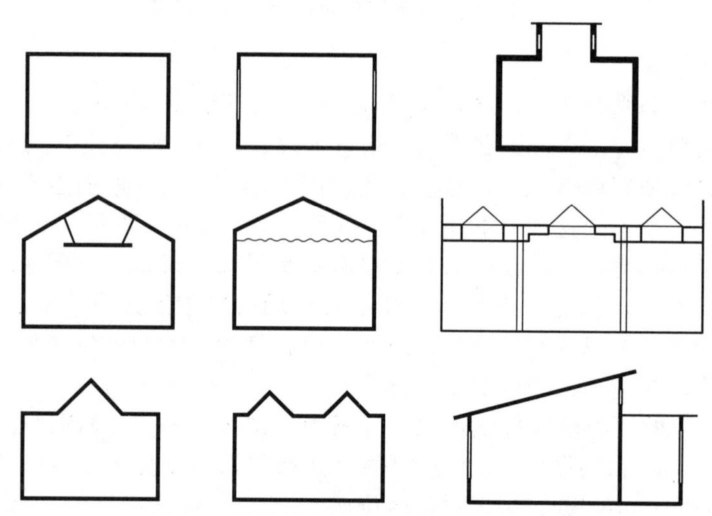

图 3-6 不同采光方式对剖面形状的影响

对于厨房等在操作过程中散发出大量蒸汽、油烟的房间，可在顶部设置排气窗以加速排出有害气体（图 3-7）。

3.1.2 各部分高度的确定

房屋各部分高度主要指房间净高与层高、窗台高度和室内外地坪高差等。

3.1.2.1 净高与层高的确定

(1) 净高

房间的净高是指室内楼地面到吊顶或楼板底面之间的垂直距离，楼板或屋盖的下悬构件影响有效使用空间时，房间的净高应是室内楼地面到结构下缘之间的垂直距离。层高是指该层楼地面结构层顶面到上层楼地面结构层顶面之间的垂直距离，如图 3-8 所示。

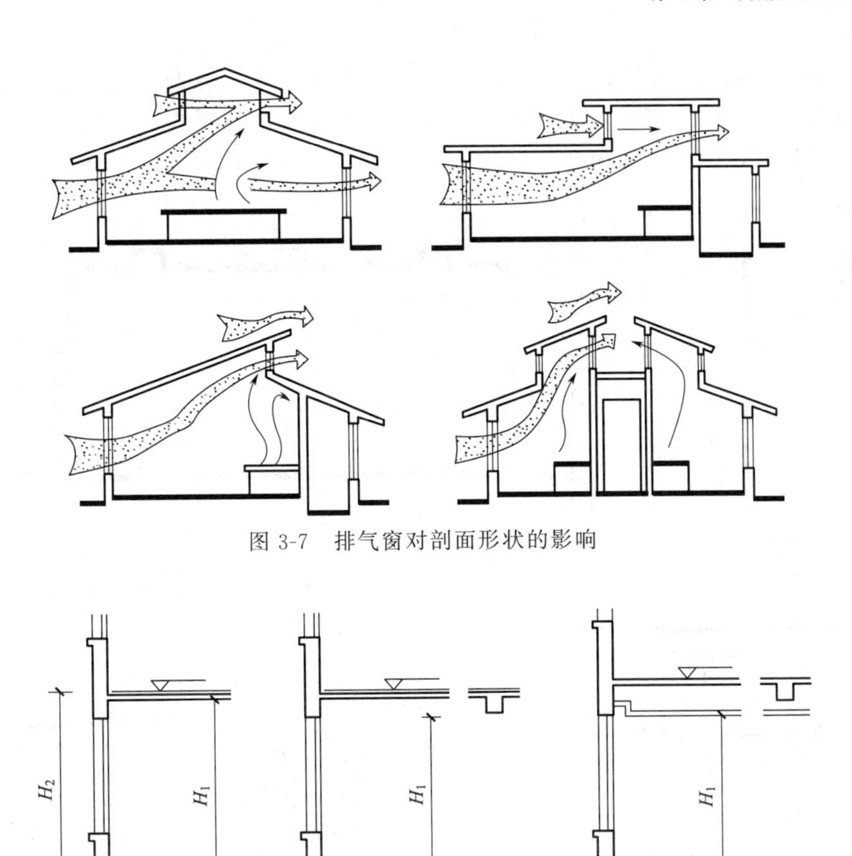

图 3-7　排气窗对剖面形状的影响

图 3-8　房间净高（H_1）和层高（H_2）

房间的净高与人体活动尺度有很大关系。为保证人们的正常活动，一般情况下，室内最小净高应使人举手不接触到顶棚为宜，为此，房间净高应不低于 2.20m（图 3-9）。

① 使用人数及房屋面积对房间净高的要求。不同类型的房间，由于使用人数不同、房间面积大小不同，对房间的净高要求也不相同。卧室使用人数少、面积不大，又无特殊要求，故净高较低，常取 2.6～2.8m，但不应小于 2.4m；教室使用人数多，面积相应增大，净高宜高一些，一般常取 3.3～3.6m；公共建筑的门厅是联系各部分的交通枢纽，也是人们活动的集散地，人流较多，高度可较其他房间适当提高；商店营业厅净高受房间面积及客流量多少等因素的影响，国内大中型商店营业厅底层层高为 4.2～6.0m，二层层高为 3.6～5.1m。

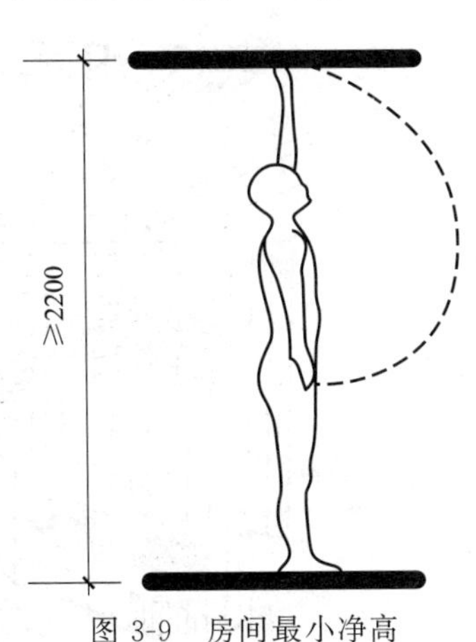

图 3-9　房间最小净高

② 家具设备以及人们使用家具设备所需的必要空间对房间净高的要求。房间的家具设备以及人们使用家具设备所需的必要空间，也直接影响到房间的净高和层高。图 3-10 表示家具设备和使用活动要求对房间高度的影响。学生宿舍通常设有双层床，考虑床的尺寸及必要的使用空间，净高应比一般住宅适当提高，结合楼板层高度考虑，层高不宜小于 3.2m；演播室顶棚下装有若干灯具，要求距顶棚有足够的高度，同时为避免灯光直接投射到演讲人的视野范围而引起眩光，灯光源距演讲人头顶至少有 2.0～2.5m 的距离，这样，演播室的

净高不应小于 4.5m；医院手术室净高应考虑手术台、无影灯以及手术操作所必要的空间；游泳馆比赛大厅，房间净高应考虑跳水台的高度、跳水台至顶棚的最小高度；对于有空调要求的房间，通常在顶棚内布置有水平风管，确定层高时应考虑风管尺寸及必要的检修空间。

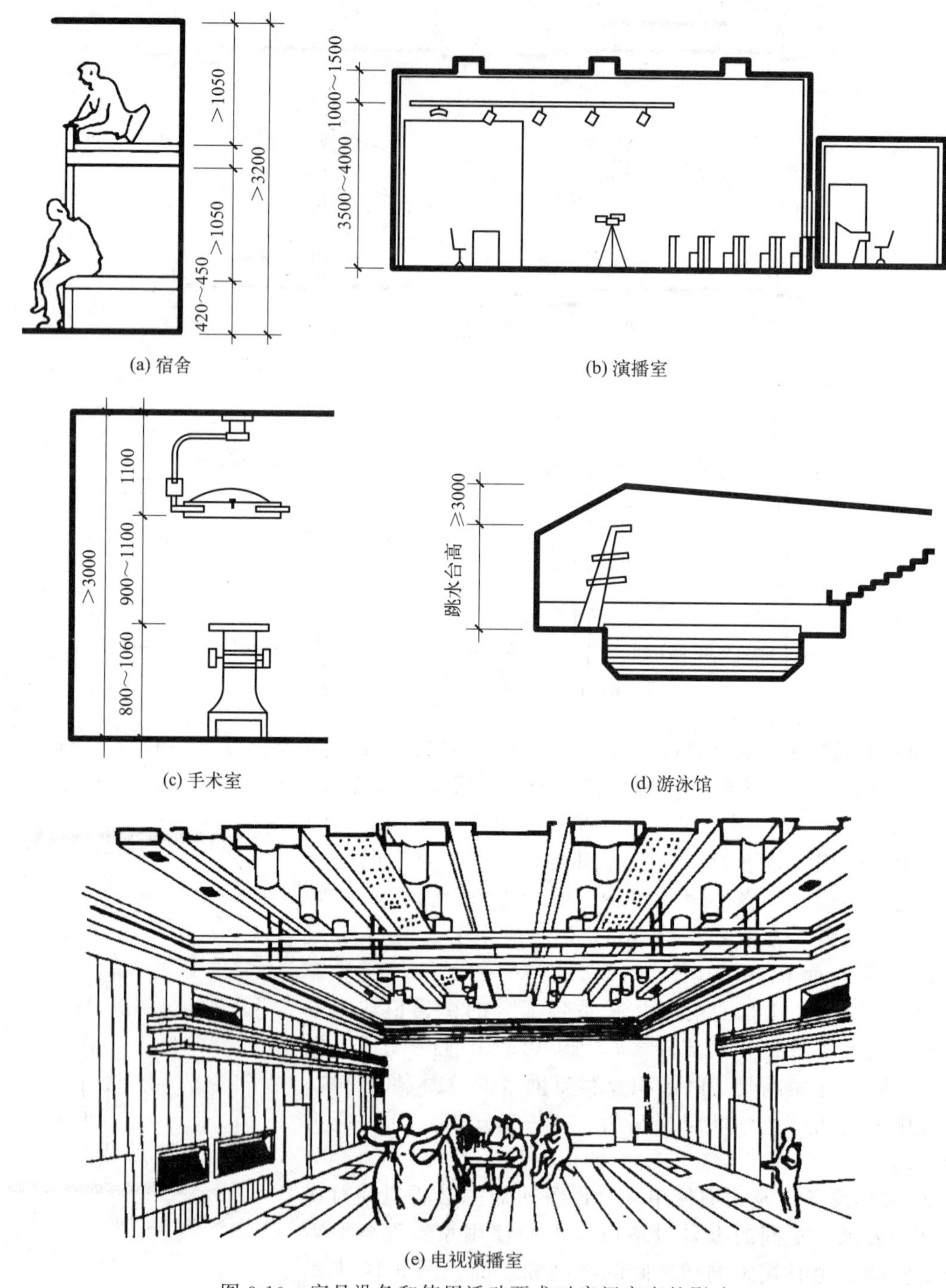

(a) 宿舍

(b) 演播室

(c) 手术室

(d) 游泳馆

(e) 电视演播室

图 3-10 家具设备和使用活动要求对房间高度的影响

③ 采光和通风对房间净高的要求。房间的高度还应有利于天然采光和自然通风，对于容纳人数较多的公共建筑，还应考虑房间正常的空气容量，以保证必要的卫生条件。如中小学教室空气容量为 3～5m^3/人，电影院为 4～5m^3/人。设计时应根据房间的容纳人数、面积

大小以及空气容量标准，确定出符合卫生要求的房间高度。从建筑平面设计原理中可知，房间的进深与窗口上沿的高度关系密切。潮湿和炎热地区的建筑，常需要利用空气的气压差来组织室内穿堂风。如在内墙上开设高窗，或在门上设置窗户时，房间的高度就应高一些（图 3-11）。当房间采用单侧采光时，通常窗户上沿离地的高度，应大于房间进深长度的一半，如图 3-11(a)所示；当房间允许两侧开窗时，房间的净高不小于总深度的 1/4，如图 3-11(d)所示。

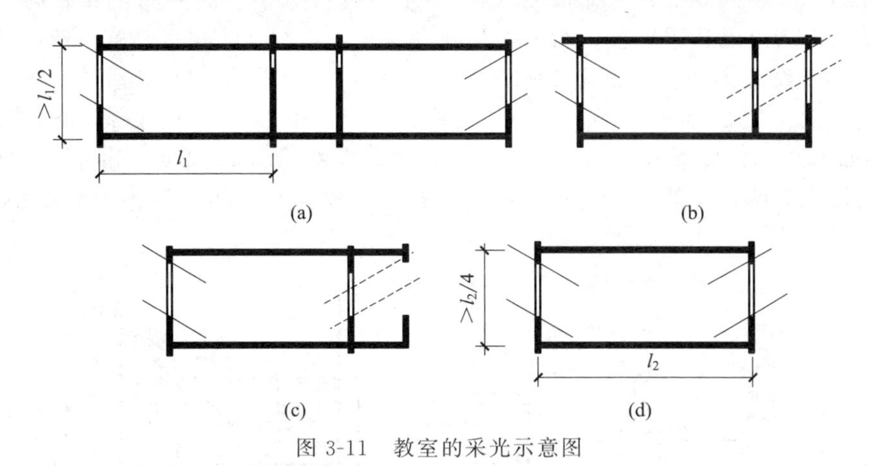

图 3-11 教室的采光示意图

④ 其他。结构高度、经济性、室内空间比例及空气容量均会对净高产生一定的影响。

(2) 层高

结构层高度主要包括楼板、屋面板、梁和各种屋架所占的高度。在满足房间净高的要求下，其层高随着结构层的变化而变化。不同的结构形式，建筑层高也随之出现变化（图 3-12）。

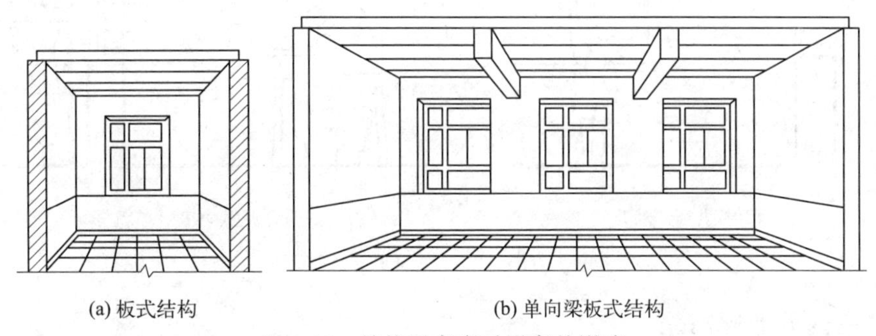

(a) 板式结构　　(b) 单向梁板式结构

图 3-12 结构层高度对层高的影响

层高和楼层的竖向组合是影响建筑造价的一个很重要的因素。进行剖面设计时，在满足使用要求及采光、通风、室内观感等要求的前提下，应尽可能降低层高和室内外地面高差。降低层高，首先可以节约材料、降低能耗；其次使建筑物的总高度降低，从日照间距的意义上来讲，又能缩小建筑的间距，节约建筑用地，从而降低造价。

按照上述要求合理地确定房间高度的同时，还应注意房间的高宽比例，给人以适宜的空间感觉。一般地说，面积大的房间高度要高一些，面积小的房间则可适当降低。同时，不同的比例尺度往往给人们不同的心理感受，高大的空间具有严肃感，但过高就会让人觉得不亲切；低矮的空间具有亲切感，但过低又会让人觉得压抑。居住建筑要求空间具有小巧、亲切、安静的感觉；纪念性建筑则要求高大的空间以造成严肃、庄重的气氛；大型公共建筑的休息厅、门厅则要求给人以开阔、大度的感受。巧妙地运用空间比例的变化，使物质功能与精神感受结合起来，就能获得理想的效果。

3.1.2.2 窗台高度的确定

窗台高度主要根据室内的使用要求、人体尺度和靠窗家具或设备的高度来确定。窗台高度的主要考虑方面之一是方便人们的工作、学习，保证书桌上有充足的光线，同时窗台不能过高，以免产生阴影。合理的窗台高度应高于桌面高度100～150mm，所以，一般民用建筑的窗台高度为900～1000mm，如图3-13(a)所示。有特殊要求的房间，如展览建筑中的展室、陈列室，因为沿墙布置展板，为消除和减少眩光，人站立的视点高度一般不设窗，而在视点高度以上开设高侧窗，如图3-13(b)所示，窗台到陈列品的距离要有一定的保护角。为方便洗浴，卫生间的窗台要在人的站立视点以上，厕所、浴室的窗台通常应提高到1800mm，如图3-13(c)所示。托儿所、幼儿园建筑要结合儿童尺度，由于儿童身高较低，窗台高度也相应降低，一般为650～700mm，如图3-13(d)所示。当窗台高度小于800mm时，必须设安全防护措施，如图3-13(e)所示。

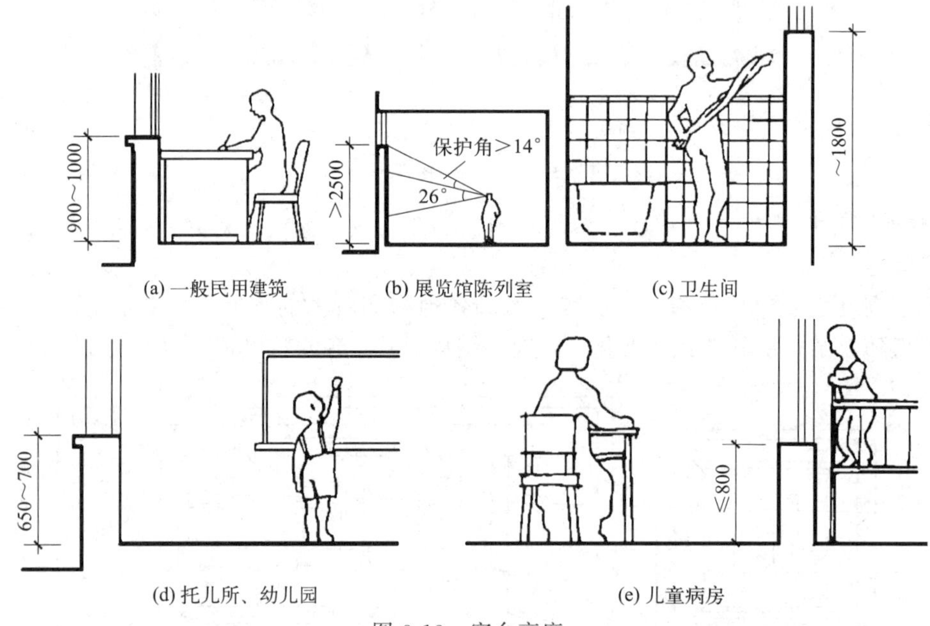

图3-13 窗台高度

3.1.2.3 室内外地坪高差

为了防止室外雨水流入室内，并防止墙身受潮，一般民用建筑常把室内地坪适当提高，以使建筑物室内外地面形成一定高差。确定室内外高差主要考虑以下因素。

(1) 内外联系方便

建筑物室内外应有方便的联系，一般住宅、商店、医院等建筑的室内外地面高差不大于600mm。对于仓库一类建筑，为便于运输，在入口处常设置坡道，为不使坡道过长，室内外地面高差以不超过300mm为宜。

(2) 防水、防潮要求

为了防止室外雨水流入室内，并防止墙身受潮，底层室内地面应高于室外地面至少150mm。

对于地下水位较高或雨量较大的地区以及要求较高的建筑物，应适当加大室内外高差。

(3) 地形及环境条件

位于山地和坡地的建筑物，应结合地形的起伏变化和室外道路布置来确定底层地坪标高，使其既方便内外联系，又有利于室外排水和减少土石方工程量。

(4) 建筑物性格特征

一般民用建筑如住宅、旅馆、学校、办公楼等，是人们工作、学习和生活的场所，应具有亲切、平易近人的感觉，因此室内外高差不宜过大。纪念性建筑除在平面空间布局及造型上反映出它独自的性格特征以外，还常借助于室内外高差值的增大，如采用高的台基和较多的踏步处理，以增强严肃、庄重、雄伟的气氛。

在建筑设计中，一般将底层室内地坪标高定为±0.000，高于它的为正值，低于它的为负值。

3.2 建筑层数的确定

影响房屋层数的因素很多，概括起来有以下几方面：

(1) 环境与城市规划要求

一方面，城市总体规划从改善城市面貌和节约用地考虑，常对城市内各个地段特别是沿街部分或城市广场的新建房屋，明确规定建筑物的修建层数，确定房屋的层数时必须满足城市规划部门的要求。

另一方面，确定房屋的层数不能脱离一定的建筑场地条件和环境要素。在相同建筑面积的条件下，建筑场地面积小，建筑层数就会增加。而位于城市街道两侧、广场周围、风景园林区和历史建筑保护区的建筑，还必须重视建筑与环境的关系，确定建筑物的层数时，应考虑建筑场地大小、地形、地貌、地质等条件，并使之与周围的建筑物、道路交通等环境协调一致，并符合城市总体规划的要求。如在建筑面积相同的条件下，建筑场地范围小，底层占地面积也小，相应层数应多一些；若地形变化陡，建筑物的长度、进深不宜过大，从而建筑物的层数也可相应增加。又如风景园林区显然与街道的环境特点不同，应以自然环境为主，充分借助大自然的美来丰富建筑空间，并通过建筑处理使风景更加增色，因此宜采用小巧、低层的建筑群，避免采用多层和高层形成喧宾夺主的效果。

(2) 使用要求

建筑物的使用性质对房屋的层数有一定要求。住宅、办公楼、旅馆等建筑，使用人数不多、室内空间高度较低，多由若干面积不大的房间组成，这一类建筑可采用多层和高层，利用楼梯、电梯作为垂直交通工具。

对于托儿所、幼儿园等建筑，考虑到儿童的生理特点和安全需要，同时为便于室内与室外活动场所的联系，其层数不宜超过三层。医院门诊部为方便病人就诊，层数也以不超过三层为宜。

影剧院、体育馆这一类公共建筑都具有面积和高度较大的房间，人流集中，为迅速而安全地进行疏散，宜建成低层。

(3) 结构形式、材料和施工要求

建筑结构形式和材料也是决定房屋层数的基本因素。如砌体结构，墙体多采用砖或砌块，自重大、整体性差，下部墙体厚度随层数的增加而增加，故建筑层数一般控制在 6 层以内，常用于住宅、宿舍、普通办公楼、中小学教学楼等大量性建筑。框架结构、剪力墙结构、框架-剪力墙结构、筒体结构，由于抗水平荷载的能力增强，故可用于宾馆、高层写字楼、高层住宅等多层或高层建筑。而网架结构、薄壳结构、悬索结构等空间结构体系，则常用于体育馆、影剧院等单层或低层大跨建筑。

在地震区，建筑物允许建造的层数，根据结构形式和地震烈度的不同，还要受抗震规范的限制。另外，建筑设备（如电梯）、施工机械设备也对建筑层数产生很大影响，高层建筑的层数更加受制于结构、材料、设备、施工技术等方面的条件。

(4) 防火要求

建筑防火规范对建筑的耐火等级、允许层数、防火间距、细部构造等都做了详细的规定。当建筑物耐火等级为一、二级时，建筑层数不限；当为三级时，最多允许建造5层；当为四级时，仅允许建造2层。在进行公共建筑设计时，当总高度超过24m时，还要遵循《建筑设计防火规范》(GB 50016—2014）的规定。

(5) 经济条件

建筑层数还与建筑造价关系密切。在建筑群体组合中，个体建筑的层数愈多，用地愈经济。但同时也应注意，建筑层数的增多也会伴随结构形式和公共设施（如电梯的增加，提高造价）变化。

3.3 剖面组合及空间的利用

建筑空间组合就是要根据建筑内部的使用要求，结合建筑场地环境等条件，通过分析建筑在水平方向上和垂直方向上的相互关系，将大小、高低各不相同，形状各异的空间组合起来，使之成为使用方便、结构合理、体型简洁而美观的有机整体。因此在掌握建筑平面组合设计的基础上，本节将重点叙述建筑空间的剖面组合与利用问题。

3.3.1 建筑空间的剖面组合原则

(1) 根据建筑的功能和使用要求，分析建筑空间的剖面组合关系

在剖面设计中，不同用途的房间有着不同的位置要求。一般情况下，对外联系密切、人员出入频繁、室内有较重设备的房间应位于建筑的底层或下部；而那些对外联系较少、人员出入不多、要求安静或有隔离要求、室内无大型设备的房间，可以放在建筑的上部。如在高等学校综合科研楼设计中，就常把接待室和有大型设备的实验室放在底层；把人数多、人流量较大的综合教室放在建筑的下部；而使用人数较少、相对安静的研究室、研究生教室、普通办公室等用房，则位于建筑的上部。

(2) 根据房屋各部分的高度，分析建筑空间的剖面组合关系

如前所述，不同功能的房间有不同的高度要求，而建筑则是集多种用途的房间为一体的综合体。在建筑的剖面组合设计中，需要在功能分析的基础上，将有不同高度要求的大小空间进行归类整合，按照建筑空间的剖面组合规律，使建筑的各个部分在垂直方向上取得协调统一。

3.3.2 建筑剖面的组合方式

建筑剖面空间组合，主要是分析建筑物各部分应有的高度、建筑层数、建筑空间在垂直方向上的组合和利用，以及建筑剖面和结构、构造的关系等问题。

建筑空间在垂直方向上的组合方式，主要由建筑物中各类房间的高度、剖面形状、房屋的使用要求、结构特点等因素决定，大体可分为以下几种。

3.3.2.1 单层剖面组合

在一些建筑中，人流或物流进出较多，为方便室内外的直接联系，多采用单层的组合形式，如车站、剧院、展览厅等；要求顶部自然采光和通风的，也常采用单层的组合形式，如车间、食堂、展览馆大厅等；农村、郊区或用地不紧张的地方，也可采用单层的组合形式。

单层剖面组合方式，在剖面空间组合上比较简单灵活，各种房间可根据实际使用要求所需高度设置不同的屋顶。其主要缺点是用地很不经济。

根据各房间的高度及剖面形状不同，单层建筑的剖面组合形式主要有以下几种：

① 等高组合。单层建筑各房间的高度相同时，自然形成等高的剖面形式。当各房间所需高度相近时，通常为简化结构、构造及方便施工，按主要房间所需高度来统一建筑物高度，从而形成等高的剖面形式。

② 不等高组合。当各房间所需高度相差较大时，为避免等高处理后造成浪费，可按各房间实际使用所需高度进行组合，形成不等高的剖面形式。

③ 夹层组合。当各房间所需高度相差很大时，可将高度小的辅助房间毗连在高度大的主要房间周围，采用多层布置，形成夹层。例如，体育馆中的比赛大厅和办公、休息等辅助房间的高度悬殊，通常结合大厅看台升起的剖面特点，在看台下面和大厅四周布置各种辅助房间，形成夹层，如图 3-14 所示。

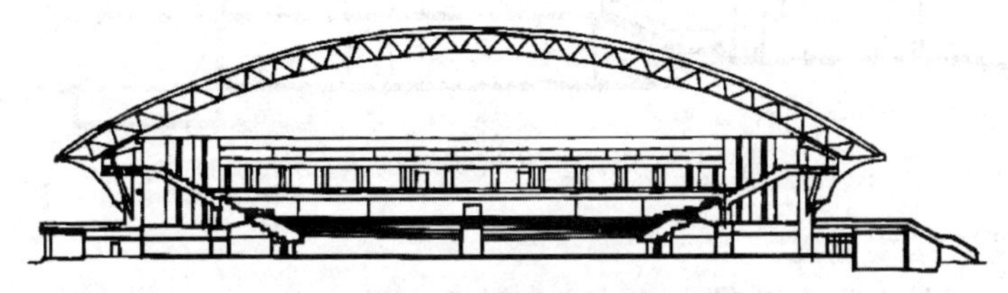

图 3-14　某体育馆的剖面

3.3.2.2　多层和高层剖面组合

根据建筑物的使用要求、节约用地和城市规划等要求，民用建筑大多采用多层和高层。

多层和高层建筑的剖面组合必须与平面组合结合进行。通常应尽量将同一层平面中所有房间的高度调整一致，采用统一的层高。对高度相差不大的房间，可按该层主要房间所需高度调整一致；高度相差较大的房间，应尽可能安排在不同的楼层上，各层之间采用不同的层高，若必须设在同一层而层高又难以调整到同一高度时，可采用不同的层高，局部做错层处理。对少量高度较大的房间，可将其布置在顶层，或附设于主体建筑的端部，也可单独设置，用廊与主体建筑连接，如图 3-15 所示。

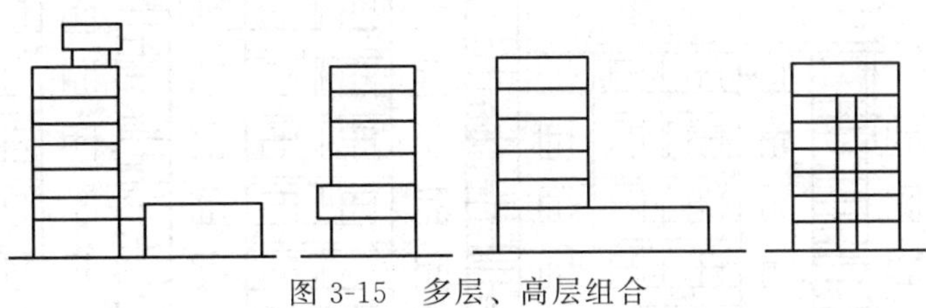

图 3-15　多层、高层组合

高层剖面组合方式，在占地面积较小的情况下可建造较大面积的房屋，有利于室外辅助设施、绿化等的布置。但高层建筑的垂直交通需用电梯联系，管道设备等设施也较复杂，建造与维护费用较高。

3.3.2.3　错层式剖面组合

当建筑内部出现高差，或由于地形变化使建筑中部分楼地面出现高低错落现象时，可采用错层的处理方式使空间取得和谐统一。

(1) 以踏步解决错层高差

在某些建筑中，虽然各种用房的高差并不大，但为了节约空间，降低造价，可分别将相同高度的房间集中起来，采用不同的层高，并用踏步来解决两部分空间的高差。如学校的教室和办公室，由于容纳人数不同，使用性质各异，教室的高度应比办公室大些，空间组合中就常采用这种方式。

此外，在建筑设计中也可以利用踏步，降低或抬高某些空间的地面高度，有意创造错层高差，达到丰富室内空间的目的（图 3-16）。

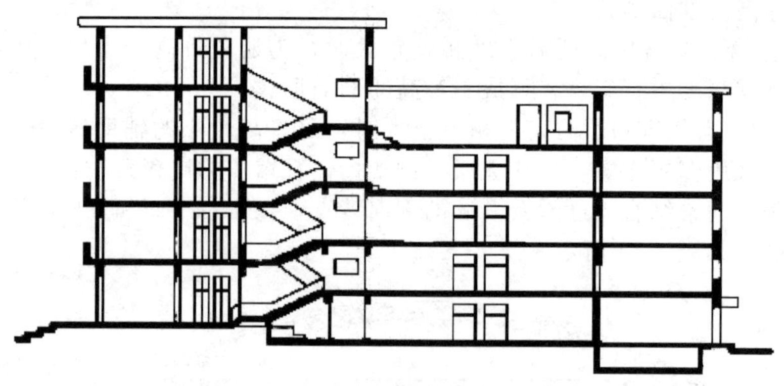

图 3-16 用踏步和楼梯解决错层高差

（2）以楼梯解决错层高差

当建筑物的两部分空间高差较大，或由于地形起伏变化，造成房屋几部分楼地面高低错落时，可以利用楼梯间来解决错层高差，即通过调整楼梯梯段的踏步数量，使楼梯平台与错层楼地面标高一致。这种方法既能够较好地结合地形，又能够灵活地解决建筑中较大的错层高差。如图 3-16 所示的教学楼，就是将楼梯和踏步结合起来，解决教室与办公室之间的错层问题。

（3）以室外台阶解决错层高差

图 3-17 为沿垂直等高线布置的住宅建筑，各单元垂直高差相错一层，均由室外台阶到达楼梯间。这种错层做法能够较好地适应地形变化，与室外空间联系紧密。

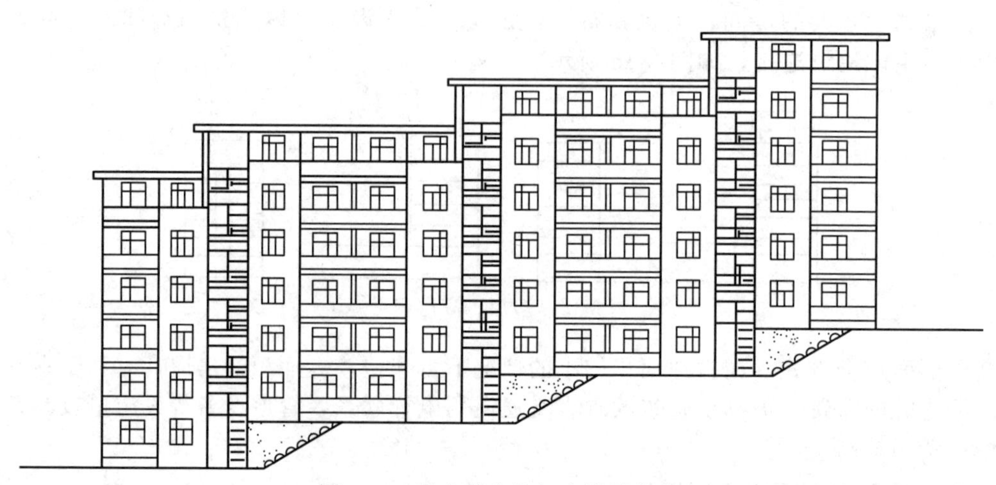

图 3-17 以室外台阶解决错层高差

3.3.2.4 跃层组合

跃层组合主要用于住宅建筑中，并成为住宅的一种类型。跃层组合的住宅，其走廊每隔一两层设置一条，每个住户可有前后相通且带高差的一层，或是上、下层相通的房间。同层的高差以踏步相接，上、下层房间以住户内部的小楼梯相连。跃层住宅的特点是节约公共交通面积，各住户之间干扰少，而户内的小楼梯又增添了居住建筑的趣味。但跃层组合往往使结构布置和施工趋于复杂，平均每户的建筑面积较大，居住标准较高。

3.3.2.5　退台式空间组合

退台式空间组合的特点是使建筑由下至上内收，形成退台，从而为人们提供了进行室外活动及绿化布置的露天平台。

3.3.3　建筑空间的有效利用

在对建筑剖面进行研究时，往往会发现有许多可以充分利用的建筑空间。在大型商场、体育馆、影剧院、候机楼等公共建筑中，常常有平面尺寸和空间高度都很大的空间，由于功能要求，其主体空间与辅助空间的面积和层高通常不一致。为了充分利用空间及丰富室内空间的效果，常采取在大空间周围布置夹层的方式。

在一般民用建筑楼梯间的底部和顶部，通常都有可以利用的空间。楼梯间底层休息平台下至少有半层高，为了充分利用这部分空间，可采取降低平台下地面标高或增加第一梯段高度以加大平台下的净空高度，作为布置储藏室或出入口之用。另外，楼梯间顶层有一层半空间高度，可以利用部分空间布置一个小储藏间（图 3-18）。

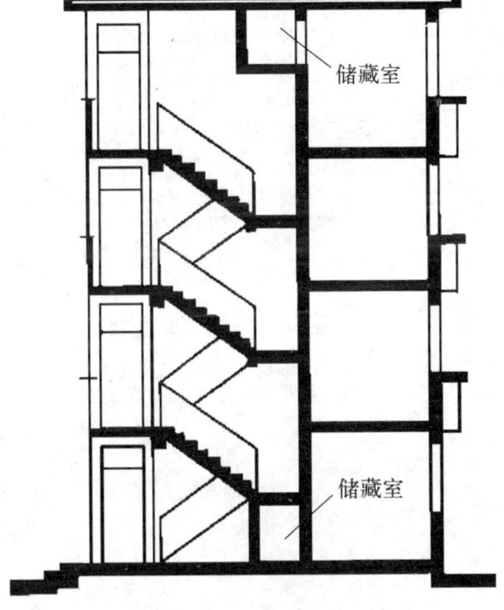

图 3-18　楼梯间的空间利用

民用建筑的走道主要用于人流通行，其面积和宽度都较小，因此高度也相应要求低些。但从简化结构考虑，走道和其他房间往往采取相同的层高。为充分利用走道上部多余的空间，常利用走道上空布置设备管道及照明线路。居住建筑中常利用走道上空布置储藏空间，这样处理不但充分利用了空间，也使走道的空间比例尺度更加协调。

此外，坡屋顶建筑的屋顶下面、底层楼梯的半平台下面，也常常是有效利用空间的合适部位（图 3-19）。在一些大跨度的建筑中，还可以利用一些结构的空间，作为通道或放置设备（图 3-20）。

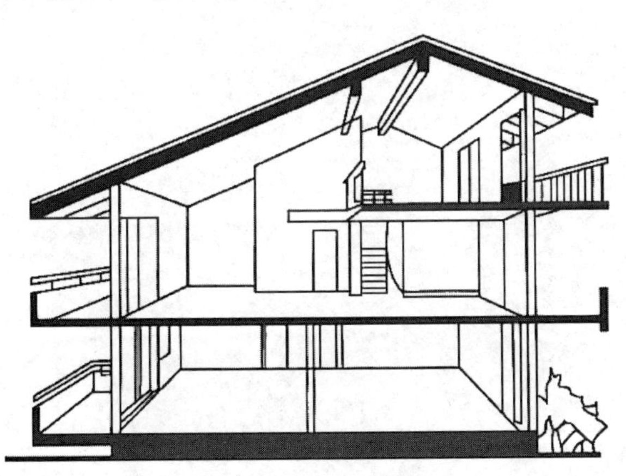
图 3-19　坡屋顶空间的利用

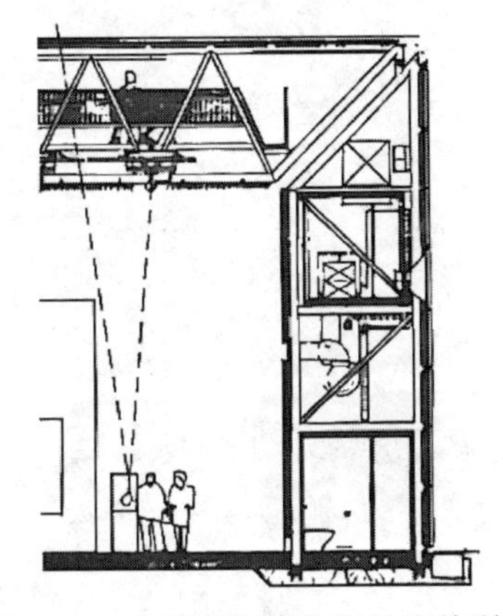
图 3-20　大跨度结构空间的有效利用

思考题

1. 平面设计包含哪些基本内容？
2. 确定房间面积大小时应考虑哪些因素？试举例分析。
3. 影响房间形状的因素有哪些？举例说明为什么矩形房间被广泛采用。
4. 房间尺寸指的是什么？确定房间尺寸应考虑哪些因素？
5. 如何确定房间门窗数量、面积大小、具体位置？
6. 辅助房间包括哪些房间？辅助房间设计应注意哪些问题？
7. 交通联系部分包括哪些内容？
8. 举例说明走道的类型、特点及适用范围。
9. 影响平面组合的因素有哪些？如何运用功能分析法进行平面组合？
10. 各种平面组合形式的特点和适用范围是什么？
11. 建筑物如何争取好的朝向？

第4章 民用建筑体型与立面设计

建筑物在满足使用要求的同时，它的体型、立面以及内外空间的组合，还会在视觉和精神上给人们带来美好的感受。

建筑的体型和立面设计是建筑外形设计的两个主要组成部分，建筑体型设计主要是对建筑外形总的体量、形状、比例、尺度等方面的确定，并针对不同类型建筑采用相应的体型组合方式；立面设计主要是对建筑体型的外部形象从总的体型到各个立面及细部进行深入刻画，按照一定的美学规律加以处理，以求得完美的建筑形象的过程。

体型与立面设计之间有着密切的联系，贯穿于整个建筑设计始终，既不是内部空间被动地直接反映，也不是简单地在形式上进行表面加工，更不是建筑设计完成后的外形处理。为更好地完成建筑体型和立面设计，就要遵循一定的设计原则，灵活运用各种设计方法，从建筑的整体到局部反复推敲创造出给人以美和富有感染力的建筑形象。

4.1 建筑体型和立面设计的要求

对建筑物进行体型和立面的设计，应满足以下几方面的要求：

(1) 符合建筑场地环境和总体规划的要求

建筑单体是建筑场地建筑群体中的一个局部，其体量、风格、形式等都应该顾及周围的建筑环境和自然环境，不能脱离环境而孤立进行。例如许多地方的建筑群体，都是在长期的过程中逐步形成的，往往具有特定的历史渊源及人文方面的脉络。在其中进行建设，应当要尊重历史和现实，妥善处理新、旧建筑之间的关系。即便是进行大规模的地块改造和建筑更新，也应该从系统的更高层次上去把握城市规划对该地块的功能和风貌方面的要求，以取得更大规模的整体上的协调性。位于城市街道和广场的建筑物，一般由于用地紧张，受城市规划约束较多，建筑造型设计要密切结合城市道路、建筑场地环境、周围原有建筑的风格及城市规划部门的要求等。

此外，建筑场地上的自然条件，例如气候、地形、道路、绿化等，也会对新建建筑的形态产生影响。譬如在以东南风为夏季主导风向的较炎热环境中，建筑开口应该迎向主导风向。如果反其道而行之，将最高大的体量放在东南面，就会对其他部分遮挡，影响通风采光。

(2) 符合建筑功能的需要和建筑类型的特征

不同使用功能的建筑类型，具有不同的空间尺度及内部空间组合特征，因此在对建筑物进行体型和立面设计时，应当注意建筑类型的个性特征。各类建筑由于使用功能不同，室内空间形态各异，在很大程度上决定了建筑不同的外部体型和立面特征；也可以说建筑的外部体型是内部空间合乎逻辑的反映，有什么样的内部空间，就有什么样的外部体型。

例如住宅建筑由于内部房间较小，通常体型上进深较浅，立面上常以较小的窗户和入口，分组设置的楼梯和阳台反映其特征（图 4-1）。学校建筑中的教学楼，由于室内采光要求较高，人流量大，立面上常布置成高大明快、成组排列的窗户和宽敞的入口（图 4-2）。

影剧院建筑由于观演部分声响和灯光设施等要求，以及观众场间休息所需的空间，在建筑体型上，常以高耸封闭的舞台部分和宽广开敞的休息厅形成对比（图4-3）。底层设置大片玻璃面的陈列橱窗和大量人流的明显出入口，成为商业建筑形象立面特征（图4-4）。

图4-1 住宅

图4-2 学校

图4-3 影剧院

图4-4 商场

建筑外部的形象特征反映不同建筑类型内部空间的组合特点，美观紧密地结合功能要求，是建筑艺术有别于其他艺术的特点之一。不应脱离功能要求，片面追求外部形象的美观，违反适用、经济、美观三者的辩证统一关系。

（3）反映物质技术条件

建筑不同于一般的艺术品，必须运用大量的建筑材料，通过一定的结构施工技术手段，才能体现它的内部空间组合和外部体型构成，因此建筑物的体型和立面设计与所用材料、结构形式以及采用的施工技术、构造措施关系极为密切。例如钢筋混凝土框架结构，由于墙体只起到围护作用，不起承重作用，因此其立面开窗的灵活性增加了，可开大面积独立窗，或通长条形窗，显示出框架结构的轻巧与灵活（图4-5）。

图4-5 某高校综合楼

随着现代新结构、新材料、新技术的发展，建筑外形设计具有了更大的灵活性并展现出多样性。以空间结构为例，建筑造型千姿百态（图4-6）。

由于施工技术的限制，各种不同的施工方法对建筑造型都有一定的影响。如采用各种工业化施工方法的建筑：滑模建筑、升板建筑、大模板建筑、盒子建筑等都具有独有的外形特征。

（4）合理运用某些视觉和构图的规律

建筑物的体型和立面既然要给人以美的享受，就应该讲究构图的章法，遵循某些视觉的规律和美学的原则。因此在建筑的体型和立面的设计中，常常会用到诸如讲究建筑层次、突出建筑主体、重复使用母题、形成节奏和韵律、掌握合适的尺度比例、在变化中求统一等手

(a) 折板结构

(b) 双曲面薄壳结构

(c) 网架穹隆型薄壳结构

(d) 悬索结构鸟瞰图

图 4-6　各种空间结构的建筑形象

法。所谓建筑层次，是指建筑物各个段落之间的排列顺序及相互间的视觉关系。所谓突出建筑主体，是指应当注意形成视觉的中心。所谓重复使用母题，是指重复使用某一种设计元素，例如一个 1/4 的圆柱体，令其像乐曲中的某一段旋律一样，可以反复出现，或者经过"变奏"，达到加深主题的目的。所谓节奏和韵律，是指一种有规律的变化，如起伏的韵律、连续的韵律、交错的韵律、渐变的韵律等。而合适的尺度比例，则是指符合视觉规律的建筑物各向度之间及细部的尺度关系。

(5) 掌握建筑标准、考虑经济条件

建筑物从总体规划、建筑空间组合、材料选择、结构形式、施工组织直到维修管理等都应考虑经济因素。同样，建筑外形设计也应严格掌握质量标准，尽量节约资金。对于大量民用建筑、大型公共建筑或国家重点工程等不同项目，应该根据它们的规模、重要程度和地区特点等分别在建筑用材、结构类型、内外装修等方面加以区别对待，防止滥用高级材料，造成不必要的浪费。同时，也要防止片面强调节约，盲目追求低标准，造成使用功能不合理，影响建筑形象和增加建筑物的经常维修管理费用。

应当指出，建筑外形美观与否并不是以投资的多少为决定因素。事实上只要充分发挥设计者的主观能动性，在一定的经济条件下，巧妙地运用物质技术手段和构图法则，努力创新，完全可以设计出适用、安全、经济、美观的建筑物来。

4.2　建筑体型的组合

建筑物内部的功能组合，是形成建筑体型的内在因素和主要依据。但是，建筑体型的构成，并不仅仅是这种组合的简单表达，通过对建筑体型进行组合方式的研究，可以帮助设计人员对平面功能组合再优化，从而不断完善设计构思，以尽量达到建筑内部空间处理和外形设计的完美结合。

建筑体型的组合有许多方式，但主要可以归纳为以下几种：

(1) 对称式布局

这种布局的建筑有明显的中轴线，主体部分位于中轴线上，主要用于需要庄重的建筑，例如政府机关、法院、博物馆、纪念堂等。

(2) 不对称布局

在水平方向通过拉伸、错位、转折等手法，可形成不对称的布局。用不对称布局的手法形成的不同体量或形状的体块之间可以互相咬合或用连接体连接，还需要讲究形状、体量的对比或重复以及连接处的处理，同时应该注意形成视觉中心。这种布局方式可以适应不同的建筑场地地形，还可以适应多方位的视角。可以根据建筑和环境的特点合理采用。

(3) 在垂直方向通过切割、加减等方法来使建筑物获得类似“雕塑”的效果

这种布局需要按层分段进行平面的调整，常用于高层和超高层的建筑以及一些需要在地面以上利用室外空间或者需要采顶光的建筑。

4.3 建筑立面设计

建筑立面设计的主要任务是对建筑物立面的组成部分和构件的比例、尺度，入口及细部处理，质感、色彩等，运用节奏韵律、虚实对比等设计方法，设计出体型完整、形式与内容统一的建筑立面。

建筑立面设计通常是先根据平面设计初步确定各个立面的基本轮廓，再推敲立面各部分总的比例关系，考虑建筑整体几个立面之间的统一，相邻立面间的连接和协调等问题，然后着重分析各个立面上墙面的处理、门窗的调整安排等，最后对入口门厅、建筑装饰等进一步做重点及细部处理，使之与建筑内部空间、使用功能、技术经济条件密切结合。

(1) 尺度和比例的协调统一

尺度和比例的协调统一是立面设计的重要原则。立面的比例和尺度的处理与建筑功能、材料性能和结构类型是分不开的。由于使用性质、容纳人数、空间大小、层高等的不同，建筑立面会形成全然不同的比例和尺度关系。恰当的尺度能反映出建筑物真实的大小，而尺度失调会产生不真实感，同时，比例要满足结构和构件的合理性与立面构图美观的要求。

(2) 立面的虚实与凹凸的对比

立面的虚实与凹凸的对比是立面设计的重要表现手法，建筑立面中“虚”的部分泛指门窗、空廊、凹廊等，其常给人以轻巧、通透的感觉；“实”的部分指墙、柱、栏板等，其给人以厚重、封闭的感觉。建筑外观的虚实关系主要是由功能和结构要求决定的。充分利用这两方面的特点，巧妙地处理虚实关系可以获得轻巧生动、坚实有力的外观形象。由于功能和构造上的需要，建筑外立面常出现一些凹凸部分。凸的部分一般有阳台、雨篷、遮阳板、挑檐、凸柱、凸出的楼梯间等；凹的部分有凹廊、门洞等。通过凹凸关系的处理可以加强光影变化，增强建筑物的立体感，丰富立面效果。

(3) 材料质感和色彩配置

合理地选择和搭配材料的质感和色彩，可以使建筑立面更加丰富多彩。材料质感和色彩的选择、配置是使建筑立面进一步取得丰富、生动效果的又一重要方面。不同的色彩具有不同的表现力和感染力，粗糙的混凝土或砖石的表面显得较为厚重；平整而光滑的面砖以及金属、玻璃的表面显得比较轻巧细腻。浅色调使人感到明快、清新；深色调使人感到端庄、稳重；冷色调使人感到宁静；暖色调使人感到热烈。在建筑立面上恰当地利用材料的质感和色彩的特点，往往可使建筑物显得生动而富于变化。

(4) 重点部位和细部处理

对建筑某些部位进行重点和细部处理，是建筑立面设计的重要手法，突出主体，打破单调感。立面重点部位处理常通过对比手法进行。建筑的主要出入口和楼梯间是人流最大的部位，要求明显易找。为了吸引人们的视线，常对这个重点部位进行处理。

在建筑设计中应综合考虑建筑物平面、剖面、立面、体型及环境各方面因素，创造出人们需要的、完美的建筑形象。

思考题

1. 如何确定房间的剖面形状？试举例说明。
2. 什么是层高、净高？确定层高与净高应考虑哪些因素？试举例说明。
3. 房间窗台高度如何确定？试举例说明。
4. 室内外地面高差由什么因素确定？
5. 确定建筑物的层数应考虑哪些因素？试举例说明。
6. 建筑空间的剖面组合有哪几种处理方式？试举例说明。
7. 建筑空间的利用有哪些处理手法？

第 2 篇
民用建筑构造

本篇主要内容有：民用建筑的基本组成，民用建筑各部分基本组成的功能和构造，装配式建筑构造。

学习目标：

掌握民用建筑的六大基本组成，并了解相关的组成内容；

掌握民用建筑实体的基本功能及基本组成部分的设计要求；

掌握装配式建筑的相关构造。

第5章 房屋建筑构造概述

建筑构造是建筑设计不可分割的一部分，建筑构造重点研究建筑物各组成部分的构造原理和构造方法。在内容上是对实践经验的高度概括，涉及建筑材料、建筑物理、建筑力学、建筑结构、建筑施工以及建筑经济等有关方面的知识。

5.1 建筑构造及其研究内容

建筑构造是指建筑物各组成部分科学地选用材料及其做法设计。其研究内容是根据建筑物的功能、材料性质、受力情况、施工方法和建筑形象等的要求，选择设计适用、安全、经济、美观、合理的构造方案，为建筑设计提供可靠的技术保证，为建筑设计中综合解决技术问题及进行施工图设计、绘制大样图等提供依据。建筑构造具有实践性和综合性强的特点。它涉及建筑材料、力学、结构、施工等相关知识。

5.1.1 建筑构造原理

建筑构造原理就是综合多方面的技术知识，根据多种客观因素，以选材、选型、工艺、安装为依据，研究各种构、配件构造方案及其细部构造的合理性以能更有效地满足建筑使用功能的理论。在进行建筑设计时，不但要解决空间的划分和组合、外观造型等问题，还要考虑建筑构造上的可行性，在建筑构造设计中综合考虑结构选型、材料的选用、施工的方法、构配件的制造工艺，以及技术经济、艺术处理等问题。

5.1.2 影响建筑构造因素

一幢建筑物建成并投入使用后，要经受来自人为和自然界各种因素的作用。为了提高建筑物对外界各种影响的抵抗能力，延长使用寿命和保证使用质量，在进行建筑构造设计时，必须充分考虑到各种因素对它的影响，以便根据影响程度采取相应的构造方案和措施。影响建筑构造的因素很多，大致可归纳为以下几方面：

(1) 荷载的影响

作用在建筑物上的力称为荷载。荷载的大小和作用方式是结构设计和结构选型的重要依据，它决定着构件的形状、尺度和用料，而构件的选材、尺寸、形状等又与建筑构造密切相关。因此，在确定建筑构造方案时，必须考虑荷载的影响。

(2) 自然环境的影响

自然界的风霜雨雪、冷热寒暖的气温变化、太阳热辐射等均是影响建筑物使用质量和使用寿命的重要因素。在建筑构造设计时，必须针对所受影响的性质与程度，对建筑物的相关部位采取相应的措施，如防潮、防水、保温隔热、设变形缝等构造措施。

(3) 人为因素的影响

人们在生产和生活中，常常会对建筑物造成一些影响，如机械振动、化学腐蚀、爆炸、火灾、噪声等。因此，在建筑构造设计时，应针对各种影响因素采取防震、防腐、防火、隔声等相应的构造措施。

(4) 物质技术条件的影响

建筑材料、结构、设备和施工技术是构成建筑的基本要素，由于建筑物的质量标准和等级的不同，在材料的选择和构造方式上均有所区别。随着建筑业的发展，新材料、新结构、新设备和新工艺不断出现，建筑构造要解决的问题越来越多、越来越复杂。

(5) 经济条件的影响

为了降低能耗、建造成本及使用维护费用，在建筑方案设计阶段——影响工程总造价的关键阶段，就必须深入分析各建筑设计参数与造价的关系，即在满足适用、安全的条件下，合理选择技术上可行、经济上节约的设计方案。建筑构造设计是建筑设计方案不可分割的一部分，也必须考虑经济效益的问题。

5.1.3 建筑构造设计原则

(1) 满足建筑功能要求

满足功能要求是整个建筑设计的根本。建筑物的功能要求和某些特殊需要，如保温隔热、隔声、防震、防腐蚀等，在建筑构造设计时，应综合分析诸多因素，选择确定最经济合理的构造方案。

(2) 有利于结构安全

建筑物除根据荷载的性质、大小进行必要的结构计算，确定构件的必需尺寸外，在构造上需采用相应的措施，以保证房屋的整体刚度和构件之间的可靠连接，使之有利于结构的稳定和安全。

(3) 适应建筑工业化的需要

为了提高建设速度，改善劳动条件，保证施工质量，在构造设计时，应大力推广先进技术，选用各种新型建筑材料，采用标准化设计和定型构、配件，提高构、配件间的通用性和互换性，为建筑构、配件的生产工厂化、施工机械化和管理科学化创造有利条件，以适应建筑工业化的需要。

(4) 考虑建筑节能与环保的要求

在建筑构造设计时，要在我国颁布的有关建筑节能设计标准的基础上，选择节能环保的绿色建材，确定合理的构造方案，提高围护结构的保温隔热、防潮、密封等方面的性能，从而减少建筑设备的能耗，节约能源、保护环境。

(5) 经济合理

降低成本、合理控制造价指标是构造设计的重要原则之一。在建筑构造设计时，以材料的选择为例，应因地制宜，就地取材，节约投资。

(6) 注意美观

建筑构造设计是建筑内外部空间以及造型设计的继续和深入，尤其某些细部构造处理不仅影响精致和美观，也直接影响整个建筑物的整体效果，应充分考虑和研究。

在构造设计中，必须全面贯彻国家建筑政策、法规，充分考虑建筑物的使用功能、所处的自然环境、材料供应以及施工技术条件等因素，综合分析、比较，选择最佳的构造方案。

5.2 研究建筑构造的基本方法

研究建筑构造的方法是在理论指导下，主要考虑以下三个方面：

① 研究如何选定运用符合要求的各种材料与产品，有机地制造、组合各种建筑构、配件；

② 研究并提出解决建筑各构、配件之间整体构成的体系，各构、配件之间相互连接组合的技术措施；

③ 研究各构、配件细部构造和通过构、配件构造措施，使之在使用过程中能满足各种使用功能的要求。

5.3 建筑抗震

5.3.1 地震与地震波

地壳内部存在极大的能量，地壳中的岩层在这些能量所产生的巨大作用力下发生变形、弯曲、褶皱，当最脆弱部分的岩层承受不了这种作用力时，岩层就开始断裂、错动，这种运动传至地面，就表现为地震。

岩层断裂和错动的地方称为震源，震源正上方地面称为震中。

岩层断裂错动，突然释放大量能量并以波的形式向四周传播，这种波就是地震波。地震波在传播中使岩层的每一质点发生往复运动，使地面分别发生上下颠簸和左右摇晃，造成建筑破坏、人员伤亡。由于阻尼作用，地震波作用由震中向远处逐渐减弱，以至消失。

5.3.2 地震震级与地震烈度

地震的强烈程度称为震级，一般称里氏震级，它取决于一次地震释放的能量大小。地震烈度是指某一地区地面和建筑遭受地震影响的强烈程度，它不仅与震级有关，而且与震源的深度、距震中的距离、场地土质类型等因素有关。一次地震只有一个震级，但却有不同的烈度。我国地震烈度表中将烈度分为 12 度。7 度时，一般建筑物多数有轻微损坏；8～9 度时，大多数损坏至破坏，少数倾倒；10 度时，则多数倾倒。现行建筑抗震规范规定以 6 度作为设防起点，6 度以上地区的建筑物要进行抗震设计。

5.3.3 建筑抗震设计要点

建筑物抗震设计的基本要求是减轻建筑物在地震时的破坏、避免人员伤亡、减少经济损失。其一般目标是当建筑物遭到本地区规定的烈度的地震时，允许建筑物出现一定的损坏，经一般修复和稍加修复后能继续使用，而当遭到极少发生的高于本地区烈度的罕遇地震时，不致倒塌和发生危及生命的严重破坏，即贯彻“小震不坏、中震可修、大震不倒”的原则。

① 宜选择对建筑物抗震有利的建设场地；

② 建筑体型和立面处理力求匀称，建筑体型宜规则、对称，建筑立面宜避免高低错落、突然变化；

③ 建筑平面布置力求规整，如因使用和美观要求必须将平面布置成不规则时，应用防震缝将建筑物分割成若干结构单元，使每个单元体型规则、平面规整、结构体系单一；

④ 加强结构的整体刚度，从抗震要求出发，合理选择结构类型，合理布置墙和柱，加强构件和构件连接的整体性，增设圈梁和构造柱等；

⑤ 处理好细部构造，楼梯、女儿墙、挑檐、阳台、雨篷、装饰贴面等细部构造应予以足够的注意，不可忽视。

5.4 建筑构造图的表达方式

建筑构造图主要依据《房屋建筑制图统一标准》（GB/T 50001）和《建筑制图标准》

(GB/T 50104)。

(1)《房屋建筑制图统一标准》(GB/T 50001)

《房屋建筑制图统一标准》(GB/T 50001)是房屋建筑制图的基本规定,适用于总图、建筑、结构、给水排水、暖通空调、电气等各专业制图。为了统一房屋建筑制图规则,保证制图质量,提高制图效率,做到图面清晰、简明,符合设计、施工、审查、存档的要求,适应工程建设的需要而制定《房屋建筑制图统一标准》。其主要内容包括总则、术语、图纸幅面规格与图纸编排顺序、图线、字体、比例、符号、定位轴线、常用建筑材料图例、图样画法、尺寸标注、计算机辅助制图文件、计算机辅助制图文件图层、计算机辅助制图规则、协同设计等。

(2)《建筑制图标准》(GB/T 50104)

为了使建筑专业、室内设计专业制图标准化,保证制图质量,提高制图效率,做到图面清晰、简明,符合设计、施工、审查、存档的要求,适应工程建设的需要而制定《建筑制图标准》。对于建筑专业、室内设计专业制图,除应符合《房屋建筑制图统一标准》还应符合《建筑制图标准》的规定。

《建筑制图标准》适用于建筑专业的下列工程制图:

① 新建、改建、扩建工程各阶段设计图、竣工图;

② 原有建筑物、构筑物的实测图;

③ 通用设计图、标准设计图。

《建筑制图标准》主要内容包括总则、一般规定、图例、图样画法等。

5.4.1 图线

建筑制图图样中图线规定:图线的宽度 b,应根据图样的复杂程度和比例,并按现行国家标准《房屋建筑制图统一标准》的有关规定选用,宜按照图纸比例及图纸性质从 1.4mm、1.0mm、0.7mm、0.5mm 线宽系列中选取。每个图样,应根据复杂程度与比例大小,先选定基本线宽 b,再选用表 5-1 中相应的线宽组。

表 5-1 线宽组 单位:mm

项目	线宽组			
b	1.4	1.0	0.7	0.5
$0.7b$	1.0	0.7	0.5	0.35
$0.5b$	0.7	0.5	0.35	0.25
$0.25b$	0.35	0.25	0.18	0.13

建筑专业制图采用的各种图线,应符合表 5-2 的规定。图样中图线表示如图 5-1～图 5-3 所示。绘制较简单的图样时,可采用两种线宽,其线宽比宜为 $b:0.25b$。

表 5-2 图线

<table>
<tr><th colspan="2">名称</th><th>线宽</th><th>用途</th></tr>
<tr><td rowspan="2">实线</td><td>粗</td><td>b</td><td>①平、剖面图中被剖切的主要建筑构造(包括构、配件)的轮廓线;
②建筑立面图或室内立面图的外轮廓线;
③建筑构造详图中被剖切的主要部分的轮廓线;
④建筑构、配件详图中的外轮廓线;
⑤平、立、剖面的剖切符合</td></tr>
<tr><td>中粗</td><td>$0.7b$</td><td>①平、剖面图中被剖切的次要建筑构造(包括构、配件)的轮廓线;
②建筑平、立、剖图中建筑构、配件的轮廓线;
③建筑构造详图及建筑构配件详图中的一般轮廓线</td></tr>
</table>

续表

名称		线宽	用途
实线	中	0.5b	小于 0.7b 的图形线、尺寸线、尺寸界线、索引符号、标高符号、详图材料做法引出线、粉刷线、保温层线、地面或墙面的高差分界线等
	细	0.25b	图例填充线、家具线、纹样线等
虚线	中粗	0.7b	①建筑构造详图及建筑构、配件的不可见轮廓线； ②平面图中的起重机(吊车)轮廓线； ③拟建、扩建建筑物轮廓线
	中	0.5b	投影线、小于 0.5b 的不可见轮廓线
	细	0.25b	图例填充线、家具线等
单点长画线	粗	b	起重机(吊车)轨道线
	细	0.25b	中心线、对称线、定位轴线
折断线	细	0.25b	部分省略表示时的断开界线
波浪线	细	0.25b	部分省略表示时的断开界线、曲线形构件断开界线、构造层次断开界线

注：地坪线宽可用 1.4b。

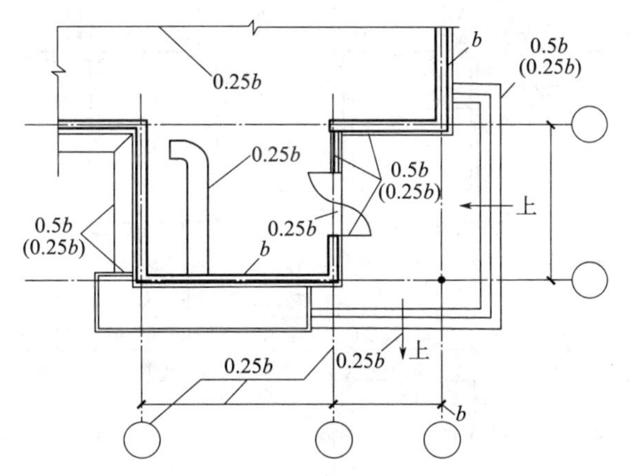

图 5-1　平面图图线宽度选用示例

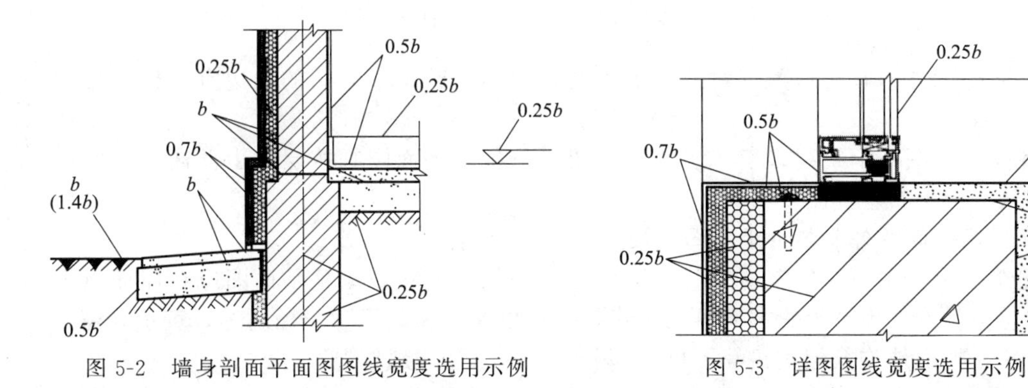

图 5-2　墙身剖面平面图图线宽度选用示例

图 5-3　详图图线宽度选用示例

5.4.2　比例

建筑专业制图选用的各种比例，宜符合表 5-3 的规定。

表 5-3 建筑专业制图选用的各种比例

图名	比例
建筑物或构筑物的平面图、立面图、剖面图	1∶50、1∶100、1∶150、1∶200、1∶300
建筑物或构筑物的局部放大图	1∶10、1∶20、1∶25、1∶30、1∶50
配件及构造详图	1∶1、1∶2、1∶5、1∶10、1∶15、1∶20、1∶25、1∶30、1∶50

(1) 建筑平面图图样画法

图 5-4 所示为某宿舍底层建筑施工平面图。建筑平面图图样画法应符合以下规定：

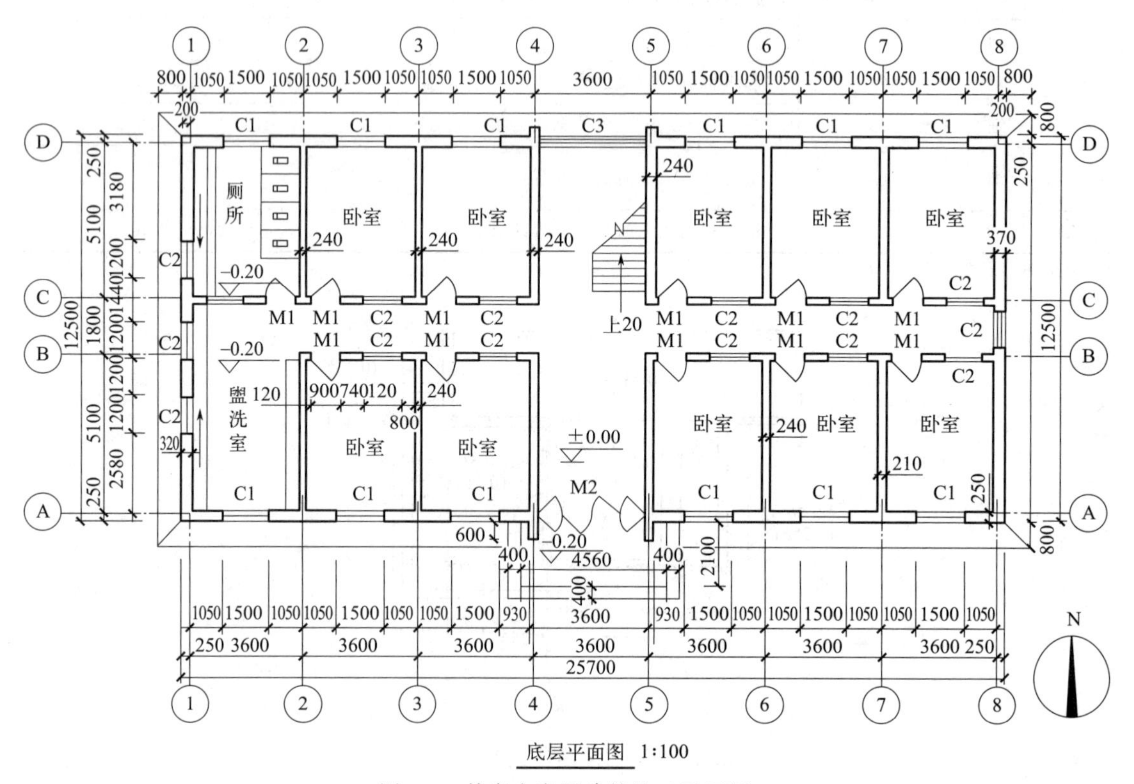

图 5-4 某宿舍底层建筑施工平面图

① 平面图的方向宜与总图（建筑总平面图）方向一致。平面图的长边宜与横式幅面图纸的长边一致。

② 在同一张图纸上绘制多于一层的平面图时，各层平面图宜按层数由低向高的顺序从左至右或从下至上布置。

③ 除顶棚平面图外，各种平面图应按正投影法绘制。

④ 建筑物平面图应在建筑物的门窗洞口处水平剖切俯视，屋顶平面图应在屋面以上俯视，图内应包括剖切面及投影方向可见的建筑构造以及必要的尺寸、标高等，表示高窗、洞口、通气孔、槽、地沟及起重机等不可见部分时，应采用虚线绘制。

⑤ 建筑物平面图应注写房间的名称或编号。编号应注写在直径为 6mm 细实线绘制的圆圈内，并应在同张图纸上列出房间名称表。

⑥ 平面较大的建筑物，可分区绘制平面图，但每张平面图均应绘制组合示意图。各区应分别用大写拉丁字母编号。在组合示意图中需提示的分区，应采用阴影线或填充的方式

表示。

⑦ 顶棚平面图也称天花平面图，宜采用镜像投影法绘制。

（2）建筑立面图图样画法

图 5-5 所示为某住宅⑮-①轴立面施工图。建筑立面图图样画法应符合以下规定：

① 各种立面图应按正投影法绘制。

② 建筑立面图应包括投影方向可见的建筑外轮廓线和墙面线脚，构、配件，墙面做法及必要的尺寸和标高等。

③ 平面形状曲折的建筑物，可绘制展开立面图、展开室内立面图。圆形或多边形平面的建筑物，可分段展开绘制立面图、室内立面图，但均应在图名后加注“展开”二字。

④ 较简单的对称式建筑物或对称的构、配件等，在不影响构造处理和施工的情况下，立面图可绘制一半，并应在对称轴线处画对称符号。

⑤ 在建筑物立面图上，相同的门窗、阳台、外檐装修、构造做法等可在局部重点表示，并应绘出其完整图形，其余部分可只画轮廓线。

⑥ 在建筑物立面图上，外墙表面分格线应表示清楚。应用文字说明各部位所用面材及色彩。

⑦ 有定位轴线的建筑物，宜根据两端定位轴线号编注立面图名称。无定位轴线的建筑物可按平面图各面的朝向确定名称。

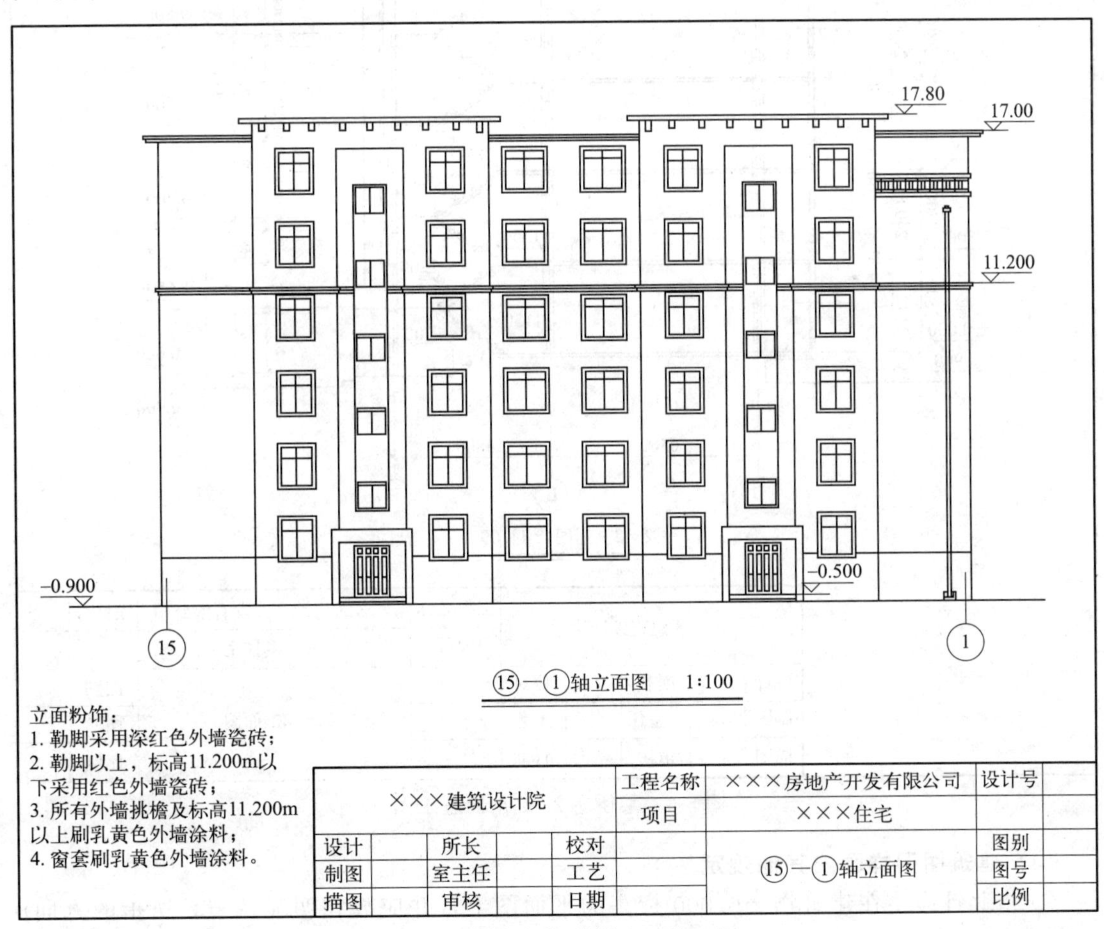

图 5-5　某住宅⑮-①轴立面施工图

(3) 建筑剖面图图样画法

图 5-6 所示为某住宅 2—2 剖面施工图。建筑剖面图图样画法应符合以下规定：

① 剖面图的剖切部位，应根据图纸的用途或设计深度，在平面图上选择能反映全貌、构造特征以及有代表性的部位剖切。

② 各种剖面图应按正投影法绘制。

③ 建筑剖面图内应包括剖切面和投影方向可见的建筑构造，构、配件，以及必要的尺寸、标高等。

④ 剖切符号可用阿拉伯数字、罗马数字或拉丁字母编号，如图 5-7 所示。

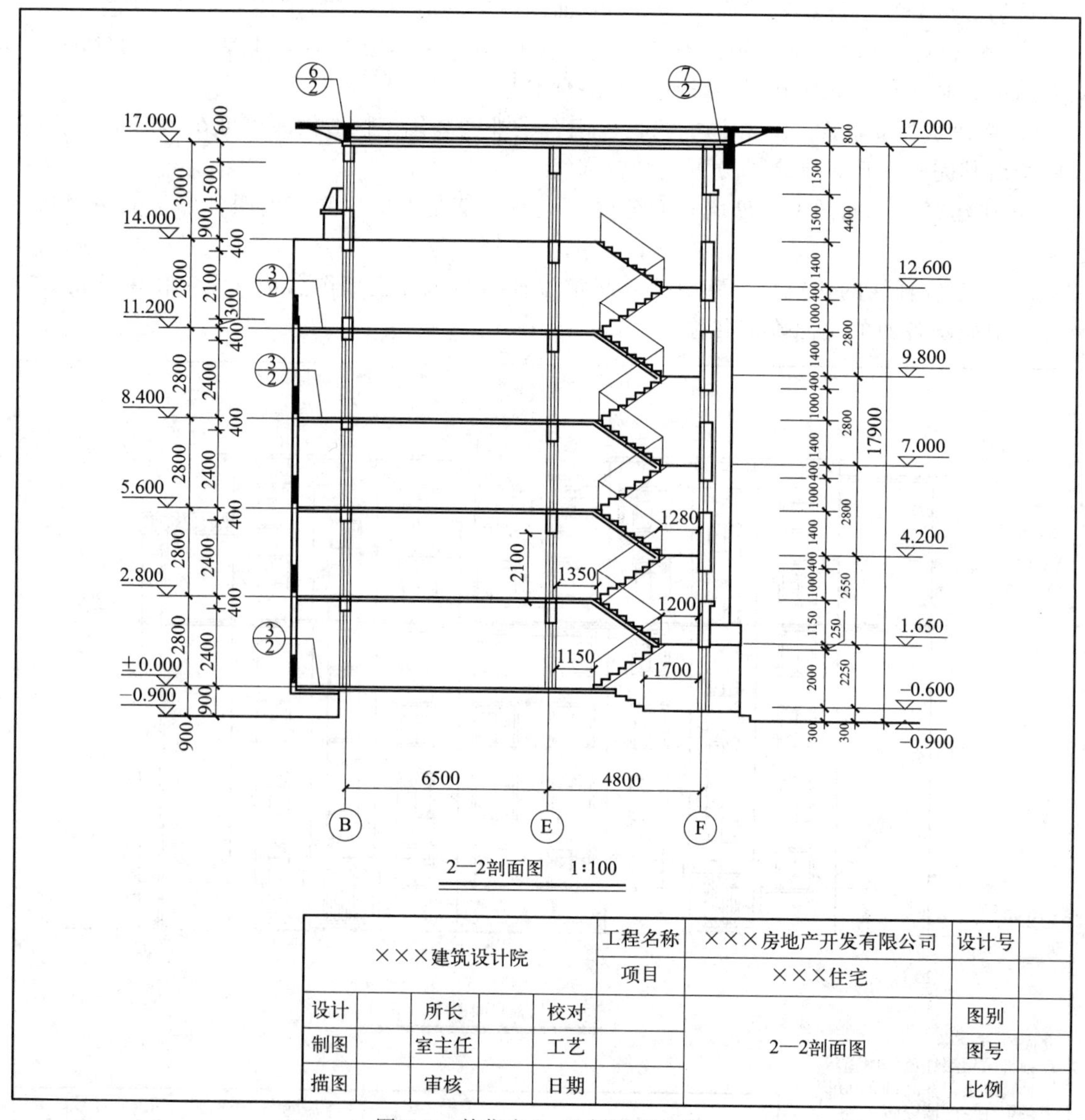

图 5-6 某住宅 2—2 剖面施工图

(4) 建筑图图样画法其他规定

① 指北针应绘在建筑物±0.000 标高的平面图上，并应放在明显位置，所指的方向应与总图一致。

② 零配件详图与构造详图，宜按直接正投影法绘制。

③ 零配件外形或局部构造的立体图，宜按现行国家标准《房屋建筑制图统一标准》（GB/T 50001）的有关规定绘制。

④ 不同比例的平面图、剖面图，其抹灰层、楼地面、材料图例的省略画法，应符合下列规定：

a. 比例大于 1∶50 的平面图、剖面图，应画出抹灰层、保温隔热层等与楼地面、屋面的面层线，并宜画出材料图例；

b. 比例等于 1∶50 的平面图、剖面图，剖面图宜画出楼地面、屋面的面层线，宜绘出保温隔热层，抹灰层的面层线应根据需要确定；

c. 比例小于 1∶50 的平面图、剖面图，可不画出抹灰层，但剖面图宜画出楼地面、屋面的面层线；

d. 比例为（1∶100）～（1∶200）的平面图、剖面图，可画简化的材料图例，但剖面图宜画出楼地面、屋面的面层线；

e. 比例小于 1∶200 的平面图、剖面图，可不画材料图例，剖面图的楼地面、屋面的面层线可不画出。

⑤ 相邻的立面图或剖面图，宜绘制在同一水平线上，图内相互有关的尺寸及标高，宜标注在同一竖线上，如图 5-8 所示。

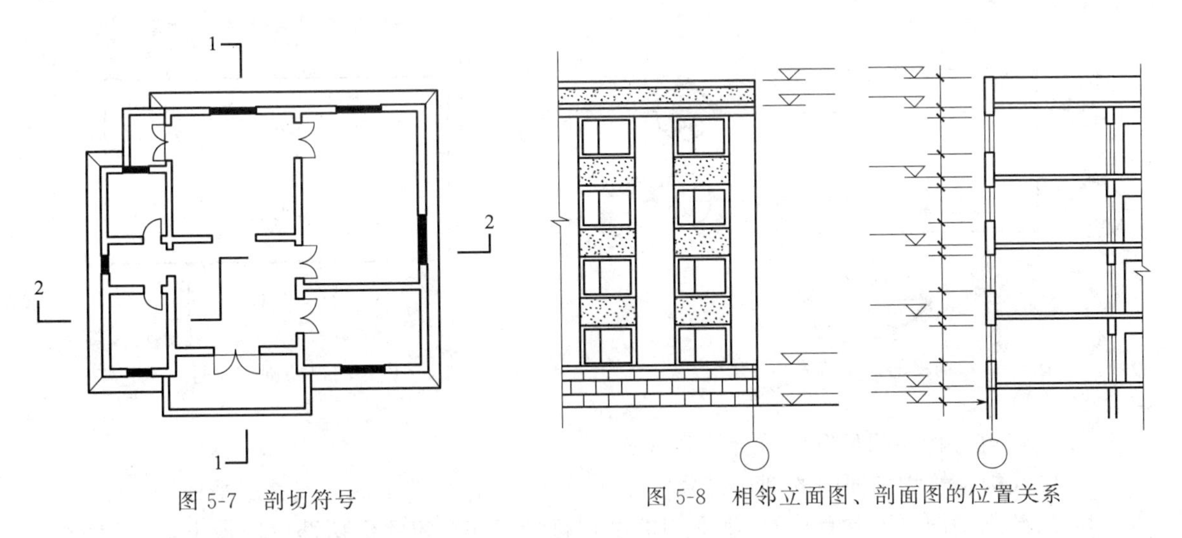

图 5-7　剖切符号

图 5-8　相邻立面图、剖面图的位置关系

5.4.3　尺寸标注

建筑图图样尺寸标注应符合以下规定：

① 尺寸可分为总尺寸、定位尺寸和细部尺寸。绘图时，应根据设计深度和图纸用途确定所需注写的尺寸。

② 建筑物平面、立面、剖面图，宜标注室内外地坪、楼地面、地下层地面、阳台、平台、檐口、层脊、女儿墙、雨篷、门、窗、台阶等处的标高。平屋面等不易标明建筑标高的部位可标注结构标高，应进行说明。结构找坡的平屋面，屋面标高可标注在结构板面最低点，并注明找坡坡度。有屋架的屋面，应标注屋架下弦搁置点或柱顶标高。有起重机的厂房剖面图应标注轨顶标高、屋架下弦杆件下边缘或屋面梁底、板底标高。梁式悬挂起重机宜标出轨距尺寸，并应以米（m）计。

③ 楼地面、地下层地面、阳台、平台、檐口、屋脊、女儿墙、台阶等处的高度尺寸及标高，宜按下列规定注写：

a. 平面图及其详图应注写完成面标高。

b. 立面图、剖面图及其详图应注写完成面标高及高度方向的尺寸。

c. 其余部分应注写毛面尺寸及标高。

d. 标注建筑平面图各部位的定位尺寸时，应注写与其最邻近的轴线间的尺寸；标注建筑剖面各部位的定位尺寸时，应注写其所在层次内的尺寸。

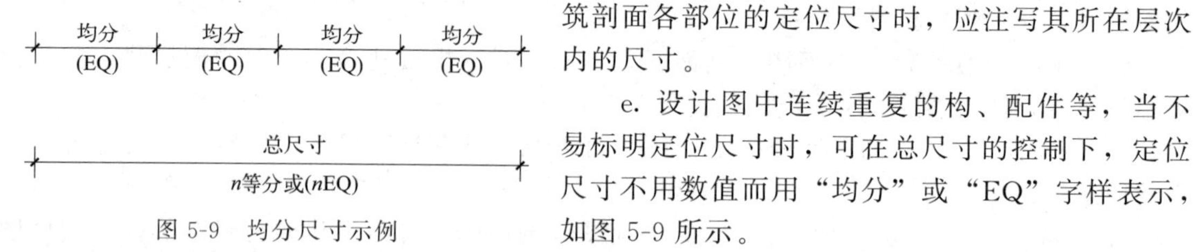

图 5-9 均分尺寸示例

e. 设计图中连续重复的构、配件等，当不易标明定位尺寸时，可在总尺寸的控制下，定位尺寸不用数值而用“均分”或“EQ”字样表示，如图 5-9 所示。

5.4.4 剖切符号

建筑图图样中剖切符号应符合以下规定：

① 剖切符号宜优先选择国际通用方法表示，如图 5-10 所示，也可采用常用方法表示，如图 5-11 所示，同一套图纸应选用一种表示方法。

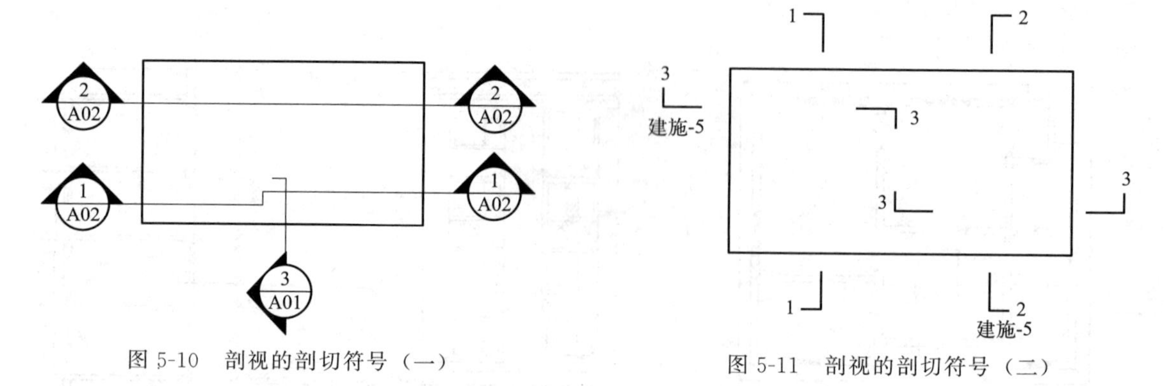

图 5-10 剖视的剖切符号（一）

图 5-11 剖视的剖切符号（二）

② 剖切符号标注的位置应符合下列规定：

a. 建（构）筑物剖面图的剖切符号应注在±0.000 标高的平面图或首层平面图上；

b. 局部剖切图（不含首层）、断面图的剖切符号应注在包含剖切部位的最下面一层的平面图上。

③ 采用国际通用剖视表示方法时，剖面及断面的剖切符号应符合下列规定：

a. 剖面剖切索引符号应由直径为 8～10mm 的圆和水平直径以及两条相互垂直且外切圆的线段组成，水平直径上方应为索引编号，下方应为图纸编号，线段与圆之间应填充黑色并形成箭头表示剖视方向，索引符号应位于剖线两端；断面及剖视详图剖切符号的索引符号应位于平面图外侧一端，另一端为剖视方向线，长度宜为 7～9mm，宽度宜为 2mm。

b. 剖切线与符号线线宽应为 0.25b。

c. 需要转折的剖切位置线应连续绘制。

d. 剖号的编号宜由左至右、由下向上连续编排。

④ 采用常用方法表示时，剖面的剖切符号应由剖切位置线及剖视方向线组成，均应以粗实线绘制，线宽宜为 b。剖面的剖切符号应符合下列规定：

a. 剖切位置线的长度宜为 6～10mm；剖视方向线应垂直于剖切位置线，长度应短于剖切位置线，宜为 4～6mm。绘制时，剖视剖切符号不应与其他图线相接触。

b. 剖视剖切符号的编号宜采用粗阿拉伯数字，按剖切顺序由左至右、由下向上连续编排，并应注写在剖视方向线的端部，如图 5-11 所示。

c. 需要转折的剖切位置线，应在转角的外侧加注与该符号相同的编号。

d. 断面的剖切符号应仅用剖切位置线表示，其编号应注写在剖切位置线的一侧；编号所在的一侧应为该断面的剖视方向，其余同剖面的剖切符号，如图 5-12 所示。

e. 当与被剖切图样不在同一张图内，应在剖切位置线的另一侧注明其所在图纸的编号，如图 5-12 所示，也可在图上集中说明。

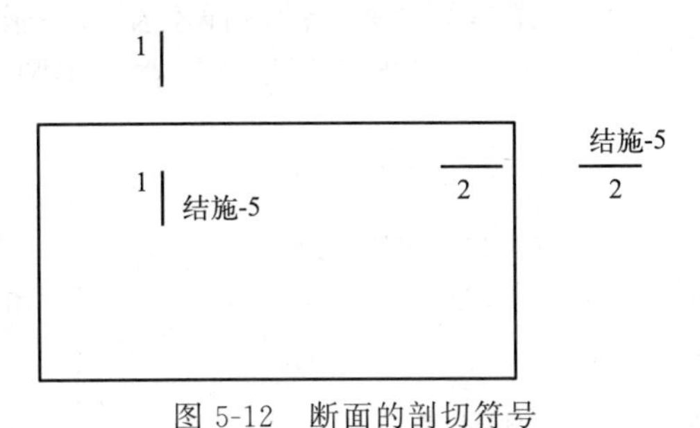

图 5-12　断面的剖切符号

f. 索引剖视详图时，应在被剖切的部位绘制剖切位置线，并以引出线引出索引符号，引出线所在的一侧应为剖视方向。

5.4.5　索引符号与详图符号

建筑图图样中索引符号与详图符号应符合以下规定：

① 图样中的某一局部或构件，如需另见详图，应以索引符号索引［图 5-13(a)］。索引符号应由直径为 8～10mm 的圆和水平直径组成，圆及水平直径线宽宜为 0.25b。索引符号编写应符合下列规定：

a. 当索引出的详图与被索引的详图同在一张图纸内，应在索引符号的上半圆中用阿拉伯数字注明该详图的编号，并在下半圆中间画一段水平细实线，如图 5-13(b) 所示。

b. 当索引出的详图与被索引的详图不在同一张图纸中，应在索引符号的上半圆中用阿拉伯数字注明该详图的编号，在索引符号的下半圆用阿拉伯数字注明该详图所在图纸的编号，如图 5-13(c) 所示。数字较多时，可加文字标注。

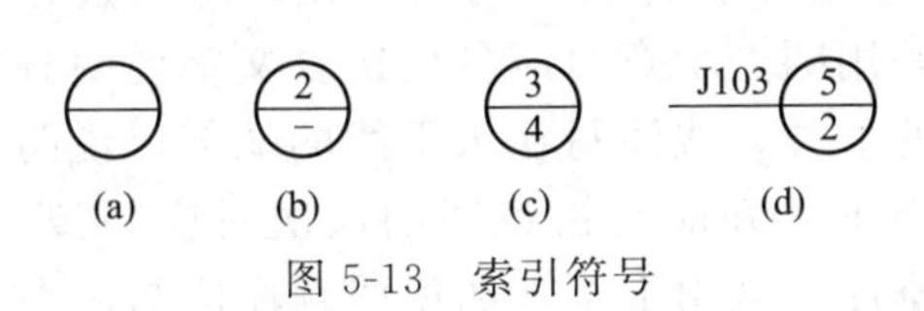

图 5-13　索引符号

c. 当索引出的详图采用标准图时，应在索引符号水平直径的延长线上加注该标准图集的编号，如图 5-13(d) 所示。需要标注比例时，应在文字的索引符号右侧或延长线下方，与符号下对齐。

② 当索引符号用于索引剖视详图时，应在被剖切的部位绘制剖切位置线，并以引出线引出索引符号，引出线所在的一侧应为剖视方向。索引符号的编号如图 5-14 所示。

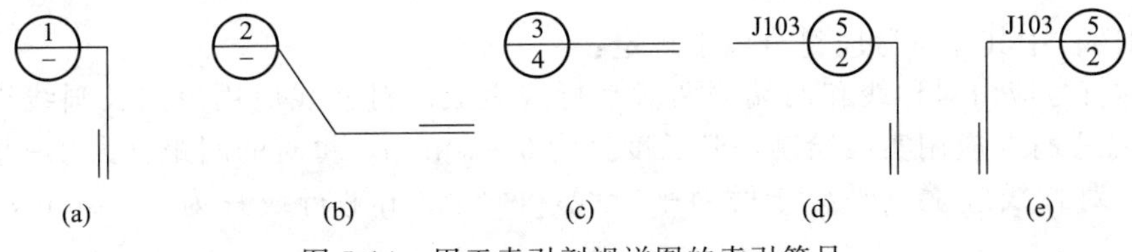

图 5-14　用于索引剖视详图的索引符号

③ 零件、钢筋、杆件及消火栓、配电箱、管井等设备的编号宜以直径为 4～6mm 的圆表示，圆线宽为 0.25b，同一图样应保持一致，其编号应用阿拉伯数字按顺序编写，如图 5-15 所示。

④ 详图的位置和编号应以详图符号表示。详图符号的圆直径应为 14mm，线宽为 b。详图编号应符合下列规定：

a. 当详图与被索引的图样同在一张图纸内时，应在详图符号内用阿拉伯数字注明详图的编号，如图 5-16 所示；

b. 当详图与被索引的图样不在同一张图纸内时，应用细实线在详图符号内画一水平直径，在上半圆中注明详图编号，在下半圆中注明被索引的图纸的编号，如图 5-17 所示。

图 5-15 零件、钢筋等的编号

图 5-16 与被索引图样同在一张图纸内的详图符号

图 5-17 与被索引图样不在同一张图纸内的详图符号

5.4.6 引出线

建筑图图样中引出线应符合以下规定：

① 引出线线宽应为 0.25b，宜采用水平方向的直线，或与水平方向成 30°、45°、60°、90°的直线，并经上述角度再折成水平线。文字说明宜注写在水平线的上方，如图 5-18(a) 所示，也可注写在水平线的端部，如图 5-18(b) 所示。索引详图的引出线，应与水平直径线相连接，如图 5-18(c) 所示。

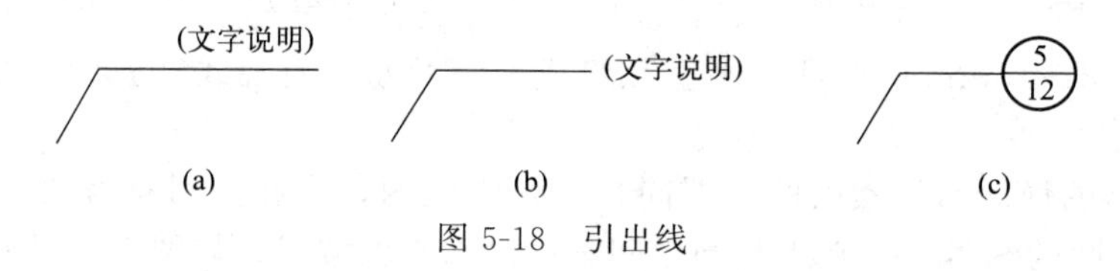

图 5-18 引出线

② 同时引出的几个相同部分的引出线，宜互相平行，如图 5-19(a) 所示，也可画成集中于一点的放射线，如图 5-19(b) 所示。

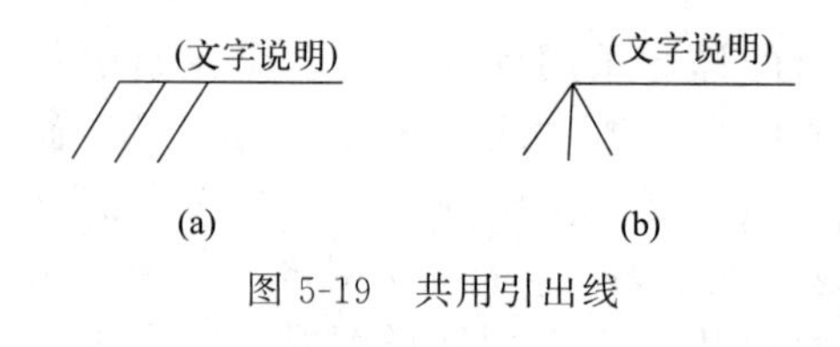

图 5-19 共用引出线

③ 多层构造或多层管道共用引出线，应通过被引出的各层，并用圆点示意对应各层次。文字说明宜注写在水平线的上方，或注写在水平线的端部，说明的顺序应由上至下，并应与被说明的层次对应一致；如层次为横向排序，则由上至下的说明顺序应与由左至右的层次对应一致，如图 5-20 所示。

5.4.7 其他符号

建筑图图样中其他符号应符合以下规定：

① 对称符号应由对称线和两端的两对平行线组成。对称线应用单点长画线绘制，线宽宜为 0.25b；平行线应用实线绘制，其长度宜为 6～10mm，每对的间距宜为 2～3mm，线宽宜为 0.5b；对称线应垂直平分于两对平行线，两端超出平行线宜为 2～3mm，如图 5-21 所示。

② 连接符号应以折断线表示需连接的部分。两部位相距过远时，折断线两端靠图样一侧应标注大写英文字母表示连接编号。两个被连接的图样应用相同的字母编号，如图 5-22 所示。

③ 指北针的形状宜符合图 5-23 的规定，其圆的直径宜为 24mm，用细实线绘制；指针

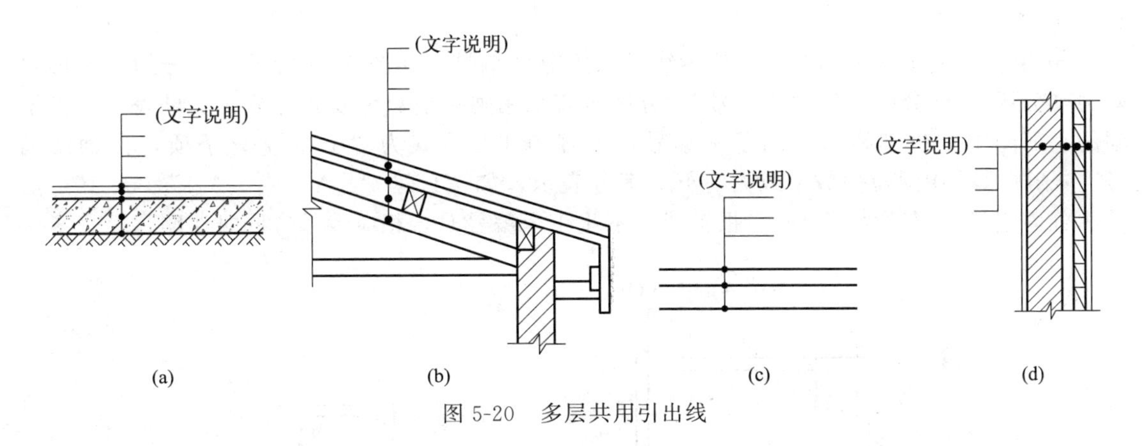

图 5-20　多层共用引出线

尾部的宽度宜为 3mm，指针头部应注“北”或“N”字。需用较大直径绘制指北针时，指针尾部的宽度宜为直径的 1/8。

④ 指北针与风玫瑰结合时宜采用互相垂直的线段，线段两端应超出风玫瑰轮廓线 2～3mm，垂点宜为风玫瑰中心，北向应注“北”或“N”字，组成风玫瑰所有线宽均宜为 0.5*b*（图 5-23）。

⑤ 图纸中局部变更部分宜采用云线，并宜注明修改版次。修改版次符号宜为边长 0.8cm 的正等边三角形，修改版次应采用数字表示，如图 5-24 所示。变更云线的线宽宜按 0.7*b* 绘制。

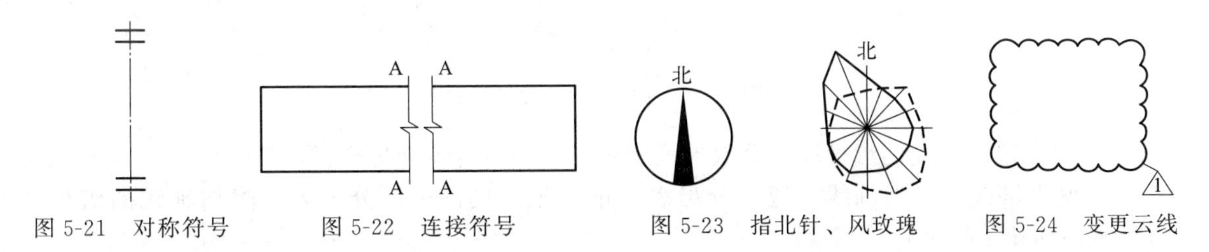

图 5-21　对称符号　　图 5-22　连接符号　　图 5-23　指北针、风玫瑰　　图 5-24　变更云线

5.4.8　定位轴线

建筑图图样中定位轴线应符合以下规定：

① 定位轴线应用 0.25*b* 线宽的单点长画线绘制。

② 定位轴线应编号，编号应注写在轴线端部的圆内。圆应用 0.25*b* 线宽的实线绘制，直径宜为 8～10mm。定位轴线圆的圆心应在定位轴线的延长线上或延长线的折线上。

③ 除较复杂需采用分区编号或圆形、折线形外，平面图上定位轴线的编号，宜标注在图样的下方及左侧，或在图样的四面标注。横向编号应用阿拉伯数字，从左至右顺序编写；竖向编号应用大写英文字母，从下至上顺序编写，如图 5-25 所示。

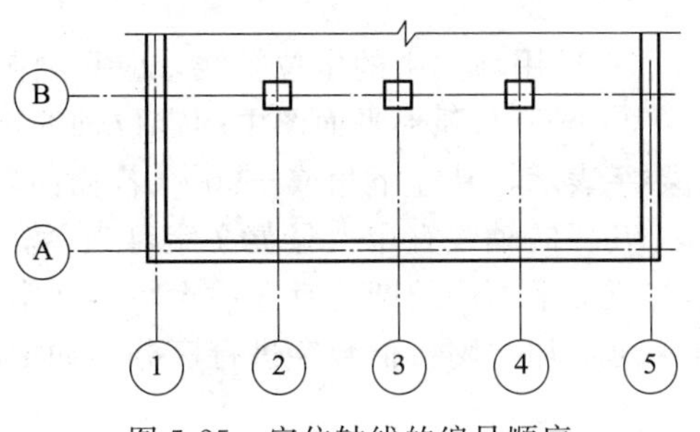

图 5-25　定位轴线的编号顺序

④ 英文字母作为轴线号时，应全部采用大写字母，不应用同一个字母的大小写来区分轴线号。英文字母的 I、O、Z 不得用作轴线编号。当字母数量不够使用时，可增用双字母或单字母加

数字注脚。

⑤ 组合较复杂的平面图中定位轴线可采用分区编号，如图 5-26 所示，编号的注写形式应为“分区号-该分区定位轴线编号”，分区号宜采用阿拉伯数字或大写英文字母表示；多子项的平面图中定位轴线可采用子项编号，编号的注写形式为“子项号-该子项定位轴线编号”，子项号采用阿拉伯数字或大写英文字母表示，如“1-1”“1-A”或“A-1”“A-2”。当采用分区编号或子项编号，同一根轴线有不止 1 个编号时，相应编号应同时注明。

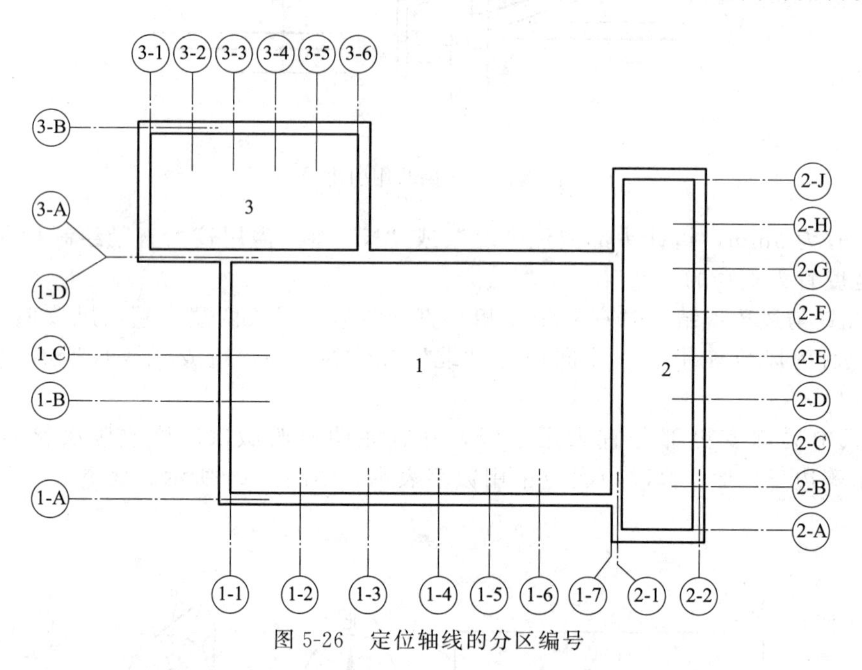

图 5-26 定位轴线的分区编号

⑥ 附加定位轴线的编号应以分数形式表示，并应符合下列规定：

a. 两根轴线的附加轴线，应以分母表示前一轴线的编号，分子表示附加轴线的编号，编号宜用阿拉伯数字顺序编写；

b. 1 号轴线或 A 号轴线之前的附加轴线的分母应以 01 或 0A 表示。

⑦ 一个详图适用于几根轴线时，应同时注明各有关轴线的编号，如图 5-27 所示。

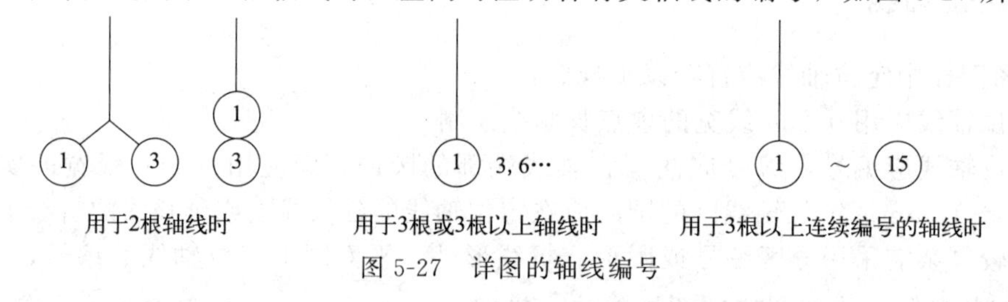

图 5-27 详图的轴线编号

⑧ 通用详图中的定位轴线，应只画圆，不注写轴线编号。

⑨ 圆形与弧形平面图中的定位轴线，其径向轴线应以角度进行定位，其编号宜用阿拉伯数字表示，从左下角或－90°（若径向轴线很密，角度间隔很小）开始，按逆时针顺序编写；其环向轴线宜用大写英文字母表示，从外向内顺序编写，如图 5-28、图 5-29 所示。圆形与弧形平面图的圆心宜选用大写英文字母编号（I、O、Z 除外），有不止 1 个圆心时，可在字母后加注阿拉伯数字进行区分，如 P1、P2、P3。

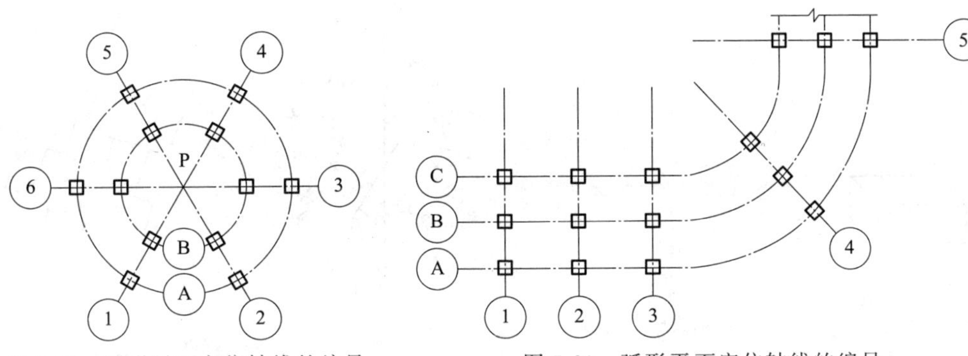

图 5-28　圆形平面定位轴线的编号　　图 5-29　弧形平面定位轴线的编号

⑩ 折线形平面图中定位轴线的编号可按图 5-30 的形式编写。

5.4.9 建筑图图中尺寸标注

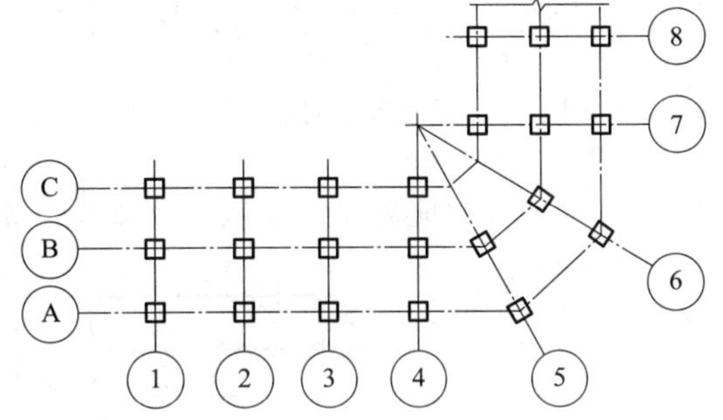

图 5-30　折线形平面定位轴线的编号

建筑图图样中尺寸标注应符合以下规定：

(1) 尺寸界线、尺寸线及尺寸起止符号

① 图样上的尺寸，应包括尺寸界线、尺寸线、尺寸起止符号和尺寸数字，如图 5-31 所示。

② 尺寸界线应用细实线绘制，应与被注长度垂直，其一端应离开图样轮廓线不小于 2mm，另一端宜超出尺寸线 2～3mm。图样轮廓线可用作尺寸界线，如图 5-32 所示。

③ 尺寸线应用细实线绘制，应与被注长度平行，两端宜以尺寸界线为边界，也可超出尺寸界线 2～3mm。图样本身的任何图线均不得用作尺寸线。

④ 尺寸起止符号用中粗斜短线绘制，其倾斜方向应与尺寸界线成顺时针 45°角，长度宜为 2～3mm。轴测图中用小圆点表示尺寸起止符号，小圆点直径 1mm，如图 5-33(a) 所示。半径、直径、角度与弧长的尺寸起止符号，宜用箭头表示，箭头宽度 b 不宜小于 1mm，如图 5-33(b) 所示。

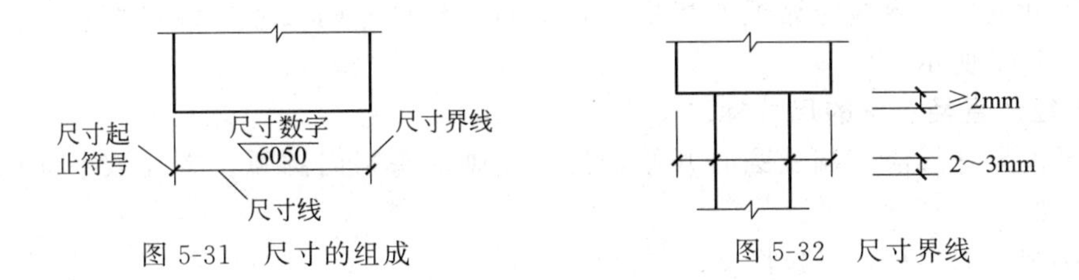

图 5-31　尺寸的组成　　图 5-32　尺寸界线

(2) 尺寸数字

① 图样上的尺寸，应以尺寸数字为准，不应从图上直接量取。

② 图样上的尺寸单位，除标高及总平面以米为单位外，其他必须以毫米为单位。

③ 尺寸数字的方向，应按图 5-34(a) 的规定注写。若尺寸数字在 30°斜线区内，也可按图 5-34(b) 的形式注写。

④ 尺寸数字应依据其方向注写在靠近尺寸线的上方中部。如没有足够的注写位置，最外边的尺寸数字可注写在尺寸界线的外侧，中间相邻的尺寸数字可上下错开注写，可用引出线表示标注尺寸的位置，如图 5-35 所示。

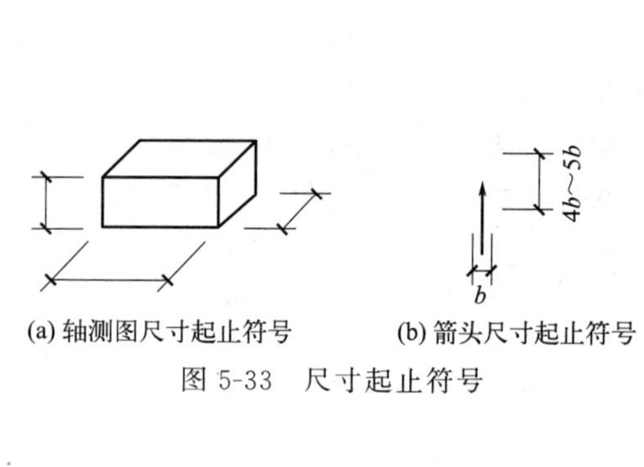

图 5-33 尺寸起止符号

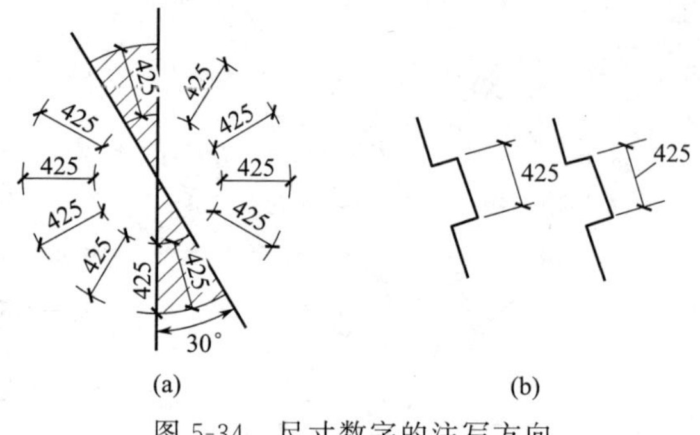

图 5-34 尺寸数字的注写方向

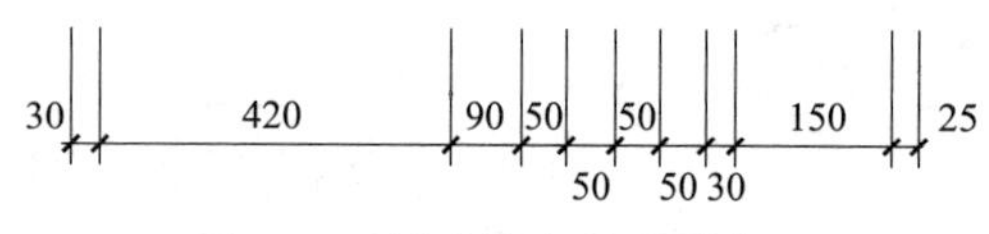

图 5-35 尺寸数字的注写位置

(3) 尺寸的排列与布置

① 尺寸宜标注在图样轮廓以外，不宜与图线、文字及符号等相交，如图 5-36 所示。

② 互相平行的尺寸线，应从被注写的图样轮廓线由近向远整齐排列，较小尺寸应离轮廓线较近，较大尺寸应离轮廓线较远，如图 5-37 所示。

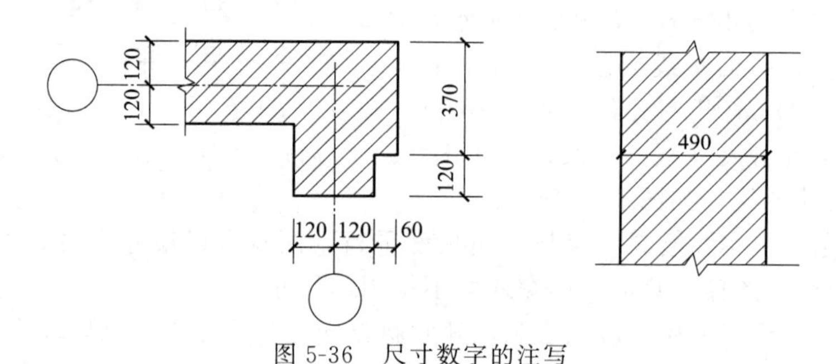

图 5-36 尺寸数字的注写

③ 图样轮廓线以外的尺寸界线，距图样最外轮廓之间的距离不宜小于 10mm。平行排列的尺寸线的间距宜为 7～10mm，并应保持一致，如图 5-37 所示。

④ 总尺寸的尺寸界线应靠近所指部位，中间的分尺寸的尺寸界线可稍短，但其长度应相等，如图 5-37 所示。

(4) 半径、直径、球的尺寸标注

① 半径的尺寸线应一端从圆心开始，另一端画箭头指向圆弧。半径数字前应加注半径符号“R”，如图 5-38 所示。

② 较小圆弧的半径，可按图 5-39 的形式标注。

③ 较大圆弧的半径，可按图 5-40 的形式标注。

④ 标注圆的直径尺寸时，直径数字前应加直径符号“ϕ”。在圆内标注的尺寸线应通过圆心，两端画箭头指至圆弧，如图 5-41 所示。

⑤ 较小圆的直径尺寸，可标注在圆外，如图 5-42 所示。

⑥ 标注球的半径尺寸时，应在尺寸前加注符号“SR”。标注球的直径尺寸时，应在尺寸数字前加注符号“$S\phi$”。注写方法与圆弧半径和圆直径的尺寸标注方法相同。

(5) 角度、弧度、弧长的标注

① 角度的尺寸线应以圆弧表示。该圆弧的圆心应是该角的顶点，角的两条边为尺寸界

线。起止符号应以箭头表示，如没有足够位置画箭头，可用圆点代替，角度数字应沿尺寸线方向注写，如图 5-43 所示。

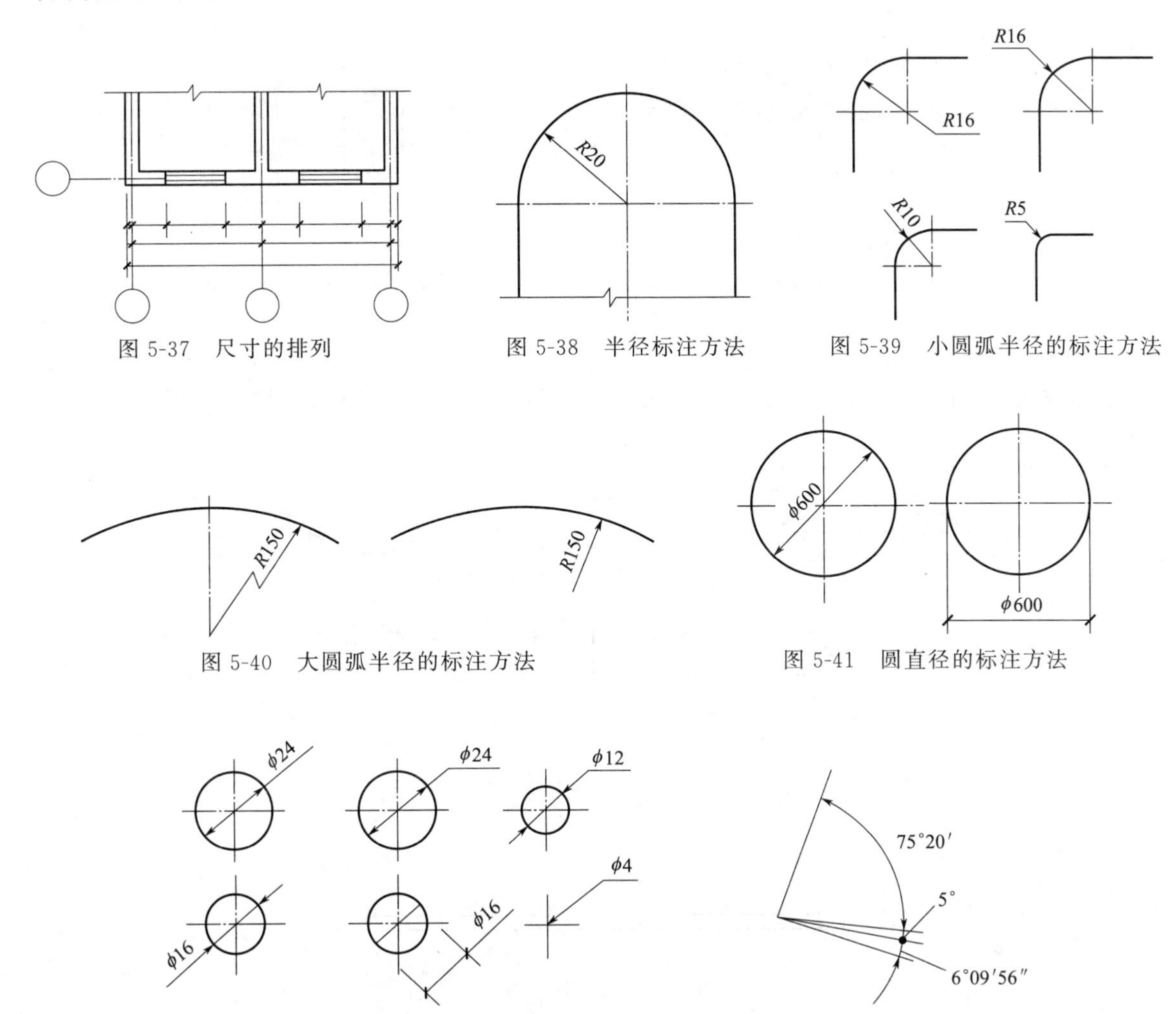

图 5-37　尺寸的排列　　图 5-38　半径标注方法　　图 5-39　小圆弧半径的标注方法

图 5-40　大圆弧半径的标注方法　　图 5-41　圆直径的标注方法

图 5-42　小圆直径的标注方法　　图 5-43　角度标注方法

② 标注圆弧的弧长时，尺寸线应以与该圆弧同心的圆弧线表示，尺寸界线应指向圆心，起止符号用箭头表示，弧长数字上方或前方应加注圆弧符号“⌒”，如图 5-44 所示。

③ 标注圆弧的弦长时，尺寸线应以平行于该弦的直线表示，尺寸界线应垂直于该弦，起止符号用中粗斜短线表示，如图 5-45 所示。

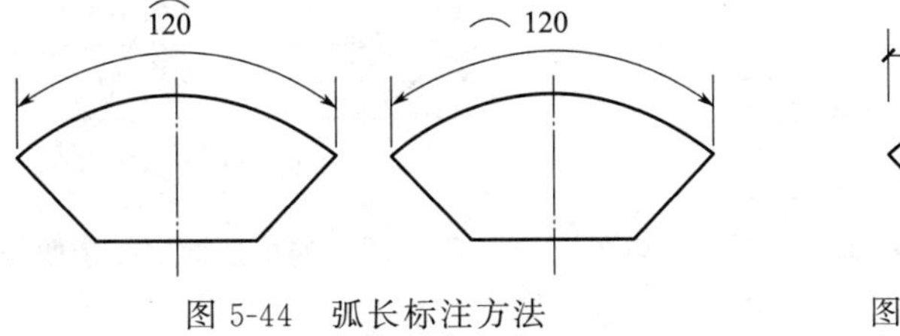

图 5-44　弧长标注方法

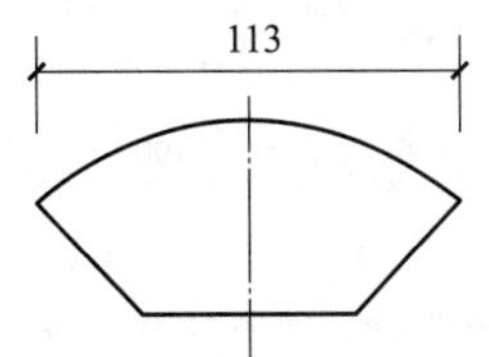

图 5-45　弦长标注方法

(6) 薄板厚度、正方形、坡度、非圆曲线等尺寸标注

① 在薄板板面标注板厚尺寸时，应在厚度数字前加厚度符号“t”，如图 5-46 所示。

② 标注正方形的尺寸，可用“边长×边长”的形式，也可在边长数字前加正方形符号“□”，如图 5-47 所示。

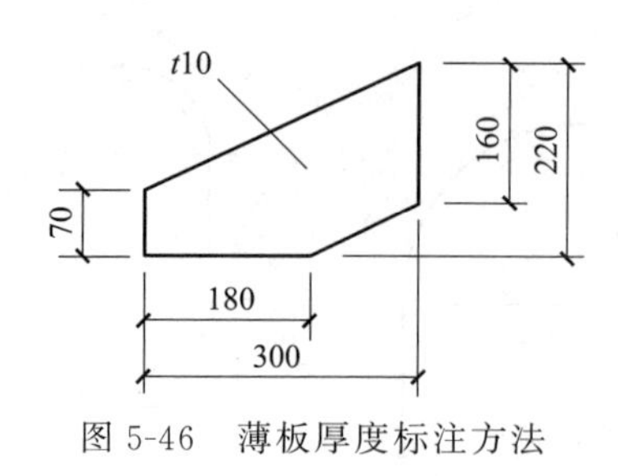

图 5-46 薄板厚度标注方法

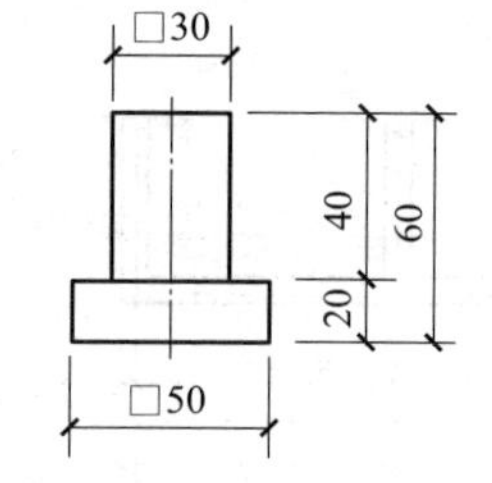

图 5-47 标注正方形尺寸

③ 标注坡度时，应加注坡度符号“←”或“⟵”，如图 5-48(a)、(b) 所示，箭头应指向下坡方向，如图 5-48(c)、(d) 所示。坡度也可用直角三角形的形式标注，如图 5-48(e)、(f) 所示。

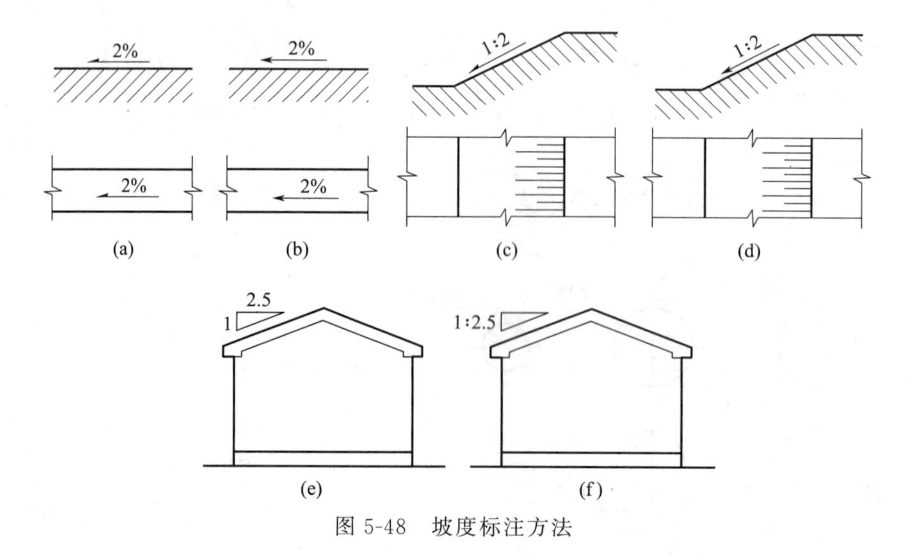

图 5-48 坡度标注方法

④ 外形为非圆曲线的构件，可用坐标形式标注尺寸，如图 5-49 所示。

⑤ 复杂的图形，可用网格形式标注尺寸，如图 5-50 所示。

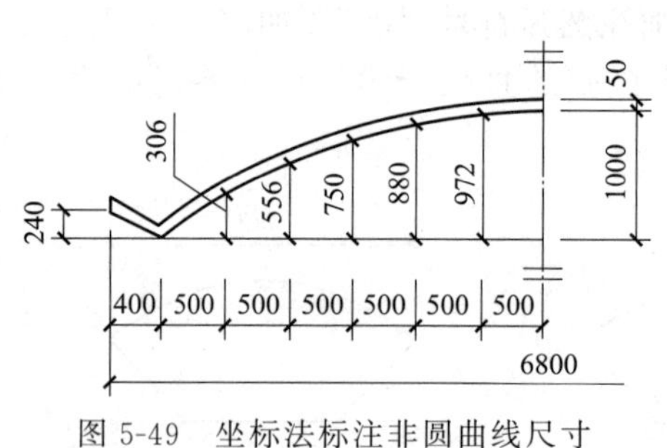

图 5-49 坐标法标注非圆曲线尺寸

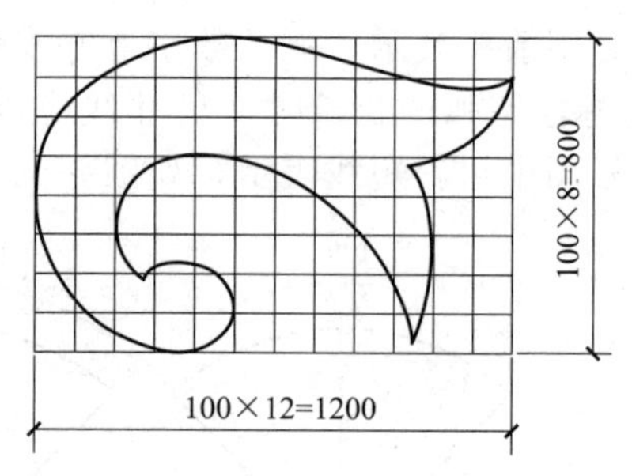

图 5-50 网格法标注复杂曲线尺寸

(7) 尺寸的简化标注

① 杆件或管线的长度，在单线图（桁架简图、钢筋简图、管线简图）上，可直接将尺寸数字沿杆件或管线的一侧注写，如图 5-51 所示。

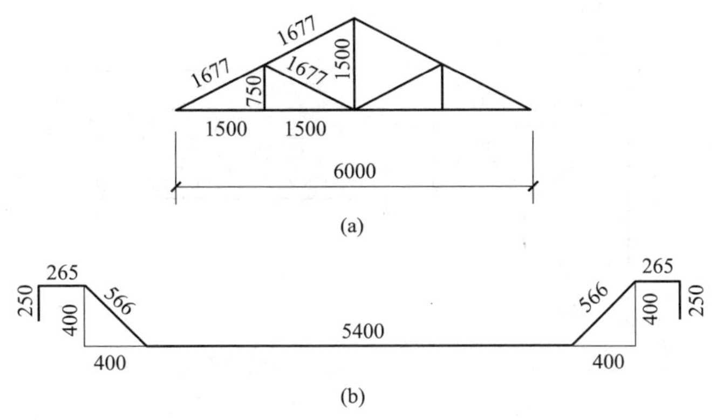

图 5-51　单线图尺寸标注方法

② 连续排列的等长尺寸，可标注为“等长尺寸×个数=总长”，如图 5-52(a) 所示，或“总长（等分个数）”，如图 5-52(b) 所示。

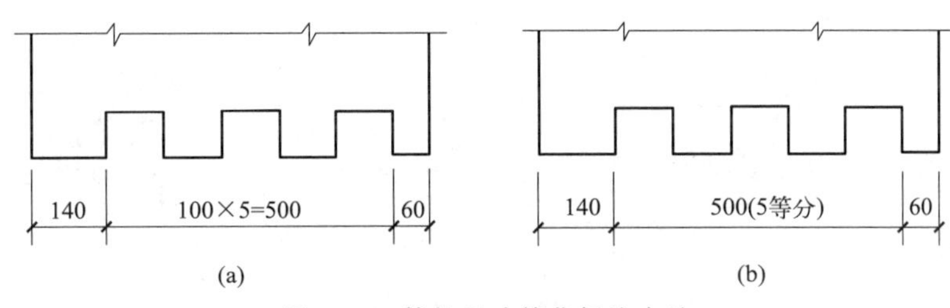

图 5-52　等长尺寸简化标注方法

③ 构配件内的构造要素（如孔、槽等）如相同，可仅标注其中一个要素的尺寸，如图 5-53 所示。

④ 对称构、配件采用对称省略画法时，该对称构、配件的尺寸线应略超过对称符号，仅在尺寸线的一端画尺寸起止符号，尺寸数字应按整体全尺寸注写，其注写位置宜与对称符号对齐，如图 5-54 所示。

⑤ 两个构、配件如个别尺寸数字不同，可在同一图样中将其中一个构、配件的不同尺寸数字注写在括号内，该构、配件的名称也应注写在相应的括号内，如图 5-55 所示。

⑥ 数个构配件如仅某些尺寸不同，这些有变化的尺寸数字，可用拉丁字母注写在同一图样中，另列表格写明其具体尺寸，如图 5-56 所示。

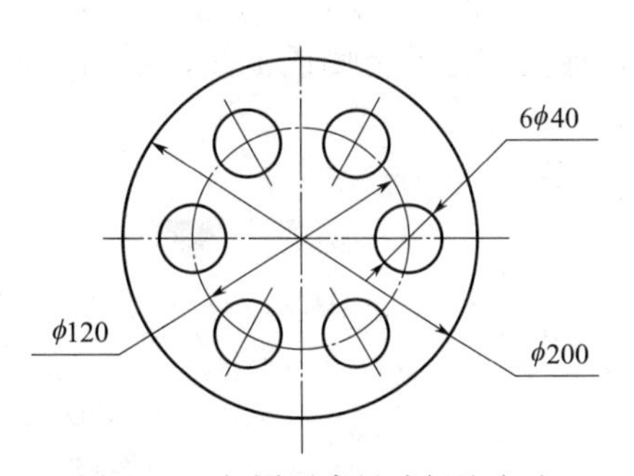

图 5-53　相同要素尺寸标注方法

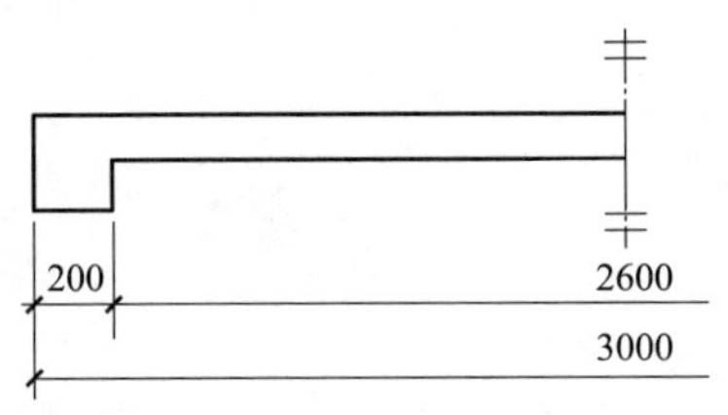

图 5-54　对称构件尺寸标注方法

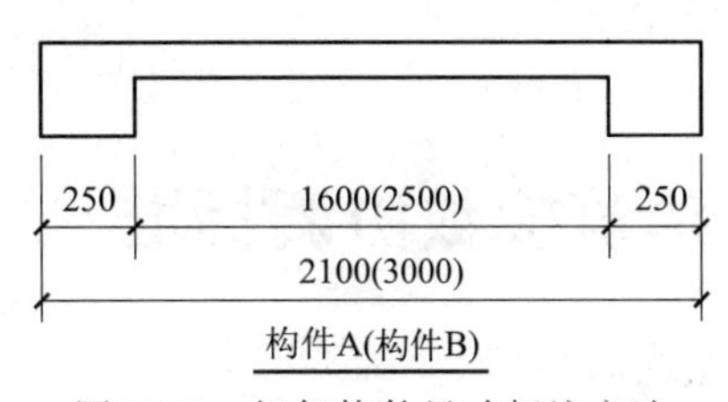

图 5-55　相似构件尺寸标注方法

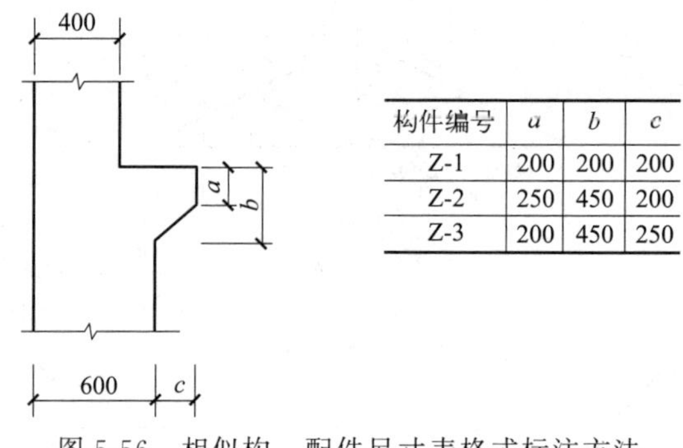

构件编号	a	b	c
Z-1	200	200	200
Z-2	250	450	200
Z-3	200	450	250

图 5-56　相似构、配件尺寸表格式标注方法

(8) 标高

① 标高符号应以等腰直角三角形表示，并应按图 5-57(a) 所示形式用细实线绘制，如标注位置不够，也可按图 5-57(b) 所示形式绘制。标高符号的具体画法如图 5-57(c)、(d) 所示。

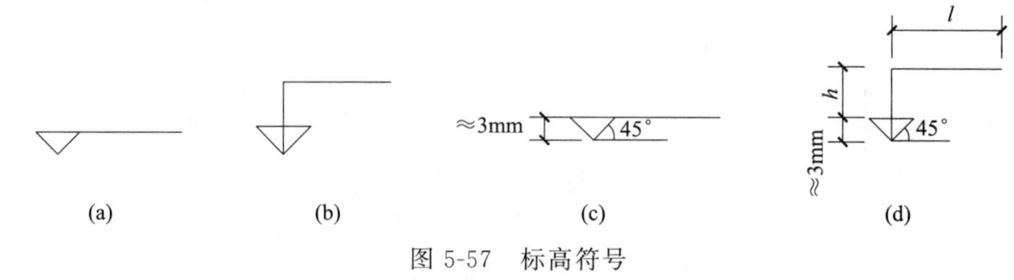

图 5-57　标高符号

l—取适当长度注写标高数字；h—根据需要取适当高度

② 总平面图室外地坪标高符号宜用涂黑的三角形表示，具体画法如图 5-58 所示。

③ 标高符号的尖端应指至被注高度的位置。尖端宜向下，也可向上。标高数字应注写在标高符号的上侧或下侧，如图 5-59 所示。

图 5-58　总平面图室外地坪标高符号

图 5-59　标高的指向

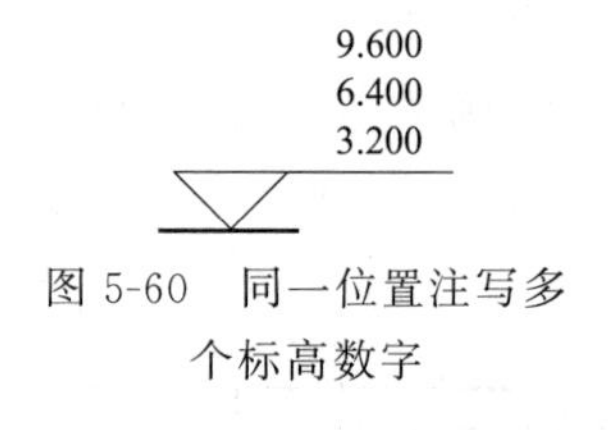

图 5-60　同一位置注写多个标高数字

④ 标高数字应以米为单位，注写到小数点以后第三位。在总平面图中，可注写到小数点以后第二位。

⑤ 零点标高应注写成±0.000，正数标高不注"＋"，负数标高应注"－"，例如 3.000、－0.600。

⑥ 在图样的同一位置需表示几个不同标高时，标高数字可按图 5-60 的形式注写。

5.5　建筑模数协调标准

5.5.1　模数

为推进建筑工业化，实现建筑或部件的尺寸和安装位置的模数协调，国家制定《建筑模数协调标准》(GB/T 50002)，该标准适用于一般民用与工业建筑的新建、改建和扩建工程的设计、部件生产、施工安装的模数协调。建筑模数协调设计除应符合《建筑模数协调标准》外，尚应符合国家现行有关标准的规定。

模数是建筑各构、配件选定的尺寸单位，作为建筑各构、配件尺度协调中的增值单位。模数包括基本模数、扩大模数和分模数。

基本模数是模数协调中的基本尺寸单位，用 M 表示。基本模数的数值应为 100mm (1M 等于 100mm)。整个建筑物和建筑物的一部分以及建筑部件的模数化尺寸，应是基本模数的倍数。

扩大模数是基本模数的整数倍数，扩大模数基数应为 2M，3M，6M，9M，12M，……。

分模数是基本模数的分数值，分模数基数应为 M/10，M/5，M/2。一般为整数分数。模数数列是以基本模数、扩大模数、分模数为基础，扩展成的一系列尺寸。

模数协调是应用模数实现尺寸协调及安装位置的方法和过程。模数协调应实现下列目标：

① 实现建筑的设计、制造、施工安装等活动的互相协调；

② 能对建筑各部位尺寸进行分割，并确定各部件的尺寸和边界条件；

③ 优选某种类型的标准化方式，使得标准化部件的种类最优；

④ 有利于部件的互换性；

⑤ 有利于建筑部件的定位和安装，协调建筑部件与功能空间之间的尺寸关系。

5.5.2　构件的相关尺寸

建筑设计中构件常用的三种尺寸是标志尺寸、构造尺寸、实际尺寸。

① 标志尺寸是用以标注建筑物定位轴线之间或定位面之间的距离大小（如开间、柱距、进深、跨度、层高等），以及建筑制品，建筑构、配件，有关设备位置的界线之间的尺寸。标志尺寸应符合模数制的规定。一般情况下标志尺寸是构件的称谓尺寸，是应用最广泛的房屋构造的定位尺寸。

② 构造尺寸是指建筑制品，建筑构、配件，建筑组合件的设计尺寸。一般情况下，标志尺寸扣除预留的缝隙尺寸或必要的支撑尺寸即为构造尺寸。

③ 实际尺寸是建筑制品，建筑构、配件，建筑组合件等生产制作后的实际尺寸，实际尺寸与构造尺寸的差值应符合建筑公差的规定。

思考题

1. 影响体型及立面设计的因素有哪些？
2. 建筑体型组合有哪几种方式？
3. 简要说明建筑立面的具体处理方式有哪些？

第6章
基础与地下室

6.1 地基与基础

6.1.1 地基与基础的概念

在建筑中，将建筑上部结构所承受的各种荷载传递到地基上的结构构件称为基础。支承基础的土体或岩体称为地基。地基不是建筑的组成部分，但它对保证建筑物的坚固耐久具有非常重要的作用。

6.1.2 基础应满足的要求

① 强度和刚度。基础必须具有足够的强度和刚度才能保证建筑物的安全和正常使用。

② 耐久性。基础应满足耐久性要求，具有较高的防潮、防冻和耐腐蚀的能力。如果基础先于上部结构破坏，检查和加固都十分困难，将严重影响建筑物寿命。

③ 经济性。应尽量选择合理的基础形式和构造方案，尽量减少材料的消耗，满足安全、合理、经济的要求。

6.1.3 地基应满足的要求

① 强度。地基要有足够的承载力，基本要求是建筑物作用在基础底面单位面积上的压力小于地基的容许承载力。当建筑物荷载与地基容许承载力一定时，要满足上述要求，只有调节基础底面积，这一要求是选择基础类型的依据。

② 刚度。地基要有均匀的压缩量，保证建筑物在许可的范围内均匀下沉，避免不均匀沉降导致建筑物产生开裂变形。

③ 稳定。要求地基具有抵抗产生滑坡、倾斜的能力，这一点对那些经常受水平荷载或位于斜坡上的建筑尤为重要。当地基高差较大时，应加设挡土墙，以防止滑坡变形。

6.1.4 地基的类型

地基可分为天然地基和人工地基两大类。

(1) 天然地基

如果天然土层具有足够的承载力，不需要经过人工改良和加固，就可直接承受建筑物的全部荷载并满足变形要求，称为天然地基。岩石、碎石土、砂土、粉土、黏性土等，一般均可作为天然地基。

(2) 人工地基

当土层的承载能力较弱或虽然土层较好，但因上部荷载较大，土层不能满足承受建筑物荷载的要求时，必须对土层进行地基处理，以提高其承载能力，改善其变形性质或渗透性质，这种经过人工方法处理的地基称为人工地基。

淤泥、淤泥质土、各种人工填土等，一般都具有孔隙比大、压缩性高、强度低的特性，必须对其进行不同的人工加固处理后，才有可能作为建筑物的地基使用。建筑工程中常采用的人工加固地基的方法主要有夯（压）实法、换土法、挤密桩法等。

① 夯（压）实法。夯（压）实法可提高砂土地基及含水量在一定范围内的软弱黏性土密实度和强度，减少沉降量。此法也适用于加固杂填土和黄土地基等。

② 换土法。当建筑物基础下持力层为较软弱或湿陷性土层，土层比较软弱，不能满足上部荷载对地基的要求时，可将基础下的软弱土、湿陷性黄土、杂填土或膨胀土等弱土层全部或部分挖去，换成其他较坚硬的材料，并分层夯实或碾压使其密实，这种方法叫作换土法。

③ 挤密桩法。挤密桩法是以振动、冲击或带套管等方法成孔，然后向孔内填入砂、碎石、土或灰土、石灰、渣土或其他材料，再加以振实成桩并且进一步挤密桩间土的方法。其加固原理：一方面，施工过程中挤密、振密桩间土；另一方面，桩体与桩间土形成复合地基。

④ 深层搅拌法。深层搅拌法是用于加固饱和软黏土地基的一种方法，它是通过深层搅拌机械，在地基深处就地利用固化剂，与软土之间所产生的一系列物理化学反应，使软土固化成具有整体性、水稳性和一定强度的桩体，其与桩间土组成复合地基。

⑤ 高压喷射注浆法。所谓高压喷射注浆，就是利用钻机把带有喷嘴的注浆管钻进至土层预定深度后，以 20～40MPa 压力把浆液或水由喷嘴中喷射出，形成喷射流冲击破坏土层。

6.2　基础的埋置深度及其影响因素

6.2.1　基础埋置深度的概念

室外设计地面至基础底面的垂直距离称为基础的埋置深度，简称基础的埋深，如图 6-1 所示。埋深≥5m 的基础称为深基础，埋深＜5m 的称为浅基础，当基础直接做在地表面上时则称为不埋基础。在保证安全使用的前提下，优先选用浅基础，可以降低工程造价。但当基础埋深过小时，地基受到压力后可能会把基础四周的土挤出，使基础产生滑移而失去稳定，同时埋深较小的基础易受到自然因素的侵蚀和影响而破坏。所以，基础的埋深一般情况下不应小于 0.5m。

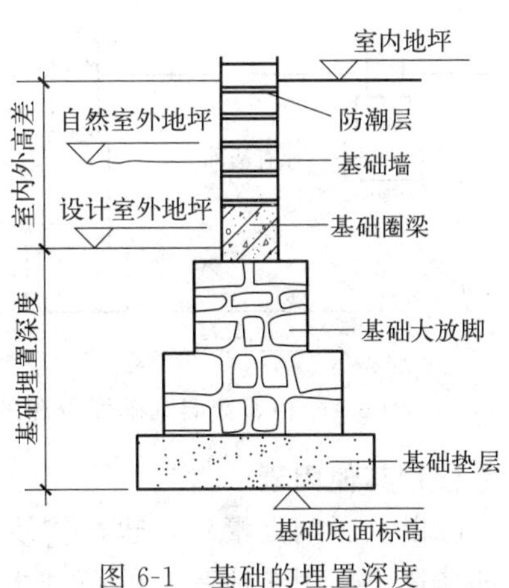

图 6-1　基础的埋置深度

6.2.2　基础埋深影响因素

(1) 地基土土质条件

地基土质的好坏直接影响基础的埋深，土质好、承载力高的土层，基础可以浅埋，相反则应深埋。当土层为两种土质结构时，如上层土质好且有足够厚度，基础埋在上层土范围内为宜；反之，则以埋置下层好土范围内为宜。

(2) 地下水位的影响

地下水对某些土层的承载能力有很大影响，如黏性土在地下水上升时，将因含水量增加而膨胀，土的强度降低；当地下水下降时，基础将产生下沉。一般基础应埋在最高水位以上。当地下水位较高时，宜将基础底面埋置在最低地下水位以下 200mm，如图 6-2 所示。这种情况基础应采用耐腐蚀材料，如混凝土等。

(3) 冻结深度的影响

冻结土和非冻结土的分界线称为冻土线。冻融交替使房屋处于不稳定状态，产生变形，造成墙身开裂，甚至使建筑物结构也遭到破坏，故基础底面应埋置在冻土线以下200mm，如图6-3所示。

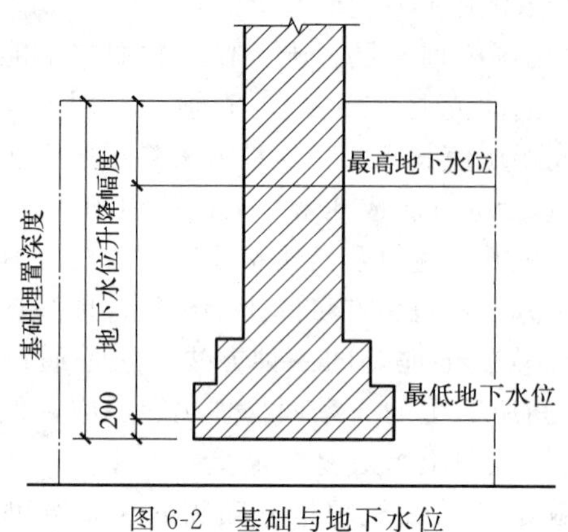

图6-2 基础与地下水位

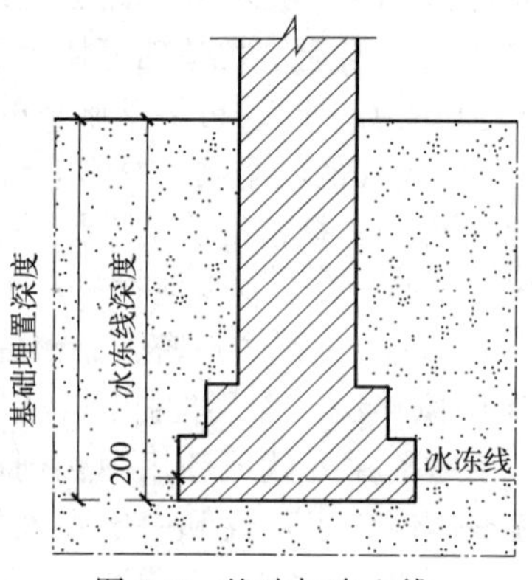

图6-3 基础与冻土线

(4) 相邻建筑物基础

靠近原有建筑物修建新基础时，如基坑深度超过原有基础的埋置深度，可能引起原有基础下沉或倾斜。因此，新建建筑物的基础埋置深度不宜大于原有建筑基础。当埋置深度大于原有建筑基础时，两基础间应保持一定净距L，其数值应根据建筑荷载大小、基础形式和土质情况确定。通常，L值不宜小于两基础底面高差ΔH的1～2倍（土质好时可取低值），如图6-4所示。如不能满足要求，则在基础施工期间应采取有效措施以保证邻近原有建筑物的安全，例如：新建条形基础分段开挖修筑；基坑壁设临时加固支撑；先打入板桩或设置其他挡土结构；对原有建筑物地基进行加固等。

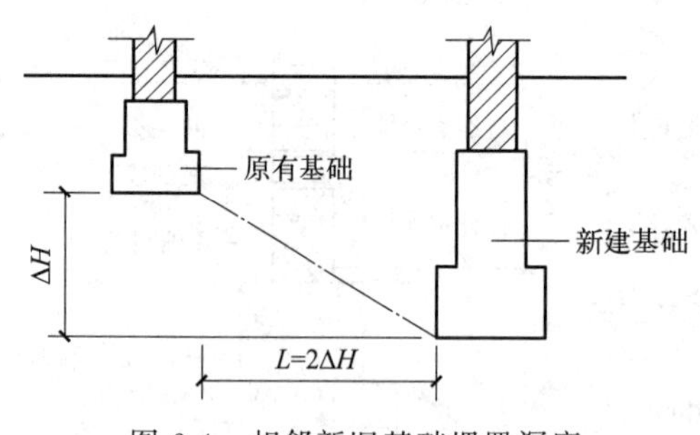

图6-4 相邻新旧基础埋置深度

(5) 其他因素

除以上影响因素外，建筑物使用性质、有无地下室（设备基础）和地下设施、基础的形式和构造、作用在地基上的荷载大小和性质等影响因素还取决于建筑设计和结构设计。其中，对建筑物的使用性质而言，应根据建筑物的大小、特点、刚度与地基的特性区别对待。当为高层建筑时，基础埋深不小于建筑物高度的1/10左右；当建筑物荷载大时，则要求地基承载力大，当地基承载力一定时，必然加大基础的埋深，因为地基承受建筑物荷载而产生的应力和应变随着土层深度的增加而减小，或加大基础底面积以减小地基单位面积所承受的力。

6.3 基础的类型与构造

6.3.1 基础按所用材料及其受力特点的分类及特征

按基础的受力特点分为刚性基础和柔性基础。

（1）刚性基础

刚性基础通常是指由砖、块石、毛石、素混凝土、三合土和灰土等材料建造的无须配置钢筋的基础。刚性基础也常称为刚性扩展基础。刚性基础具有抗压强度较高，但抗拉、抗剪强度较低等特点。刚性基础可用于六层及六层以下（三合土基础不宜超过四层）的民用建筑和砌体承重的厂房。

刚性基础底宽应根据材料的刚性角来决定。在刚性基础挑出的放脚部分，将其对角连线与高度线所形成的夹角称为刚性角，用 α 表示，砖、石基础的刚性角控制在 26°～33°［(1∶1.25)～(1∶1.50)］以内，混凝土基础刚性角控制在 45°（1∶1）以内。基础放脚宽高比与刚性角有如下关系：

$$\frac{b}{H}=\tan\alpha \tag{6-1}$$

根据试验得知，上部结构（墙或柱）在基础中传递压力在刚性角内是有效的。超出刚性角的范围，由于在地基反作用力的作用下，基础放大的侧翼会因受剪而破坏失效，因此，刚性基础的底部只能够控制在一定的压力分布角，或称刚性角的范围内（图 6-5）。

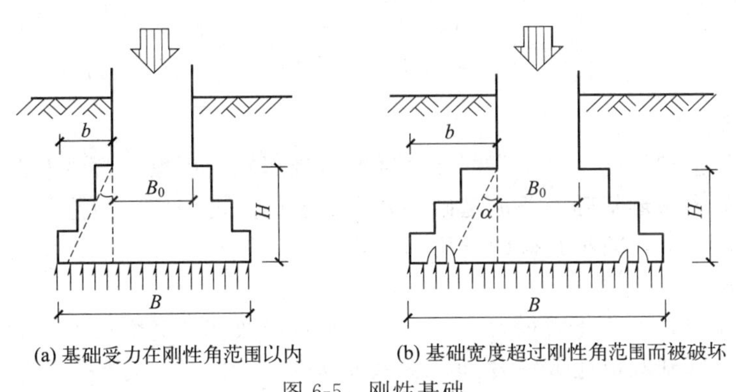

(a) 基础受力在刚性角范围以内　　(b) 基础宽度超过刚性角范围而被破坏

图 6-5　刚性基础

刚性基础的特点是稳定性好，施工简便，能承受较大的荷载，主要缺点是自重大，且当基础持力层为软弱土时，由于扩大基础面积有一定限制，须对地基进行处理或加固后才能采用。对于荷载大或上部结构对沉降差较敏感的情况，当持力层为深厚软土时，刚性基础作为浅基础是不适宜的。

（2）柔性基础

当基础承受外荷载较大且存在弯矩和水平荷载作用，同时地基承载力又较低，刚性基础不能满足地基承载力和基础埋深的要求时，可以考虑采用柔性基础，即钢筋混凝土基础。钢筋混凝土基础可用扩大基础底面积的方法来满足地基承载力的要求，而不必增加基础的埋深。

由于柔性基础采用的是抗拉、抗压、抗弯、抗剪均较好的钢筋混凝土材料，它不受刚性角的限制。因此，柔性基础通常用于地基承载力较差、上部荷载较大、设有地下室且基础埋深较大的建筑。

6.3.2　基础按构造形式的分类及特征

基础类型有很多，按构造方式可分为独立基础、条形基础、阀形基础、箱形基础、桩基础；按材料和受力特点可分为刚性基础、柔性基础；按基础的埋置深度可分为浅基础、深基础。基础的形式主要根据基础上部结构类型、建筑高度、荷载大小、地质水文和地方材料等诸多因素而定。

(1) 独立基础

框架和排架或其他类似结构，柱下基础常用独立基础（图 6-6），常见断面形式有阶梯形、锥形等。采用独立基础可节约基础材料，减少土方工程量，但基础彼此之间无构件连接，整体刚度较差。采用预制柱时，基础为杯口形，柱子嵌固在杯口内，称为杯形基础。为满足局部工程条件变化，可将个别杯形基础底面降低，形成高低杯基础，又称长颈基础。墙下独立基础是指墙下设基础梁，以承托墙身，基础梁支承在独立基础上，用于以墙作为承重结构而地基上层为软土、基础要求埋深较大的情况。

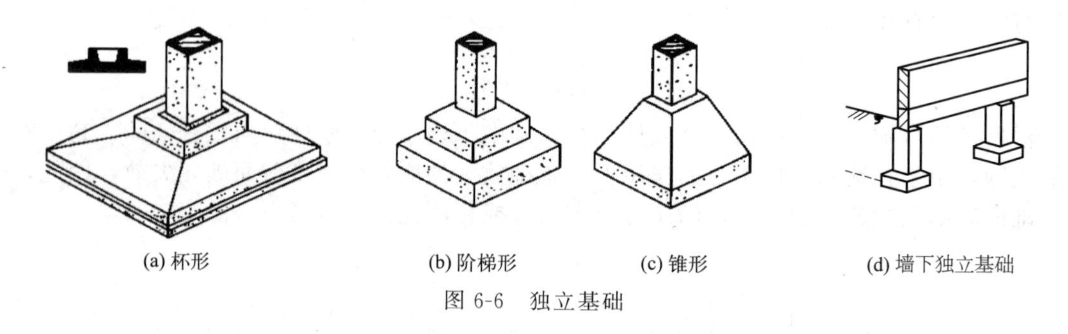

图 6-6　独立基础

(2) 条形基础

条形基础是指基础长度远大于宽度和高度的基础形式，可以分为墙下钢筋混凝土条形基础和柱下钢筋混凝土条形基础。条形基础必须有足够的刚度将柱子的荷载较均匀地分布到扩展的条形基础底面积上，减小基础的不均匀沉降。

(3) 筏形基础

当地基特别软弱，上部荷载很大，用交梁基础将导致基础宽度较大而又相互接近时，或有地下室时，可将基础底板连成一片而成为筏形基础（图 6-7）。梁板式筏形基础可分为下梁板式和上梁板式。下梁板式基础底板上面平整，可作建筑物底层地面。筏形基础比十字交叉条形基础具有更大的整体刚度，有利于调整地基的不均匀沉降，能适应上部结构荷载分布的变化。筏形基础的适用范围十分广泛，在多层建筑和高层建筑中都可以采用。

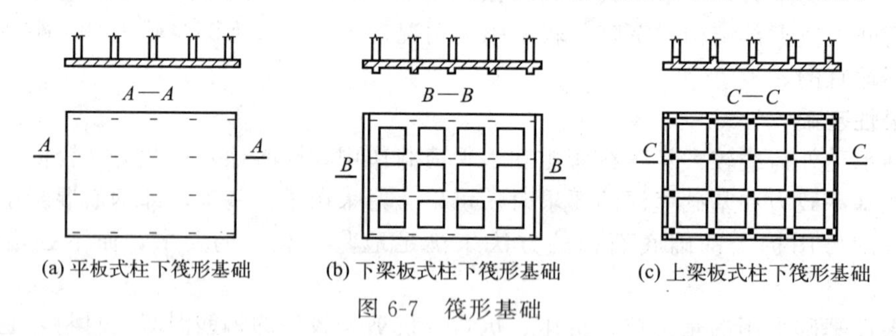

图 6-7　筏形基础

(4) 箱形基础

箱形基础是由钢筋混凝土的底板，顶板，外墙及纵、横内隔墙组成的整体空间结构，如同一个刚度极大的箱子，如图 6-8 所示。根据建筑物高度对地基稳定性的要求和使用功能的需要，箱形基础可为一层或多层。箱形基础具有更大的抗弯刚度和更好的抗震性能，只能产生大致均匀的沉降或整体倾斜，从而基本上消除了因地基变形而使建筑物开裂的可能性，因此，其适用于软弱地基上的高层、重型或对不均匀沉降有严格要求的建筑物。

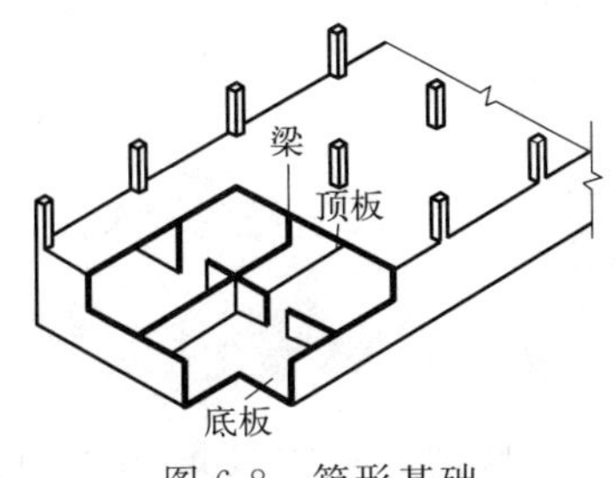

图 6-8　箱形基础

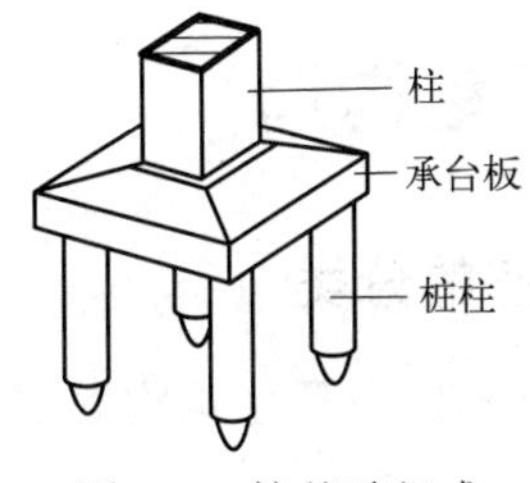

图 6-9　桩基础组成

（5）桩基础

建筑物荷载较大，地基软层厚度在 5m 以上，对软层进行人工处理困难和不经济时，可采用桩基础。

桩基础由桩身和承台梁（或板）组成，如图 6-9 所示。其优点是能够节省基础材料，减少挖填土方工程量，改善劳动条件，缩短工期。在季节性冰冻地区，承台梁下应铺设 100～200mm 厚的粗砂或焦渣以防止承台梁下的土壤受冻膨胀，引起承台梁的反拱破坏。

桩基础的种类很多，按材料可分为钢筋混凝土桩（预制桩、灌注桩）、钢桩、木桩，按断面形式分为圆形、方形、环形、六角形、工字形等；按入土方法可分为打入桩、振入桩、压入桩、灌入桩；按桩的受力性能又可分为端承桩和摩擦桩，如图 6-10 所示。

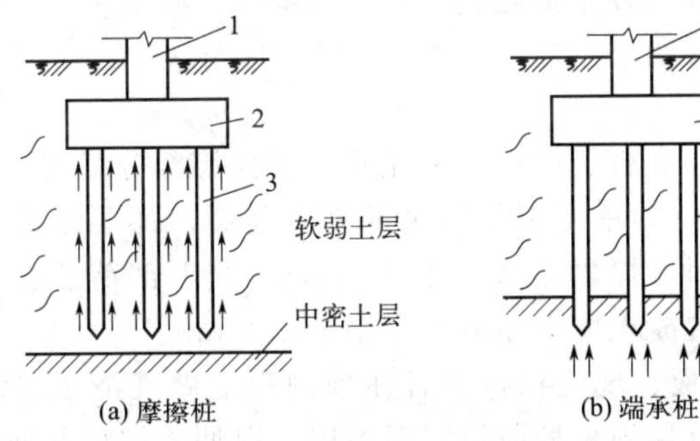

图 6-10　桩基础示意图

1—上部结构；2—承台；3—桩

端承桩通过柱端把建筑物的荷载传递给深处坚硬土层，适用于表层软土层不太厚，而下部为坚硬土层的地基情况。桩上的荷载主要由桩端阻力承受。

摩擦桩通过桩侧表面与周围土的摩擦力把建筑物的荷载传给地基，适用于软土层较厚，而坚硬土层距土表很深的地基情况。桩上的荷载由桩侧摩擦力和桩端阻力共同承受。

（6）壳体基础

为了发挥混凝土抗压性能好的特性，可以将基础的形式做成壳体。图 6-11 为常见的三种壳体基础形式，即正圆锥壳、M 形组合壳和内球外锥组合壳。壳体基础可用作柱基础和筒形构筑物（如烟囱、水塔、料仓、中小型高炉等）的基础。

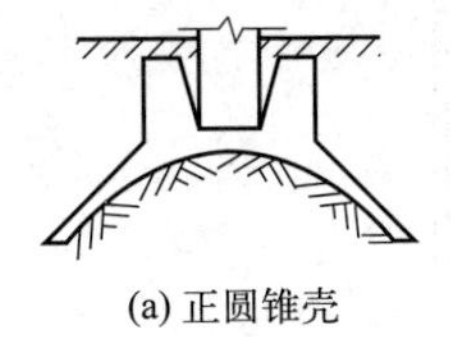

(a) 正圆锥壳

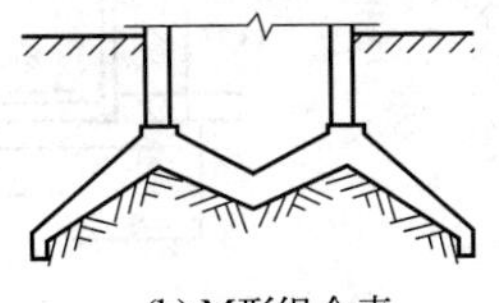

(b) M形组合壳

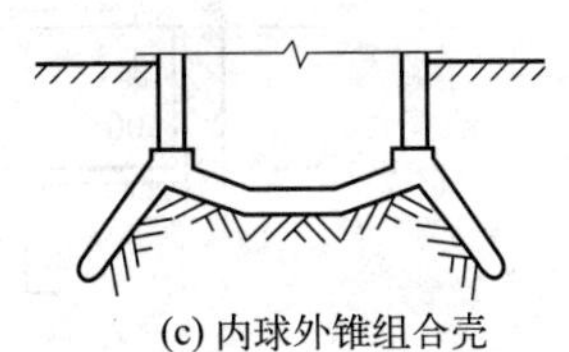

(c) 内球外锥组合壳

图 6-11　壳体基础的结构形式

6.4 地下室构造

6.4.1 地下室的分类

地下室（图 6-12）是建筑物底层下面的房间。

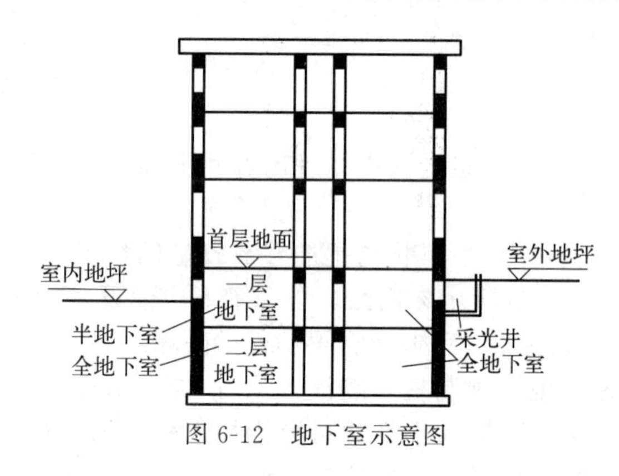

图 6-12 地下室示意图

① 按埋入地下深度的不同，可分为全地下室和半地下室。地下室地面低于室外地坪的高度超过该房间净高的 1/2，称为全地下室；地下室地面低于室外地坪的高度为该房间净高的 1/3～1/2，称为半地下室。

② 按使用功能不同，可分为以下两类：

a. 普通地下室。一般用作高层建筑的地下停车库、设备用房；根据用途及结构需要可做成一层或二层、三层、多层地下室。

b. 人防地下室。结合人防要求设置的地下空间，用以应对战时情况下人员的隐蔽和疏散，并具备保障人身安全的各项技术措施。

6.4.2 地下室的组成

地下室一般由墙体、顶板、底板、门窗、采光井、楼梯等部分组成。

① 墙体。地下室的墙体不仅要承受上部传来的垂直荷载，还要承受土、地下水、土壤冻结时的侧压力。当采用砖墙时，厚度不宜小于 370mm。当上部荷载较大或地下水水位较高时，最好采用混凝土或钢筋混凝土墙，厚度不宜小于 200mm。

② 顶板。顶板可采用预制板、现浇板，或者在预制板上做现浇层（装配整体式楼板）。在无采暖的地下室顶板上，即首层地板处应设置保温层，以便首层房间使用舒适。

③ 底板。地下室的底板应有足够的强度、刚度和抗渗能力，一般采用钢筋混凝土底板。

④ 门窗。普通地下室的门窗与地上房间的门窗相同。地下室外窗如在室外地坪以下时，应设置采光井，以利于室内采光、通风，采光井的构造如图 6-13 所示。

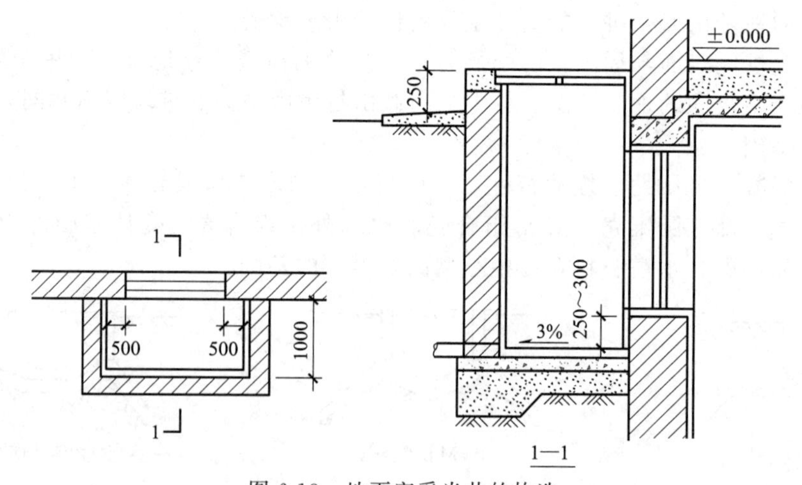

图 6-13 地下室采光井的构造

⑤ 楼梯。地下室的楼梯一般与上部楼梯结合设置，当地下室的层高较小时，楼梯多为单跑式。对于防空地下室，应至少设置两部楼梯与地面相连，并且必须有一部楼梯通向安全出口。

6.4.3 地下室的防潮、防水构造

地下室埋入地下的墙体和地坪都会受到潮气和地下水的侵蚀，必须采取防潮、防水处理。

6.4.3.1 地下室的防潮构造

当地下水的常年水位和最高水位均在地下室地坪标高以下时，地下水不会侵入地下室内部，此时，地下室底板和外墙受到土层中潮气的影响，需要做防潮层。

① 墙体必须采用水泥砂浆砌筑，灰缝饱满。

② 墙体外侧水泥砂浆抹面（应高出散水≥500mm）。

③ 刷冷底子油一道，热沥青两道（刷至散水底）的垂直防潮层。

④ 在外侧回填隔水层（黏土或灰土分层回填夯实），宽度在500mm左右。

⑤ 在所有墙体的上下设置两道水平防潮层，一道设在地下室地坪以下，另一道设在室外地坪以上150～300mm处，如图6-14所示。

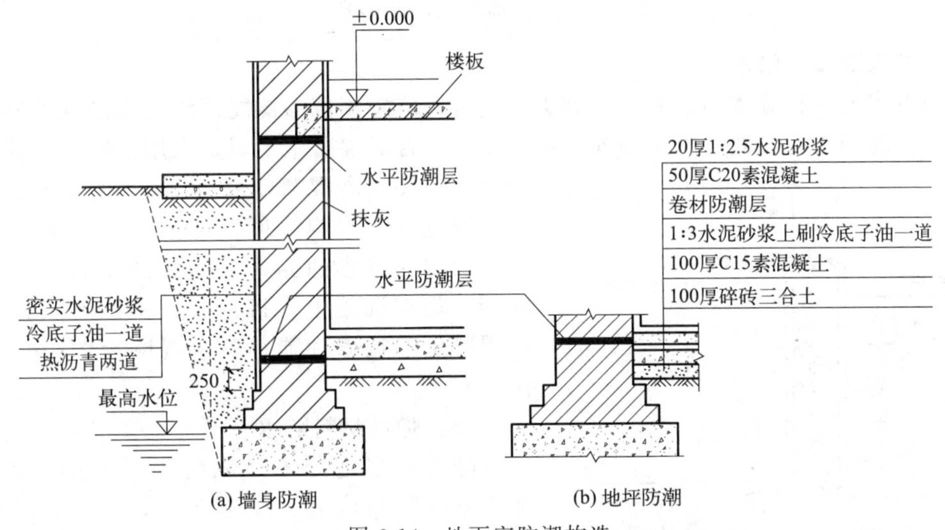

图6-14 地下室防潮构造

6.4.3.2 地下室的防水构造

当设计最高水位高于地下室地坪时，地下室的外墙和底板都浸泡在水中，应考虑进行防水处理。常采用的防水措施有以下三种。

(1) 沥青卷材防水

① 外防水。外防水是将防水层贴在地下室外墙的外表面，这对防水有利，但维修困难。外防水的构造要点是：先在墙外侧抹20mm厚的1∶3水泥砂浆找平层，并刷冷底子油一道，然后选定油毡层数，分层粘贴防水卷材，防水层须高出最高地下水水位500～1000mm为宜。油毡防水层以上的地下室侧墙应抹水泥砂浆，涂两道热沥青，直至室外散水处。垂直防水层外侧砌半砖厚的保护墙一道。

② 内防水。内防水是将防水层贴在地下室外墙的内表面，这样施工方便，容易维修，但对防水不利，故常用于修缮工程。地下室地坪的防水构造是先浇混凝土垫层，厚度约为100mm；再以选定的油层数在地坪垫层上做防水层，并在防水层上抹20～30mm厚的水泥

砂浆保护层，以便于上面浇筑钢筋混凝土，如图 6-15 所示。为了保证水平防水层包向垂直墙面，地坪防水层必须留出足够的长度以便与垂直防水层搭接，同时要做好转折处油毡的保护工作，以免因转折交接处的油毡断裂而影响地下室的防水。

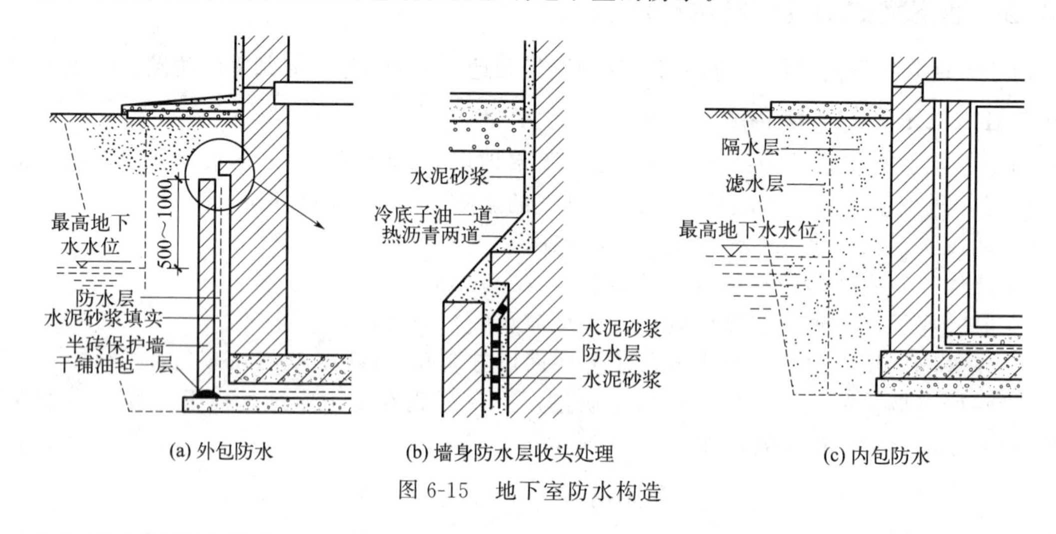

图 6-15　地下室防水构造

（2）防水混凝土防水

当地下室地坪和墙体均为钢筋混凝土结构时，应采用抗渗性能好的防水混凝土材料，常采用的防水混凝土有普通混凝土和外加剂混凝土。普通混凝土主要是采用不同粒径的集料进行级配，并提高混凝土中水泥砂浆的含量，使水泥砂浆充满于集料之间，从而堵塞因集料间不密实而出现的渗水通路，以达到防水目的。外加剂混凝土是在混凝土中掺入加气剂或密实剂，以提高混凝土的抗渗性能。防水混凝土的防水构造如图 6-16 所示。

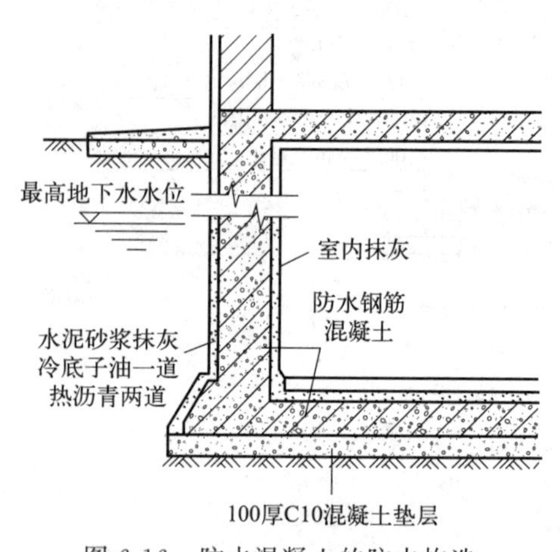

图 6-16　防水混凝土的防水构造

（3）弹性材料防水

随着新型高分子合成防水材料的不断涌现，地下室的防水构造也在更新。如三元乙丙橡胶卷材，能充分适应防水基层的伸缩及开裂变形，拉伸强度高，拉断延伸率大，能承受一定的冲击荷载，是耐久性极好的弹性卷材：又如聚氨酯涂膜防水材料，有利于形成完整的防水涂层，对在建筑内有管道、转折和高差等特殊部位的防水处理极为有利。

6.5 建筑基础 Revit 建模

6.5.1 建筑基础详图识读

图 6-17 为某建筑独立基础详图，从图中可以了解以下内容：

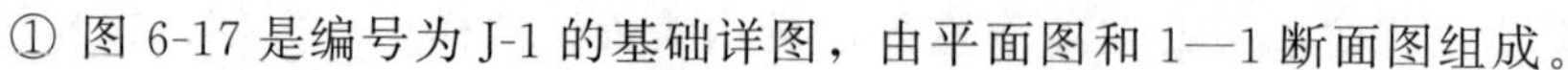
① 图 6-17 是编号为 J-1 的基础详图，由平面图和 1—1 断面图组成。

② 基础为阶梯形独立基础，基础上部柱的断面尺寸为 450mm×450mm，阶梯部分的平面尺寸与竖向尺寸图中都已标出，基础底面的标高为－1.800m。基础垫层为 100mm 厚 C10

混凝土，每侧宽出基础 100mm。

③ J-1 基础的底板配筋两个方向都是直径为 12mm 的 HRB335 级钢筋，分布间距 130mm。基础中预放 8 根直径为 20mm 的 HRB400 级钢筋，是为了与柱内的纵筋搭接，在基础范围内还设置了两道箍筋 2Φ8mm。

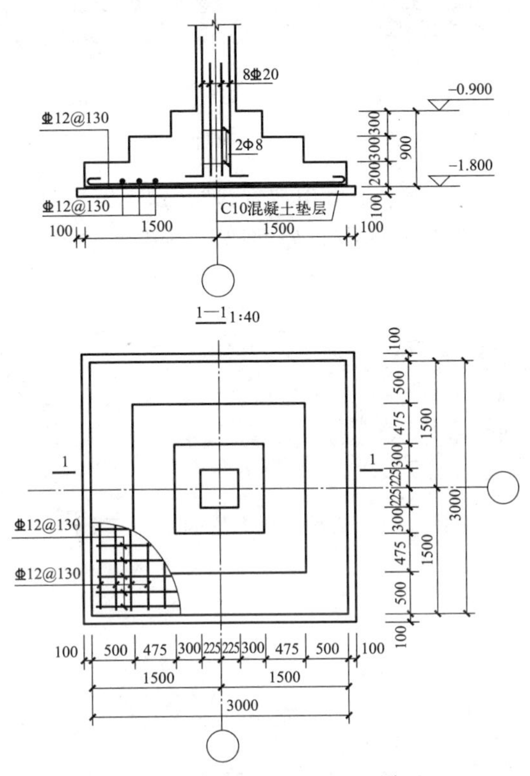

图 6-17　某建筑独立基础详图

6.5.2　建筑基础 Revit 建模实操

根据图 6-17 建筑基础详图的解读，应用 Revit 软件对独立基础进行三维建模。

① 在主页中单击“结构样例族”，如图 6-18 所示，新建一个族文件。或单击“文件”，单击“族”，单击“新建”命令，打开“新族-选择样板文件”对话框，选择“公制结构基础.rft”为样板族，如图 6-19 所示，单击“打开”进入族编辑器。

图 6-18　启动软件

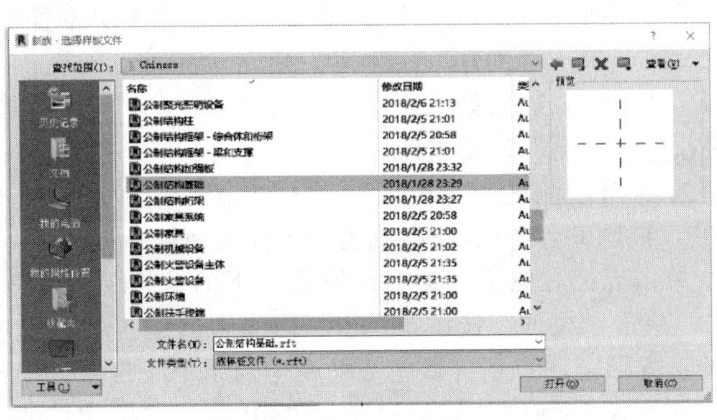
图 6-19　选择族类型

② 单击“创建”选项卡，单击“拉伸”按钮，单击“修改 | 创建拉伸”选项卡，如图 6-20 所示。

图 6-20 选择“拉伸”指令

③ 在“修改 | 创建拉伸”选项卡上应用“直线”“矩形”工具（图 6-21）绘制如图 6-22 所示 3000×3000 的正方形，注意正方形中心处在坐标系中心位置，单击“√”确定按钮，如图 6-23 所示。

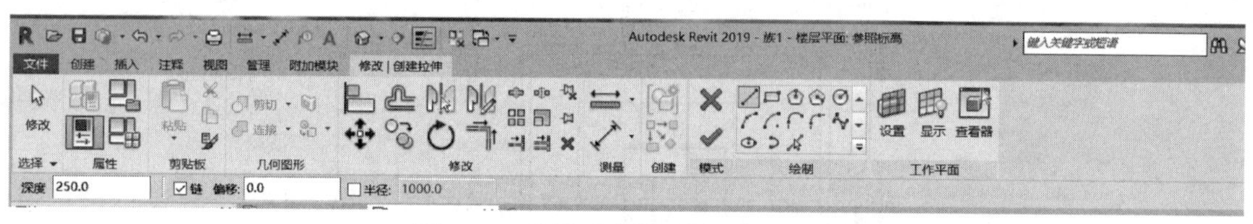

图 6-21 选择“直线”“矩形”工具

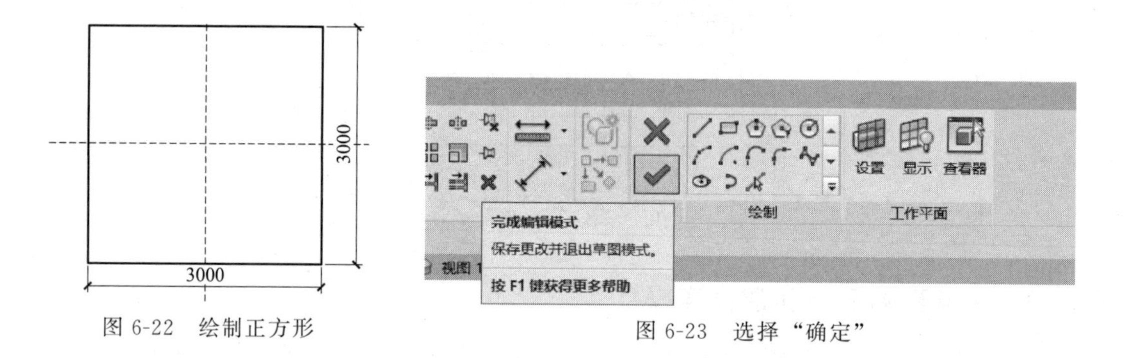

图 6-22 绘制正方形

图 6-23 选择“确定”

④ 在界面左侧的“属性”选项板中输入“拉伸终点”为“200.0”，“拉伸起点”为“0.0”，如图 6-24 所示，或在选项栏输入“深度”为“200.0”，即可生成拉伸几何体，如图 6-25 所示。单击“视图”选项卡上“默认三维”按钮可查看模型的三维模式。

⑤ 单击界面右侧的“项目浏览器”下的“楼层平面”下的“参照标高”，转换视角至“参照标高”，单击“创建”选项卡，单击“拉伸”按钮，如图 6-26 所示，单击“修改 | 创建拉伸”选项卡，绘制如图 6-27 所示 2000×2000 的正方形。注意正方形中心处在坐标系中心位置，单击“√”确定按钮。

⑥ 在界面左侧的“属性”选项板中输入“拉伸终点”为“500.0”，“拉伸起点”为“200.0”，如图 6-28 所示，即可生成拉伸几何体，如图 6-29 所示。

⑦ 单击界面右侧的“项目浏览器”下的“楼层平面”下的“参照标高”，单击“创建”选项卡，单击“拉伸”按钮，单击“修改 | 创建拉伸”选项卡，绘制如图 6-30 所示 1050×1050 的正方形。注意正方形中心处在坐标系中心位置，单击“√”确定按钮。

⑧ 在界面左侧的“属性”选项板中输入“拉伸终点”为“800.0”，“拉伸起点”为“500.0”，即可生成拉伸几何体，如图 6-31 所示。

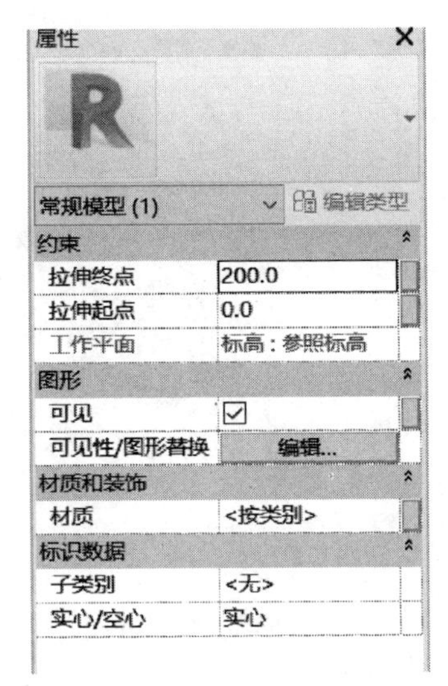

图 6-24　输入“拉伸”参数

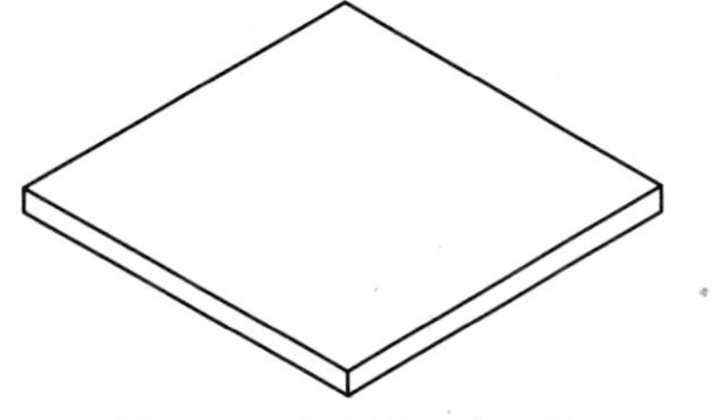

图 6-25　形成第一个阶梯

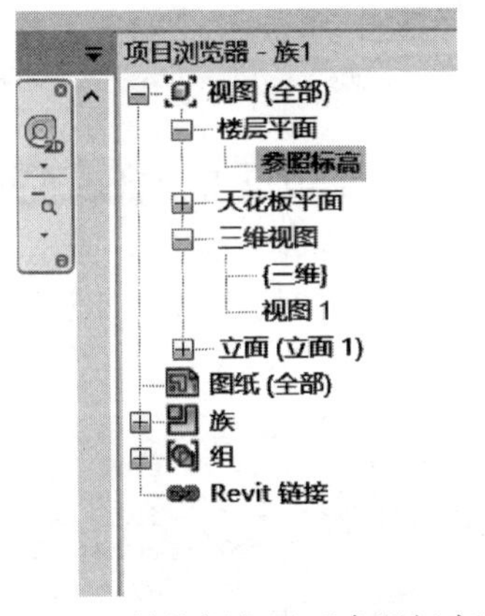

图 6-26　转换视角至“参照标高”

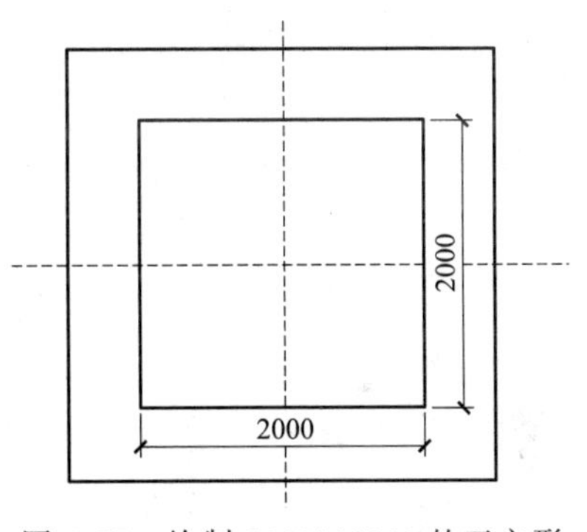

图 6-27　绘制 2000×2000 的正方形

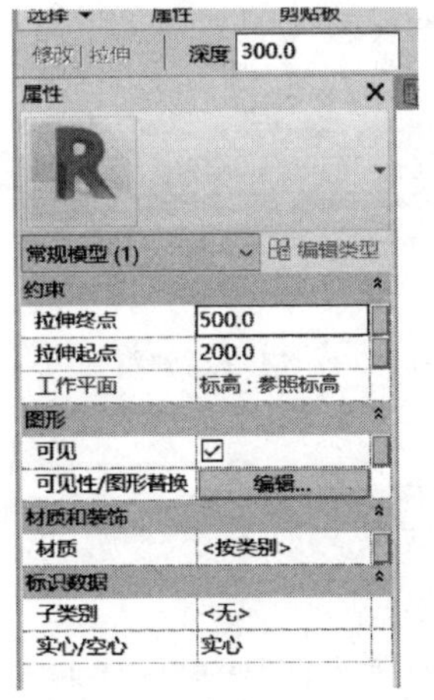

图 6-28　输入“拉伸”参数

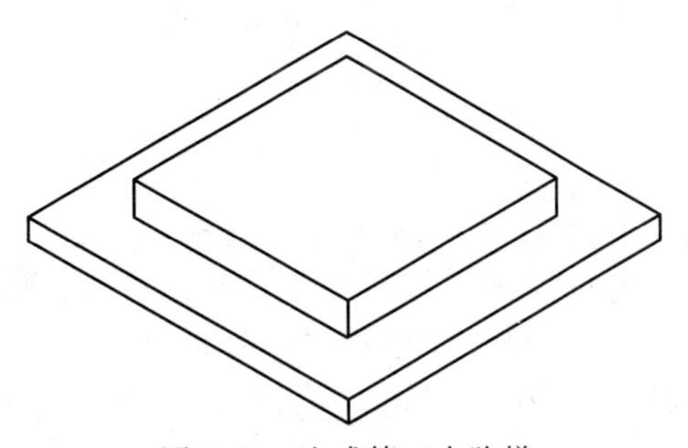

图 6-29　生成第二个阶梯

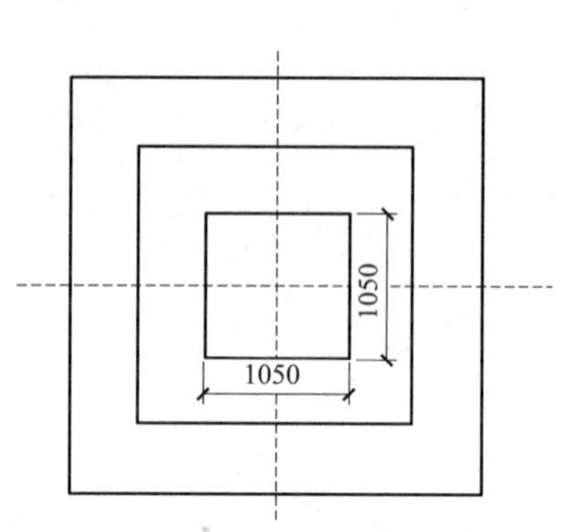

图 6-30 绘制 1050×1050 的正方形

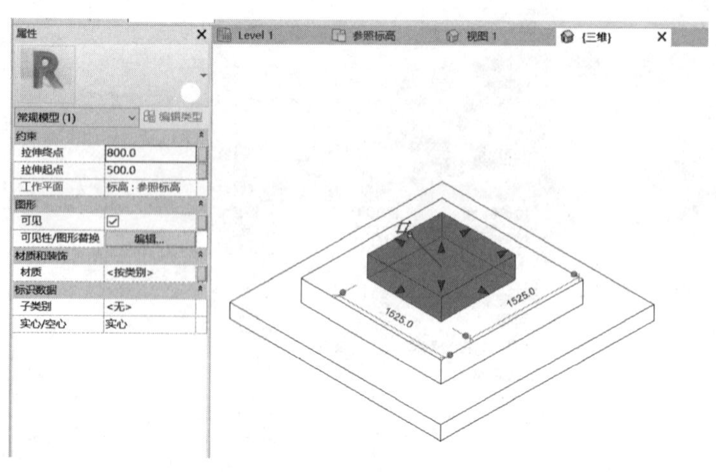

图 6-31 生成第三个阶梯

⑨ 单击界面右侧的“项目浏览器”下的“楼层平面”下的“参照标高”，单击“创建”选项卡，单击“拉伸”按钮，单击“修改｜创建拉伸”选项卡，绘制 450×450 的正方形。注意正方形中心处在坐标系中心位置，单击“√”确定按钮。

⑩ 在界面左侧的“属性”选项板中输入“拉伸终点”为“1000.0”，“拉伸起点”为“800.0”，即可生成拉伸几何体，如图 6-32 所示。

⑪ 选择三阶独立基础模型，在界面左侧的“属性”选项板中单击“材质和装饰”下的“材质”栏里的列表按钮，如图 6-33 所示，打开“材质浏览器”对话框，选择“混凝土”“混凝土，C30/37”，如图 6-34 所示，在“图形”选项卡中勾选“使用渲染外观”，如图 6-35 所示，单击“应用”并点击“确定”。

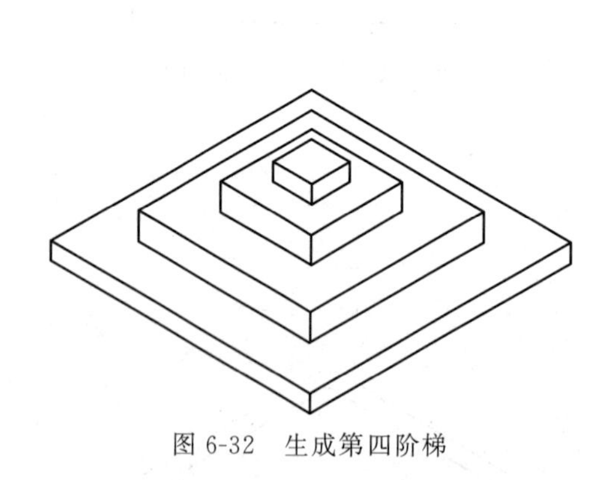
图 6-32 生成第四阶梯

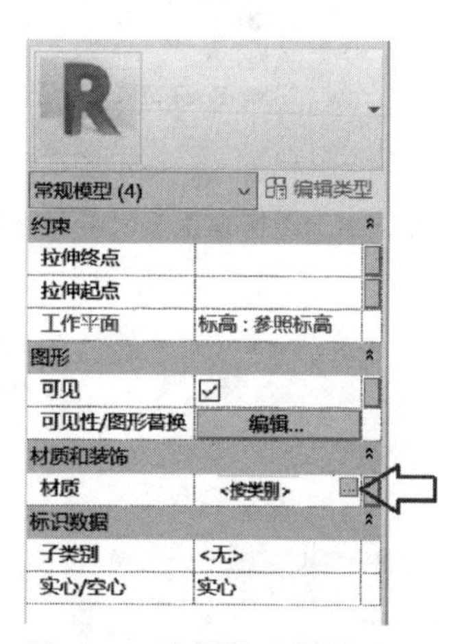

图 6-33 编辑基础材质（一）

⑫ 在界面下方“详细程度”选择“精细”，如图 6-36 所示。在“视觉样式”中选择“真实”，如图 6-37 所示，即可显示独立基础的混凝土渲染效果，如图 6-38 所示。

⑬ 单击“保存”，保存族文件命名为“独立基础 3000-3000-200. rfa”。

⑭ 单击“文件”，单击“项目”，打开一个已经绘制好轴网的 Revit 文件，如图 6-39 所示。

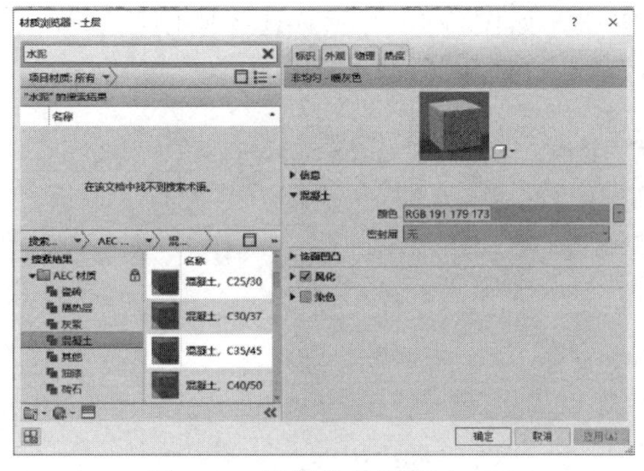

图 6-34　编辑基础材质（二）

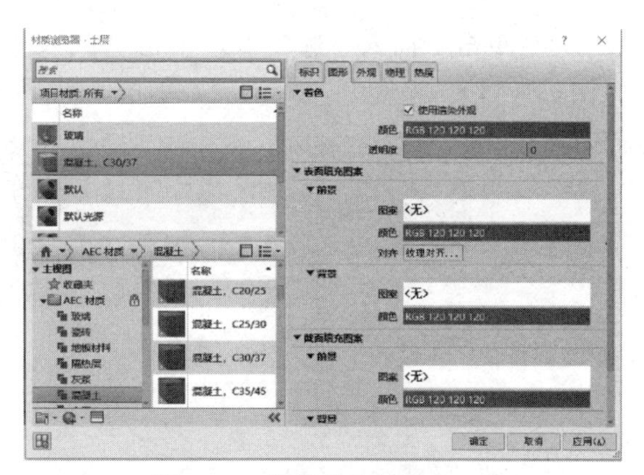

图 6-35　编辑基础材质（三）

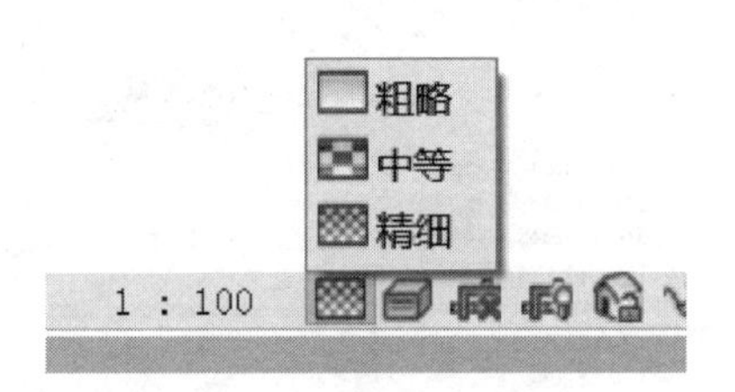

图 6-36　选择“精细”

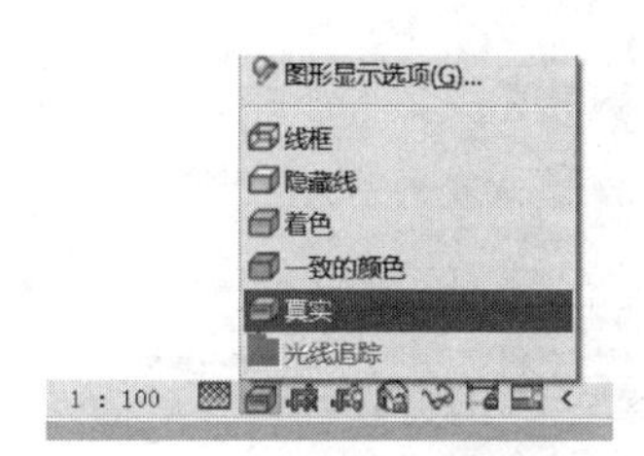

图 6-37　选择“真实”

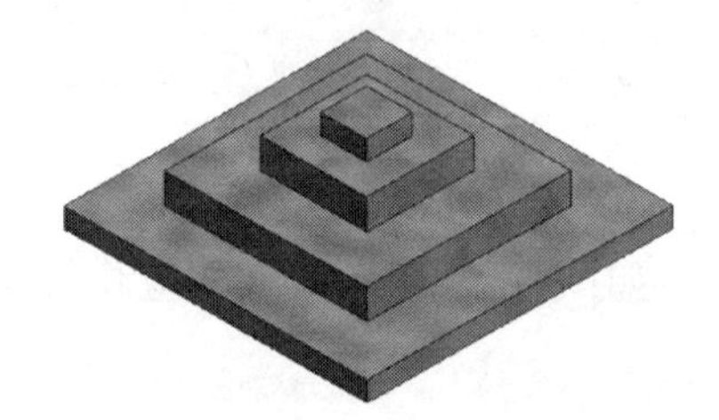
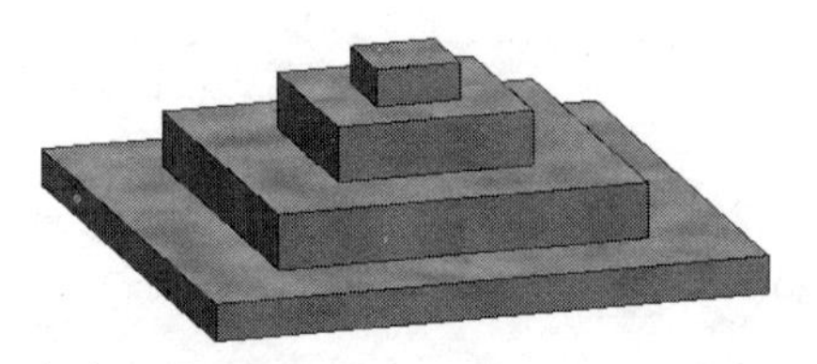

图 6-38　生成独立基础

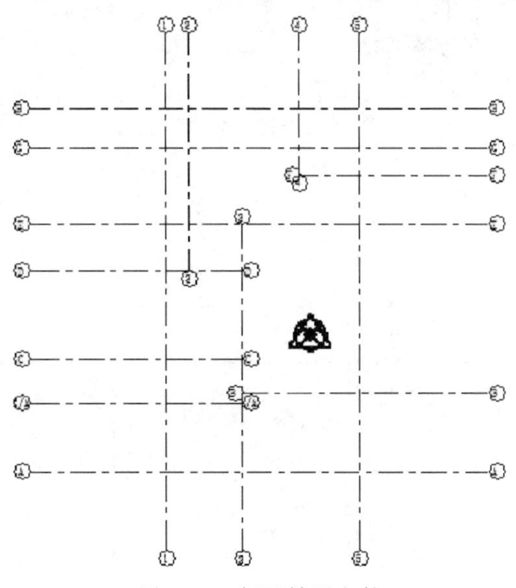

图 6-39　打开轴网文件

⑮ 单击“插入”选项卡，单击“载入族”按钮，如图 6-40 所示，选择刚刚绘制好的“独立基础 3000-3000-200. rfa”，如图 6-41 所示，单击“打开”，载入族文件。

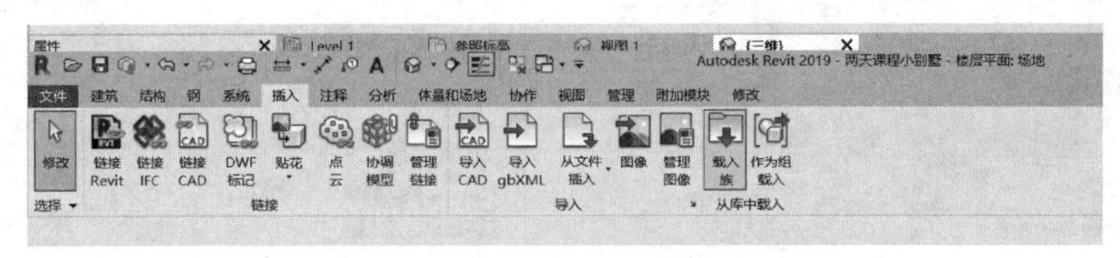

图 6-40 载入族文件

图 6-41 选择刚刚绘制成功的独立基础

⑯ 单击“结构”选项卡，单击“独立”按钮，如图 6-42 所示，在相应位置插入独立基础（图 6-43）。

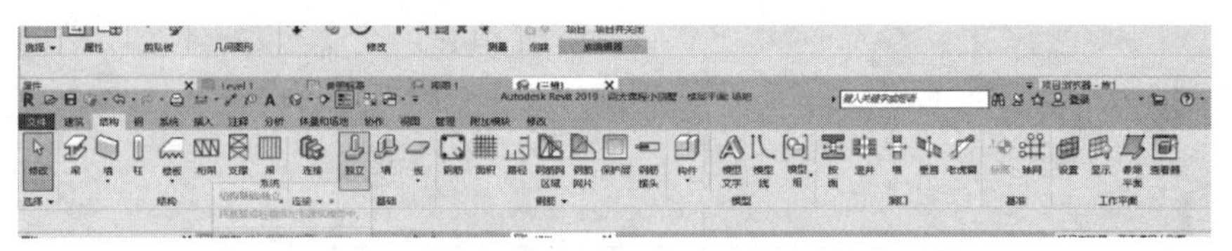

图 6-42 选择“独立”按钮

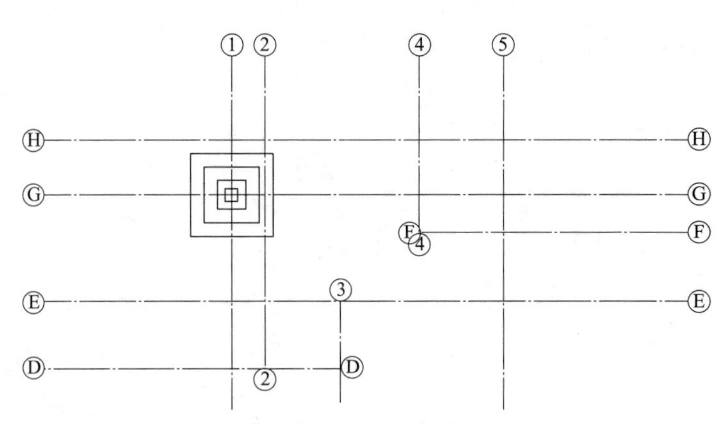

图 6-43 插入独立基础

⑰ 在独立基础“属性”对话框中修改“自标高的高度偏移”数值“－1700”，调整独立基础高度，如图 6-44 所示。

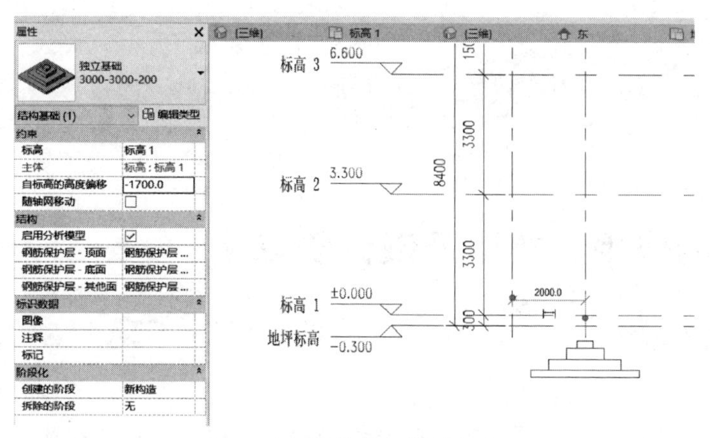

图 6-44　调整独立基础高度

思考题

1. 基础应满足哪些要求？
2. 地基的类型有哪些？
3. 简述地下水位对基础的影响。
4. 简述什么是筏形基础，适用范围是什么？
5. 简述地下室的类型有哪些？
6. 简述地下室防潮构造。

第 7 章 墙体

7.1 墙体的作用、类型及设计要求

7.1.1 墙体的作用

房屋建筑中的墙体一般有以下 3 个作用：

① 承重作用。墙体承受屋顶、楼板传给它的荷载，以及其自重荷载、风荷载等。

② 围护作用。墙体隔住了自然界的风雨雪的侵袭，防止太阳的辐射干扰以及室内热量的散失等，起保温、隔热、隔声、防水等作用。

③ 分隔作用。墙体把房屋划分为若干个房间和使用空间。

7.1.2 墙体的类型

墙体的类型很多，分类方法也很多，根据墙体在建筑物中的位置及布置的方向，受力情况、材料、构造方式和施工方法的不同，可将墙体分为不同类型。

(1) 按照位置及布置的方向分类

墙体按照所处平面位置的不同分为内墙和外墙。内墙是位于建筑物内部的墙，主要起分隔内部空间的作用。外墙是位于建筑物四周的墙，又称外围护墙。墙体按照布置的方向不同可分为纵墙和横墙。沿建筑物长轴方向布置的墙体称为纵墙，外纵墙也称檐墙；沿建筑物短轴方向布置的墙体称为横墙，外横墙也称为山墙。窗与窗之间和窗与门之间的墙称为窗间墙，窗台下面的墙称为窗下墙。墙体各部分名称如图 7-1 所示。

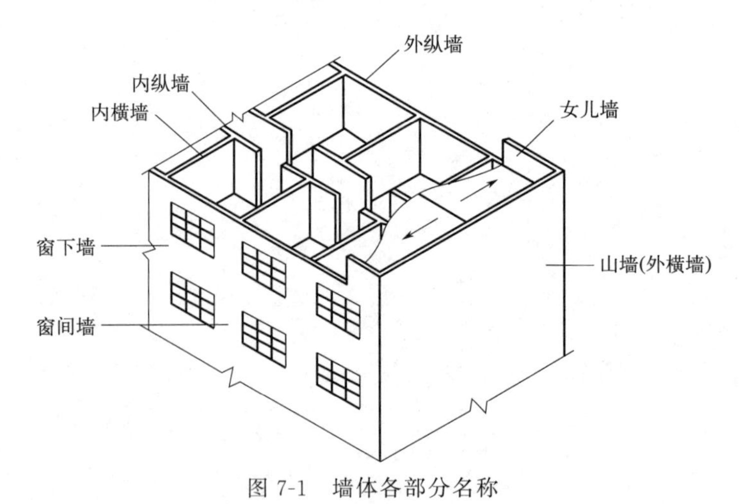

图 7-1 墙体各部分名称

(2) 按受力情况分类

墙体按结构竖向的受力情况，可分为承重墙和非承重墙两种。在砖混结构中，承重墙直

接承受楼板及屋顶传递下来的荷载。非承重墙可分为自承重墙和隔墙。自承重墙仅承受自身重量，并把自重传递给基础；隔墙则把自重传递给楼板或梁。在框架结构中，非承重墙可分为填充墙和幕墙。

(3) 按材料分类

墙体按所用材料不同，可分为砖墙、砌块墙、石材墙、土坯墙、钢筋混凝土墙和大型板材墙等。

(4) 按构造方式分类

分为实体墙、空体墙和组合墙三种。

(5) 按施工方法分类

分为块材墙、板筑墙及板材墙三种。

7.1.3 墙体的设计要求

对以墙体承重为主的结构，常要求各层的承重墙上、下必须对齐；各层的门、窗洞孔也以上、下对齐为佳。此外，还需考虑以下几方面的要求。

(1) 合理选择墙体结构布置方案

① 横墙承重。凡以横墙承重的结构布置称横墙承重方案或横向结构系统。这时，楼板、屋顶上的荷载均由横墙承受，纵向墙只起纵向稳定和拉结的作用。它的主要特点是横墙间距密，加上纵墙的拉结，使建筑物的整体性好、横向刚度大、对抵抗地震力等水平荷载有利。但横墙承重方案的开间尺寸不够灵活，适用于房间开间尺寸不大的宿舍、住宅及病房楼等小开间建筑，如图 7-2(a) 所示。

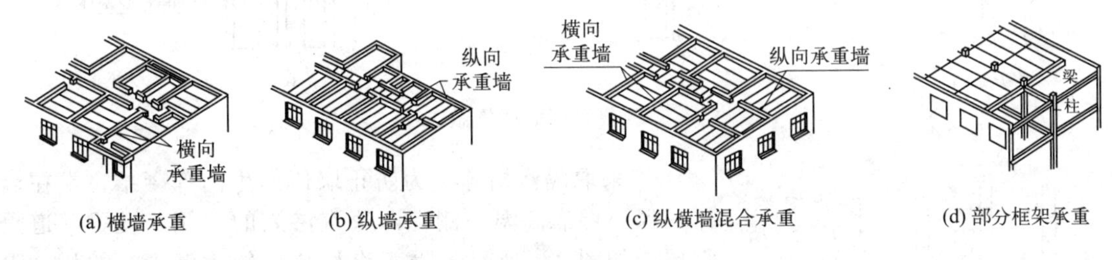

(a) 横墙承重 (b) 纵墙承重 (c) 纵横墙混合承重 (d) 部分框架承重

图 7-2 墙体承重结构布置方案

② 纵墙承重。凡以纵墙承重的结构布置称纵墙承重方案或纵向结构系统。这时，楼板、屋顶上的荷载均由纵墙承受，横墙只起分隔房间的作用，有的起横向稳定作用。纵墙承重可使房间开间的划分灵活，多适用于需要较大房间的办公楼、商店、教学楼等公共建筑，如图 7-2(b) 所示。

③ 纵横墙混合承重。凡由纵向墙和横向墙共同承受楼板、屋顶荷载的结构布置称纵横墙混合承重方案。该方案房间布置较灵活，建筑物的刚度亦较好。混合承重方案多用于开间、进深尺寸较大且房间类型较多的建筑和平面复杂的建筑中，前者如教学楼、住宅等建筑，如图 7-2(c) 所示。

④ 部分框架承重。在结构设计中，有时采用墙体和钢筋混凝土梁柱组成的框架共同承受楼板和屋顶的荷载。这时，梁的一端支承在柱上，而另一端则搁置在墙上，这种结构布置称部分框架承重方案或内部框架承重方案。它较适合于室内需要较大使用空间的建筑，如商场等，如图 7-2(d) 所示。

⑤ 纯框架结构。纯框架结构的建筑在中小型民用建筑中使用较多，框架结构通过框架

梁承担楼板荷载并传递给柱，再向下依次传递给基础和地基，墙不承受荷载。

（2）具有足够的强度和稳定性

强度是指墙体承受荷载的能力，它与所采用的材料以及同一材料的强度等级有关。作为承重墙的墙体，必须具有足够的强度，以确保结构的安全。

墙体高厚比的验算是保证结构在施工阶段和使用阶段稳定性的重要措施。

提高墙体稳定性可采取增加墙体的厚度（但这种方法有时不够经济），提高墙体材料的强度等级，增加墙垛、警柱、圈梁等构件等方法。

（3）热工要求

我国幅员辽阔，气候差异大，墙体作为围护构件应满足保温、隔热等功能要求。

① 墙体的保温要求。采暖建筑的外墙应有足够的保温能力，寒冷地区冬季室内温度高于室外，热量从高温传至低温。为了减少热损失，须提高构件的热阻，通常采取以下措施：

a. 增加墙体的厚度。墙体的热阻与其厚度成正比，欲提高墙身的热阻，可增加其厚度。

b. 选择热导率小的墙体材料。要增加墙体的热阻，常选用热导率小的保温材料，如泡沫混凝土、加气混凝土、陶粒混凝土、膨胀珍珠岩、膨胀蛭石、浮石及浮石混凝土、泡沫塑料、矿棉及玻璃棉等。复合保温墙体做法如图 7-3 所示。

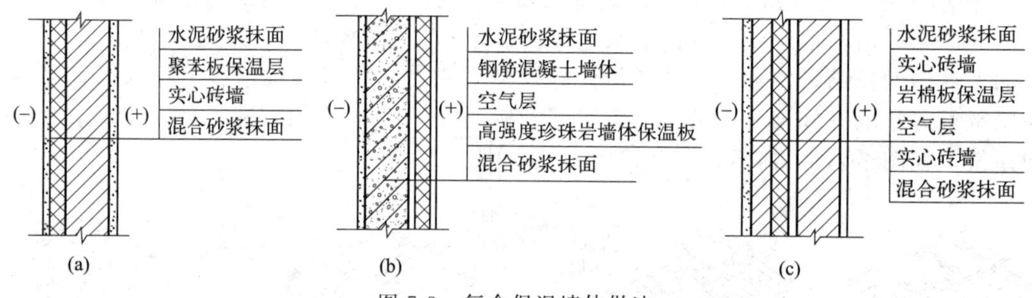

图 7-3 复合保温墙体做法

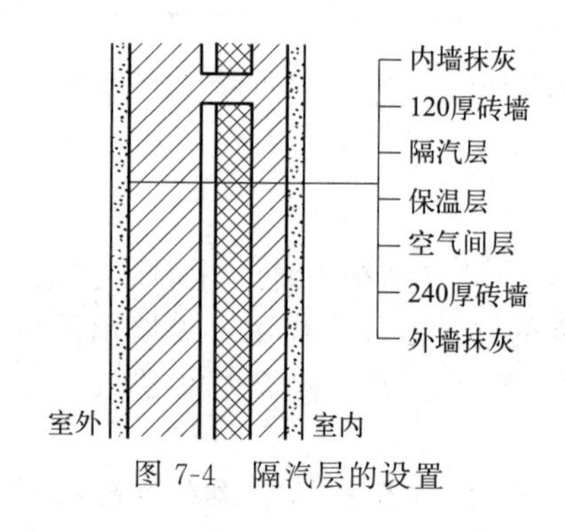

图 7-4 隔汽层的设置

c. 采取隔汽措施。为防止墙体产生内部凝结，常在墙体的保温层靠高温一侧，即蒸汽渗入的一侧，设置一道隔汽层，如图 7-4 所示。隔蒸汽材料一般为沥青、卷材、隔汽涂料以及铝箔等防潮、防水材料。

② 墙体的隔热要求。炎热地区夏季太阳辐射强烈，室外热量通过外墙传入室内，使室内温度升高，产生过热现象，影响人们的工作与生活，甚至损害人的健康。外墙应具有足够的隔热能力，可以选用热阻大、重量大的材料，也可以选用光滑、平整、浅色的材料，以增加对太阳的反射能力。

（4）隔声要求

一般采取以下隔声措施：

① 加强墙体缝隙的填密处理，如对墙体与门窗、通风管道等的缝隙进行密封处理。

② 增加墙体密实性及厚度，避免噪声穿透墙体及墙体振动。

③ 采用有空气间层或多孔性材料的夹层墙。空气或玻璃棉等多孔材料具有减振和吸声作用，以此提高墙体的隔声能力。

④ 在建筑总平面中考虑隔声问题，将不怕噪声的建筑靠近城市干道布置或用绿化带隔声。

(5) 其他方面的要求

① 防火要求。选择燃烧性能和耐火极限符合防火规范规定的材料。

② 防水防潮要求。有水的房间及地下室墙体应进行防水防潮处理，选择良好的材料及恰当的构造方案保证墙体的耐久性，使室内有很好的卫生环境。

③ 建筑工业化要求。墙体改革，提高机械化水平，降低成本，降低劳动强度，并采用轻质高强的墙体材料以减轻自重。

④ 建筑节能要求。为贯彻国家的节能政策，改善严寒和寒冷地区居住建筑采暖能耗大、热工效率差的状况，采用新型建筑设计和构造措施。

7.2 砌体墙的基本构造

7.2.1 砌体墙的材料

砌体墙是用块体和砂浆通过一定的砌筑方法砌筑而成的墙体。块体一般包括砖墙、石墙及各种砌块墙等，砂浆一般包括混合砂浆、水泥砂浆。砌体墙一般分为砖墙和砌块墙。砌体墙通常具有较好的保温、防火、隔声性能；砌体强度较低，建筑物的高度和层数较小；砌体整体性较差，不利于抗震；大量应用于低层和多层的民用建筑。其生产制造及施工操作简单，但现场湿作业多、施工速度慢、劳动强度大。

(1) 砖

① 砖的类型。砖按材料不同，有黏土砖、粉煤灰砖、灰砂砖、炉渣砖、页岩砖等。按照砖的外观形状不同，又可分为普通实心砖、多孔砖和空心砖。多孔砖以黏土、页岩、粉煤灰为主要原料，经成型、焙烧而成，孔洞率不小于15%～30%，孔型为圆孔或非圆孔，孔的尺寸小而数量多，可以用于承重部位。空心砖以黏土、煤矸石或粉煤灰为主要材料，孔洞率大于35%，孔的尺寸大、数量少，常用于围护结构。

② 砖的类型规格。标准黏土砖的规格为：240mm×115mm×53mm。其基本特征是（砖厚＋灰缝）∶（砖宽＋灰缝）∶（砖长＋灰缝）＝1∶2∶4，如图7-5所示。

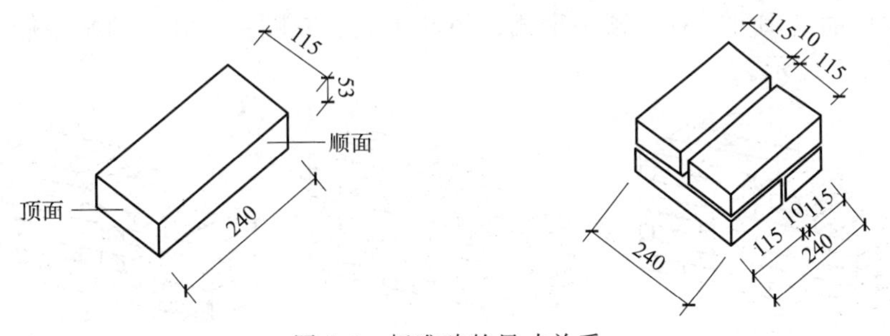

图7-5 标准砖的尺寸关系

除标准砖外，目前各地还根据制作工艺、施工条件以及利用工业废料制作了各种满足热工要求、减轻自重的其他规格的砖。

P型多孔砖一般是指KP，它的尺寸接近原来的标准砖，如图7-6所示，现在还在广泛应用。M型多孔砖的特点是：由主砖及少量配砖构成砌墙不砍砖，基本墙厚为190mm，墙厚可根据结构抗震和热工要求按半模级差变化，这在节省墙体材料上无疑比实心砖和P型多孔砖更加合理。其缺点是给施工带来不便。烧结多孔砖主要用于承重部位。

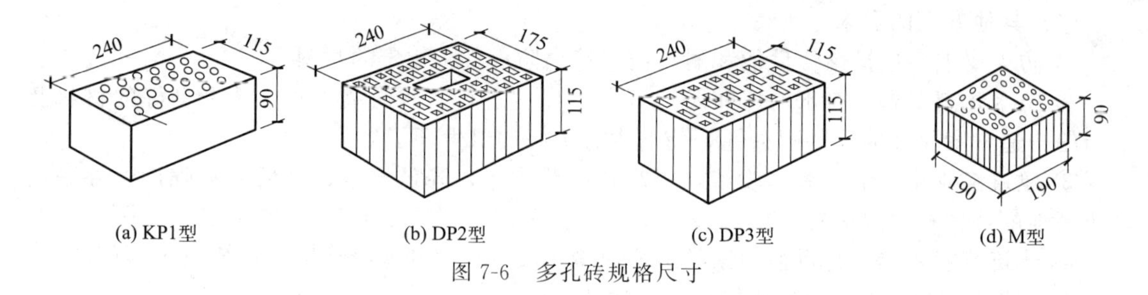

图 7-6 多孔砖规格尺寸

③ 砖的强度等级由其抗压强度和抗折强度确定，分为 MU30、MU25、MU20、MU15、MU10、MU7.5 六个级别。

(2) 砂浆

砂浆是砌体的黏结材料，它将砖胶结成为整体，并将砖块之间的空隙填实，便于使上层砖块所承受的荷载能逐层均匀地传至下层砖块，以保证砌体的强度。砌筑墙体常用的砂浆有水泥砂浆、石灰砂浆和混合砂浆三种。水泥砂浆是由水泥、砂和水按一定比例拌合而成，它属水硬性材料，强度高，较适合于砌筑潮湿环境的砌体；石灰砂浆是由石灰、砂和水拌合而成，它属气硬性材料，强度不高，多用于砌筑一般次要性的民用建筑中地面以上砌体；混合砂浆是由水泥、石灰膏、砂加水拌合而成，这种砂浆强度较高，和易性和保水性好，常用于砌筑地面上砌体。

砂浆的强度等级有 M15、M10、M7.5、M5、M2.5、M1、M0.4 七个。常用的砌筑砂浆是 M1～M5 级砂浆。

7.2.2 砌体墙的组砌方式

组砌是指砌块在砌体中的排列。组砌的要求是“横平竖直，砂浆饱满，避免通缝”。上下砌块间的水平缝称为横缝，左右砌块间的垂直缝称为竖缝。避免通缝就是指组砌时应让竖缝交错，保证砌体的整体性。

普通砖墙的组砌中，把砖的长方向垂直于墙面砌筑的砖称为丁砖，把砖的长方向平行于墙面砌筑的砖称为顺砖。砌筑砂浆的厚度一般为 10mm，允许的公差范围为 8～12mm。普通黏土砖墙常用的组砌方式有一顺一丁式、梅花丁式、三顺一丁式、两平一侧式、全顺式或全丁式，如图 7-7 所示。

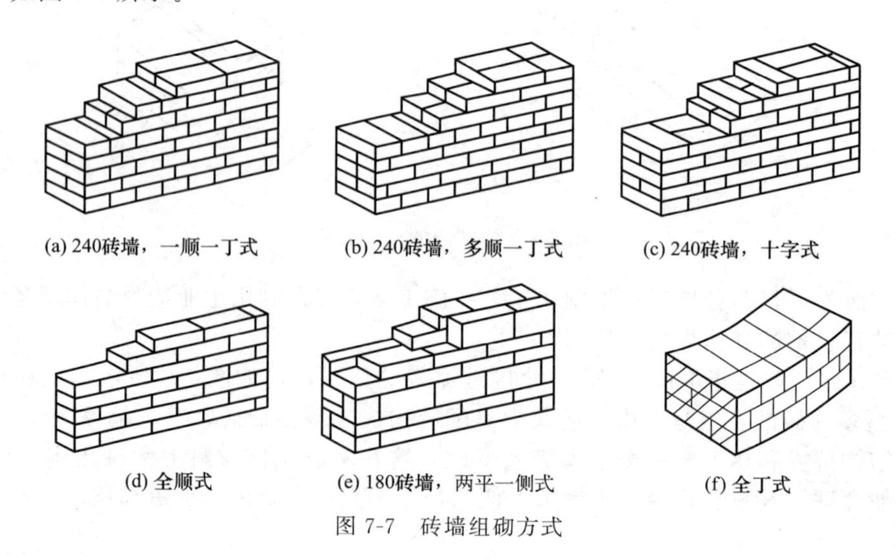

图 7-7 砖墙组砌方式

砖墙的厚度取决于荷载大小、层高、横墙间距、保温节能、门窗洞口大小及数量等因素，由块材和灰缝的尺寸组合而成，一般承重内墙厚240mm，寒冷和严寒地区的外墙厚365mm和490mm。

7.2.3 砌体墙的细部构造

墙体的细部构造一般是指墙身上的细部做法，包括墙身防潮层、散水或明沟、勒脚、门窗过梁、窗台、圈梁、构造柱、壁柱、门垛及防火墙等。

(1) 墙身防潮层

为防止土壤中的水分和潮气沿基础墙上升，防止勒脚部位的地面水影响墙身，提高建筑物的坚固性和耐久性，保持室内干燥、卫生，通常在墙身中设置防潮层。墙身防潮层应在所有的内外墙中连续设置，且按构造形式不同分为水平防潮层和垂直防潮层两种。

① 水平防潮层。水平防潮层的位置应在室内地坪与室外地坪之间，以在地面垫层中部为最理想，如图7-8(a)、(b) 所示。当内墙两侧地面有标高差时，防潮层应分别设在两侧地面以下60mm处并在两防潮层间墙靠土的一侧加设垂直防潮层，如图7-8(c) 所示。

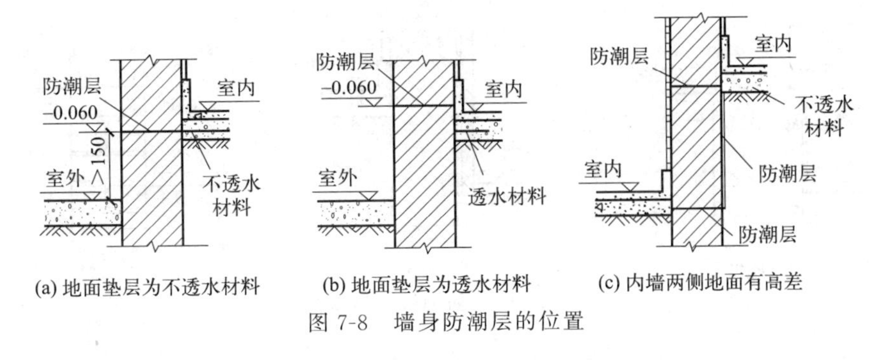

图7-8 墙身防潮层的位置

水平防潮层的做法有以下几种：

a. 卷材防潮层。在防潮层部位先抹20mm厚的砂浆找平层，然后干铺卷材一层，卷材的宽度应与墙厚一致或稍大些，卷材沿长度铺设，搭接长度大于或等于100mm。卷材防潮较好，但抗震能力差，一般用于非地震地区，如图7-9(a) 所示。

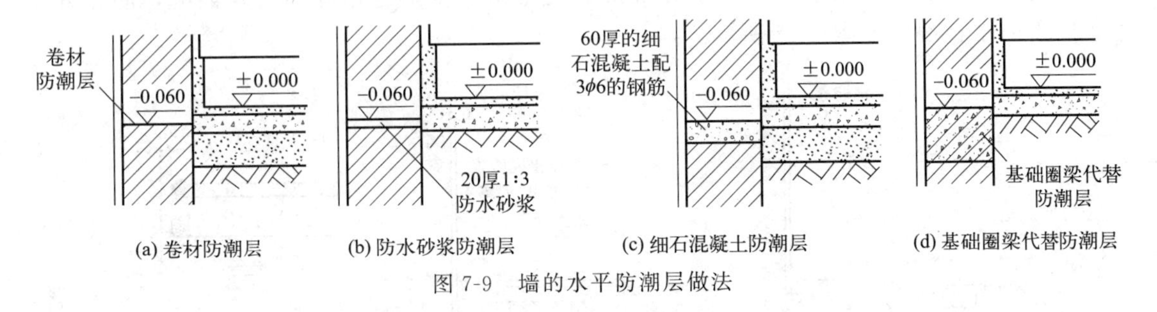

图7-9 墙的水平防潮层做法

b. 防水砂浆防潮层。一种是抹一层20mm厚1∶3的水泥砂浆加5%防水粉和而成的防水砂浆；另一种是用防水砂浆砌筑3～5皮砖形成防水砂浆防潮层，如图7-9(b) 所示。

c. 细石混凝土防潮层。在室内外地面之间浇筑一层厚60mm的细石混凝土带内配3根6mm直径的钢筋，如图7-9(c) 所示。这种防潮层的抗裂性好，且能与砌体结合成一体，特别适用于对刚度要求较高的建筑。

d. 基础圈梁代替防潮层。当建筑物设有基础圈梁且其截面高度在室内地坪以下60mm

附近时可由基础圈梁代替防潮层，如图 7-9(d) 所示。

② 垂直防潮层。当室内地坪出现高差或室内地坪低于室外地坪水平防潮层时，除了在相应位置设水平防潮层外，还应在两道水平防潮层之间靠土壤的垂直墙面上做垂直防潮层。

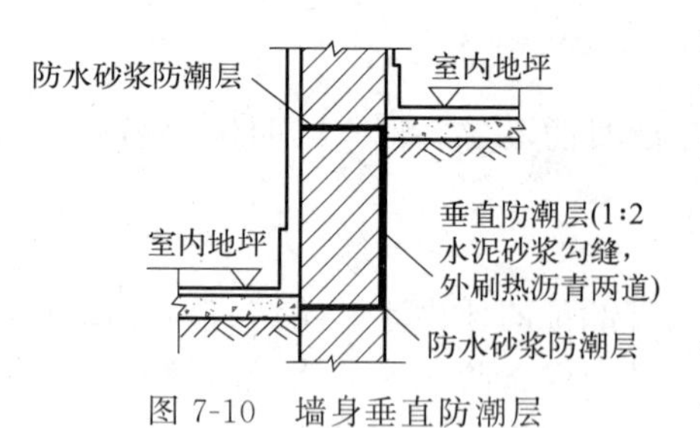

图 7-10 墙身垂直防潮层

具体做法：先用水泥砂浆将墙面抹平，再涂一道冷底子油（沥青用汽油、煤油等溶解后的溶液）、两道热沥青（或做一毡二油），如图 7-10 所示。

(2) 勒脚构造

勒脚是外墙的墙脚，它和内墙脚一样应做防潮层。同时，因受地表水及外力的影响还需坚固耐久。此外，勒脚的高度、色彩和材质应结合建筑造型的要求。勒脚构造做法通常有以下几种，如图 7-11 所示。

① 采用 20mm 厚 1∶3 水泥砂浆或水刷石、斩假石抹面；

② 采用天然石材或人工石材贴面；

③ 采用条石、混凝土等坚固材料。

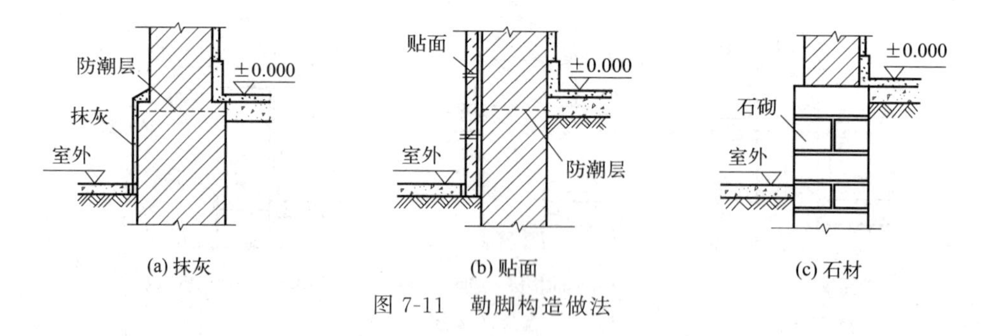

图 7-11 勒脚构造做法

(3) 散水构造

房屋四周可采用散水和明沟排除雨水。图 7-12 即为外墙周围的散水。当屋面为有组织排水时，一般设散水和暗沟。无组织排水时，一般设散水和明沟。散水的做法通常是在夯实素土上铺三合土、混凝土等材料，厚度 60～70mm。散水应设不小于 3%的排水坡。散水宽度一般为 0.6～1.0m。散水与外墙交接处应设变形缝，变形缝用弹性材料嵌缝，防止外墙下沉时将散水拉裂，如图 7-13 所示。

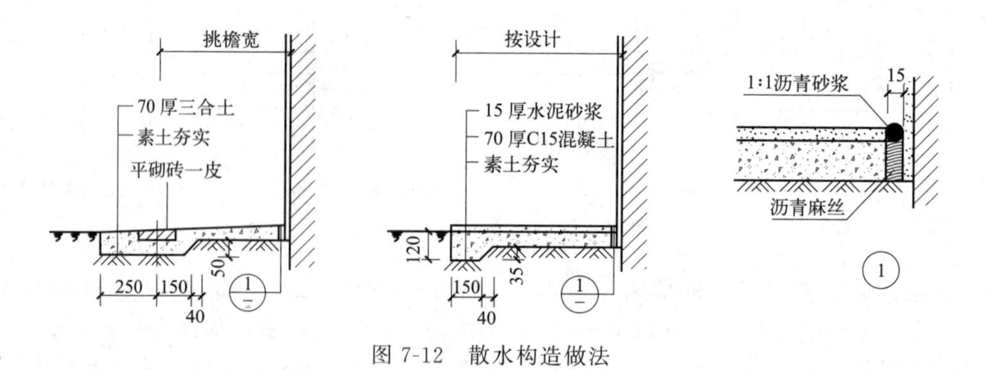

图 7-12 散水构造做法

(4) 明沟构造

明沟构造做法如图 7-14 所示，可用砖砌、石砌、混凝土现浇，沟底应做纵坡，坡度为 0.5%～1%。沟中心应正对屋檐滴水位置，外墙与明沟之间应做散水。

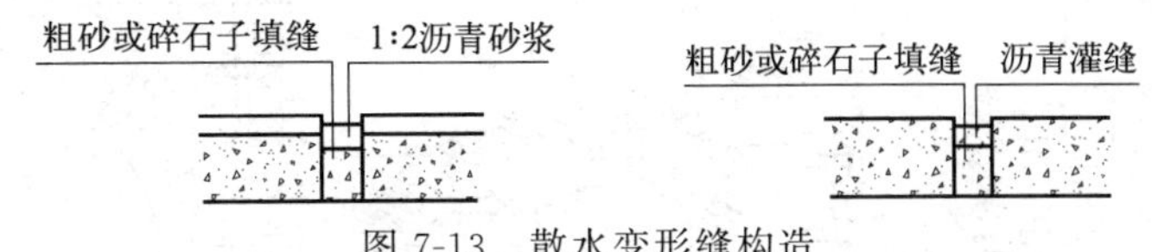

图 7-13 散水变形缝构造

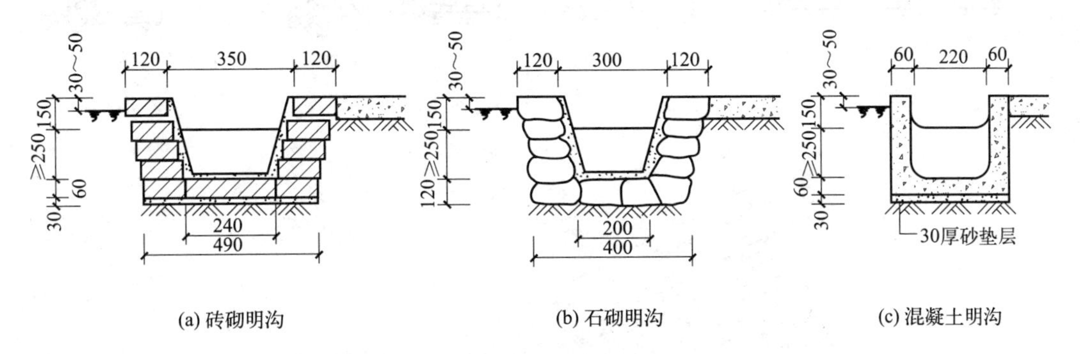

(a) 砖砌明沟 (b) 石砌明沟 (c) 混凝土明沟

图 7-14 明沟构造做法

(5) 窗台

窗台的作用是避免窗洞下部积水，防止水渗入墙体和沿窗缝隙渗入室内而污染墙面等。窗台有悬挑窗台和不悬挑窗台，有砖砌窗台和钢筋混凝土窗台，如图 7-15 所示。

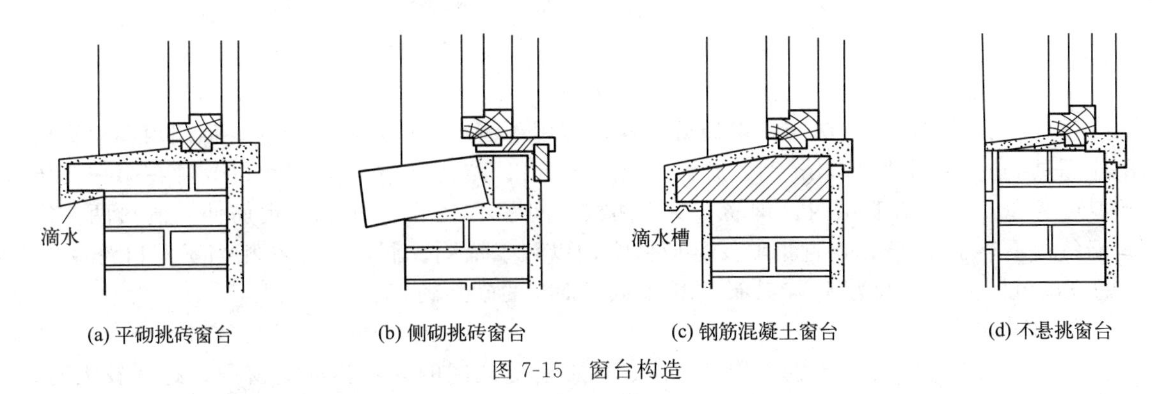

(a) 平砌挑砖窗台 (b) 侧砌挑砖窗台 (c) 钢筋混凝土窗台 (d) 不悬挑窗台

图 7-15 窗台构造

(6) 门窗过梁

建筑物的墙上需要留出门窗洞口。现门窗基本上是等到建筑主体结构全部完成（俗称“结构封顶”）后再安装的。如果门窗洞口过大（洞宽不小于 2.1m 的洞口）影响到建筑物的整体刚度时，应该在洞口两侧设结构柱。同时，无论洞口大小，为了便于墙体砌筑以及使洞口上方一段墙的自重可以传递到洞口两侧，在洞口的上方需要架设门窗过梁。

门窗过梁一般有三种形式，分别是砖拱过梁、钢筋砖过梁和钢筋混凝土过梁。

① 砖拱过梁

砖拱过梁是我国传统的做法，常用的砖拱过梁有平拱、弧拱两种，如图 7-16 所示，砖砌拱多用于清水砖墙。

② 钢筋砖过梁

在门窗洞口上部平砌砖砌体，砖缝灰浆中配置适量的钢筋，形成可以承受弯矩的配筋砖砌体，即钢筋砖过梁，如图 7-17 所示。

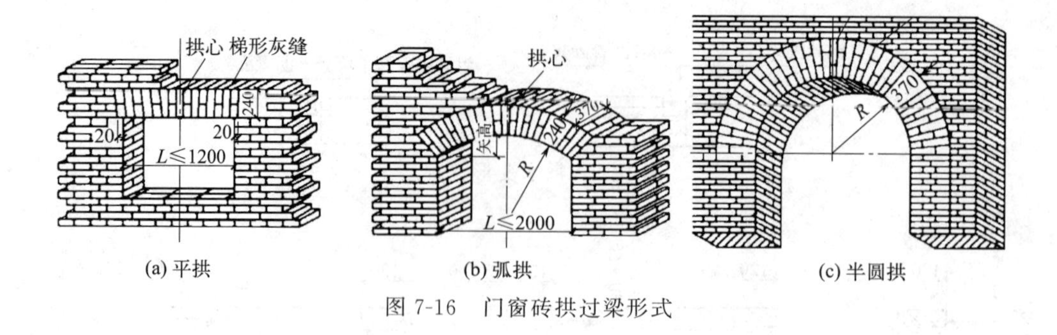

(a) 平拱 (b) 弧拱 (c) 半圆拱

图 7-16 门窗砖拱过梁形式

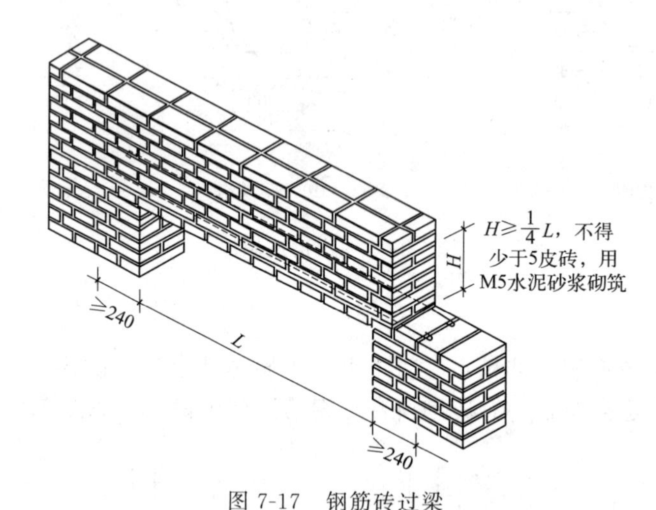

图 7-17 钢筋砖过梁

钢筋砖过梁的砌筑方法与一般砖墙一样，适用于清水砖墙，施工方便，但门窗洞口宽度不应超过 2m。通常将 ϕ6mm 钢筋放置在第一皮砖和第二皮砖之间，也可以放置在第一皮砖下厚度为 30mm 的砂浆层内，钢筋不少于两根，间距不大于 120mm。钢筋伸入洞口两侧窗间墙每边不小于 240mm，且钢筋端部应做弯钩以利于锚固。洞口上部在相当于洞口跨度 1/4 的高度范围内（一般为 5～7 皮砖）用不低于 M5 的砂浆砌筑。

③ 钢筋混凝土过梁

对有较大振动、可能产生不均匀沉降、抗震设防地区的建筑物或门窗洞口跨度较大时，应采用钢筋混凝土过梁。由于钢筋混凝土过梁坚固耐久，施工方便，并可适应较大洞口跨度的承载要求，已成为门窗洞口过梁的主要形式，目前广泛采用，如图 7-18 所示。

（7）墙身的加固

当墙身因受集中荷载、开洞或地震等因素的影响，稳定性有所降低时，需考虑对墙身采取加固措施。

① 柱和门

当墙体的窗间墙上出现集中荷载，而墙厚又不足以承担其荷载；或当墙体的长度和高度超过一定限度并影响到墙体稳定性时，常在墙身局部适当位置增设凸出墙面的壁柱以提高墙体刚度。壁柱突出墙面的尺寸一般为 120mm × 370mm，240mm × 370mm，240mm × 490mm，或根据结构计算确定。

当在较薄的墙体上开设门洞时，为便于门框的安置和保证墙体的稳定，需在门靠墙转角处或丁字接头墙体的一边设置门垛，门垛凸出墙面不少于 120mm，宽度同墙厚，如图 7-19 所示。

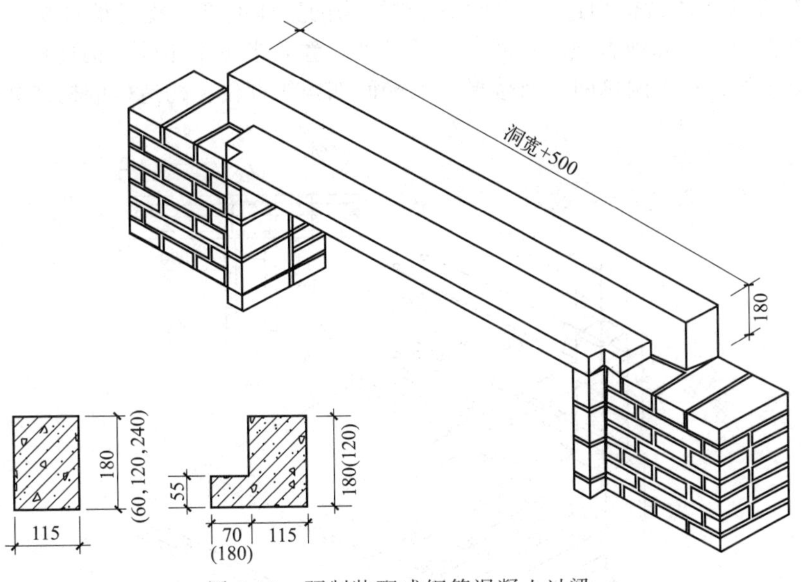

图 7-18　预制装配式钢筋混凝土过梁

② 圈梁

a. 圈梁的设置要求。圈梁是沿外墙四周及部分内墙设置在楼板处的连续闭合的梁，可提高建筑物的空间刚度及整体性，增加墙体的稳定性，减少地基不均匀沉降而引起的墙身开裂。对于抗震设防地区，利用圈梁加固墙身更加必要。

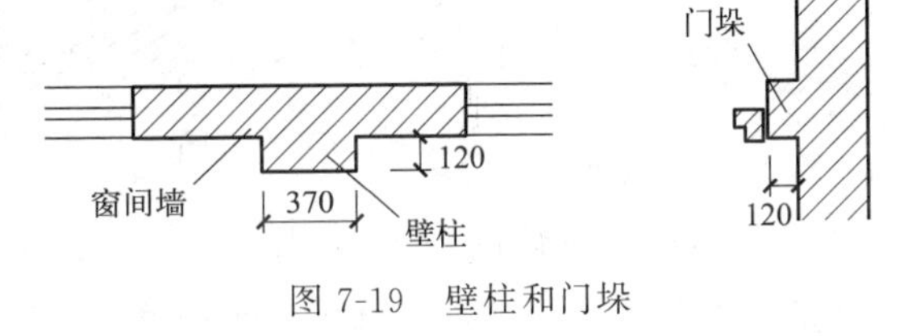

图 7-19　壁柱和门垛

b. 圈梁的构造。圈梁有钢筋砖圈梁和钢筋混凝土圈梁两种。

钢筋砖圈梁就是将前述的钢筋砖过梁沿外墙和部分内墙一周连通砌筑而成。钢筋混凝土圈梁的高度不小于 120mm，宽度与墙厚相同，在寒冷地区可略小于墙厚，但不宜小于墙厚的 2/3，圈梁构造如图 7-20 所示。

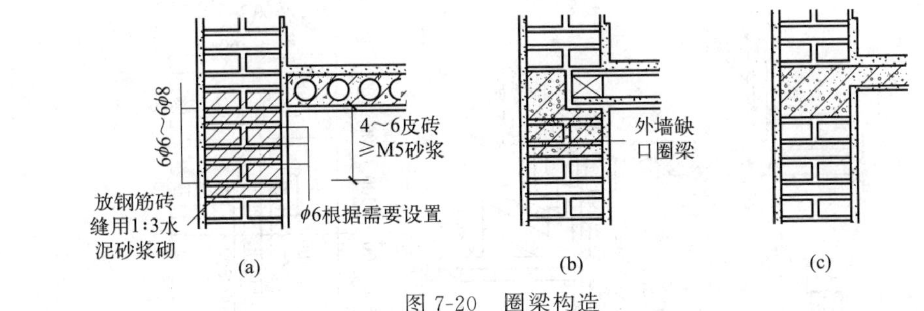

图 7-20　圈梁构造

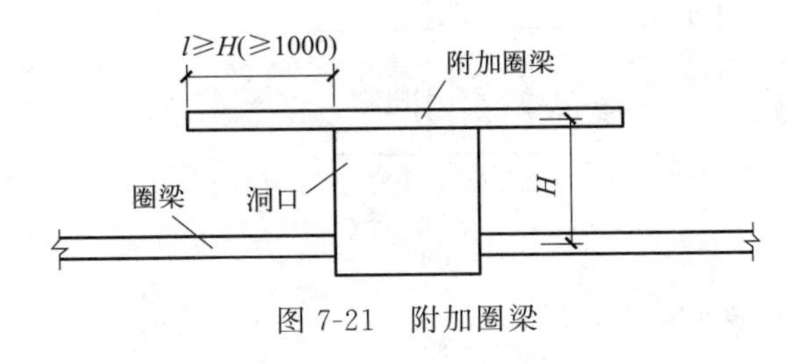

图 7-21　附加圈梁

当圈梁被门窗洞口截断时，应在洞口上部增设相同截面的附加圈梁，其配筋和混凝土强度等级均不变，如图 7-21 所示。

③ 构造柱

钢筋混凝土构造柱是从构造角度考虑设置的，是防止房屋倒塌的一种有效措施。构造柱必须与圈梁及墙体紧密相连，从而加强建筑物的整体刚度，提高墙体抗变形的能力。

由于建筑物的层数和地震烈度不同，构造柱的设置要求也不相同。构造柱一般设在外墙转角、内外墙交接处、较大洞口两侧及楼梯、电梯间四角等部位。构造柱的构造如图 7-22 所示。

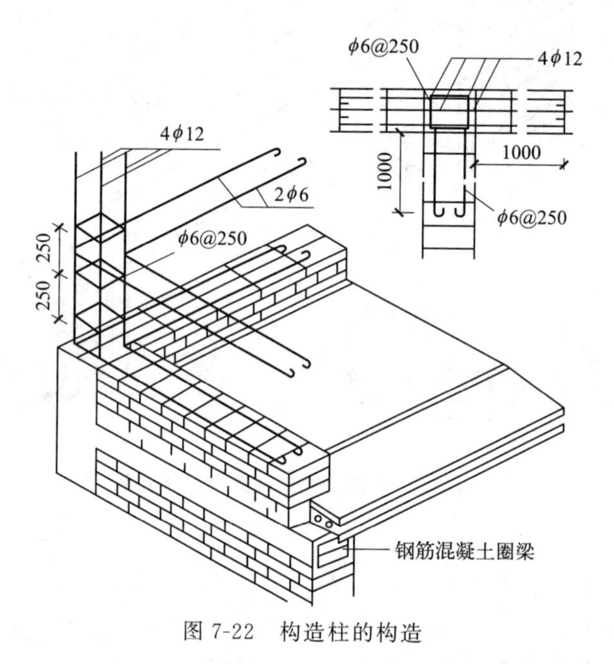

图 7-22 构造柱的构造

a. 构造柱最小截面为 180mm×240mm，纵向钢筋宜用 4ϕ12mm，筋间距不大于 250mm，且在柱上下端宜适当加密。抗震设防烈度：7 度时超过 6 层；8 度时超过 5 层；9 度时，纵向钢筋宜用 4ϕ14mm，筋间距不大于 200mm。房屋角的构造柱可适当加大截面及配筋。

b. 构造柱与墙连接处宜砌成马牙槎，并应沿墙高每 500mm 设 2ϕ6mm 拉结筋，每边伸入墙内不少于 1m，如图 7-23 所示。

c. 构造柱可不单独设基础，但应伸入室外地坪下 500mm，锚入浅于 500mm 的基础梁内。

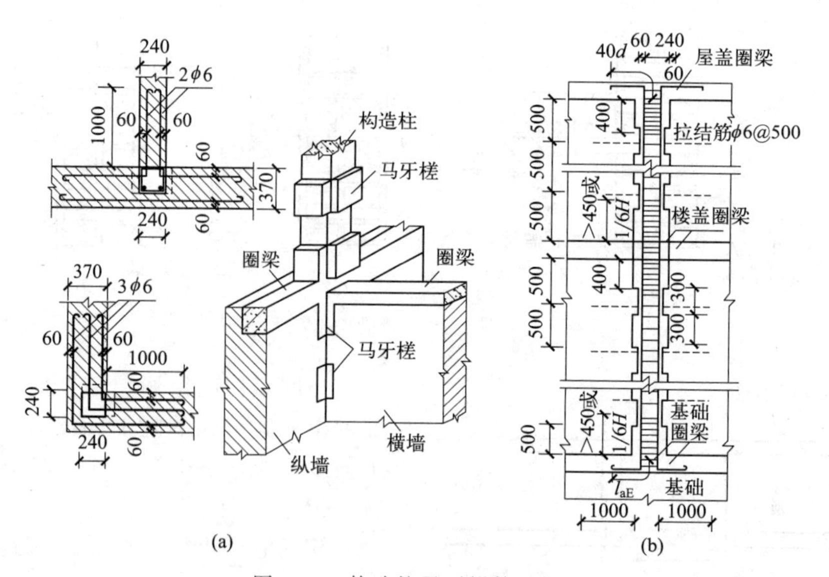

图 7-23 构造柱马牙槎构造图

7.3 隔墙和隔断

7.3.1 隔墙

隔墙是指用于分隔建筑物内部空间的非承重构件，其本身重量由楼板或梁来承担。隔墙一般是到顶的实墙，不仅能限制空间的范围，还能很大程度满足隔声、阻隔视线等要求。

(1) 块材隔墙

块材隔墙是指用砖、砌块、玻璃砖等块材砌筑的墙。其构造简单，应用时要注意块材之间的结合、墙体稳定性、墙体重量及刚度对结构的影响等问题。常用的有普通砖隔墙和砌块隔墙。

① 普通砖隔墙。普通砖隔墙一般采用半砖隔墙，是用标准砖采用全顺式砌筑而成。由于墙体轻而薄，稳定性较差，因此构造上要求隔墙与承重墙或柱之间连接牢固，一般要求隔墙两端的承重墙须留出马牙槎，并沿高度每500mm伸入2ϕ6mm的拉结钢筋，伸入隔墙不小于500mm。为了保证隔墙不承重，在隔墙顶部与楼板交接处，应斜砌一皮砖，或者预留10～25mm的空隙用膨胀砂浆嵌填，超过25mm的空隙用膨胀细混凝土嵌填，如图7-24所示。

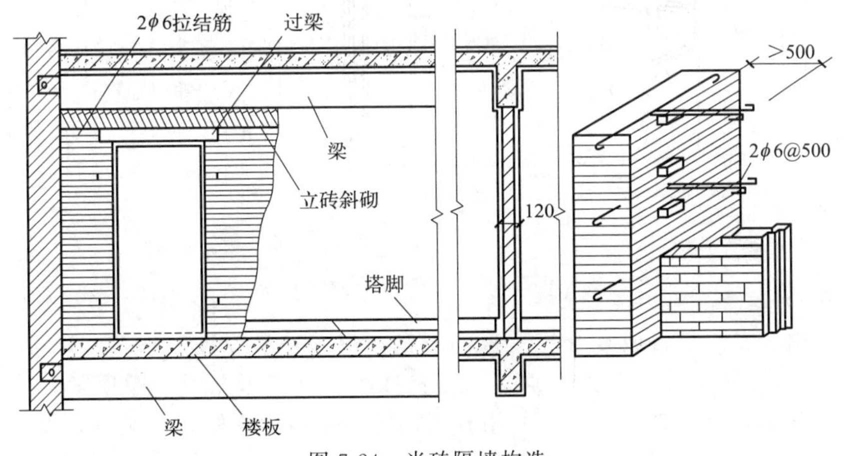

图7-24 半砖隔墙构造

② 砌块隔墙。为减轻隔墙自重，可采用砌块，砌块一般较轻，采用空心形式，常用粉煤灰硅酸盐、加气混凝土、陶粒混凝土等材料制成。墙厚由砌块尺寸决定，加固构造措施同普通砖隔墙，砌块不够整块时，可用标准砖填补。因砌块孔隙率较大、吸水量较大，故一般在砌筑时先在墙体下部实砌3～5皮实心砖再砌块，如图7-25所示。

(2) 轻骨架隔墙

轻骨架隔墙又称立筋隔墙，由骨架和面板两部分组成。骨架有木骨架和金属骨架，面板有胶合板、纸面石膏板、钙塑板、铝塑板、纤维水泥板等。木骨架分为上槛、下槛、墙筋、横撑或斜撑，金属骨架分为沿顶龙骨、沿地龙骨、竖向龙骨、横撑龙骨、加强龙骨等。构造做法是先固定骨架，再在骨架上安装各种饰面板，如图7-26所示。

(3) 条板隔墙

条板隔墙是指用厚度比较大、高度相当于房间净高的条形板材，不依赖骨架，直接拼装而成的隔墙。常用的材料有加气混凝土条板、水泥玻璃纤维空心条板（GRC板）、空心加强

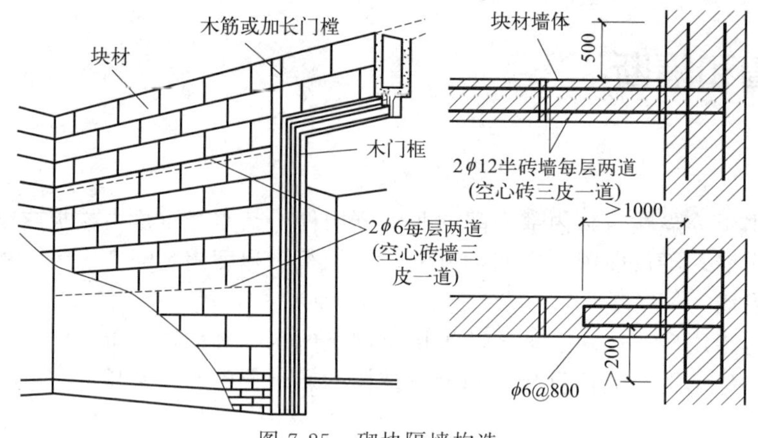

图 7-25 砌块隔墙构造

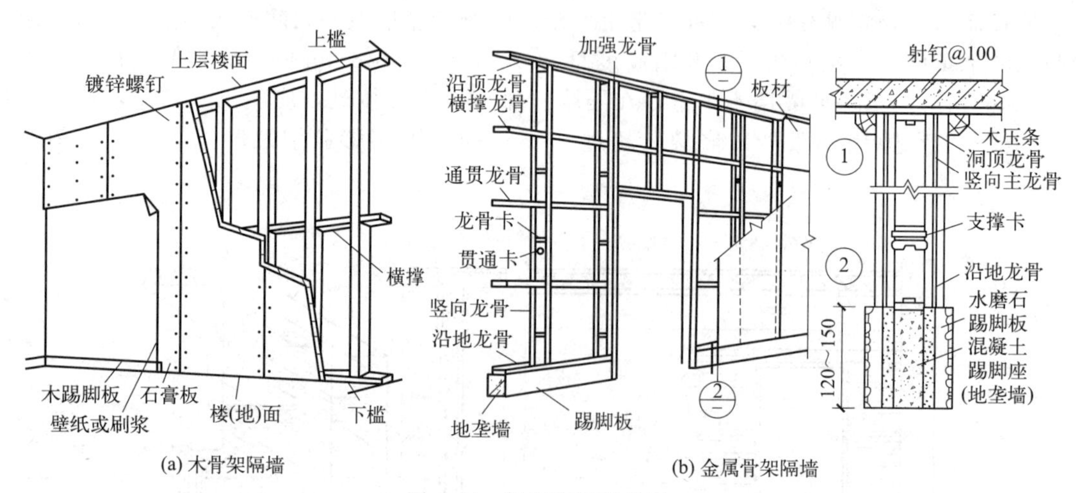

图 7-26 轻骨架隔墙构造

石膏板条板、内置发泡材料或复合蜂窝板的彩钢板等。条板厚度一般为 60～100mm，宽度为 600～1000mm，长度略小于房间净高。安装时，条板下部先用木楔顶紧，然后用细石混凝土堵严，板缝用黏结剂进行黏结，并用胶泥刮缝，平整后再做表面装修，如图 7-27 所示。

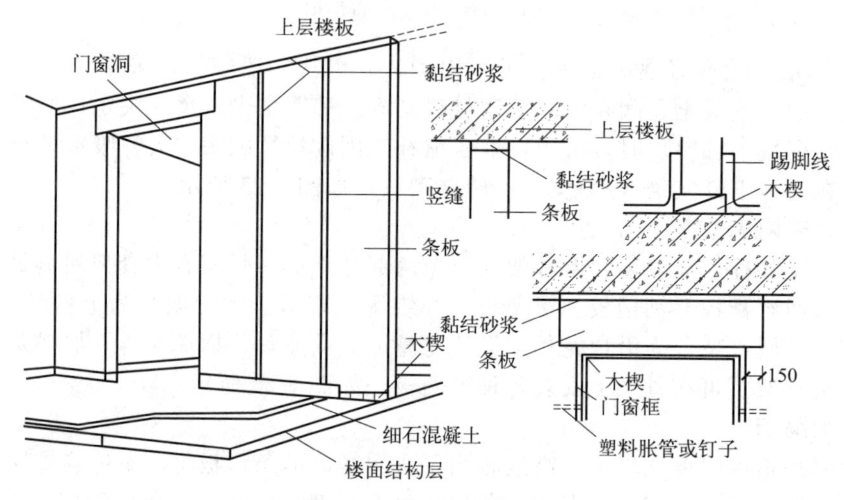

图 7-27 条板隔墙构造

7.3.2　隔断

隔断不到顶，是镂空的或活动的构件，它限定空间的程度比较小，主要起局部遮挡视线或组织交通路线等作用。

隔断以设置方式分，有固定隔断和可移动隔断等；以制作材料分，有金属隔断（钢铁、不锈钢、铜和铝等）、玻璃隔断、塑料（塑钢）隔断、竹木材料隔断和混合材料（例如木玻材料混搭）隔断等。

① 固定隔断。固定隔断的构成多数是先形成一个支撑骨架，然后在骨架中嵌入或在骨架两侧安装装饰构架或面板，支撑骨架的施工工艺可参照立筋隔墙的墙筋。此外，一些轻质高强的面板如有机玻璃、金属板等，也可以采用不锈钢索拉装的方法固定，如图 7-28 所示。

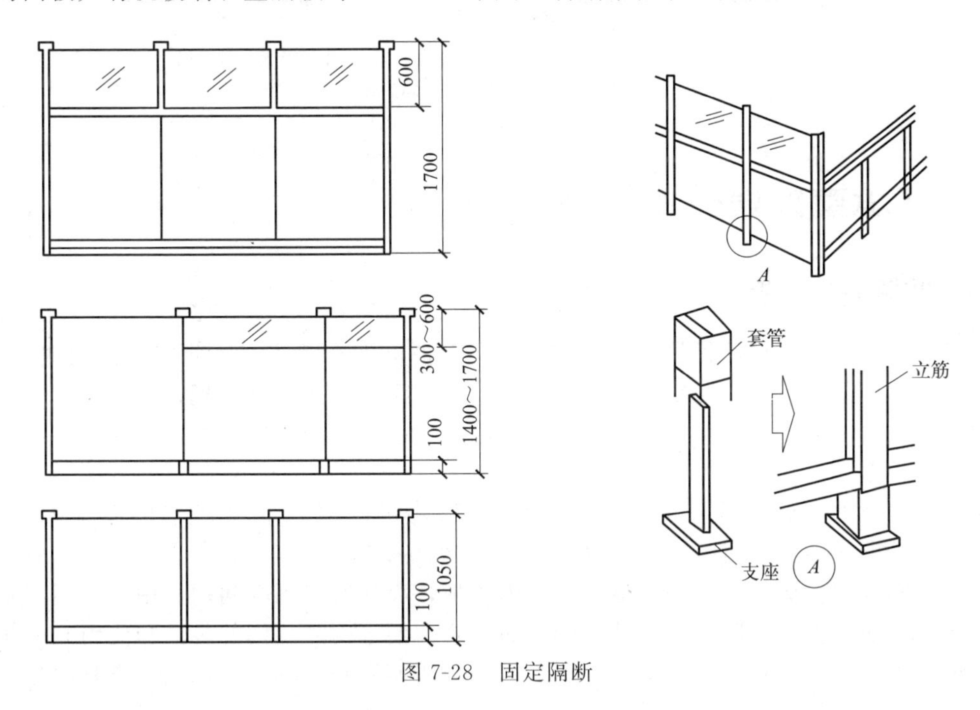

图 7-28　固定隔断

② 可移动隔断。可移动隔断有助于灵活使用建筑空间，为了隔断不使用时收藏方便，可移动隔断多数分成若干扇，互相用铰链连接或者就位后用插销连接，如图 7-29 所示。为了保持地面的平整，可移动隔断大多不安装地面轨道，仅依靠上部的轨道来悬挂。

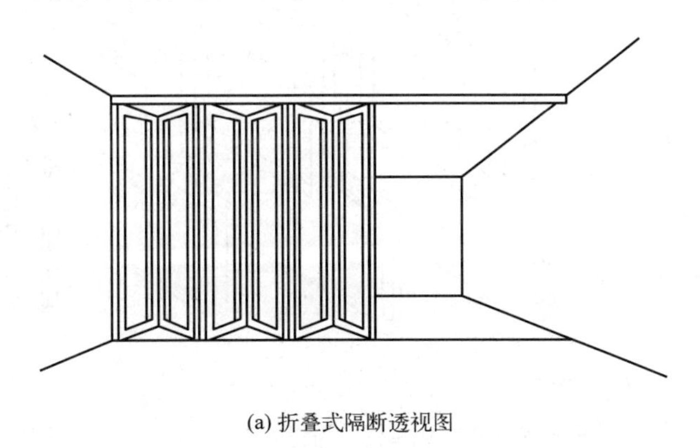

(a) 折叠式隔断透视图

图 7-29

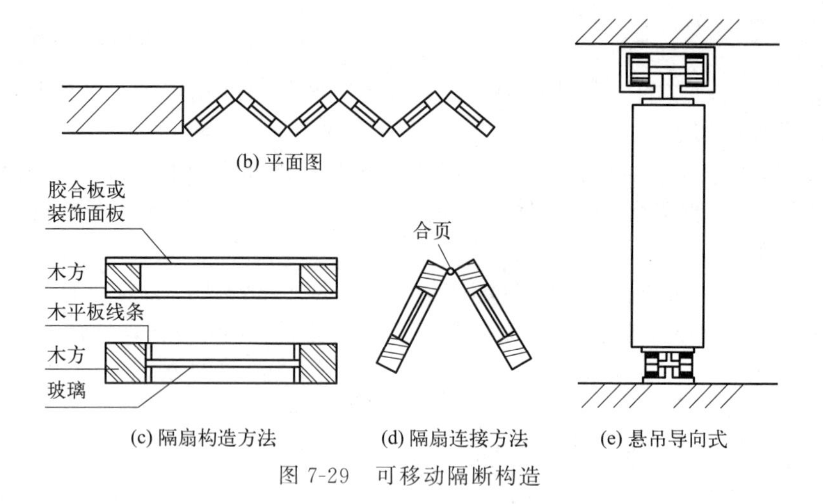

图 7-29 可移动隔断构造

7.4 非承重外墙板和幕墙

7.4.1 非承重外墙板

非承重外墙板往往以挂板的形式作为建筑外围护构件支承在主体建筑的楼板或者边柱、边梁上。其常用材料是轻质混凝土的条板，还有带保温层等的复合墙板。有的建筑物可以在基层墙或者基层墙板的外面再挂装仅起装饰作用的外墙装饰板。在这方面，新型材料及新的构造做法有很多。

工程中可以选用单一类型材料制作的外墙板，例如水泥制品和配筋的混凝土墙板等。图 7-30 所示的多种配筋的混凝土外墙板，都有成熟的产品，其安装节点的构造也都经过长期的研究和实践的检验。因为外墙板不同于内墙板，除具有分隔空间的作用外，还需要同时具备防水、隔热、保温、隔声等多种功能，而且要方便于内外两侧的装修和使用。近年来外墙板发展的主要趋势是将多种功能材料在工厂复合成型后到现场安装，或者将其区分为不同的构造层次，在现场组装。

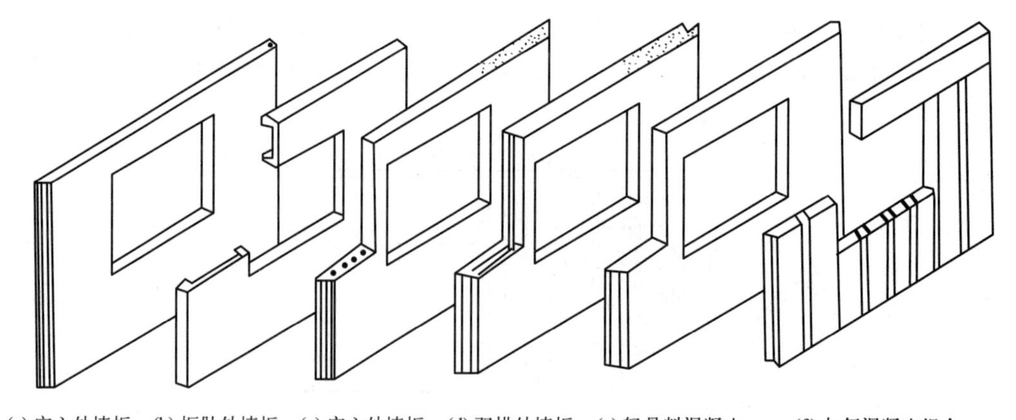

(a) 实心外墙板 (b) 框肋外墙板 (c) 空心外墙板 (d) 双排外墙板 (e) 轻骨料混凝土外墙板 (f) 加气混凝土组合外墙板

图 7-30 各种配筋混凝土外墙板

图7-31所示为金属板保温材料和外饰面材料复合制作的外墙板的应用。在图7-32中的外墙挂板，其上部内侧带有T形截面的铁件（为了避免铁件在外墙板的运输过程中占空间，可以仅在板的上部预埋带螺纹的套筒，铁件在现场吊装前用螺栓安装），下部内侧在现场安装折线形铁件。外墙板起吊到指定位置后，下端折线形铁件先插入底下一块墙板的铁件，起到就位的作用，然后推墙板使上部接近主体结构的边梁，由铁件与边梁上部连接。铁件上一般带有长圆形的孔，为螺栓连接以及下一步调整板缝宽度提供了方便。

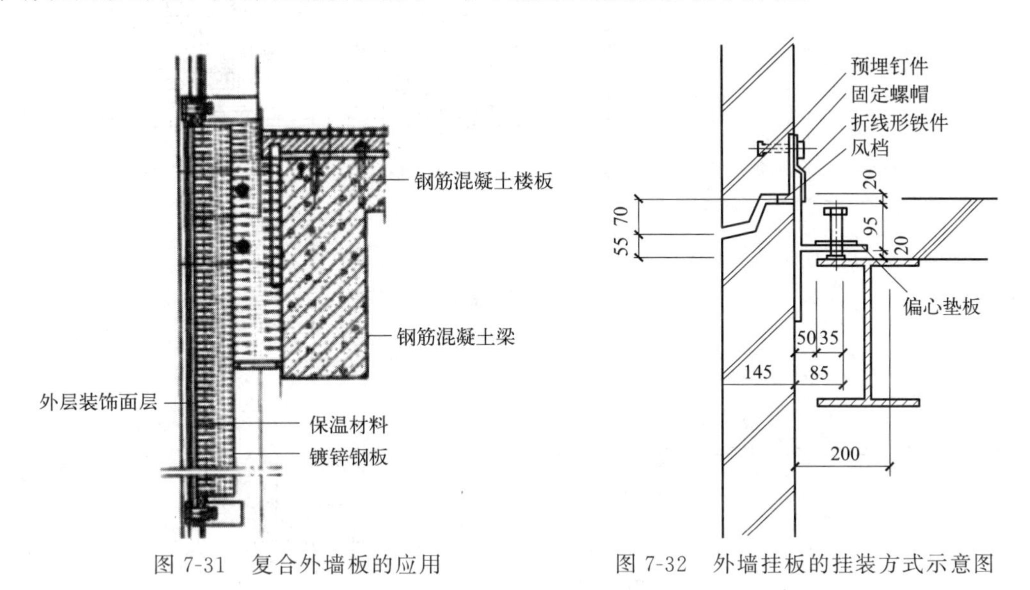

图7-31 复合外墙板的应用

图7-32 外墙挂板的挂装方式示意图

7.4.2 幕墙

玻璃幕墙，是指由支承结构体系与玻璃构成的、可相对主体结构有一定位移能力、不分担主体结构所受作用的建筑外围护结构或装饰结构。墙体有单层和双层玻璃两种。玻璃幕墙是一种美观新颖的建筑墙体装饰方法，是现代高层建筑时代的显著特征。玻璃幕墙是现代建筑物中有着重要影响的饰面，具有质感强烈、形式造型性强和建筑艺术效果好等特点。但玻璃幕墙造价高，抗风、抗震性能较弱，能耗较大，对周围环境可能造成光污染。

(1) 构件式玻璃幕墙

构件式玻璃幕墙分为明框玻璃幕墙、全隐框玻璃幕墙及半隐框玻璃幕墙。

① 明框玻璃幕墙。明框玻璃幕墙是最传统的玻璃幕墙形式，玻璃采用镶嵌或扣压等机械方式固定，工作性能可靠，使用寿命长，表面分格明显。明框玻璃幕墙框架结构外露，立面造型主要由外露的横竖骨架决定。

② 全隐框玻璃幕墙。全隐框玻璃幕墙的玻璃完全依靠结构胶粘接在铝合金附框上。全隐框玻璃幕墙构造是在铝合金构件构成的框格上固定玻璃框，玻璃框的上框挂在铝合金整个框格体系的横梁上，其余三边分别用不同方法固定在立柱及横梁上，如图7-33所示。

③ 半隐框玻璃幕墙。半隐框玻璃幕墙有横明竖隐与横隐竖明两种情况。

a. 横明竖隐玻璃幕墙。这种玻璃幕墙只有立柱隐在玻璃后面，玻璃安放在横梁的玻璃镶嵌槽内，镶嵌槽外加盖铝合金压板，盖在玻璃外面，如图7-34所示。

b. 横隐竖明玻璃幕墙。竖边用铝合金压板固定在立柱的玻璃镶槽内，形成从上到下整片玻璃由立柱压板分隔成长条形画面，如图7-35所示。

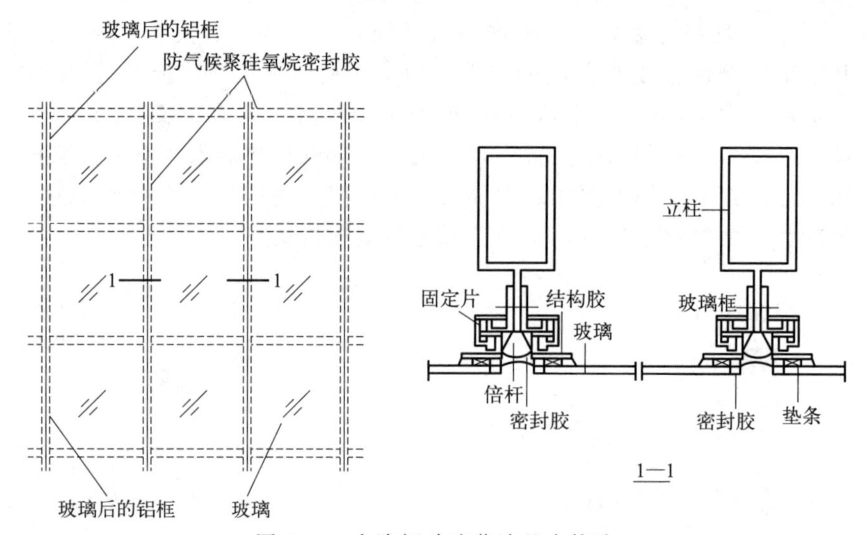

图 7-33 全隐框玻璃幕墙基本构造

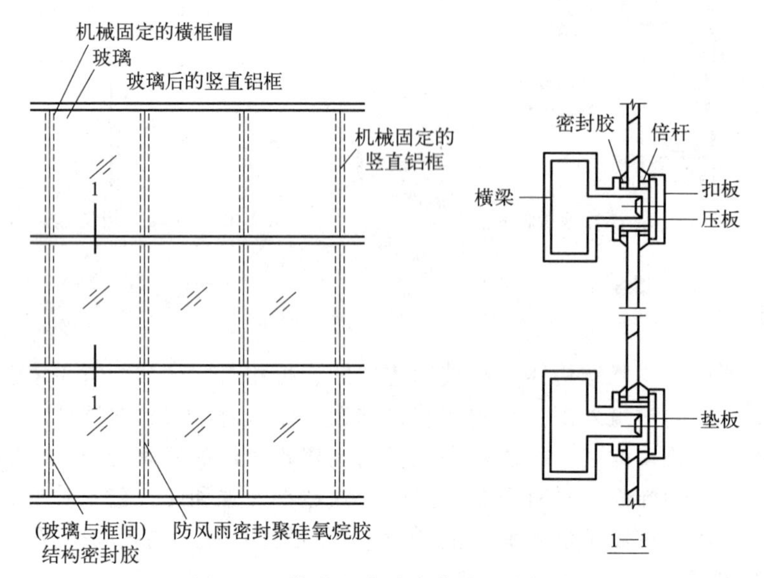

图 7-34 横明竖隐玻璃幕墙基本构造

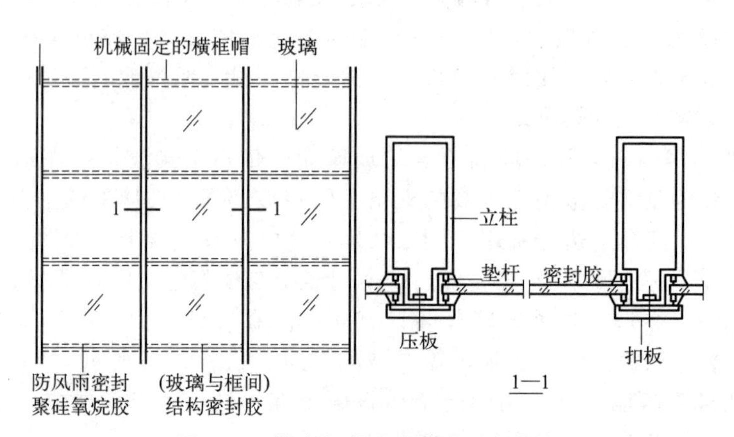

图 7-35 横隐竖明玻璃幕墙基本构造

(2) 点支承玻璃幕墙

点支承玻璃幕墙按面板支承形式分为钢结构、索杆结构、玻璃肋三种形式。

① 钢结构形式。钢结构形式包括单杆式支承结构、格构式梁柱支承结构、平面折架支承构造和空间折架支承结构等。

② 索杆结构形式。从玻璃面板支承结构形式来分析，索杆结构主要分为点式拉索与点式拉杆两种，而点式拉索又分为单层索网点式与索架两种幕墙形式。

③ 玻璃肋结构形式。玻璃肋点式幕墙是比较成熟的一种幕墙形式，由于点式玻璃幕墙技术是将玻璃肋与面玻璃通过驳接爪连接成一个整体的组合式建筑结构，在建筑外墙装饰上，具有通透性好、工艺感强等特点。

7.5 墙面装修

(1) 墙面装修的作用

① 墙面装修对提高建筑物的功能质量、艺术效果，美化建筑环境起重要作用，它会给人们创造一种优美、舒适的环境。

② 对墙面进行装修处理可以使墙体结构免遭风、雨的直接袭击，提高墙体防潮、抗风化的能力，从而增强墙体的坚固性和耐久性。

③ 对墙面进行装修处理还可改善墙体的热工性能，提高墙体的保温、隔热能力；增加室内光线的反射，提高室内照度；改善室内音质效果等。

(2) 墙面装修的分类

墙面装修按其位置不同可分为室外墙面装修和室内墙面装修；按材料和施工方式的不同，墙面装修一般可分为抹灰类、贴面类、涂料类、裱糊类和铺钉类五大类。

(3) 墙面装修构造

① 抹灰类墙面装修。抹灰又称粉刷，是指以水泥、石灰膏为胶结料，加入砂或石渣，与水拌和成砂浆或石渣浆，然后抹在墙面上的一种操作工艺。抹灰类墙面装修是一种传统的墙面装修方式，属于湿作业的范畴。它的优点是材料来源广泛、施工方便、造价低廉；缺点是现场作业量大、易开裂、耐久性差，因多为手工操作，工效低、劳动强度大。墙面抹灰通常由底层、中层和面层组成，如图7-36所示。

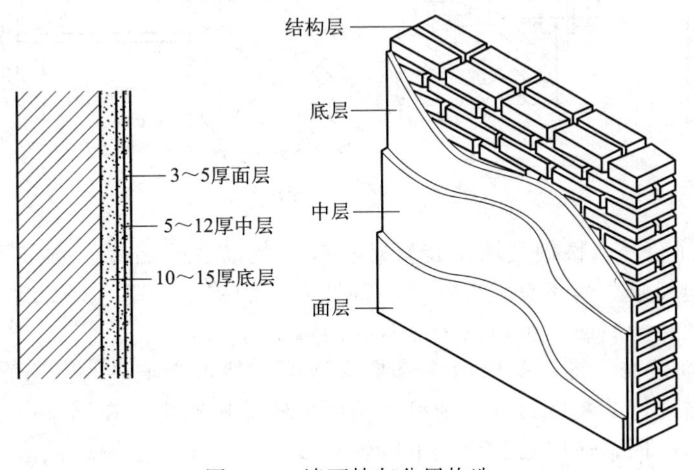

图7-36 墙面抹灰分层构造

② 贴面类墙面装修。贴面类墙面装修是指利用各种天然的或人造的板、块，对墙面进行装修。贴面类墙面具有耐久性强、施工方便、质量高、装饰效果好等特点，多用于外墙和潮湿度较大、有特殊要求的内墙。贴面材料包括陶瓷面砖、锦砖、天然石板、人造石板等。

a. 陶瓷面砖、锦砖。陶瓷面砖、锦砖是以陶土或瓷土为原料，经加工成型、煅烧而成的产品。根据是否上釉可分为陶土釉面砖、陶土无釉面砖、瓷土釉面砖、瓷土无釉面砖等。

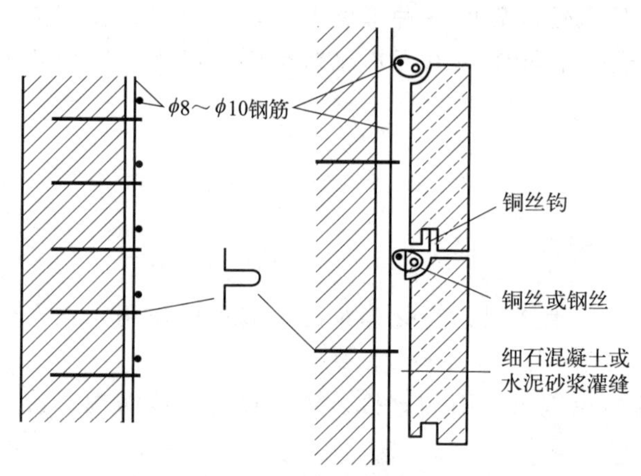

图 7-37 石板湿挂法构造

b. 天然石板、人造石板。天然石板主要有大理石板和花岗岩板，属于高级装修饰面。人造石板常见的有水磨石板、大理石板、水刷石板、斩假石板等，属于复合装饰材料，其色泽纹理不及天然石板，但可人为控制，造价低。

大理石板、花岗岩板的常见尺寸有600mm × 600mm、600mm × 800mm、800mm × 800mm、800mm × 1000mm等，厚度为 20～50mm。其安装的方法一般分为湿挂法、干挂法，如图 7-37、图 7-38 所示。

③ 涂料类墙面装修。涂料是涂敷于物体表面后，能与基层很好地黏结，从而形成完整而牢固的保护膜的面层物质，此物质对被涂物有保护、装饰的作用。常用的涂料主要有石灰浆涂料、大白浆涂料、106 涂料、各种乳胶漆等，按其成膜物的不同可分为有机涂料、无机涂料、有机和无机复合涂料。常用有机涂料按分散介质又可分为溶剂型涂料、水溶性涂料、水乳型涂料等。

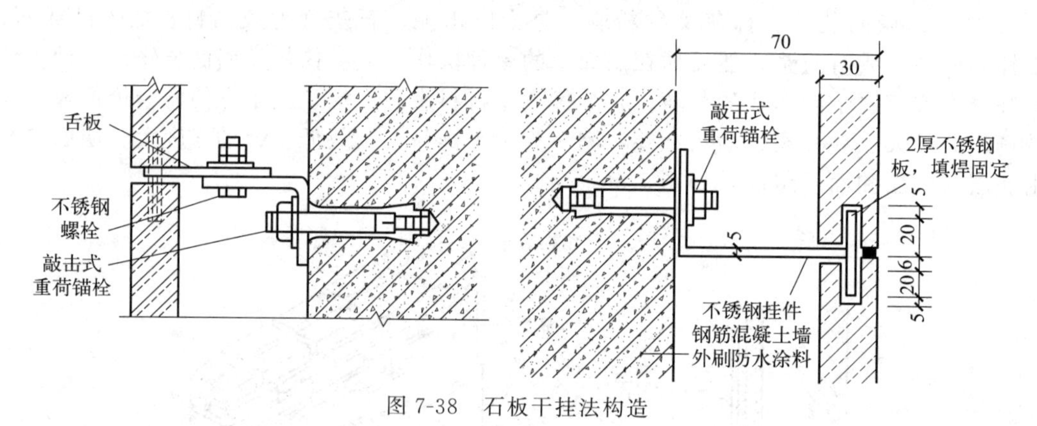

图 7-38 石板干挂法构造

④ 裱糊类墙面装修。裱糊类墙面装修是将各种装饰性的墙纸、墙布等卷材类的装饰材料裱糊在墙面上的装修。墙布有玻璃纤维装饰墙布、织锦墙布等。墙纸通常有 PVC 塑料墙纸、纺织物面墙纸、金属面墙纸以及天然木纹面墙纸等。

⑤ 铺钉类墙面装修。铺钉类墙面装修是指利用天然木板或各种人造薄板借助于钉、胶等固定方式对墙面进行的装修处理。铺钉类墙面装修的构造为：在墙基层上，借助预埋在墙上的木砖钉墙筋和横挡，在墙筋和横挡上钉各种板，类似于立筋隔墙做法。墙筋和横挡称为骨架，其有木骨架和金属骨架之分。木墙筋截面尺寸一般为 50mm×50mm，横挡截面尺寸为 50mm×50mm 或 50mm×40mm，其骨架的中距应与板的长度尺寸相配合。金属骨架多

采用冷轧槽形截面钢。面板有硬木条、石膏板、胶合板（三夹板、五夹板）、纤维板、甘蔗板、装饰吸声板、穿孔吸声板等。

7.6　墙的 Revit 建模

墙的 Revit 建模

图 7-39 为某建筑二层墙分布构造，其建模过程如下：

① 单击“文件”，单击“项目”，打开一个已经绘制好墙体的 Revit 文件。

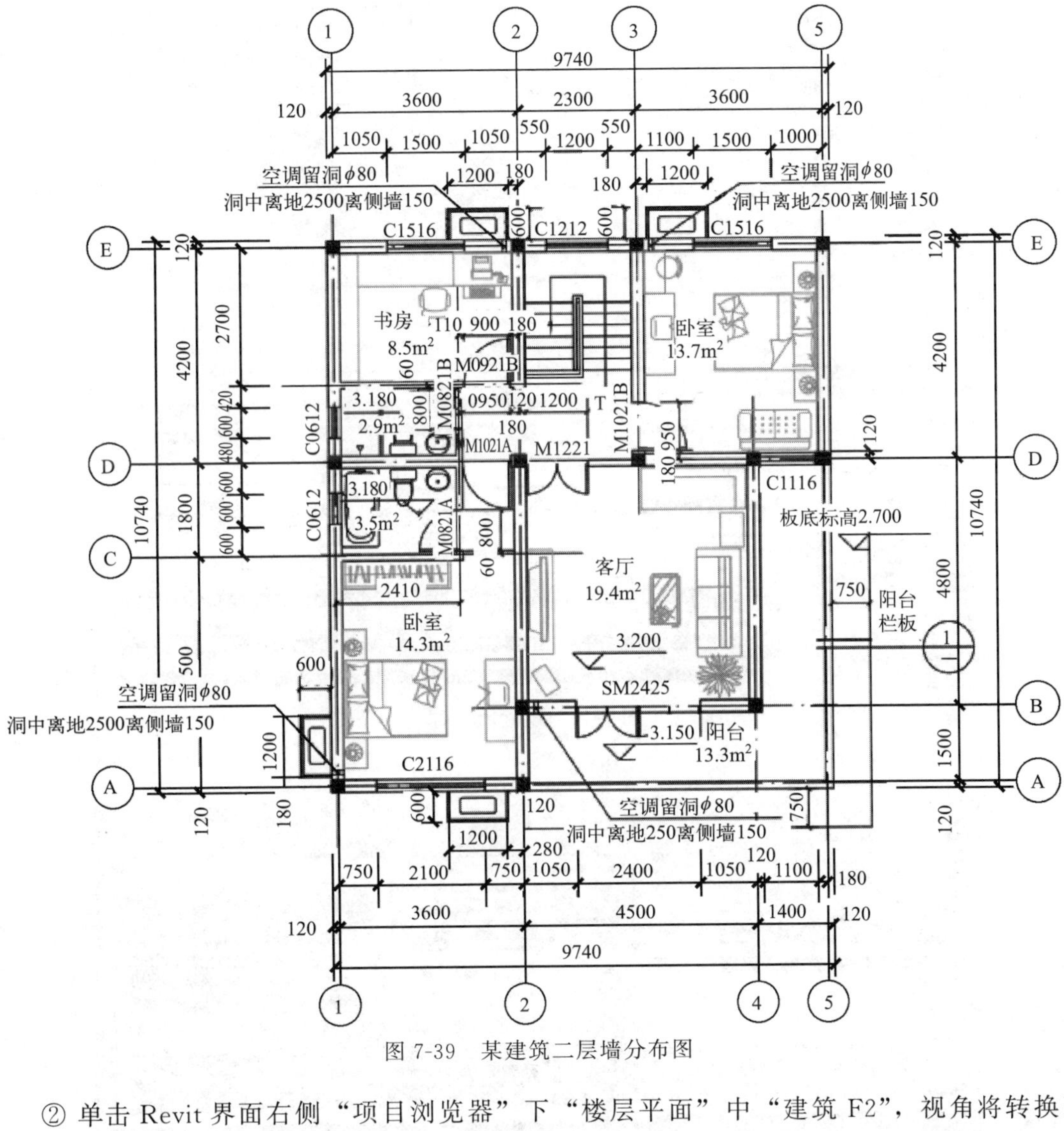

图 7-39　某建筑二层墙分布图

② 单击 Revit 界面右侧“项目浏览器”下“楼层平面”中“建筑 F2”，视角将转换到“建筑 F2”，如图 7-40 所示。单击“建筑”选项卡，单击“墙”按钮，在下拉框中选择“墙：建筑”选项，如图 7-41 所示。

③ 单击基本屋顶的“编辑类型”按钮，“编辑类型”对话框弹出，单击“复制”按钮，并在名称中填写“2 层-外墙 240”，单击“确定”，如图 7-42 所示。

④ 单击“类型属性”对话框中“参数”下“结构”后的“编辑”按钮，打开“编辑部

件”对话框，单击“结构［1］”后面的“按类别”扩展按钮，“材质浏览器”对话框被打开，在材质列表中，单击选择“混凝土砌块单元（1）”材质，单击“确定”，并在厚度位置输入“200”，如图 7-43 所示。

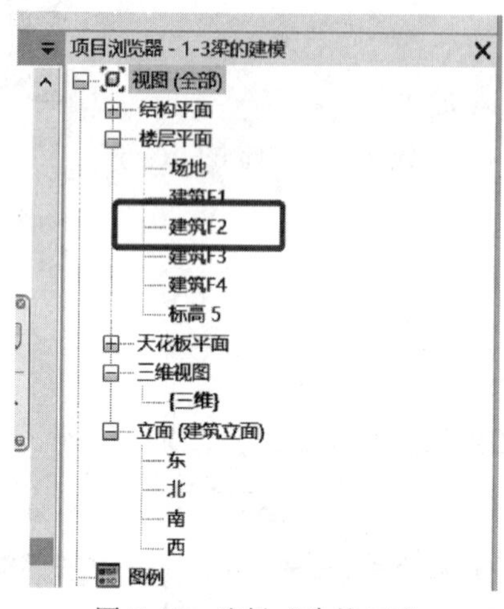

图 7-40 选择“建筑 F2”

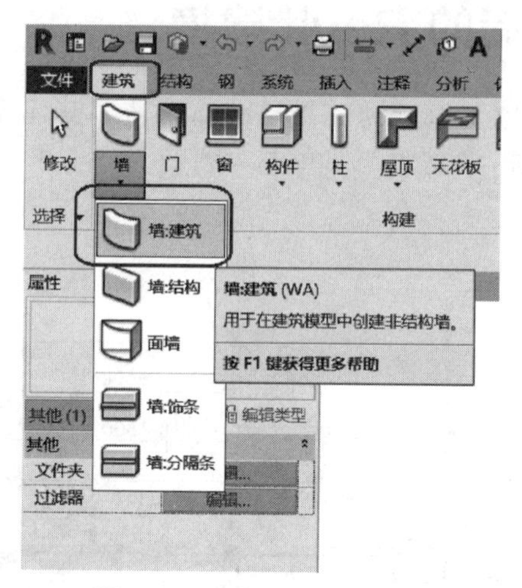

图 7-41 选择“墙：建筑”

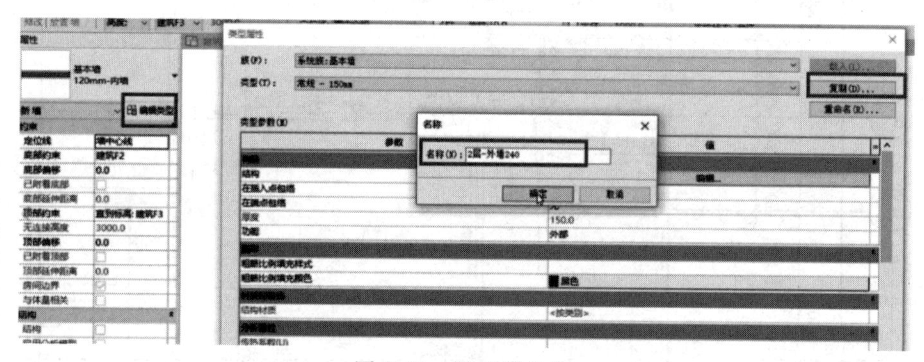

图 7-42 设置墙名称

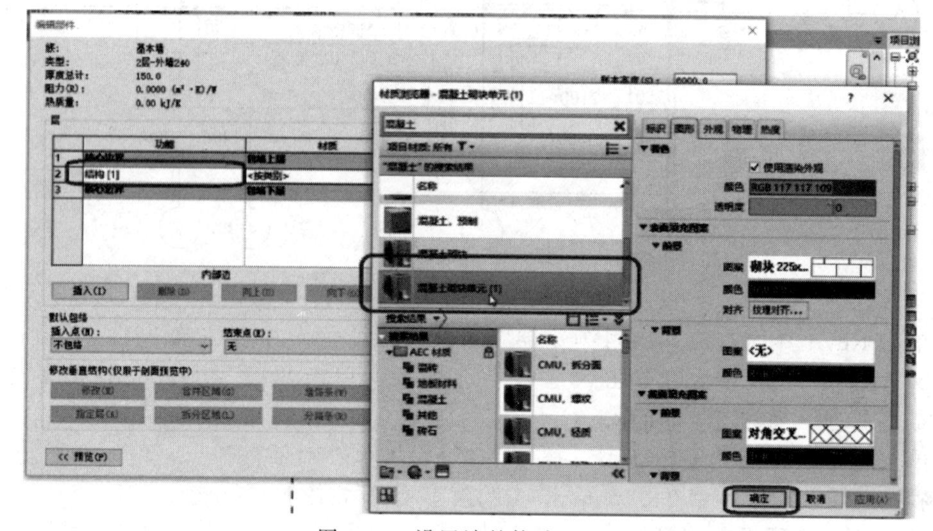

图 7-43 设置墙的构造（一）

⑤ 单击“插入”，在“结构［1］”上方生成新结构层“结构［1］”，如图 7-44 所示。单击新生成的“结构［1］”，选择下拉框中的“面层 1［4］”后面的“按类别”扩展按钮，选择“乙烯基复合瓷砖”，单击“确定”，并在厚度位置输入“20”，如图 7-45 所示。单击“插入”，在“结构［1］”下方生成新结构层“结构［1］”，单击新生成的“结构［1］”后面的扩展按钮，选择“墙纹理、灰泥、点画”，单击“确定”，并在厚度位置输入“20”，如图 7-46 所示。以此来编辑墙的材质及厚度，单击确定后可查看墙的厚度，如图 7-47 所示。

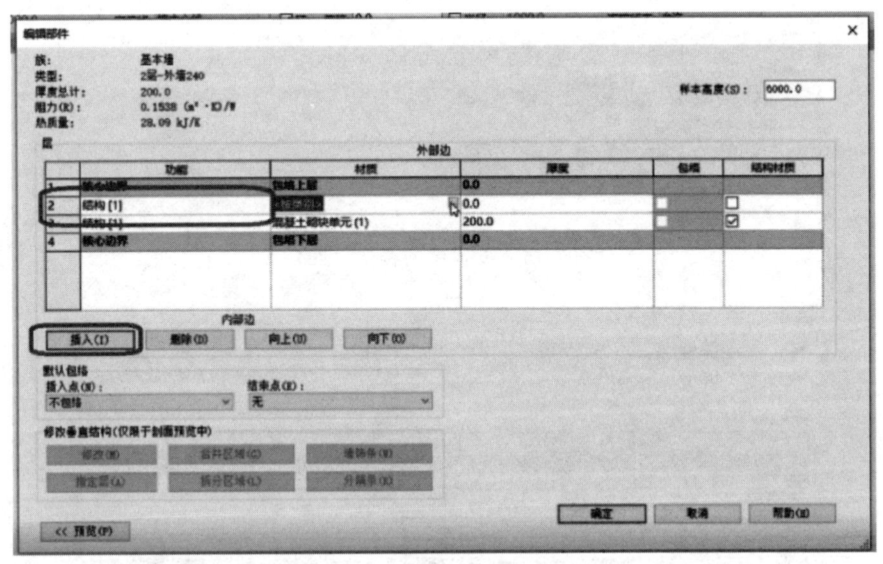

图 7-44　设置墙的构造（二）

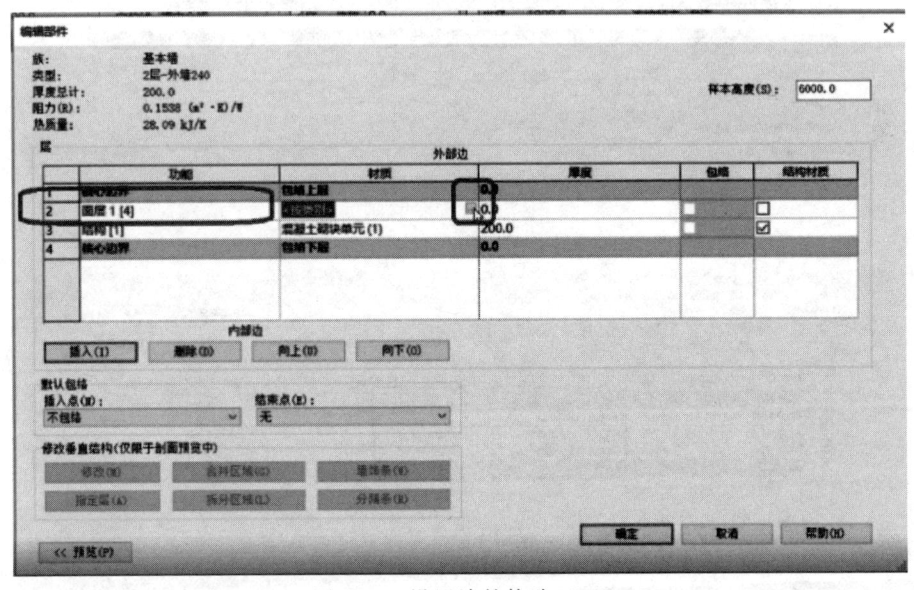

图 7-45　设置墙的构造（三）

⑥ 单击“复制”，在重命名中输入名字“2 层-内墙 240”，单击“确定”，重复以上步骤完成“2 层-内墙 240”结构设置，如图 7-48 所示。

⑦ 重复上面操作，完成“2 层-内墙 120”的建立及材料设置，修改材料构成，如图 7-49 所示，设置墙的厚度为 120mm。

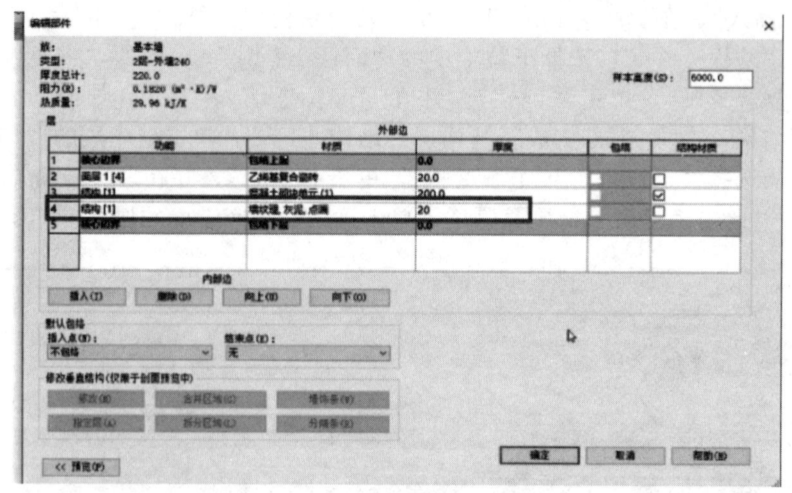

图 7-46　设置墙的构造（四）

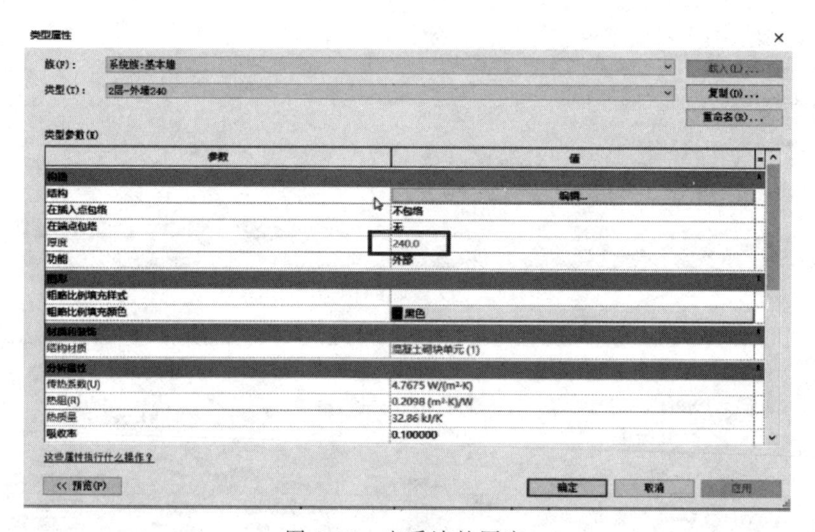

图 7-47　查看墙的厚度

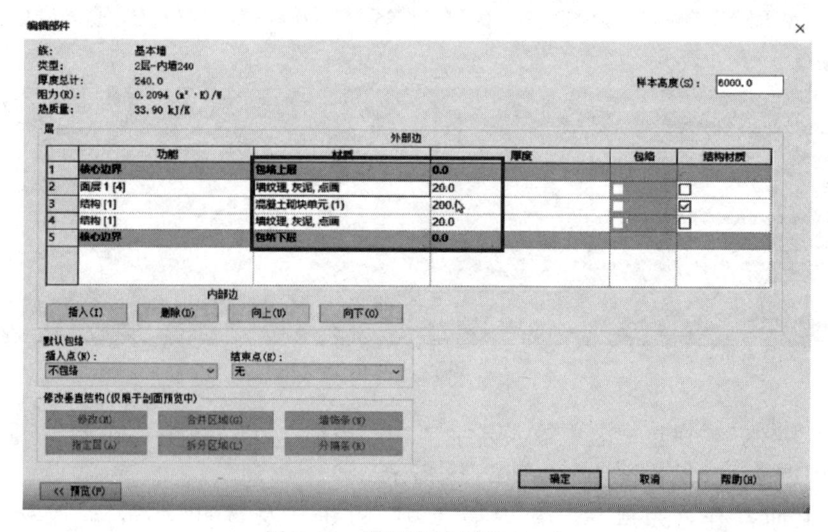

图 7-48　设置内墙厚度（一）

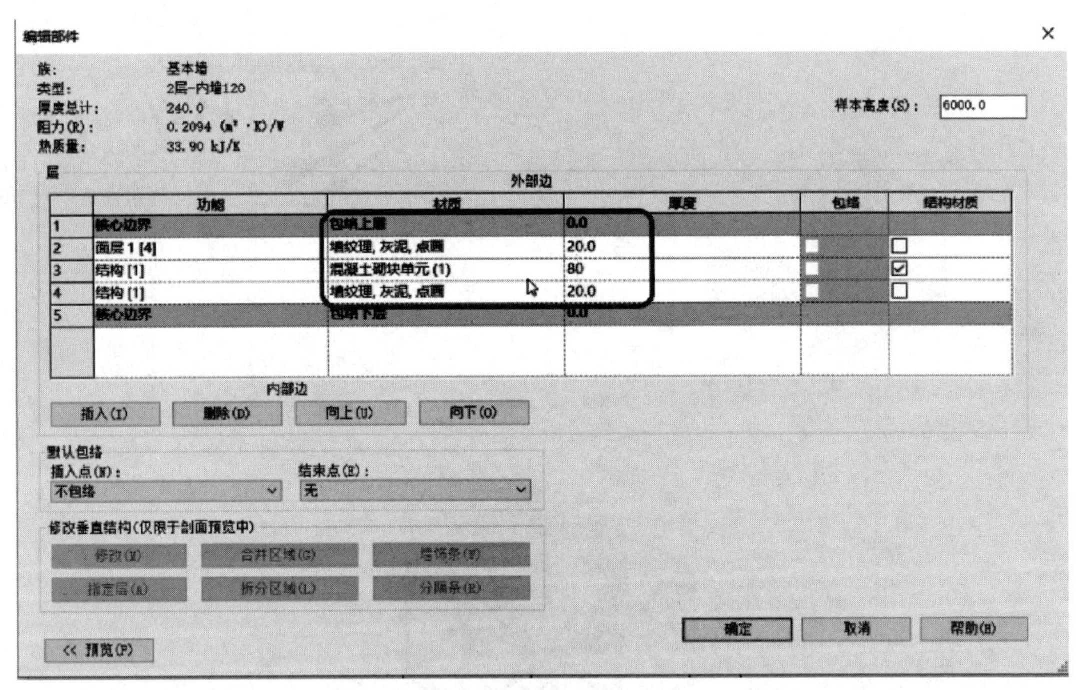

图 7-49　设置内墙厚度（二）

⑧ 单击 Revit 界面右侧“项目浏览器”下“楼层平面”中“建筑 F2”，在属性对话框中单击下拉框，选择“2 层-外墙 240”，如图 7-50 所示。“高度”选择“F3”，“底部约束”选择“建筑 F2”，沿着轴网线，用直线绘制所有外墙，绘制时要注意顺时针或逆时针的绘制对墙的结构分布的影响，需要依次顺时针或逆时针按同一方向绘制外墙，绘制后如图 7-51、图 7-52 所示。

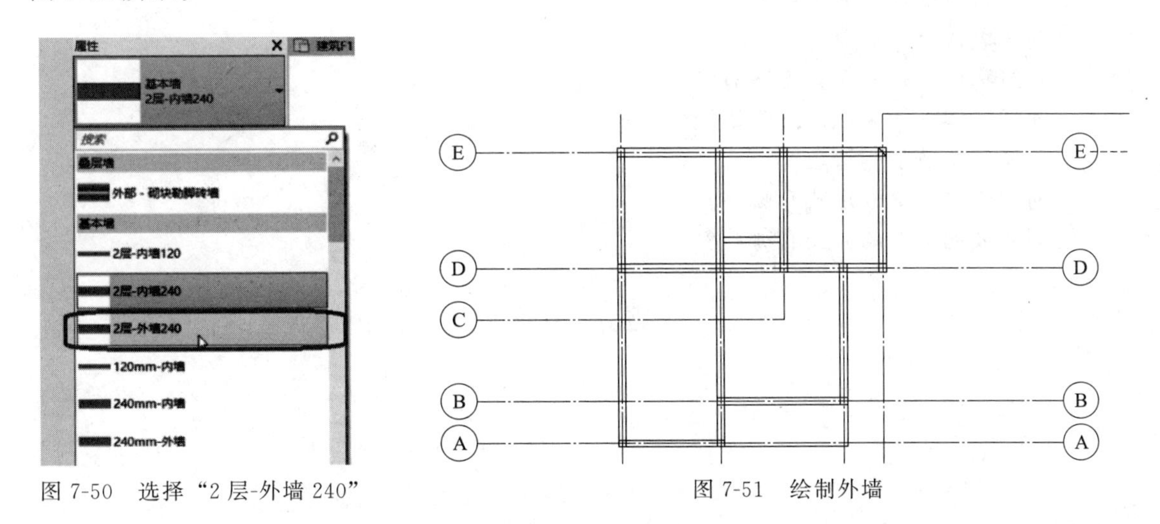

图 7-50　选择“2 层-外墙 240”

图 7-51　绘制外墙

⑨ 单击 Revit 界面右侧“项目浏览器”下“楼层平面”中“建筑 F2”，在属性对话框中单击下拉框，根据图纸墙的分布，依次选择“2 层-内墙 240”“2 层-内墙 120”，“高度”选择“F3”，“底部约束”选择“建筑 F2”，沿着轴网线，绘制相应的内墙，如图 7-53、图 7-54 所示。

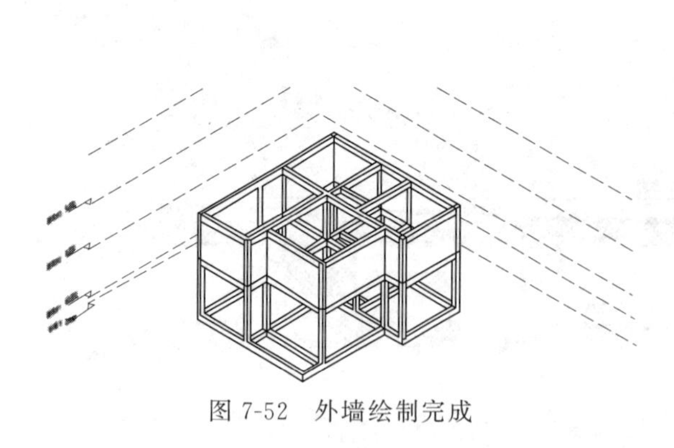

图 7-52　外墙绘制完成

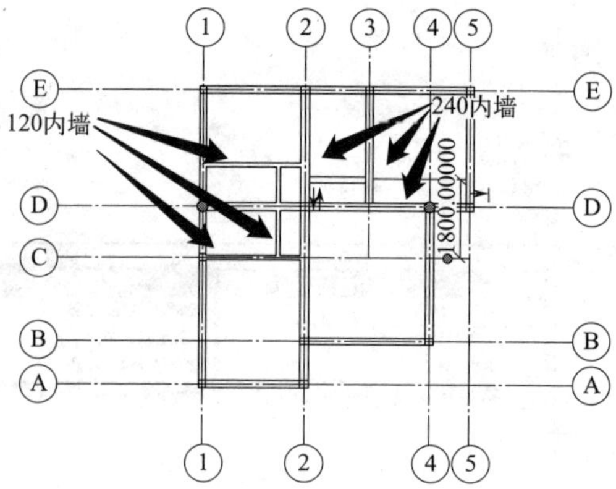

图 7-53　绘制内墙

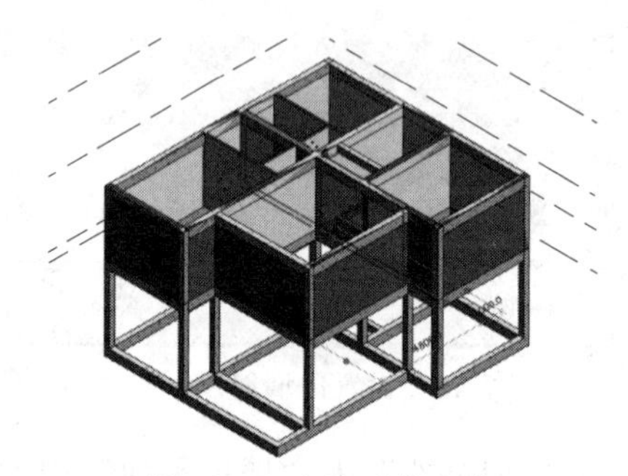

图 7-54　内墙建模完成

思考题

1. 简述墙体的作用有哪些？
2. 简述墙体是如何分类的？
3. 建筑物墙体结构布置方案有哪几种？
4. 简述墙体一般采取的隔声措施。
5. 简述房屋散水构造。
6. 简述门窗过梁的形式有哪些？
7. 简述玻璃幕墙的分类有哪些？

第 8 章
楼地层及阳台、雨篷

8.1 概述

8.1.1 楼地层的构造组成

楼地层是楼层与地坪层的总称。

(1) 楼层的构造组成

① 面层。面层是直接承受各种物理和化学作用的楼层地面的表面层。对于不同的使用要求，面层的构造也各不相同，但一般都应具有一定的强度、耐久性、舒适性和安全性，同时，还起着保护结构层、装饰室内空间和清洁的作用。

② 结合层。面层与下一构造层相连接的中间层，起连接作用。

③ 结构层。楼层的结构层是楼板（也可称楼盖），为承重构件，承受楼层以上的全部荷载，并将其传给墙或柱，同时对墙体起着水平支撑的作用，增强建筑物的整体刚度和稳定性。

④ 填充层。在楼层上起隔声、保温、找坡和暗敷管线等作用的构造层，常采用轻质、松散材料作填充层。

⑤ 隔离层。防止楼层上各种液体或地下水、潮气渗透地面等的构造层；仅防止潮气透过楼面时，称为防潮层。常采用乳化沥青防水涂层、沥青基聚氨酯涂层等材料作隔离层。

⑥ 找平层。在楼板上或填充层上起整平、找坡或加强作用的构造层。常采用水泥砂浆材料作找平层。

⑦ 顶棚。顶棚是楼层下表面的构造层，也是室内空间的顶界面，又称天棚或天花板。

⑧ 附加层。上述面层、结构层、顶棚是楼层的基本构造，结合层、填充层、隔离层、找平层俗称为附加层，楼层构造如图 8-1 所示。

(2) 地坪层的构造组成

地坪层是建筑物底层房间与土壤相接的水平构件，承受自重和其上人、家具、设备的各种荷载，并将其直接传给下面的支承土层或通过其他构件传给地基。地坪层同楼层一样是构成室内空间的底界面，是人们接触和使用最多的部分。为实现功能，地坪层的基本构造由面层、垫层、基土层组成，根据使用要求和构造做法的不同，也需要设置结合层、隔离层、填充层、找平层等附加层。面层、附加层同楼层，有所不同的构造层是垫层、基土层，如图 8-2 所示。

① 面层。面层又称地面，是人们日常工作、生活、生产直接接触的地方，房间的用途不同，对面层的具体要求也不同。一般情况下，面层应坚固耐磨，表面平整光洁，易清洗，不起尘。对于人们居住的房间，要求有较好的蓄热性能和弹性；浴室和厕所等易积水的房间要求地面能耐潮湿和不透水；对于有特殊要求的实验室则按要求，如要求地面能耐酸碱腐蚀等。

② 垫层。垫层是位于面层之下用来承受并传递荷载的部分。垫层有刚性垫层和非刚性垫层两种。刚性垫层通常采用 C10 混凝土，其厚度一般为 60～100mm，多用于要求较高或

材料薄而脆的面层，如水磨石地面、瓷砖地面、硬木嵌花地面等。非刚性垫层多用于砖和石块等块料地层的下面。

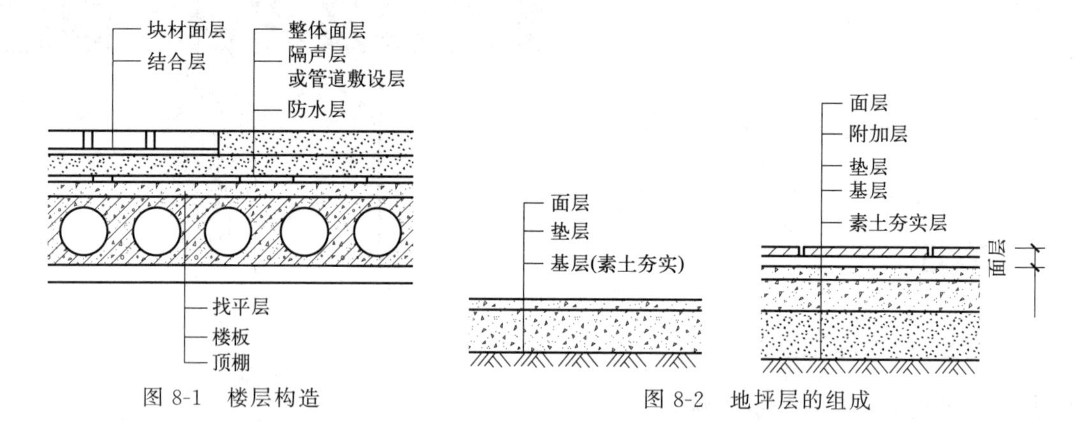

图 8-1 楼层构造 图 8-2 地坪层的组成

③ 基层。基层是地坪层的承重层，一般为土壤，通常是将土层压实作基层（素土夯实）。当建筑物标准较高、地面荷载较大或室内有特殊使用要求时，应在素土夯实的基础上，再加铺灰土、三合土、碎石、矿渣等材料，以加强地基处理，其厚度不宜小于 60mm。

④ 附加层。附加层主要是为满足某些特殊使用要求而设置的一些构造层，如防水层、防潮层、保温层、隔热层、隔声层和管道敷设层等。

8.1.2 楼板的类型

楼板按其结构层所用材料的不同，可分为木楼板、砖拱楼板、钢筋混凝土楼板及压型钢板混凝土组合板等多种形式，如图 8-3 所示。

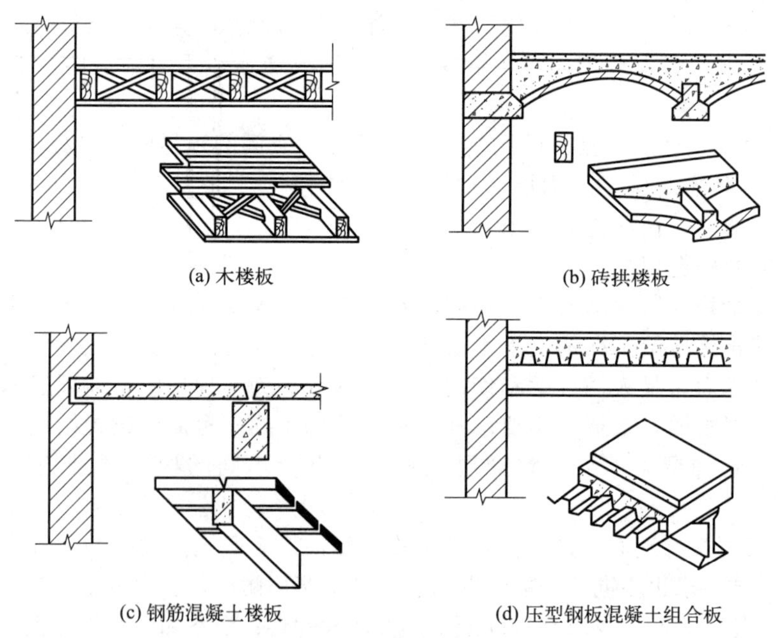
(a) 木楼板
(b) 砖拱楼板
(c) 钢筋混凝土楼板
(d) 压型钢板混凝土组合板

图 8-3 楼板的类型

(1) 木楼板

木楼板自重轻、构造简单、保温隔热性能好、舒适且有弹性，但其隔声、耐久和耐火性能较差，且耗木材量大，除林区外，一般极少采用。

(2) 砖拱楼板

砖拱楼板虽可节约钢材、木材、水泥，但其自重大、承载力及抗震性能较差，且施工较复杂，目前也很少采用。

(3) 钢筋混凝土楼板

钢筋混凝土楼板强度高、刚度好，耐久、耐火、耐水性能好，且具有良好的可塑性，目前被广泛采用。

根据施工方法不同，钢筋混凝土楼板可分为现浇式、装配式和装配整体式三种，由于装配整体式钢筋混凝土楼板施工复杂、费工费料，目前较少使用。

(4) 压型钢板混凝土组合板

压型钢板混凝土组合板是以压型钢板为衬板与混凝土浇筑在一起而构成的楼板。

8.1.3 楼板层的设计要求

楼板层是房屋的重要组成部分，它是沿水平方向分隔空间的结构构件，直接承受其表面上的人和设备的作用，并通过它传给下层的墙或柱。作为楼板层，必须具备如下要求：

① 坚固要求。必须具有足够的强度和刚度，以保证结构的安全及正常使用。

② 隔声要求。为避免楼层上下空间的相互干扰，楼板层应具备一定的隔声能力。对隔声要求较高的房间，应对楼板层做必要的处理。

③ 防火要求。楼板层必须具有一定的防火能力，以保证人身及财产的安全。楼板的燃烧性能和耐火极限应符合防火规范的要求。

④ 敷设设备管线的要求。在现代建筑中，由于各种服务设施日趋完善，家用电器更加普及，有更多的管道、线路将借楼板层来敷设。为保证室内平面布置更加灵活，空间使用更加完整，在楼板层的设计中，必须仔细考虑各种设备管线的走向。

⑤ 经济要求。由于楼板和地面占建筑总造价的20％～30％，比例较高，所以应保证楼板层与房屋的等级标准、房间的使用要求相适应，以降低造价。

⑥ 防潮、防水、保温、隔热等要求。

8.2 钢筋混凝土楼板构造

8.2.1 现浇钢筋混凝土楼板

现浇钢筋混凝土楼板是经施工现场支模板、绑扎钢筋、浇筑混凝土、养护等施工工序而制成的楼板。它具有整体性好、抗震性强、防水抗渗性好、便于留空洞、布置管线方便、适应各种建筑平面形状等优点，但存在模板用量大、施工速度慢、现场湿作业量大、施工受季节影响等缺点。近年来，由于工具式模板的采用和现场机械化程度的提高，现浇钢筋混凝土楼板的应用越来越广泛。

现浇钢筋混凝土楼板根据受力和传力情况不同，可分为板式楼板、梁板式楼板、井式楼板、无梁楼板和压型钢板混凝土组合楼板等多种形式。

(1) 板式楼板

板式楼板是楼板内不设置梁，将板直接搁置在墙上的楼板。板式楼板底面平整、施工简便，但跨度小（一般为2～3m），适用于小跨度房间，如走廊、厕所和厨房等。如图8-4所示，当板的长边与短边之比大于2时，这种板称为单向板。板内受力钢筋沿短边方向布置，板的长边承担板的全部荷载。当板的长边与短边之比不大于 2 时，这种板称为双向板，荷载沿双向传递，短边方向内力较大，长边方向内力较小，受力主筋平行于短边并摆在下面。

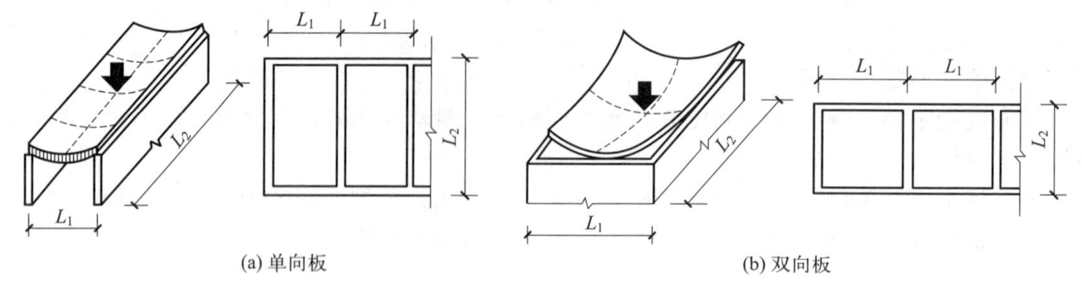

(a) 单向板　　(b) 双向板

图 8-4　单向板和双向板

(2) 梁板式楼板

当房间的跨度较大时，楼板承受的弯矩也较大，如仍采用板式楼板就必须增加板的厚度和增加板内所配置的钢筋。为了使板的结构更经济合理，常在板下设梁以控制板的跨度。梁有主梁和次梁之分，楼板重量及上部荷载由次梁传给主梁，再由主梁传给墙或柱子，这种楼板称梁板式楼板或梁式楼板。

如图 8-5 所示，梁板式楼板一般由板、次梁、主梁组成。主梁沿房间短跨布置，次梁与主梁一般垂直相交，板搁置在次梁上，次梁搁置在主梁上，主梁搁置在墙或柱上。在进行肋梁楼板布置时，梁、板布置应有规律，便于传力。一般情况下，常采用的单向板跨度尺寸为 1.7～2.5m，不宜大于 3m；双向板短边的跨度宜小于 4m；方形双向板的跨度宜小于 5m。次梁的经济跨度为 4～6m，主梁的经济跨度为 5～8m。

(3) 井式楼板

井式楼板又叫井字楼板，是梁板式楼板的一种特殊布置形式。当房间尺寸较大，且接近正方形时，常将两个方向的梁等距离等高度布置，不分主次梁（图 8-6），就形成了井式楼板。井式楼板的跨度一般为 6～10m，板厚为 70～80mm，井格边长一般在 2.5m 之内。井式楼板一般井格外露带来自然美感，房间内不设柱，适用于门厅、大厅、会议室、小型礼堂等。

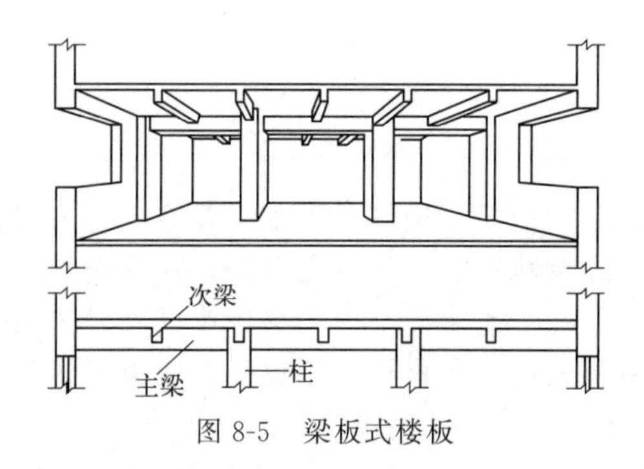

图 8-5　梁板式楼板

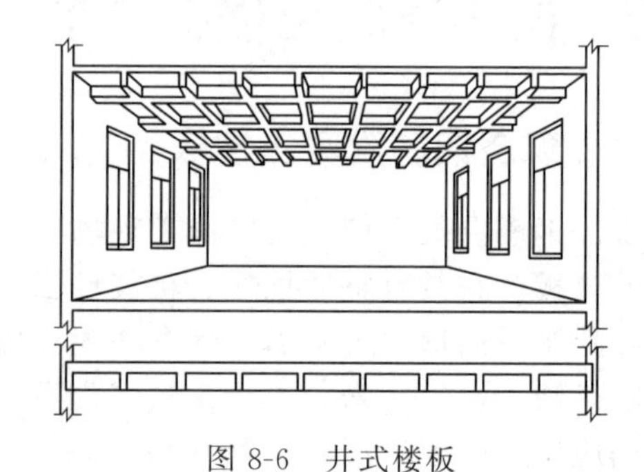

图 8-6　井式楼板

(4) 无梁楼板

无梁楼板是将板直接支承在柱或者是墙上，不设主梁或次梁（图 8-7）。当荷载较大时，为改善板的受力条件，增大柱对板的支承面积和减小板的跨度，需在柱顶设置柱帽和托板。无梁楼板通常为正方形或接近正方形。楼板下的柱应尽量按方形网格布置，间距在 6m 左右较为经济，板厚不宜小于 120mm，且无梁楼板周围应设置圈梁。与其他楼板相比，无梁楼板顶棚平整、室内净空大、采光通风效果好，且施工时模板架设简单，适用于商店、仓库、车库等建筑。

(5) 压型钢板混凝土组合楼板

压型钢板混凝土组合楼板是由楼面层、组合板和钢梁三部分构成，如图 8-8 所示。其中，组合板包括现浇混凝土和钢衬板部分，还可根据需要设吊顶棚。

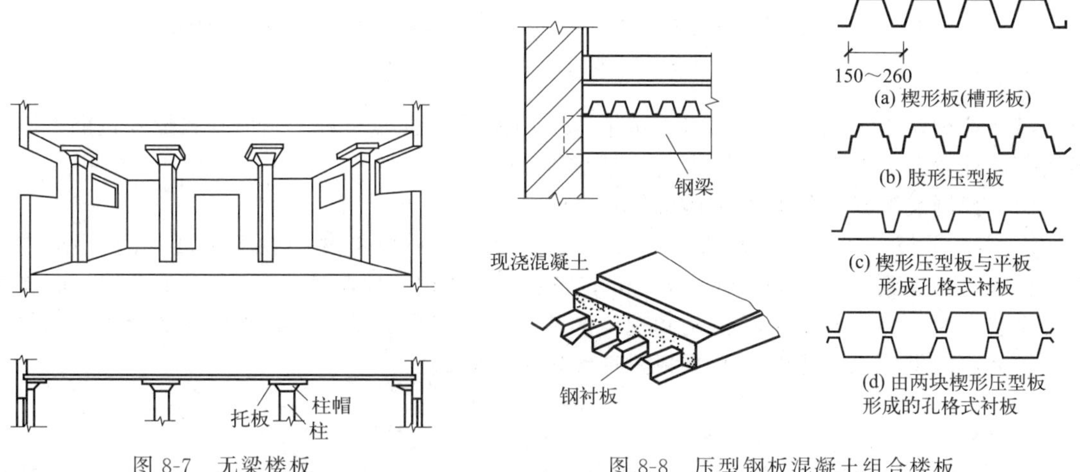

图 8-7　无梁楼板　　图 8-8　压型钢板混凝土组合楼板

这种组合楼板是以截面为凹凸的压型钢板作衬板与现浇混凝土浇筑在一起构成的楼板结构。压型钢板起到现浇混凝土的永久性模板作用；板上的肋条能与混凝土共同工作，可以简化施工程序，加快施工进度；具有刚度大，整体性好的优点。压型钢板的肋部空间可用于电力管线的穿设，还可以在钢衬板底部焊接架设悬吊管道、吊顶的支托等，从而充分利用楼板结构所形成的空间。此种楼板适用于需要较大空间的高、多层民用建筑及大跨度工业建筑中，目前在我国工业建筑中应用较多。

压型钢板混凝土组合楼板构造形式有单层压型钢板和双层压型钢板两种，如图 8-9、图 8-10 所示。压型钢板之间及压型钢板和钢梁之间的连接，一般采用焊接、螺栓连接、铆钉连接等方法。

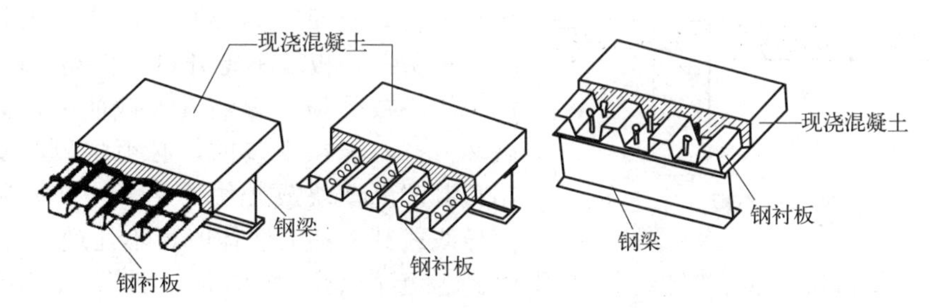

图 8-9　单层压型钢板组合楼板

压型钢板混凝土组合楼板应避免在腐蚀性环境中使用；应避免长期暴露，以防钢板和梁生锈，破坏结构的连接性能；在动荷载作用下，应仔细考虑其细部设计，并注意结构组合作用的完整性和共振问题。

8.2.2　预制装配式钢筋混凝土楼板

预制装配式钢筋混凝土楼板是指在预制厂或施工现场制作，在施工现场进行安装的楼

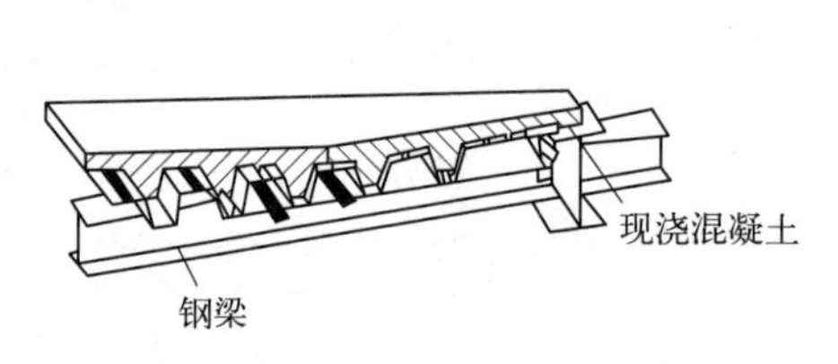

(a) 压型板与平板组成的孔格式组合楼板

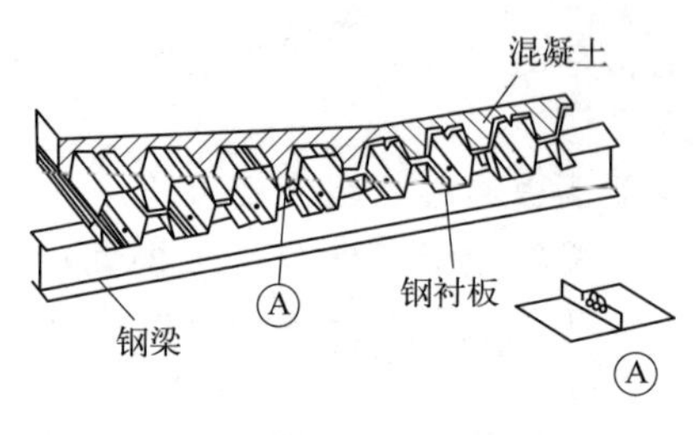

(b) 两块压型板组成孔格式组合楼板

图 8-10 双层压型钢板组合楼板

板。虽然这种楼板可提高工业化施工水平、节约模板、缩短工期，但预制装配式钢筋混凝土楼板整体性较差，故近几年在抗震区已禁止使用。

(1) 预制装配式钢筋混凝土楼板的种类

① 实心平板。实心平板如图 8-11 所示，预制实心平板跨度一般不超过 6m，预应力实心平板跨度可达到 9m，板厚 50～70mm，宽度为 118m。预制实心平板板面平整、制作简单、安装方便。为了使施工时预制和现浇的两部分黏结形成受力后共同变形的整体，通常采取在板面留凹槽或浇筑预制空心平板时埋设短钢筋的做法。

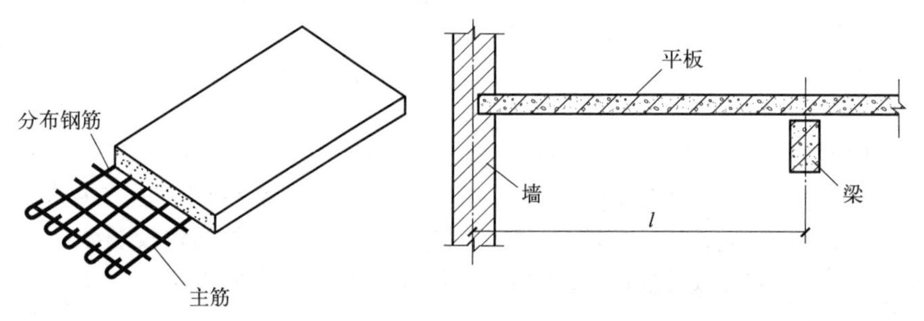

图 8-11 实心平板

② 空心板。空心板是将预制板抽孔后做成的，如图 8-12 所示。与实心平板相比，空心板在不增加钢筋和混凝土用量的前提下可提高构件的承载能力和刚度，减轻自重，节约材料。空心板的孔洞有方孔和圆孔两种。空心板制作较方便，自重轻，隔热、隔声效果好。但板面上不得凿孔、板端不得开口、板端钢筋不得剪断，以免空心板受损，影响其承载能力，甚至导致其破坏。空心板在安装前，必须将板两支承端的孔用预制混凝土块或砖块等堵严（如安装后在板中穿导线或其上部无墙体时可不处理），以提高板端抗压、传载能力和避免灌缝材料进入孔内跑浆等问题。板厚依其跨度大小有 120mm、180mm、240mm 等尺寸，板宽有 600mm、900mm、1200mm 等规格。

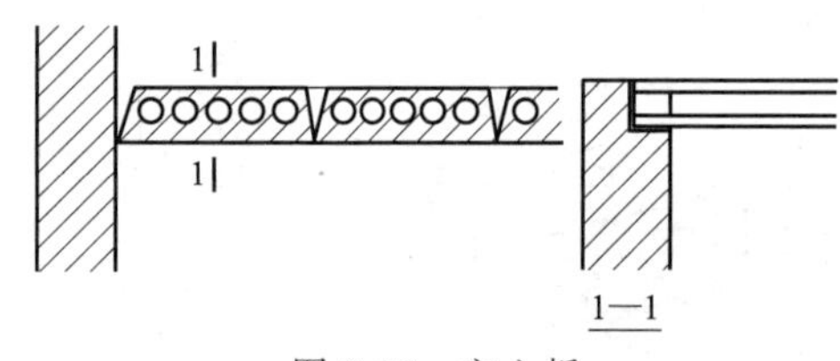

图 8-12 空心板

③ 槽型板。在实心平板的两侧或四周设边肋而形成槽型板，板肋相当于小梁，故属于梁、板组合构件。槽型板由于带有纵肋，其经济跨度比实心平板大，一般跨度为 2.1～3.9m，最大可达到 7.2m；板宽为 600mm、900mm、1200mm 等；肋部高度为板跨的 1/25～1/20，通常为 150～300mm；板厚为 25～40mm。

槽型板按搁置方式可分为正置槽型板（板肋朝下）和倒置槽型板（板肋朝上），如图 8-13 所示。正置槽型板由于板底不平整，通常需做吊顶；为避免板端肋被压坏，可在板端伸入墙内部分堵砖填实。倒置槽型板受力不如正置槽型板合理，但可在槽内填充轻质材料，以解决板的隔声和保温隔热问题，其容易保持下面顶棚的平整。

（2）板的结构布置方式

在进行楼板结构布置时，应先根据房间开间、进深的尺寸确定构件的支承方式，然后选择板的规格，进行合理的安排。结构布置时应注意以下几点原则：

① 尽量减少板的规格、类型。板的规格过多，不仅给板的制作增加麻烦，而且施工也较复杂，甚至容易搞错。

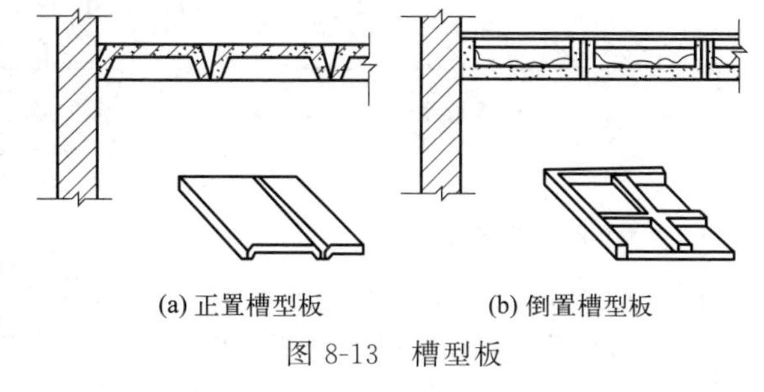

(a) 正置槽型板　(b) 倒置槽型板

图 8-13　槽型板

② 为减少板缝的现浇混凝土量，应优先选用宽板，窄板作调剂用。

③ 板的布置应避免出现三面支承情况，即楼板的长边不得搁置在梁或砖墙内，否则，在荷载作用下，板会产生裂缝。

④ 按支承楼板的墙或梁的净尺寸计算楼板的块数，不够整块数的尺寸可通过调整板缝或于墙边挑砖或增加局部现浇板等办法来解决。当缝差超过 200mm 时，应考虑重新选板或采用调缝板。

⑤ 遇有上下管线、烟道、通风道穿过楼板时，为防止圆孔板开洞过多，应尽量将该处楼板现浇。

板的结构布置方式可采用墙承重系统和框架承重系统。

（3）板的搁置要求

① 预制板直接搁置在墙上的称为板式布置；若楼板支承在梁上，梁再搁置在墙上的称为梁板式布置。支承楼板的墙或梁表面应平整，其上用厚度为 20mm 的 M5 水泥砂浆坐浆以保证安装后的楼板平正、不错动，避免楼板层在板缝处开裂。

② 为满足荷载传递、墙体抗压要求，预制楼板搁置在钢筋混凝土梁上时，其搁置长度应不小于 80mm；搁置在墙上时，其搁置长度应不小于 100mm，如图 8-14 所示。铺板前先在墙或梁上用 20mm 厚 M5 水泥砂浆找平（即坐浆），然后铺板，使板与墙或梁有较好的连接，同时也使墙体受力均匀。

第8章

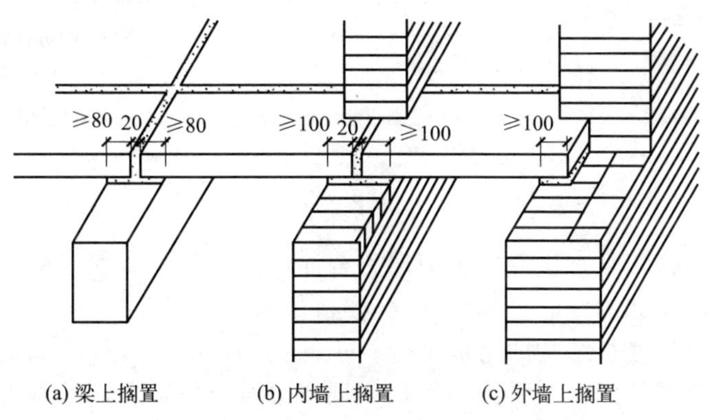

(a) 梁上搁置　(b) 内墙上搁置　(c) 外墙上搁置

图 8-14　预制板在梁、墙上的搁置构造

（4）板缝处理

预制板板缝起着连接相邻两块板协同工作的作用，使楼板成为一个整体。板缝包括端缝

和侧缝，一般侧缝接缝形式有 V 形缝、U 形缝和槽缝等，如图 8-15 所示。

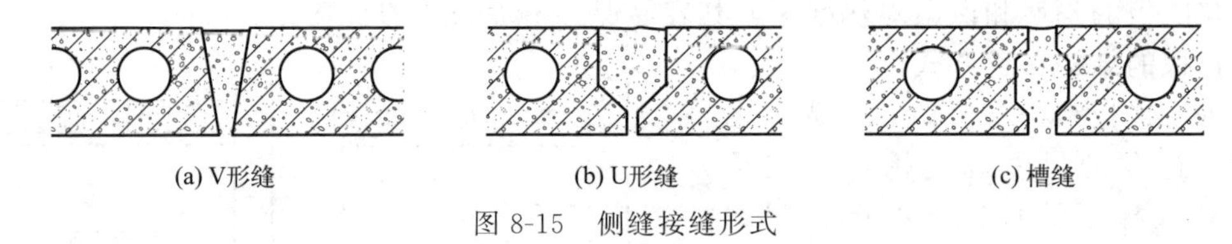

(a) V形缝　(b) U形缝　(c) 槽缝

图 8-15　侧缝接缝形式

(5) 楼板上隔墙的处理

预制钢筋混凝土楼板上设隔墙时，宜采用轻质隔墙，可搁置在楼板的任何位置。若隔墙自重较大时，如采用砖隔墙、砌块隔墙等，应避免将隔墙搁置在一块板上，通常将隔墙设置在两块板的接缝处。当采用槽型板或小梁隔板的楼板时，隔墙可直接搁置在板的纵肋或小梁上；当采用空心板时，须在隔墙下的板缝处设现浇板带或梁支承隔墙。

(6) 装配式钢筋混凝土楼板的抗震构造

圈梁应紧贴预制楼板板底设置，外墙则应设缺口圈梁（L 形梁），将预制板箍在圈梁内。当板的跨度大于 4.8m，并与外墙平行时，靠外墙的预制板边应设拉结筋与圈梁拉结。

8.2.3 装配整体式钢筋混凝土楼板

装配整体式钢筋混凝土楼板是先将楼板中的部分构件预制，现场安装后，再浇筑混凝土面层而形成整体楼板。这种楼板的特点是整体性好、省模板、施工快，集中了现浇和预制的优点。装配整体式钢筋混凝土楼板主要包括以下两种。

(1) 密肋填充块楼板

密肋填充块楼板由密肋楼板和填充块叠合而成。密肋楼板有现浇密肋楼板、预制小梁现浇楼板、带骨架芯板填充块楼板等，如图 8-16 所示。密肋楼板由布置得较密的肋（梁）与板构成。肋的间距及高应与填充物尺寸配合，通常肋的间距为 700～1000mm，肋宽为 60～150mm，肋高为 200～300mm，板的厚度不小于 50mm，楼板的适用跨度为 4～10m。

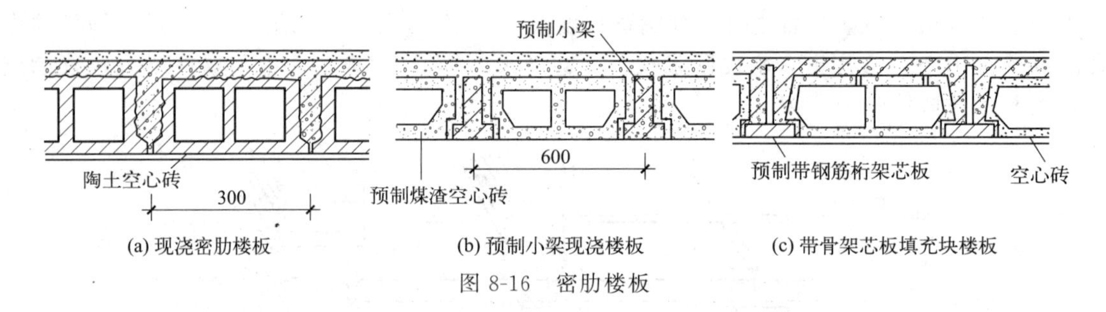

(a) 现浇密肋楼板　(b) 预制小梁现浇楼板　(c) 带骨架芯板填充块楼板

图 8-16　密肋楼板

(2) 叠合楼板

叠合楼板为预制薄板与现浇混凝土面层叠合而成的装配整体式楼板，既省模板，整体性又较好，但施工麻烦，如图 8-17 所示。叠合楼板的预制钢筋混凝土薄板既是永久性模板承受施工荷载，也是整个楼板结构的组成部分。预制钢筋混凝土薄板内配以高强度钢丝作为预应力筋，同时，也是楼板的跨中受力筋，板面现浇混凝土叠合层，只需配置少量的支座负弯矩钢筋。所有楼板层中的管线均事先埋在叠合层内，现浇层内预制薄板底面平整，作为顶棚可直接喷浆或粘贴装饰顶棚壁纸。预制薄板叠台楼板目前已在住宅、宾馆、学校、办公楼、医院以及仓库等建筑中应用。

叠合楼板跨度一般为 4～6m，最大可达 9m，通常以 5.4m 以内较为经济。预制薄板厚

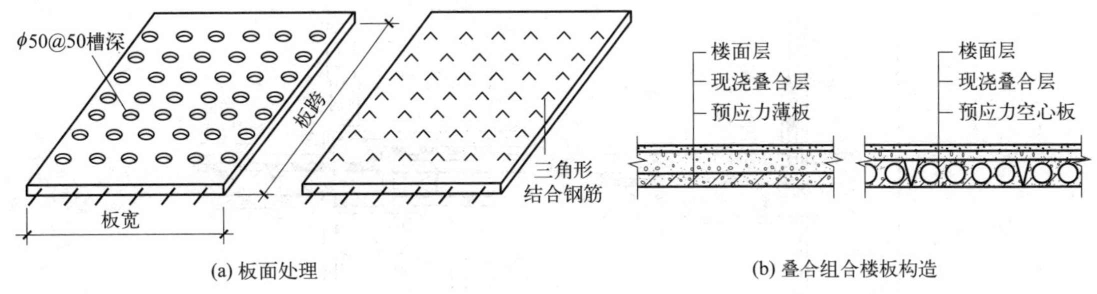

(a) 板面处理　　(b) 叠合组合楼板构造

图 8-17　叠合楼板

为 60～70mm，板宽为 111.8m。为了保证预制薄板与叠合层有较好的连接，薄板上表面需做处理，常见的处理方式有两种：一种是在上表面做刻槽处理，刻槽直径为 50mm，深为 20mm，间距为 150mm；另一种是在薄板表面露出较规则的三角形结合钢筋。现浇叠合层的混凝土强度等级为 C20，厚度一般为 70～120mm。楼板的总厚度取决于板的跨度，一般为 150～250mm，楼板厚度以薄板厚度的 2 倍为宜。

8.3　楼地层的防水、隔声构造

8.3.1　楼地层的防水构造

（1）楼面排水

为便于排水，首先要设置地漏，并使地面由四周向地漏有一定的坡度，从而引导水流入地漏。地面排水坡度一般为 1%～1.5%，如图 8-18 所示。为了防止积水外溢，有水的楼面和地面标高应低于其他房间或走廊 20～30mm。

（2）楼层防水处理

有防水要求的楼层，其结构以现浇钢筋混凝土楼板为好。面层也宜采用水泥砂浆、水磨石地面或缸砖、瓷砖、陶瓷锦砖等防水性能好的材料。防水要求较高的地方，可在楼板结构层与面层之间设置一道防水层，使用防水卷材、防水砂浆和防水涂料等。为防止水沿房间四周侵入墙身，应将防水层沿房间四周墙边向上伸入踢脚线内 100～150mm，如图 8-19(a) 所示。当遇到开门处，其防水层应铺出门外至少 250mm，如图 8-19(b) 所示。穿楼板立管的防水处理，可在管道穿楼板处用 C20 干硬性细石混凝土振捣密实，管道上焊接方形止水片埋入混凝土中，再用两布两油橡胶酸性沥青防水涂料做密封处理，如图 8-19(c) 所示。对于热水管道，为防由于温度变化出现热胀冷缩变形，致使管壁周围漏水，可在穿管位置预埋一个比热水管直径稍大的套管，且高出地面 30mm 以上，同时，在缝隙内填塞弹性防水材料，如图 8-19(d) 所示。

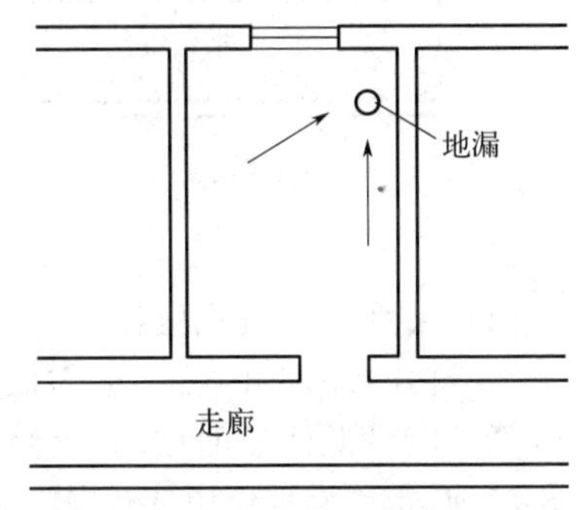

图 8-18　楼面排水

8.3.2　楼地层的隔声构造

楼板隔声主要是隔绝撞击传声，楼层的隔声量一般在 40～50dB。防止楼板撞击传声的措施有以下几种。

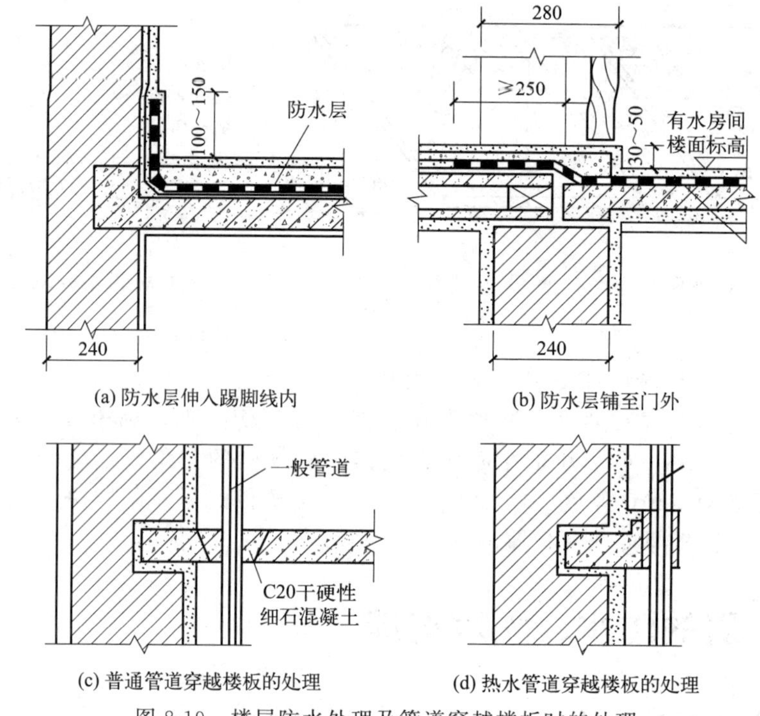

图 8-19 楼层防水处理及管道穿越楼板时的处理

(1) 对楼板进行隔声处理

在楼板表面铺设地毯等弹性材料，或用弹性饰面层，如软木地面、橡胶地面等，可降低楼板本身的振动，使撞击声减弱，如图 8-20 所示。

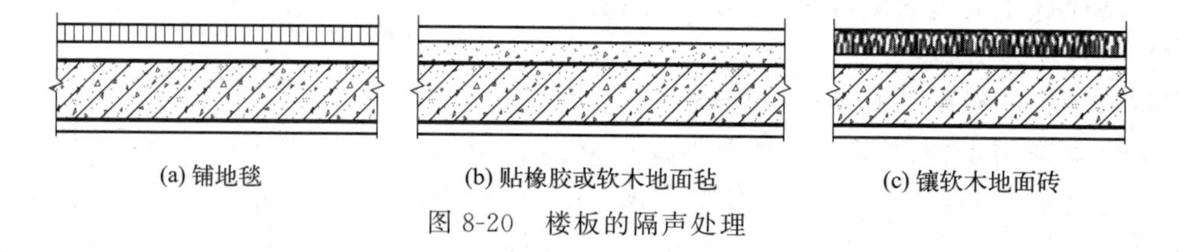

图 8-20 楼板的隔声处理

(2) 采用“浮筑式楼板”

“浮筑式楼板”即在楼板与面层之间加弹性垫层（如木丝板、甘蔗板、软木片、矿棉毡、面毡等）以降低楼板的振动。弹性垫层使楼板与面层完全隔离，可起到较好的隔声效果，如图 8-21 所示。为避免引起墙体振动，在面层和墙体的交接处也应脱开以免产生“声桥”。

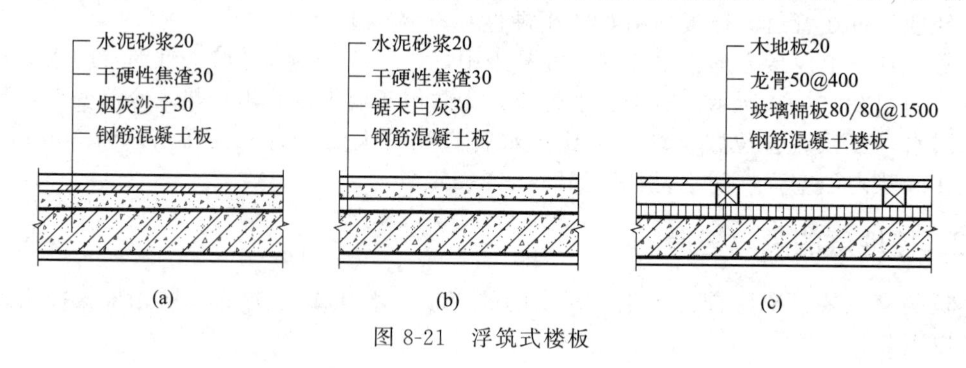

图 8-21 浮筑式楼板

(3) 在楼板下加吊顶

吊顶主要是隔绝楼板层产生的空气传声，其质量越大，整体性越强，隔声效果就越好。此外，吊顶与楼板之间如采用弹性连接，则隔声能力可大为提高，如图 8-22 所示。

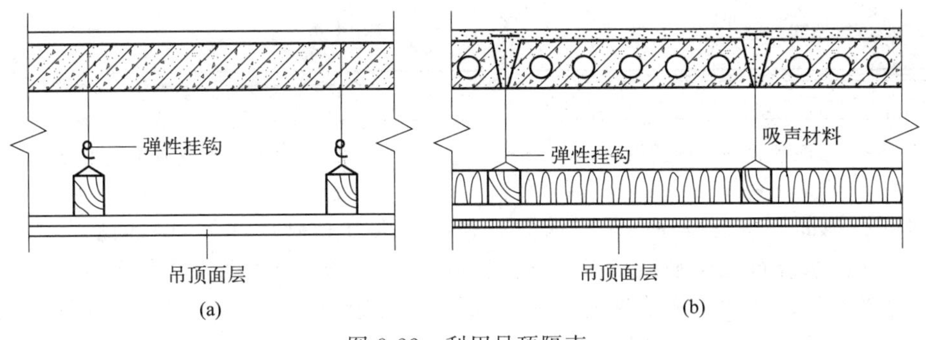

图 8-22　利用吊顶隔声

8.4　楼地面层的装修构造

8.4.1　地面的设计要求

(1) 坚固耐磨方面的要求

地面要有足够的强度和耐磨性，才能承受各种荷载的作用而不被破坏。地面要有足够的耐磨性以抵抗搬运家具、设备及人走动产生的摩擦，不起粉尘，从而保证人的健康和环境卫生。

(2) 保温的要求

宜采用导热系数小的材料做地面面层，以防止寒冷季节人站在地面上，地面通过人脚吸收人体的热量，影响血液循环而造成关节炎等疾病。

(3) 防水、防潮、耐腐蚀等方面的要求

地面应不透水，尤其是有水源和潮湿的房间，如卫生间、厨房等以免地面开裂渗水。另外，地面还应能耐酸、耐碱的腐蚀，以防止破坏影响正常使用。

(4) 经济方面的要求

在满足使用要求的前提下，应选择经济的材料和构造方案，尽量就地取材，降低造价。

8.4.2　地面的构造

按地面所用材料和施工方式的不同，常见地面做法可分为以下几类（地面的构造也适用于楼面）。

(1) 整体类地面

整体类地面是指现场整浇而成的地面，如水泥砂浆地面、细石混凝土地面、水磨石地面等。

① 水泥砂浆地面。水泥砂浆地面的优点是构造简单，防潮防水效果较好，造价低；缺点是吸水性差，易起灰，不易清洁，且导热系数较大。其构造做法如图 8-23 所示。

② 细石混凝土地面。细石混凝土地面强度高、整体性好，与水泥砂浆地面相比，耐久性好，不易起灰，但厚度较大，其构造做法如图 8-24 所示。

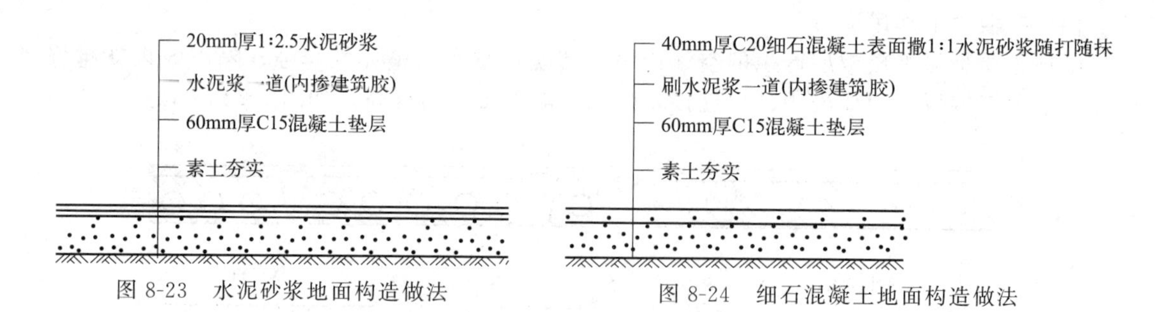

图 8-23　水泥砂浆地面构造做法

图 8-24　细石混凝土地面构造做法

③ 水磨石地面。水磨石地面是将天然石料与水泥拌和做成水泥石屑面层，浇抹硬结经磨光打蜡制成。水磨石地面平整光滑、整体性好、不起尘、防火防水、易于清洁、美观，适用于清洁度要求高、经常用水清洗的场所，如公共建筑中的门厅、走道、营业厅、厕所、盥洗室等。其构造做法如图 8-25 所示。

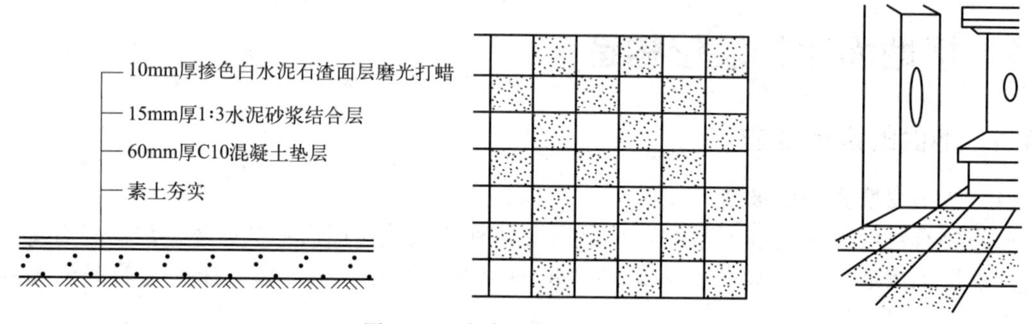

图 8-25　水磨石地面构造做法

(2) 地块材类地面

地块材类地面是指把各种地面砖、各种板材等镶铺在基层上的地面。镶铺时，使用胶结材料，起到胶结和找平的作用。常用的胶结材料有干硬性水泥砂浆、专用胶黏剂等。块料种类较多，如烧结普通砖、陶瓷、马赛克、大理石板、花岗石板、缸砖等。

① 铺砖地面。铺砖地面所用的块材主要有烧结普通砖、水泥大阶砖、预制混凝土块等。铺设方法有干铺和湿铺两种。其构造做法如图 8-26 所示。

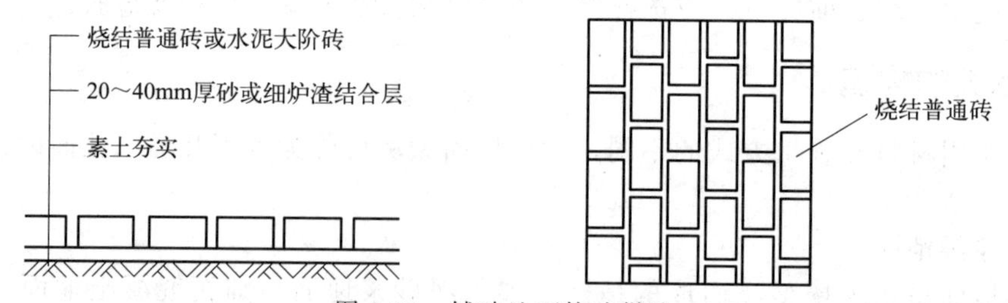

图 8-26　铺砖地面构造做法

② 缸砖、陶瓷马赛克。缸砖、陶瓷马赛克都是由陶土经高温烧制而成，其共同特点是表面致密光洁、耐磨、防水、耐酸碱。陶瓷马赛克楼面构造做法如图 8-27 所示。

③ 地面砖和石材板地面。地面砖包括彩色釉面砖、防滑彩色釉面砖（适用于卫生间）、通体砖、磨光通体砖等。地面砖一般多用于住宅的厨房、卫生间等。对于严寒和寒冷地区冬季需采暖的建筑，目前较多采用地热，这种方式采暖效果好，室内整洁。其地面构造做法如

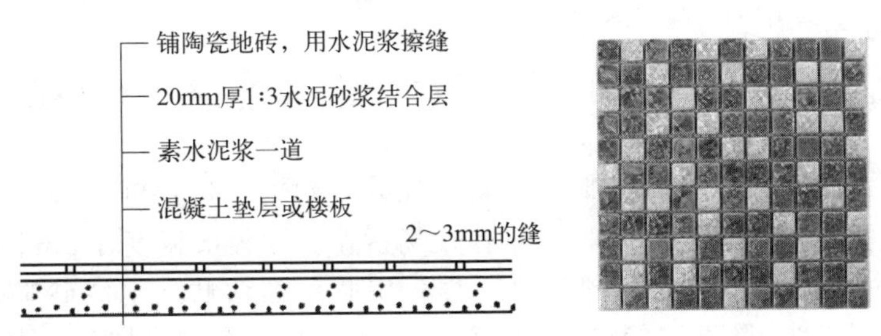

图 8-27　陶瓷马赛克楼面构造做法

图 8-28 所示。石材板地面包括磨光大理石板、磨光花岗石板或碎拼石板。其耐磨性好，质地坚硬，色泽丰富艳丽，目前应用非常广泛，属于高档地面装修材料。石材板广泛用于住宅的客厅及公共建筑的营业厅、门厅等处，如图 8-29 所示。

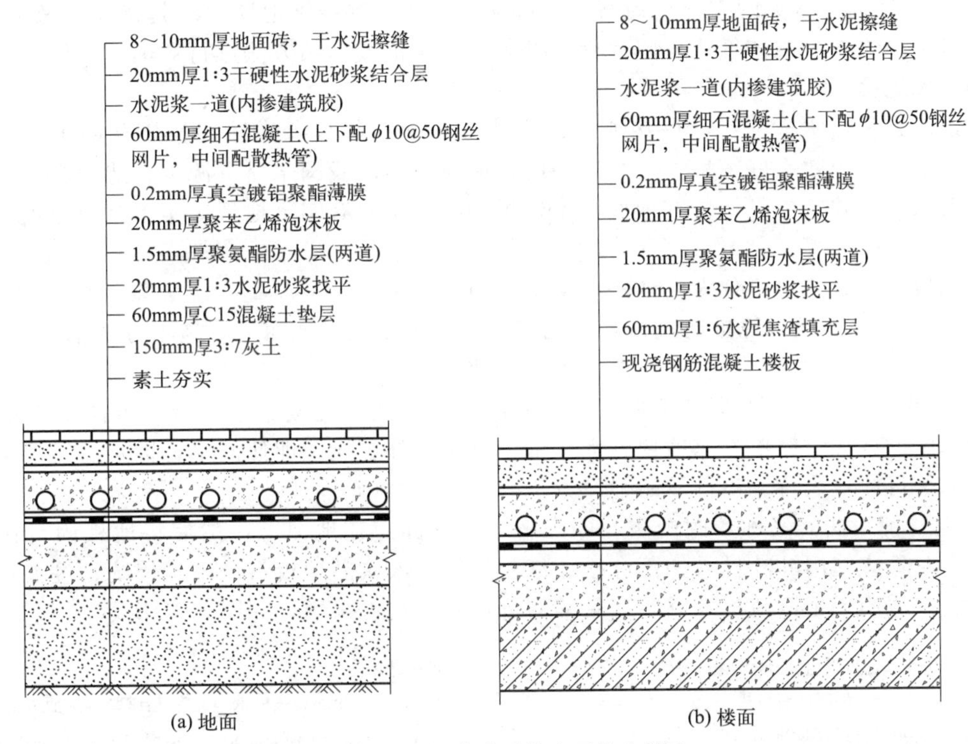

图 8-28　地面砖采暖楼地面构造做法

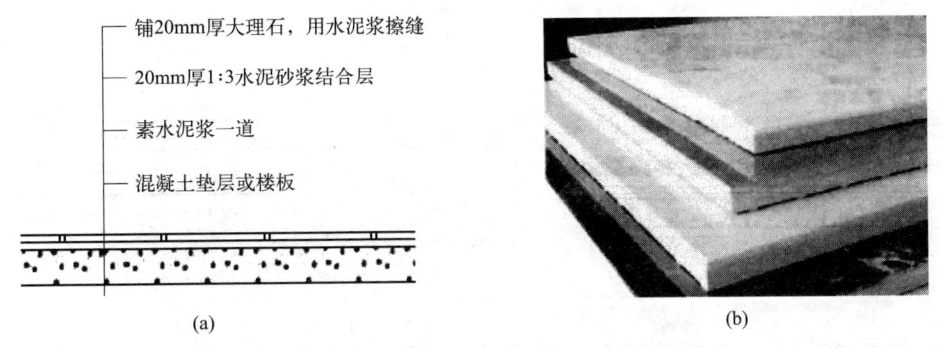

图 8-29　大理石地面的构造做法及大理石材料

(3) 卷材类地面

卷材类地面是指以粘贴各种卷材为主的地面，常见的卷材有塑料地毡、橡胶地毡以及地毯等。

① 塑料地毡地面。以聚乙烯树脂为基料，加入增塑剂、稳定剂、颜料等经塑化热压而成。有卷材（又称地板革），也有片材，可在现场拼花。地板革宽度在2m左右，厚度为1～2mm，可直接干铺在地面上，也可同片材一样，用胶黏剂粘贴到水泥砂浆找平层上。塑料地毡具有弹性好、防水、防潮、绝缘、易清洁、色泽丰富、图案多样等优点，缺点是不耐高温、怕明火、易老化，多用于住宅、医院及工业建筑中。

② 橡胶地毡地面。橡胶地毡是以橡胶粉为基料，掺入软化剂，在高温、高压下解聚后，再加入着色补强剂，经混炼、塑化压延成卷的一种地面材料，可以干铺或用胶黏剂粘贴在水泥砂浆面层上。橡胶地毡的特点是耐磨、防滑、防水、防潮、吸声、柔软有弹性。

③ 地毯地面。常见的有羊毛地毯、化纤无纺地毯、麻纤维地毯等。其特点是做工精细、图案色泽丰富多彩、柔软舒适、隔声性能好等，用干铺或粘贴方法进行局铺、满铺等。

(4) 木地面

木地面是指由木板铺钉，拼接或粘贴而成的地面。其具有弹性好、热导率小、不易起尘、易清洁、保温效果好等特点，是理想的地面材料。但我国木材资源少，造价高，故多用于装修要求高的建筑中，如住宅地面。木地板的种类主要有实木地板、实木复合地板、强化地板等。

木地板铺设方法主要分为实铺法和空铺法两种方法。

① 实铺法。面层木地板通过钉接、粘接或直接铺设在楼地面上等施工方法铺成木地面。实铺法包括悬浮铺设法、龙骨铺设法、毛地板铺设法、直接粘贴法等。

a. 悬浮铺设法。先铺设防潮地垫，然后在上面铺设木地板。这种施工方法要求地面干燥平整。此铺设方法简单、速度快、无污染、易于修补更换，即使浸水，拆除后经干燥依旧可铺设，是目前最流行、最科学的铺设方法，如图8-30所示。

b. 龙骨铺设法。又称木搁栅法，即先将木龙骨固定在地面上，然后将地板固定在木龙骨上。木龙骨应使用针叶材（如落叶松、红白松等）或次品地板料。它是传统、过去普及的铺设方法，适用于企口地板，只要有足够的抗弯强度均可采用，如图8-31所示。

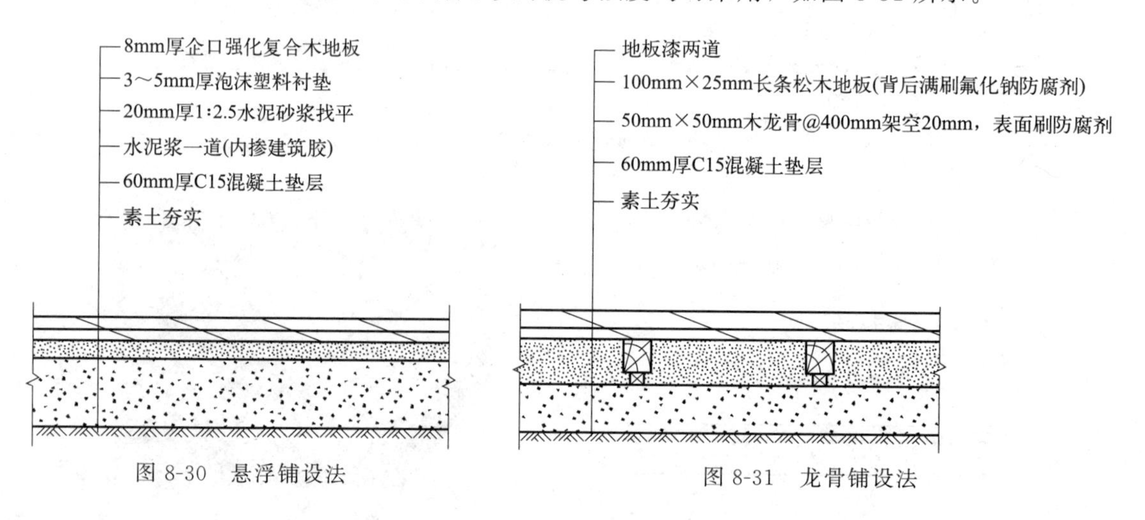

图8-30 悬浮铺设法

图8-31 龙骨铺设法

c. 毛地板铺设法。将毛地板直接固定在地面上，然后将地板铺钉在毛地板上，如图8-32所示。

d. 直接粘贴法。将地板用胶直接粘贴，如图 8-33 所示。

② 空铺法。在地面上先筑地垄墙，木搁栅搁置在地墙上，硬木地板条钉于搁栅上的铺设方法，如图 8-34 所示。

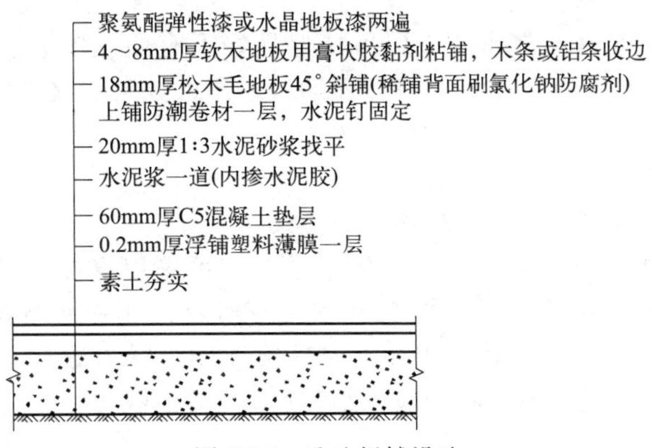

图 8-32　毛地板铺设法

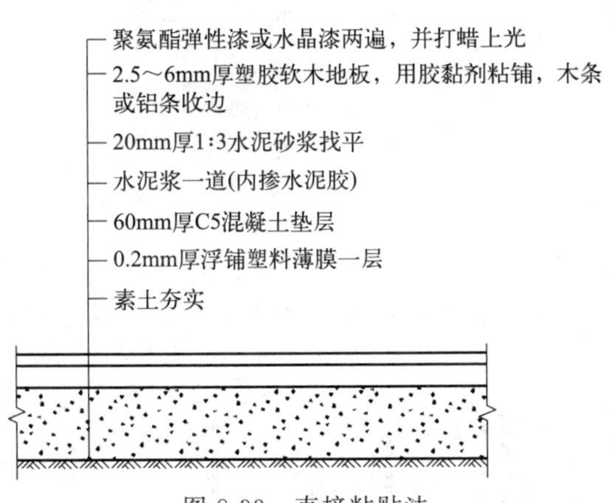

图 8-33　直接粘贴法

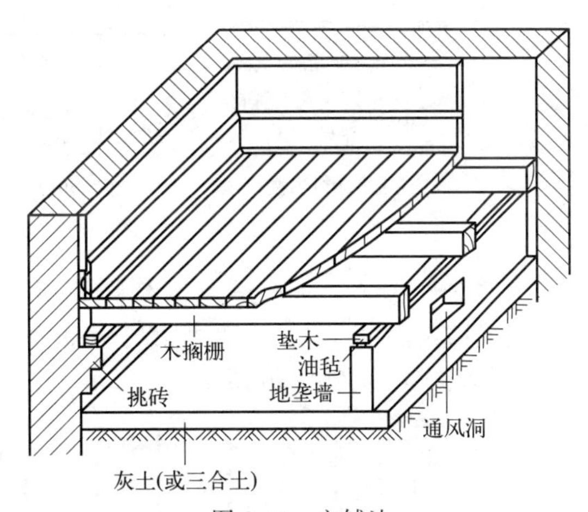

图 8-34　空铺法

8.4.3　顶棚构造

顶棚又称平顶或天花板，是楼板层的最下面部分，建筑物室内主要饰面之一。作为顶棚则要求表面光洁、美观，能反射光线改善室内照度，提高室内装饰效果。对某些有特殊要求的房间，还要求顶棚具有隔声吸声或反射声音、保温、隔热、管道铺设等方面的功能，以满足使用要求。

(1) 顶棚的构造组成

① 层面。层面做法可分现场抹灰（即湿作业）和预制安装两种。现场抹灰一般在灰板条、钢板网上抹掺有纸筋、麻刀、石棉或人造纤维的灰浆，抹灰劳动量大，易出现龟裂，甚至成块破损脱落，适用于小面积吊顶棚。预制安装用预制板块，除木、竹制的板块以及各种胶合板、刨花板、纤维板、甘蔗板、木丝板以外，还有各种预制钢筋混凝土板、纤维水泥板、石膏板、金属板（如钢板、铝板等）、塑料板、金属和塑料复合板等，还可用晶莹光洁和有强烈反射性能的玻璃、镜面、抛光金属板作吊顶面层，以增加室内的高度感。

② 基层。基层主要用来固定面层，可单向或双向（框格形）布置木龙骨，将面板钉在

龙骨上。为了节约木材和提高防火性能，现多用薄钢带或铝合金制成的U形或T形轻型吊顶龙骨，面板用螺钉固定，卡入龙骨的翼缘上，既简化施工，又便于维修，中、大型吊顶棚还设置有主龙骨，以减小吊顶棚龙骨的跨度。

③ 吊杆。又称吊筋，多数情况下，顶棚借助吊杆均匀悬挂在屋顶或楼板层的结构层下，吊杆可用木条、钢筋或角钢来制作。金属吊杆上最好附有便于安装和固定面层的各种调节件、接插件、挂插件，顶棚也可不用吊杆，而通过基层的龙骨直接固定在大梁或圈梁上，成为自承式吊顶棚。

(2) 常见顶棚构造

常见的民用顶棚有直接式顶棚、悬挂式顶棚。

① 直接式顶棚。当要求不高或楼板底面平整时，可采用直接式顶棚。具体做法在板底嵌缝后喷（刷）石灰浆或涂料两道，如图 8-35(a) 所示；在板底直接抹灰，如图 8-35(b) 所示，常用纸石灰浆顶棚混合砂浆顶棚、水泥砂浆顶棚、麻刀石灰浆顶棚、石膏灰浆顶棚等；在板底直接粘贴装饰吸声板、石膏板、塑胶板等，如图 8-35(c) 所示。

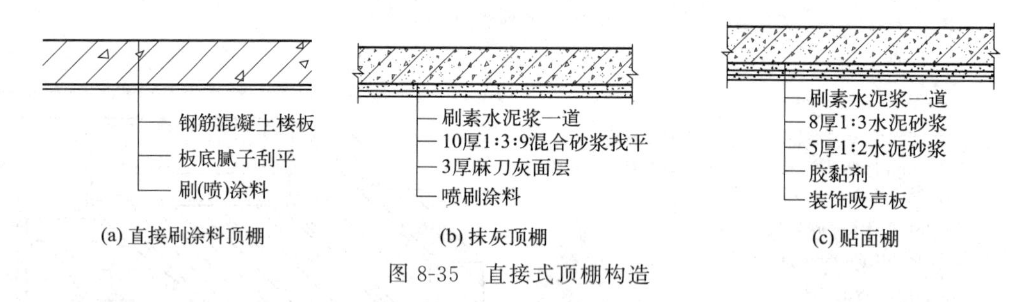

图 8-35 直接式顶棚构造

② 悬挂式顶棚。悬挂式顶棚简称吊顶。标准较高的房间，因使用和美观要求，需将设备管线或结构隐藏起来，将顶棚吊于楼板下一定距离，悬挂式顶棚一般由吊杆、骨架、面层三个部分组成，如图 8-36 所示。

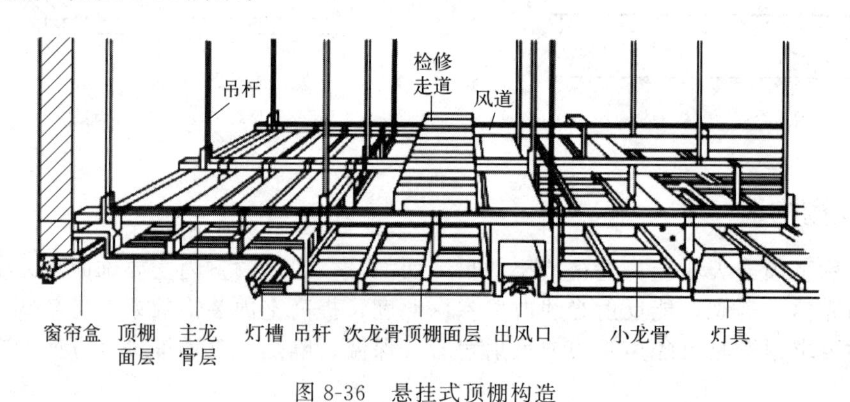

图 8-36 悬挂式顶棚构造

8.5 阳台、雨篷等基本构造

8.5.1 阳台

阳台是多层或高层建筑中不可缺少的室内外过渡空间，为人们提供户外活动的场所。

(1) 阳台的种类

居住建筑的阳台按使用功能分为服务阳台和生活阳台两种。其中，生活阳台多与客厅或卧室相连，在建筑向阳面，主要供人们休息、晾晒用；服务阳台多与厨房相连，主要供人们存放杂物及辅助家庭劳务操作。

按阳台与建筑外墙的相对位置关系，可分为凸阳台、凹阳台和半凸半凹阳台三种形式，如图 8-37 所示。

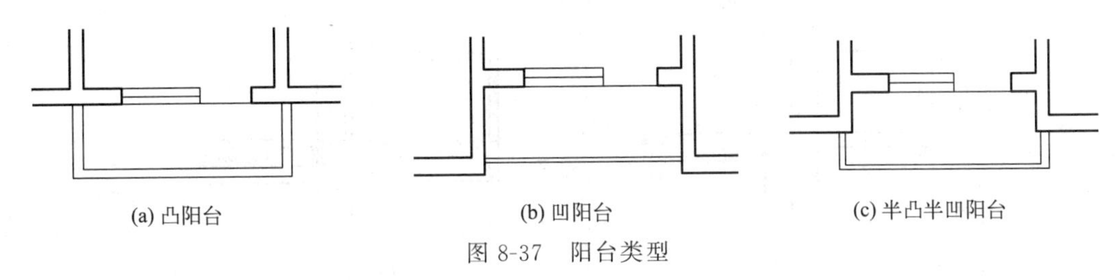

图 8-37 阳台类型

(2) 设计要求

① 安全适用。悬挑阳台的挑出长度不宜过大，应保证在荷载作用下不发生倾覆现象，以 1.2～1.8m 为宜。低层、多层住宅阳台栏杆净高不低于 1.05m，中高层住宅阳台栏杆净高不低于 1.1m，但也不大于 1.2m。阳台栏杆形式应防坠落（垂直栏杆间净距不应大于 110mm），防攀爬（不设水平栏杆），以免造成恶果。放置花盆处，也应采取防坠落措施。

② 坚固耐久。阳台所用材料和构造措施应经久耐用，承重结构宜采用钢筋混凝土，金属构件应做防锈处理，表面装修应注意色彩的耐久性和抗污染性。

③ 排水顺畅。为防止阳台上的雨水流入室内，设计时要求将阳台地面标高低于室内地面标高 60mm 左右，并将地面抹出 5%的排水坡将水导入排水孔，使雨水能顺利排出（图 8-38）。还应考虑地区气候特点。南方地区宜采用有助于空气流通的空透式栏杆，而北方寒冷地区和中高层住宅应采用实体栏杆，并满足立面美观的要求，为建筑物的形象增添风采。

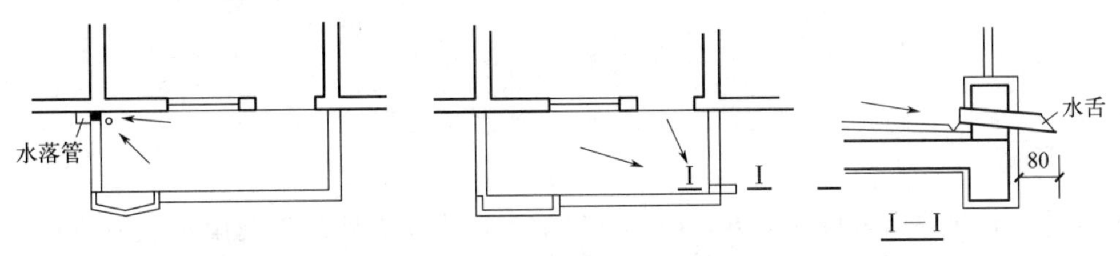

图 8-38 阳台排水处理

(3) 阳台结构布置方式

常见阳台结构布置方式如图 8-39 所示。

① 挑梁式。从横墙内外伸挑梁，其上搁置预制楼板，这种结构布置简单、传力直接明确、阳台长度与房间开间一致。为美观起见，可在挑梁端头设置面梁，既可以遮挡挑梁头，又可以承受阳台栏杆重量，还可以加强阳台的整体性。

② 挑板式。当楼板为现浇楼板时，可选择挑板式，悬挑长度一般在 1.2m 左右，即从楼板外延挑出平板，板底平整美观，而且阳台平面形式可做成半圆形、弧形、梯形、斜三角等各种形状。挑板厚度不小于挑出长度的 1/12。

③ 压梁式。阳台板与墙梁现浇在一起，墙梁的截面应比圈梁大，以保证阳台的稳定，而且阳台悬挑不宜过长，一般在 1.2m 左右，并在墙梁两端设挑梁压入墙内。

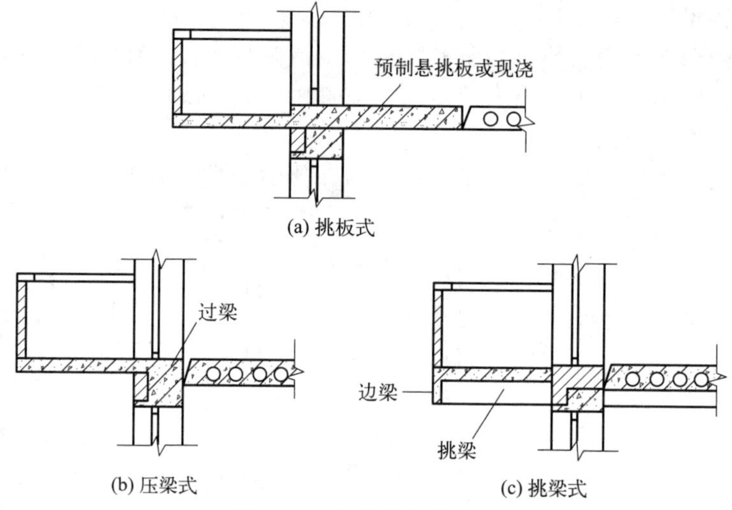

(a) 挑板式

(b) 压梁式

(c) 挑梁式

图 8-39 阳台的结构布置

(4) 阳台细部构造

栏杆、栏板是阳台的安全设施，主要承受人们倚扶时的侧向推力，同时对整个房屋有一定装饰作用。栏杆和栏板的高度应大于人体重心高度，一般不小于 1.05m。高层建筑的栏杆和栏板应加高，但不宜超过 1.2m。栏杆和栏板按材料可分为金属栏杆、钢筋混凝土栏板与栏杆、砌体栏板，如图 8-40 所示。

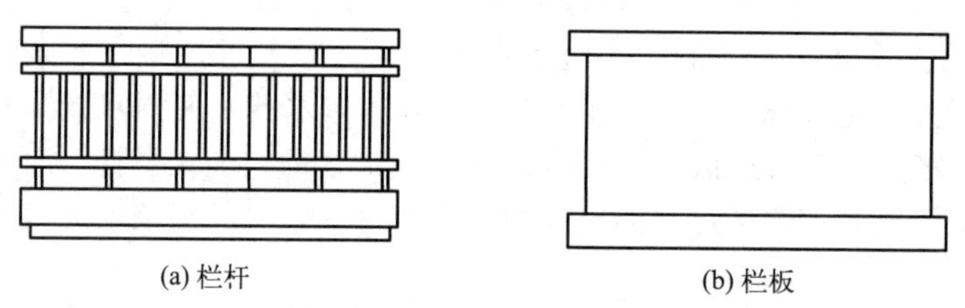
(a) 栏杆

(b) 栏板

图 8-40 阳台栏杆、栏板

8.5.2 雨篷

雨篷位于建筑物出入口的上方，用于遮挡雨水，是保护外门不受雨水侵蚀的水平构件。小型雨篷多为钢筋混凝土和钢结构悬挑构件，大型雨篷一般是指有立柱支撑的雨篷。由于雨篷所受荷载较小，因此厚度较薄，可做成变截面形式。雨篷的形式有很多，如图 8-41 所示。

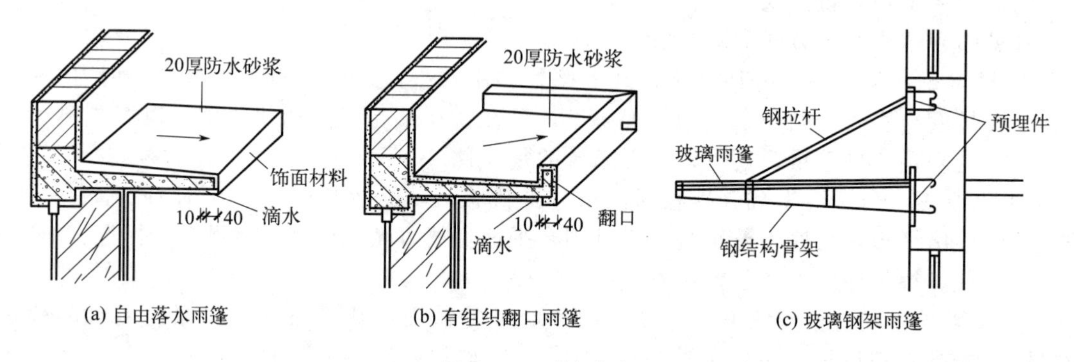

(a) 自由落水雨篷

(b) 有组织翻口雨篷

(c) 玻璃钢架雨篷

图 8-41 雨篷形式

雨篷一般由雨篷板和雨篷梁组成。为防止雨篷发生倾覆，常将雨篷与过梁或圈梁整浇在一起，雨篷的悬挑长度由建筑要求决定，当悬挑长度较小时，可采用悬板式，一般挑出长度≤1.5m。当挑出长度较大时，可采用挑梁式。

8.6　建筑楼板 Revit 建模

建筑楼板 Revit 建模

8.6.1　楼板建筑图识读

图 8-42 为某建筑二层板筋布局，从图中可以了解以下内容：

① 某建筑二层楼板有两个厚度，一个厚度为 100mm，另一个厚度为 120mm。

② 每一个 H 标出厚度处为一块楼板，楼板一共有 6 块。

在建筑设计说明中，说明楼板为 C30 混凝土浇筑楼板，楼面有 20mm 厚水泥砂浆。

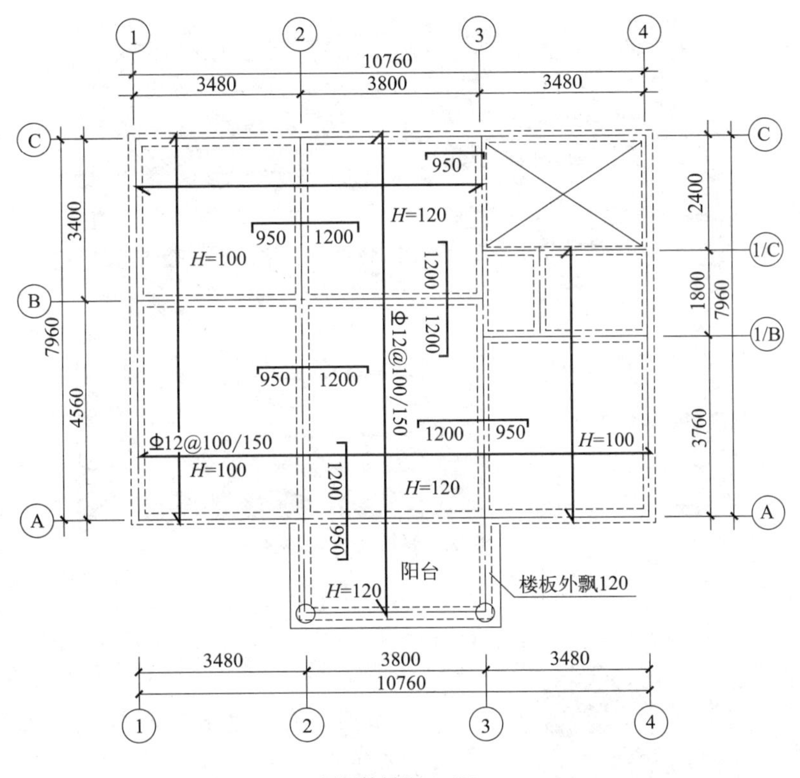

图 8-42　某建筑二层板筋布局

8.6.2　楼板建模过程

在应用 Revit 进行楼板建模时，需要首先设置楼板属性。

① 单击“文件”，单击“项目”，打开一个已经绘制好柱、梁的 Revit 文件。

② Revit 界面右侧“项目浏览器”下“楼层平面”中“建筑 F1”，如图 8-43 所示。单击“建筑”选项卡，单击“楼板”按钮，在下拉框中选择“楼板：建筑”选项，如图 8-44 所示。

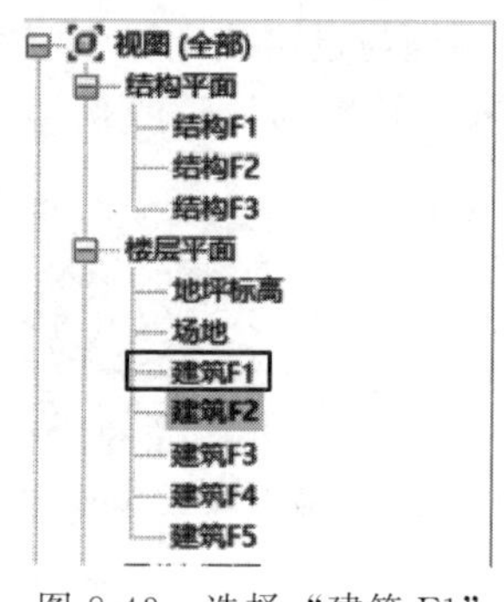

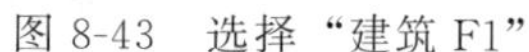

图 8-43 选择“建筑 F1”

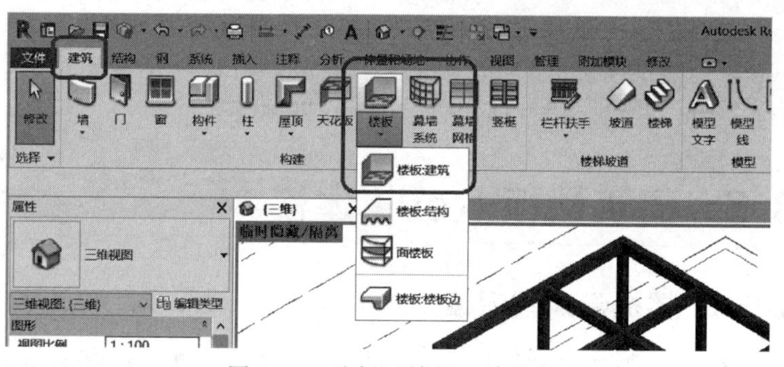

图 8-44 选择“楼板：建筑”

③ 单击楼板的“编辑类型”按钮，“编辑类型”对话框弹出，单击“复制”按钮，并在名称中填写“100-二层楼板”，单击“确定”，如图 8-45 所示。

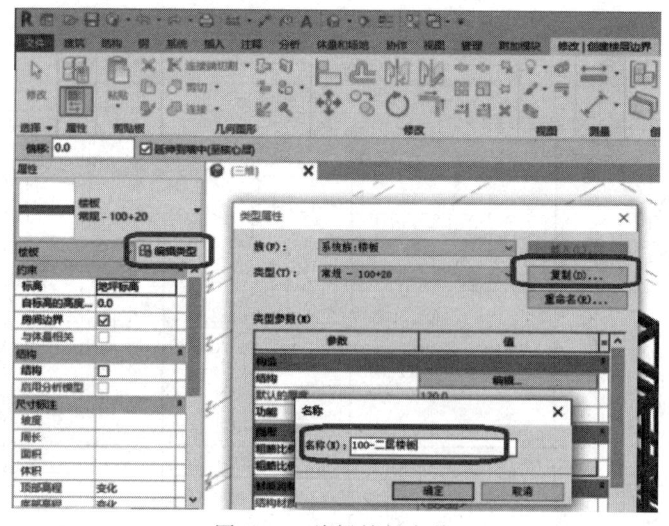

图 8-45 编辑楼板名称

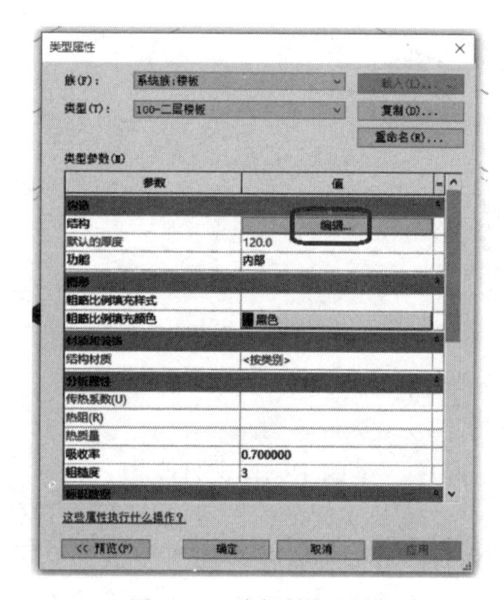

图 8-46 编辑楼板属性

④ 在“类型属性”对话框中，单击结构后面的“编辑”按钮，“编辑部件”对话框被打开，如图 8-46 所示。

⑤ 单击“编辑部件”对话框中“插入”按钮，单击刚刚添加的“结构［1］”后面的“<按类别>”扩展按钮，如图 8-47(a) 上箭头位置，“材质浏览器”对话框被打开，在材质列表中，单击选择“水泥砂浆”材质，单击“确定”，并在厚度位置输入“20”。在下一项材质表中，单击“结构［1］”后面的“<按类别>”扩展按钮，选择“混凝土-现场浇注混凝土”，单击“确定”，并在厚度位置输入“80”，如图 8-47(b) 所示。以此来编辑楼板的材质及厚度。

⑥ 在“修改”选项卡上，单击“边界线”按钮，选择直线，如图 8-48 所示，在绘图界面，依照图纸

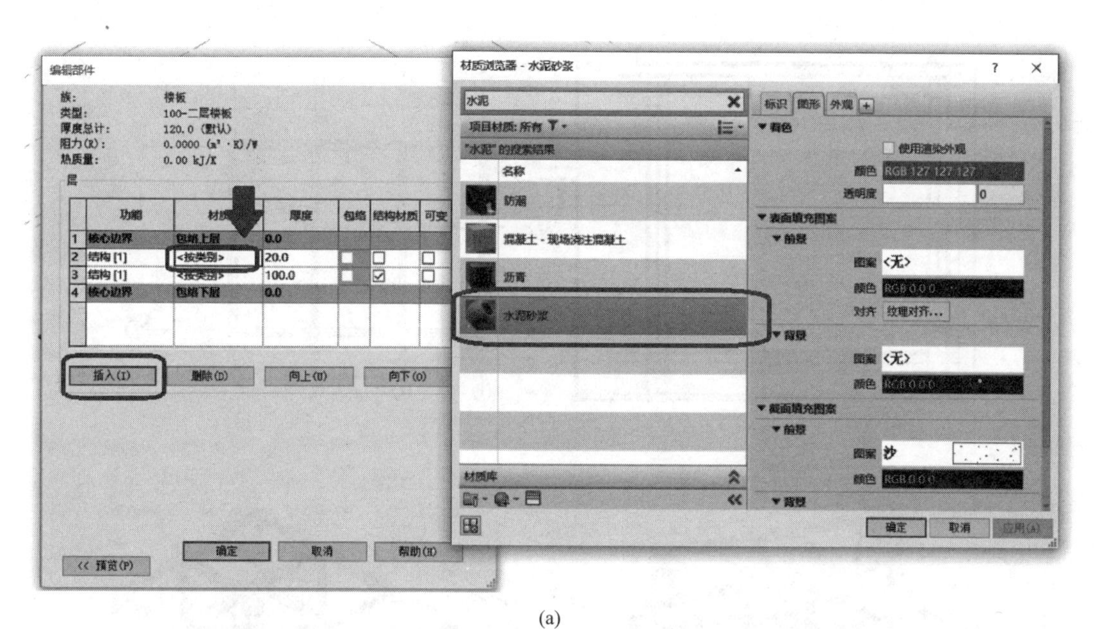

(a)

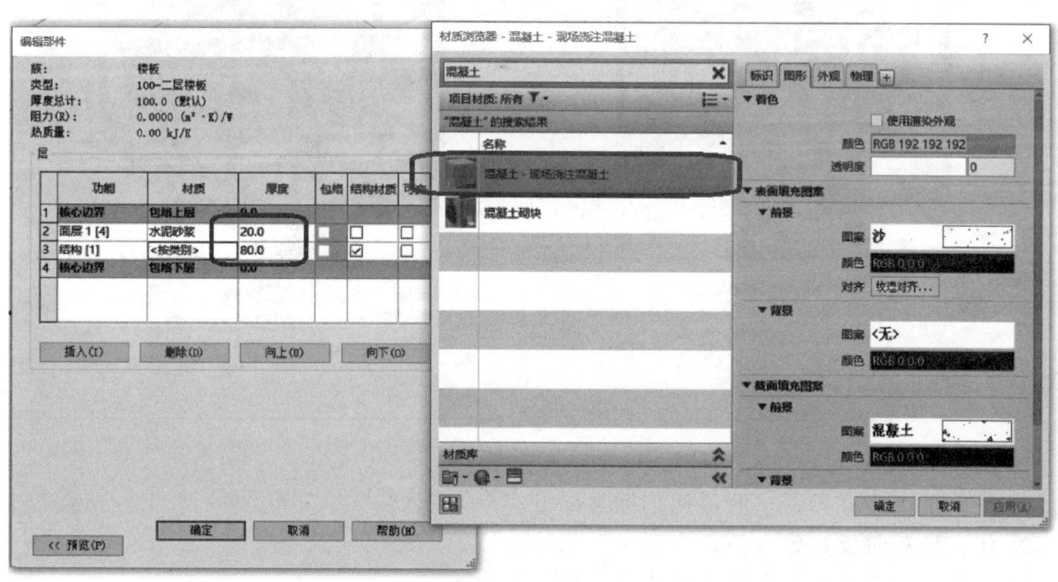

(b)

图 8-47　编辑楼板结构

图 8-48　选择“直线”工具

位置绘制楼板轮廓，注意柱子与楼板的位置，如图 8-49 所示。单击“√”后即可生成相应楼板，如图 8-50 所示。

⑦ 重复以上步骤操作可完成其余 100mm 厚楼板及 120mm 厚楼板的建模，如图 8-51 所示。

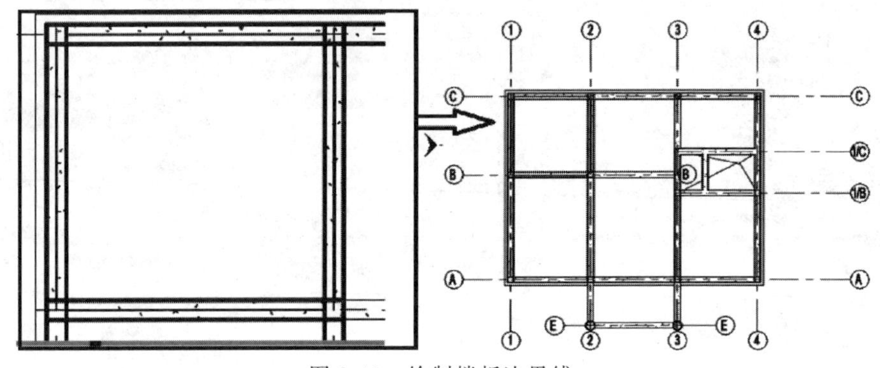

图 8-49 绘制楼板边界线

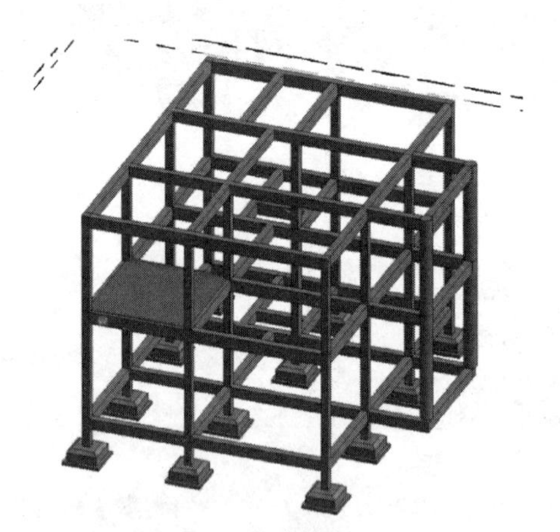

图 8-50 生成楼板（一）

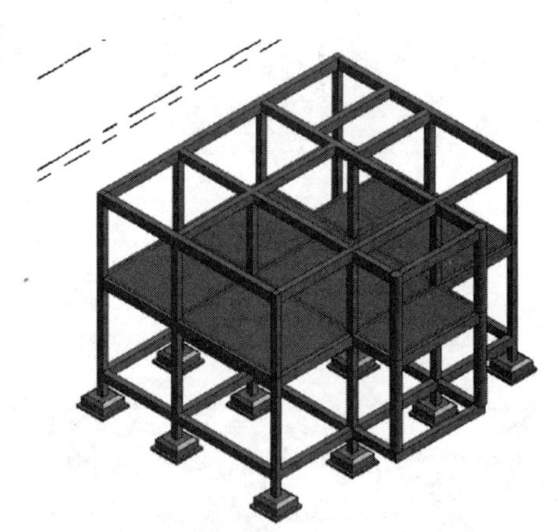

图 8-51 生成楼板（二）

思考题

1. 简述楼层的构造组成有哪些？
2. 什么是板式楼板，它的适用范围是什么？
3. 什么是双向板？什么是单向板？
4. 什么是无梁楼板？它的适用范围是什么？
5. 槽型板按搁置方式分类有哪些？它们各自的特点是什么？
6. 简述楼面的排水构造。
7. 什么是浮筑式楼板，它有什么作用？
8. 简述地面设计的基本要求。
9. 常见阳台结构布置方式有哪些？

第 9 章
屋面构造

9.1 概述

9.1.1 屋顶的设计要求

(1) 功能要求

屋顶应具有良好的围护作用，并具有防水、保温和隔热性能。其中防止雨水渗漏是屋顶的基本功能要求，也是屋顶设计的核心。

① 防水要求。屋顶防水是屋顶构造设计最基本的功能要求。一方面，屋面应该有足够的排水坡度及相应的排水设施，将屋面积水迅速排出；另一方面，要采用相应的防水材料，采取妥善的构造做法，防止渗漏。

② 保温和隔热要求。屋面为外围护结构，应具有一定的热阻能力，以防止热量从屋面过分散失。在北方寒冷地区，为保持室内正常的温度，减少能耗，屋顶应采取保温措施；南方炎热地区的夏季，为避免强烈的太阳辐射和高温对室内的影响，屋顶应采取隔热措施。

(2) 结构要求

要求屋顶具有足够的强度、刚度和稳定性，能承受风、雨、雪、施工、人等荷载，地震区还应考虑地震荷载对它的影响，满足抗震的要求，并力求做到自重轻、构造层次简单、就地取材、施工方便、造价经济、便于维修、适用耐久。

(3) 建筑艺术要求

建筑屋顶是城市“第五立面”，要精心打造，提升屋顶设计与城市环境、城市文脉、建筑美学的契合度，低、多层建筑屋顶宜采用坡屋顶形式，高层建筑屋顶结合功能优先采用退台、收分等造型变化。滨水临山建筑、城市重要眺望点、传统风貌街区、机场起降区等建筑屋顶要对建筑高度、屋顶形式、色彩、风格以及绿化种植等进行专门设计与论证。要满足人们对建筑艺术即美观方面的需求，中国古建筑的重要特征之一就是有变化多样的屋顶外形和装修精美的屋顶细部，现代建筑也应注重屋顶形式及其细部设计。

9.1.2 屋面的类型

屋面按所使用的材料可分为钢筋混凝土屋面、瓦屋面、金属屋面、玻璃屋面等；按屋面的外形和结构形式，又可以分为平屋面、坡屋面、悬索屋面、薄壳屋面、拱屋面、折板屋面等。

(1) 平屋面

大量民用建筑采用与楼盖基本类同的屋面结构，形成了平屋面。平屋面是指屋面排水坡度小于或等于 10% 的屋面。平屋面的主要特点是坡度平缓，常用的坡度为 2%～3%，如图 9-1 所示。

(2) 坡屋面

坡屋面是我国的传统屋面形式，广泛应用于民居等建筑。现代的某些公共建筑，考虑景观

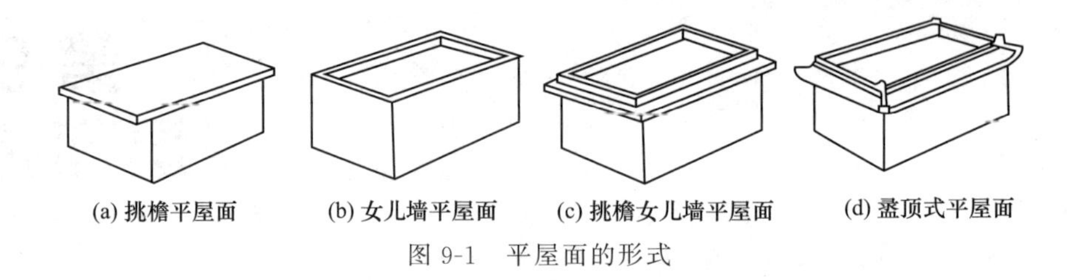

图 9-1 平屋面的形式

环境或建筑风格的要求，也常采用坡屋面。屋面坡度大于 10%的屋面称为坡屋面。坡屋面按其分坡的多少可分为单坡顶、双坡顶和四坡顶，如图 9-2 所示。对坡屋面稍加处理，即可形成卷棚顶、庑殿顶、歇山顶、圆攒尖顶等形式，古建筑中的庑殿顶和歇山顶均属于四坡顶。

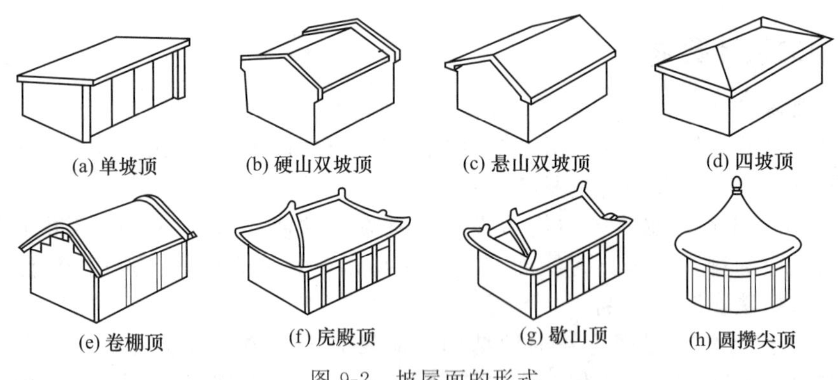

图 9-2 坡屋面的形式

（3）曲面屋顶

曲面屋顶结构形式独特，内力分布均匀合理，能充分发挥材料的力学性能，节约用材，建筑造型美观、新颖，但结构计算及屋顶构造施工复杂，一般多用于大跨度、大空间和造型有特殊要求的建筑。

为适应不同水平空间扩展的需要，曲面屋顶的结构形式具体有以下几种：空间网架、折板结构、壳体、悬索结构、索膜结构，如图 9-3 所示。

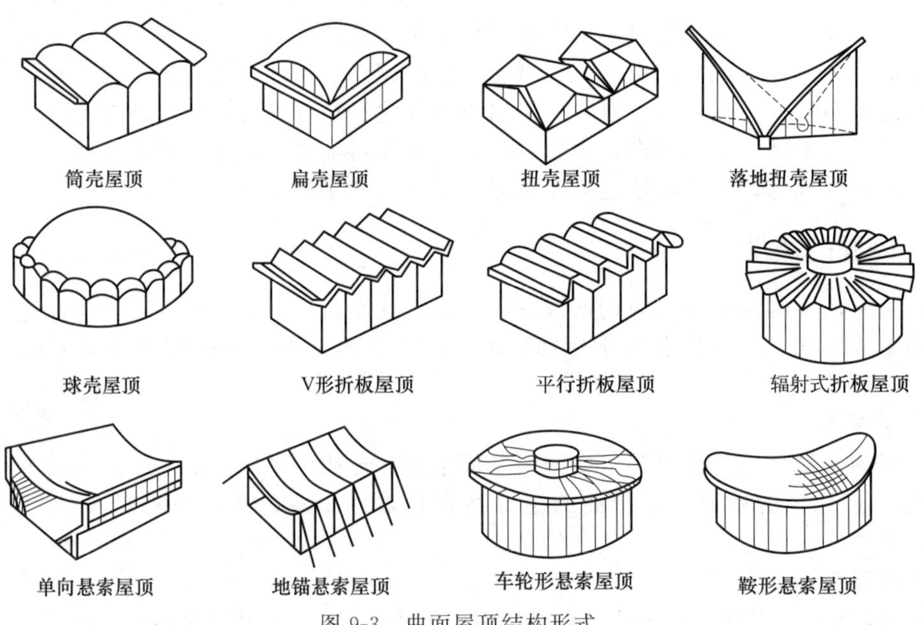

图 9-3 曲面屋顶结构形式

9.1.3 屋顶排水设计

(1) 屋顶排水类型

屋顶的排水方式可分为无组织排水和有组织排水两大类。

① 无组织排水。无组织排水是指屋面雨水直接从檐口滴落至地面的一种排水方式，因为不用天沟、落水管等导流雨水，故又称自由落水，如图9-4所示。

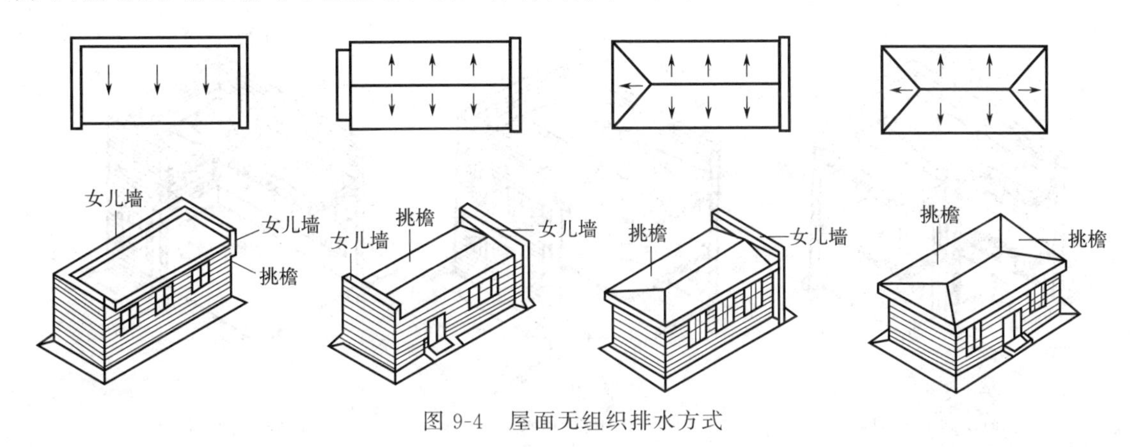

图9-4 屋面无组织排水方式

② 有组织排水。有组织排水是指屋面雨水有组织地流经天沟、檐沟、水落口、水落管等排水装置，系统地将屋面雨水排至地面或地下管沟的一种排水方式。其优缺点与无组织排水正好相反，由于优点较多，在建筑工程中得到广泛应用。在有条件的情况下，宜采用雨水收集系统。

在工程实践中，由于具体条件的不同，有多种有组织排水方案。

a. 外排水。外排水是屋顶雨水由室外落水管排到室外的排水方式。这种排水方式构造简单，造价较低，应用最广。按照檐沟在屋顶的位置，外排水的屋顶形式有沿屋顶四周设檐沟、沿纵墙设檐沟、女儿墙外设檐沟、女儿墙内设檐沟等，如图9-5所示。

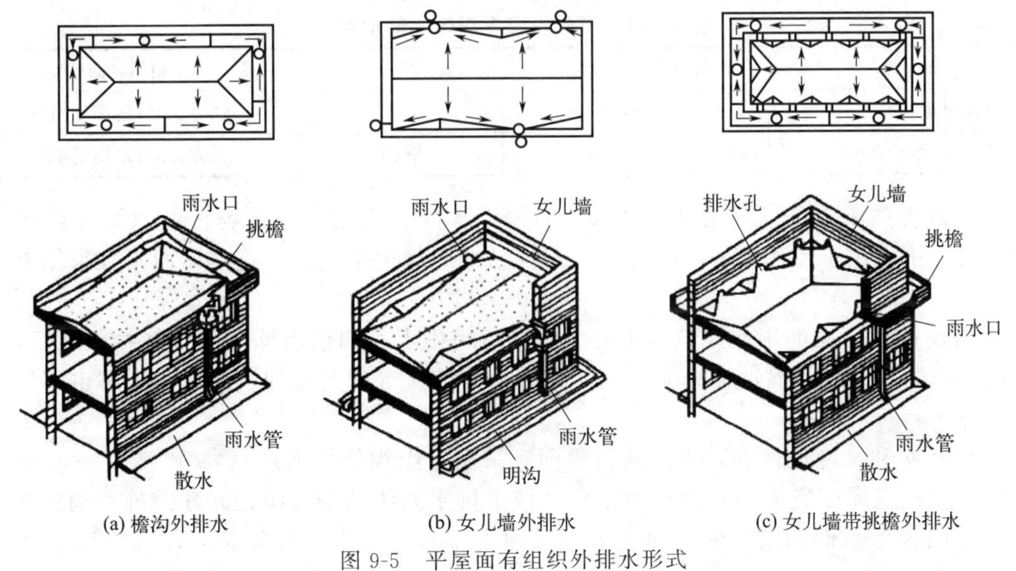

图9-5 平屋面有组织外排水形式

b. 内排水。内排水是屋顶雨水由设在室内的落水管排到地下排水系统的排水方式。这种排水方式构造复杂，造价及维修费用高，而且落水管占室内空间，一般适用于大跨度建筑、高层建筑、严寒地区的建筑及对立面有特殊要求的建筑，如图 9-6 所示。

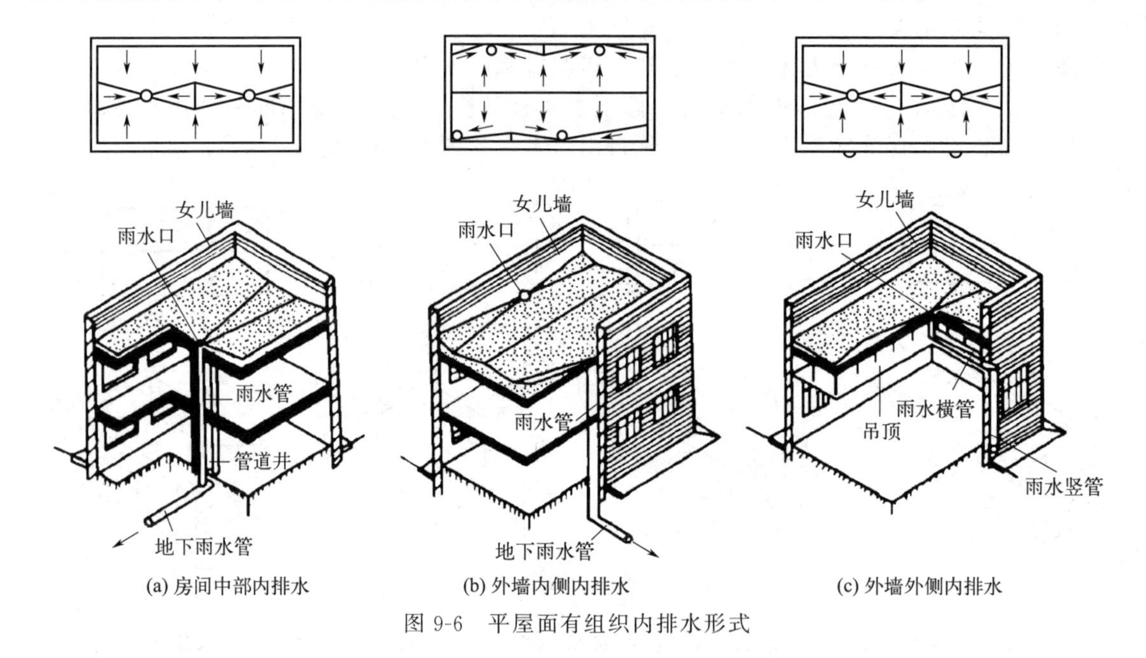

图 9-6 平屋面有组织内排水形式

c. 内外排水。结合外排水、内排水两种形式进行排水的一种屋面排水形式。如多跨厂房因相邻两坡屋面相交，故只能采用天沟内排水的方式排出屋面雨水；而位于两端的天沟则宜采用外排水的方式将屋面雨水排出室外。

③ 排水方式的选择。屋面排水方式的选择，应根据建筑物屋面形式、气候条件、使用功能、质量等级等因素确定。一般可遵循下述原则进行选择：

a. 低层建筑及檐高小于 10m 的屋面，可采用无组织排水。

b. 符合表 9-1 中任一情况时应采用有组织排水。

表 9-1 应采用有组织排水的情况

地区	檐口离地高度/m	天窗跨度/m	相邻屋面
年降雨量≤900mm	8～10	9～12	高差≥4m 的高处檐口
年降雨量≥900mm	5～8	6～9	高差≥3m 的高处檐口

c. 积灰多的屋面应采用无组织排水。如铸工车间、炼钢车间这类工业建筑在生产过程中散发大量粉尘积于屋面，下雨时被冲进天沟易造成管道堵塞，故这类屋面不宜采用有组织排水。

d. 有腐蚀性介质的工业建筑也不宜采用有组织排水。如铜冶炼车间、某些化工厂房等，生产过程中散发的大量腐蚀性介质，会使铸铁落水装置等遭受侵蚀，故这类厂房也不宜采用有组织排水。

e. 除严寒和寒冷地区外，多层建筑屋面宜采用有组织外排水。

f. 高层建筑屋面宜采用有组织内排水，便于排水系统的安装维护和建筑外立面的美观。

g. 多跨及汇水面积较大的屋面宜采用天沟内排水，天沟找坡较长时，宜采用中间内排水和两端外排水。

h. 暴雨强度较大地区的大型屋面，宜采用虹吸式有组织排水系统。

i. 湿陷性黄土地区宜采用有组织排水，并应将雨雪水直接排至排水管网。

(2) 屋顶有组织排水设计

在进行屋面有组织排水设计时，除了应符合现行国家标准《建筑给水排水设计规范》(GB 50015—2019) 的有关规定外，还需注意下述事项：

① 划分排水区域。在屋面排水组织设计时，首先应根据屋面形式、屋面面积、屋面高低层的设置等情况，将屋面划分成若干排水区域，根据排水区域确定屋面排水线路，排水线路的设置应在确保屋面排水通畅的前提下，做到长度合理。

② 确定排水坡面的数目及排水坡度。屋面流水线路不宜过长，因而对于屋面宽度较小的建筑可采用单坡排水；但屋面宽度较大，如 12m 以上时宜采用双坡排水，如图 9-7 所示。坡屋面则应结合其造型要求，选择单坡、双坡或四坡排水。

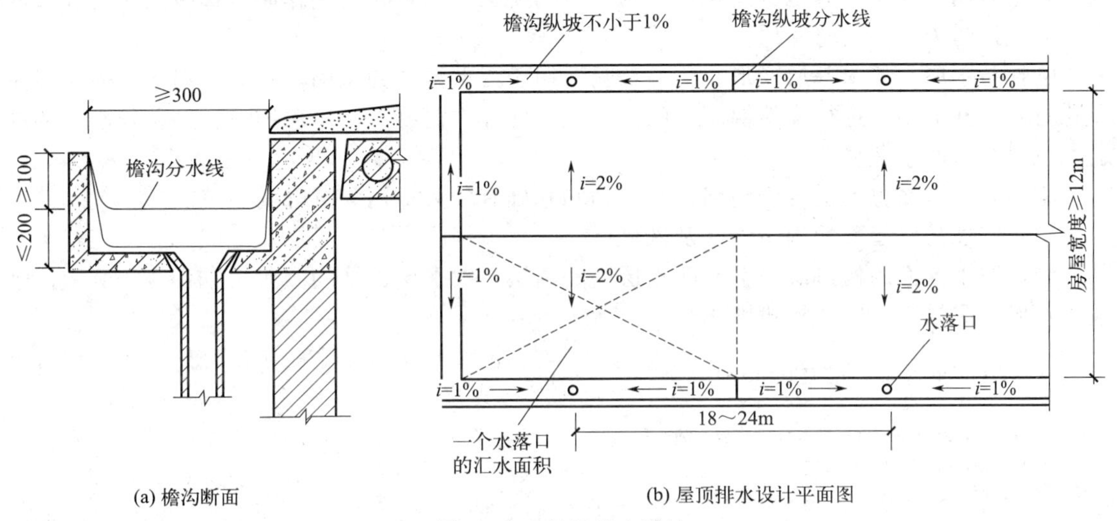

(a) 檐沟断面 (b) 屋顶排水设计平面图

图 9-7 有组织排水设计

对于普通的平屋面，采用结构找坡时其排水坡度通常不应小于 3%，而采用材料找坡时其坡度宜为 2%。对于其他类型的屋面，则根据类别确定合理的排水坡度，如蓄水隔热屋面的排水坡度不宜大于 0.5%，架空隔热屋面的排水坡度不宜大于 5%。

③ 确定檐沟、天沟断面大小及纵向坡度。檐沟、天沟的功能是汇集和迅速排除屋面雨水，故其断面大小应恰当，沟底沿长度方向应设纵向排水坡度。

檐沟、天沟的断面，应根据屋面汇水面积的雨水流量经计算确定。当采用重力式排水时，通常每个水落口的汇水面积宜为 150～200m^2。为了便于屋面排水和防水层的施工，钢筋混凝土檐沟、天沟的净宽不应小于 300mm；分水线处最小深度不应小于 100mm，如深度过小，则雨水易由天沟边溢出，导致屋面渗漏；同时，为了避免排水线路过长，沟底水落差不得超过 200mm，如图 9-7(a) 所示。

为了避免沟底凹凸不平或倒坡，造成沟中排水不畅或积水，对于采用材料找坡的钢筋混凝土檐沟、天沟内的纵向坡度不应小于 1%；对于采用结构找坡的金属檐沟、天沟内的纵向坡度宜为 0.5%。

④ 落水管的规格及间距。落水管根据材料分为铸铁、塑料、镀锌铁皮、钢管等多种，根据建筑物的耐久等级加以选择。

最常采用的是塑料和铸铁落水管，其管径有 75mm、100mm、125mm、150mm、200mm 等规格，具体管径大小需经过计算确定，一般情况下水落口间距不宜超过 24m。

图 9-7(b) 屋面采用双坡排水、檐沟外排水方案，排水分区为交叉虚线所示范围，该范围也是每个落水口和落水管所担负的排水面积。天沟的纵坡坡度为 1%，箭头指示沟内的水流方向，两个落水管的间距宜控制在 18～24m。

9.2 平屋顶构造

9.2.1 刚性防水屋面

刚性防水屋面是指用细石混凝土做防水层的屋面。刚性防水屋面的主要优点是构造简单、施工方便、造价较低；缺点是易开裂，对气温变化和屋面基层变形的适应性较差，所以刚性防水多用于我国南方地区防水等级为Ⅲ级的屋面防水，也可用作防水等级为Ⅰ，Ⅱ级的屋面多道设防中的一道防水层。

刚性防水屋面要求基层变形小，一般只适用于无保温层的屋面，因为保温层多采用轻质多孔材料，其上不宜进行浇筑混凝土的湿作业。此外，混凝土防水层铺设在这种较松软的基层上也很容易产生裂缝。

刚性防水屋面也不适合于高温、有振动和基础有较大不均匀沉降的建筑。

(1) 刚性防水屋面的构造层次及做法

刚性防水屋面的构造层一般有防水层、隔离层、找平层、结构层等，如图 9-8 所示，刚性防水屋面应尽量采用结构找坡。

防水层：40厚C20细石混凝土内配ϕ4 @100～200双向钢筋网片
隔离层：纸筋灰或低强度等级砂浆或干铺油毡
找平层：20厚1:3水泥砂浆
结构层：钢筋混凝土板

图 9-8 刚性防水屋面的构造层次

① 防水层。防水层采用不低于 C20 的细石混凝土整体现浇而成，其厚度不小于 40mm。

为防止混凝土开裂，可在防水层中配直径 4～6mm、间距 100～200mm 的双向钢筋网片，钢筋的保护层厚度不小于 10mm。为提高防水层的抗裂和抗渗性能，可在细石混凝土中掺入适量的外加剂，如膨胀剂、减水剂、防水剂等。

② 隔离层。隔离层位于防水层与结构层之间，其作用是减少结构变形对防水层的不利影响。结构层在荷载作用下产生挠曲变形，在温度变化的作用下产生胀缩变形。由于结构层较防水层厚，刚度相应也较大，结构产生上述变形时容易将刚度较小的防水层拉裂。因此，宜在结构层与防水层间设一隔离层使二者脱开。隔离层可采用铺纸筋灰、低强度等级砂浆，或薄砂层上干铺一层油毡等做法。

③ 找平层。当结构层为预制钢筋混凝土屋面板时，其上应用 1∶3 水泥砂浆做找平层，厚度为 20mm。若屋面板为整体现浇混凝土结构，则可不设找平层。

④ 结构层。结构层一般采用预制或现浇的钢筋混凝土屋面板。结构层应有足够的刚度，以免结构变形过大而引起防水层开裂。

(2) 刚性防水屋面的变形和防止

刚性防水屋面的最严重问题是防水层在施工完成后出现裂缝而漏水。裂缝产生的原因有：气候变化和太阳辐射引起的屋面热胀冷缩；屋面板受力后的挠曲变形；墙身坐浆收缩、地基沉陷、屋面板徐变以及材料收缩等。为了适应防水层的变形，常采用以下几种处理方法。

① 设置分隔缝。分隔缝（又称分仓缝）是一种设置在刚性防水层中的变形缝。

分隔缝应设置在装配式结构屋面板的支承端、屋面转折处、与立墙的交接处，如图 9-9 所示。分隔缝的纵横间距不宜大于 6m。

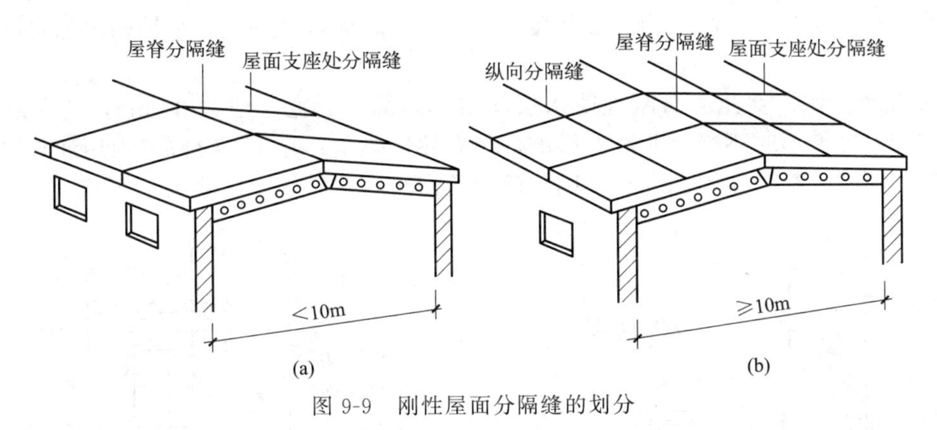

图 9-9　刚性屋面分隔缝的划分

分隔缝的设置：屋脊处应设一纵向分隔缝；横向分隔缝每开间设一道，并与装配式屋面分隔缝设置位置面板的板缝对齐；沿女儿墙四周也应设分隔缝。其他突出屋面的结构物四周均应设置分隔缝，其构造如图 9-10 所示。

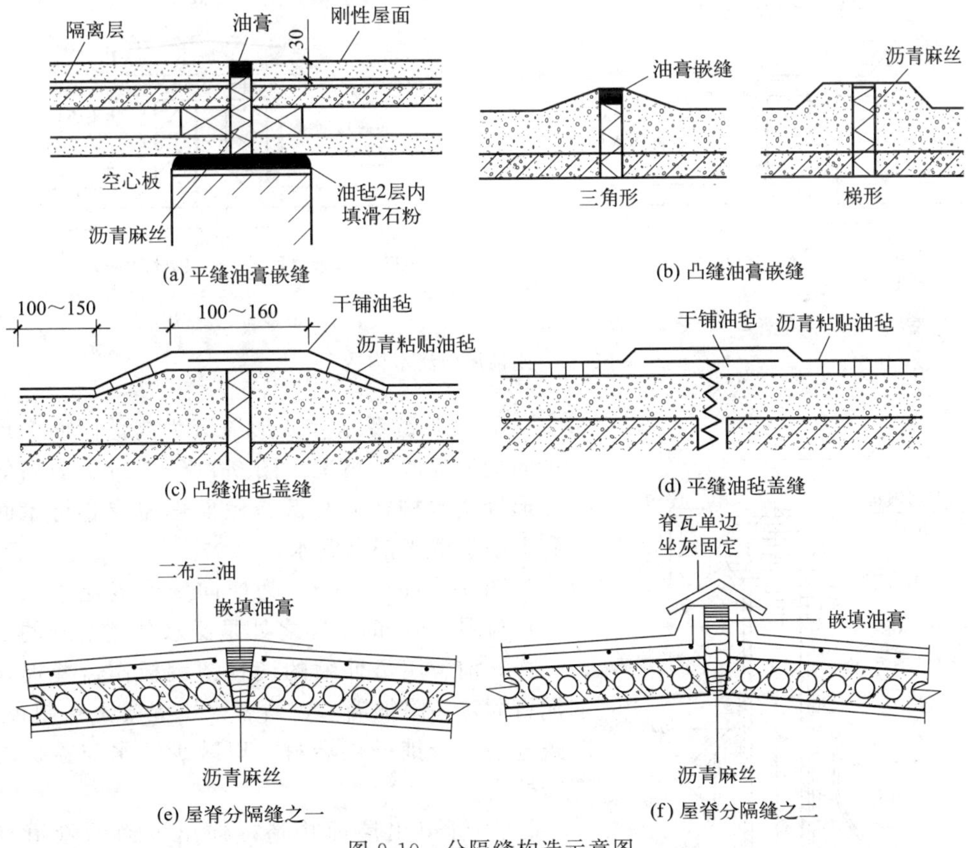

图 9-10　分隔缝构造示意图

② 设置隔离层。在刚性防水层与结构层之间增设一隔离层，使上下分离以适应各自的变形，从而减少由于上下层变化不同而相互制约。刚性防水屋面的隔离层构造如图 9-8 所示。

③ 泛水构造。刚性防水屋面的泛水构造要点与卷材屋面相同的地方是：泛水应有足够高度，一般不小于 250mm，泛水应嵌入立墙上的凹槽内并用压条及水泥钉固定。不同的地方是：刚性防水层与屋面凸出物（女儿墙、烟囱等）间须留分隔缝，另铺贴附加卷材盖缝形成泛水。

a. 女儿墙泛水。女儿墙与刚性防水层间留分隔缝，缝宽一般为 30mm，使混凝土防水层在收缩和温度变形时不受女儿墙的影响，可有效地防止其开裂。分隔缝内用油膏嵌缝，如图 9-11(a) 所示，缝外用附加卷材铺贴至泛水所需高度并做好压缝收头。

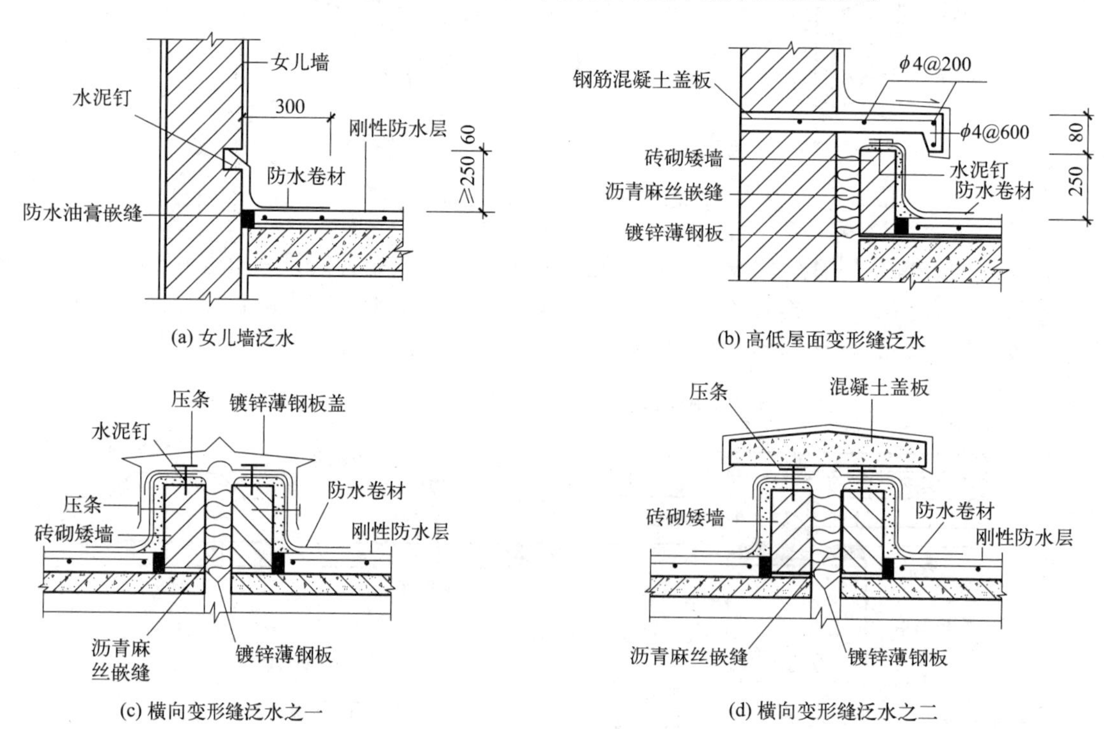

图 9-11　刚性屋面泛水构造

b. 变形缝泛水。变形缝分为高低屋面变形缝和横向变形缝两种情况。图 9-11(b) 所示为高低屋面变形缝泛水构造，其低跨屋面也需像卷材屋面那样砌上附加墙来铺贴泛水。

图 9-11(c)、(d) 为横向变形缝泛水做法。图 (c) 与图 (d) 的不同之处是泛水顶端盖缝的形式不一样，前者用可伸缩的镀锌薄钢板作盖缝板并用水泥钉固定在附加墙上，后者采用混凝土预制板盖缝，盖缝前先干铺一层卷材，以减少泛水与盖板之间的摩擦力。

④ 管道出屋面构造。伸出屋面的管道（如厨房、卫生间等房间的透气管等）与刚性防水层间亦应留设分隔缝，缝内用油膏嵌填，然后用卷材或涂膜防水层在管道周围做泛水，如图 9-12 所示。

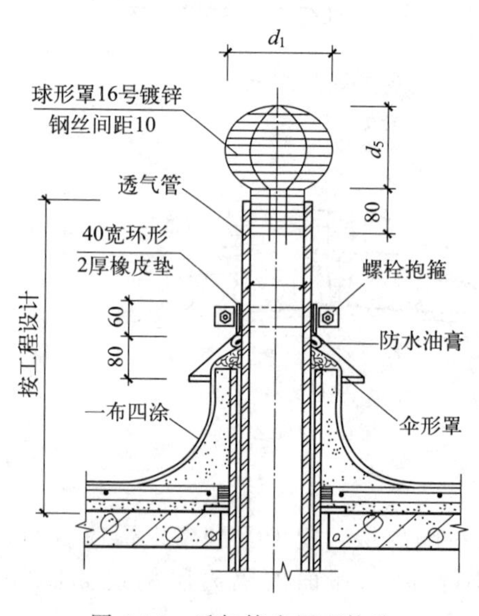

图 9-12　透气管出屋面构造

⑤ 檐口构造。刚性防水屋面常用的檐口形式有

自由落水檐口、挑檐沟外排水檐口、女儿墙外排水檐口、坡檐口等。

当挑檐较短时，可将混凝土防水层直接悬挑出去形成挑檐口，如图9-13(a) 所示。当所需挑檐较长时，为了保证悬挑结构的强度，应采用与屋面圈梁连为一体的悬臂板形成挑檐，如图9-13(b) 所示。在挑檐板与屋面板上做找平层和隔离层后浇筑混凝土防水层，檐口处注意做好滴水。

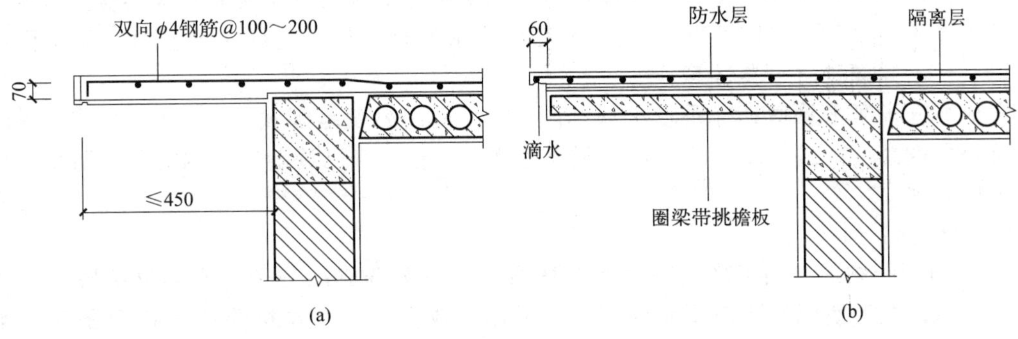

图9-13 挑檐口

挑檐口采用有组织排水方式时，常将檐部做成排水檐沟板的形式，檐沟板的断面为槽形并与屋面圈梁连成整体，如图9-14所示。沟内设纵向排水坡，防水层挑入沟内并做滴水，以防止爬水。

在跨度不大的平屋面中，当采用女儿墙外排水时，常利用倾斜的屋面板与女儿墙间的夹角做成三角形断面天沟，如图9-15所示，其泛水做法与前述做法相同。天沟内也需设纵向排水坡。

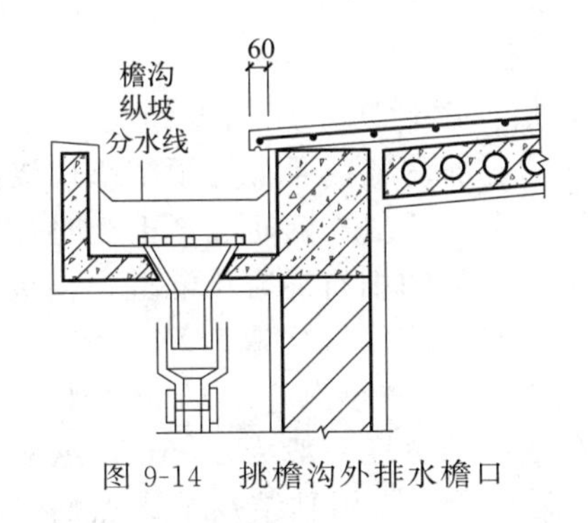

图9-14 挑檐沟外排水檐口

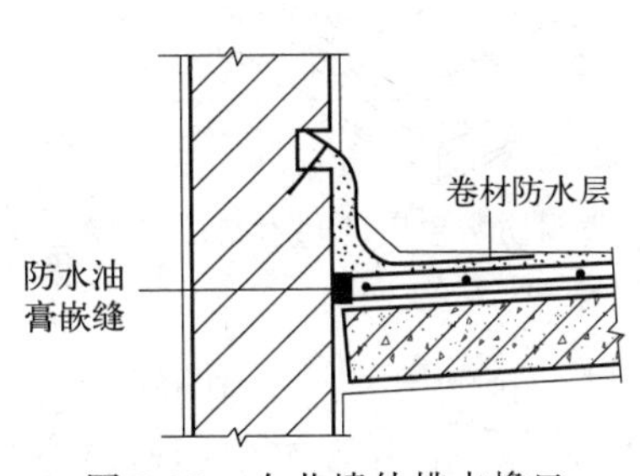

图9-15 女儿墙外排水檐口

9.2.2 卷材防水屋面

卷材防水屋面是利用防水卷材与黏结剂结合，形成连续致密的构造层来防水的一种屋面。由于其防水层具有一定的延伸性和适应变形的能力，又被称作柔性防水屋面。

卷材防水屋面较能适应温度、振动、不均匀沉陷等因素的变化作用，严格遵守施工操作规程能保证防水质量，整体性好，不易渗漏。但施工操作较为复杂，技术要求较高。卷材防水屋面适用防水等级为Ⅰ、Ⅱ级的屋面防水。

(1) 卷材防水材料

① 卷材。目前常见的防水卷材主要有高聚物改性沥青防水卷材和合成高分子防水卷材两大类。

a. 高聚物改性沥青防水卷材。高聚物改性沥青防水卷材是以高分子聚合物改性石油沥青为涂盖层，聚酯毡、玻纤毡或聚酯玻纤复合为胎基，细砂、矿物粉料或塑料膜为隔离材料，制成的防水卷材。厚度一般为3mm、4mm、5mm，以沥青基为主体。如弹性体改性沥青防水卷材（SBS）、塑性体改性沥青防水卷材（APP）、改性沥青聚乙烯胎防水卷材（PEE）、丁苯橡胶改性沥青卷材等。

b. 合成高分子防水卷材。合成高分子防水卷材是以合成橡胶、合成树脂或两者共混为基料，加入适量的助剂和填料，经混炼、压延或挤出等工序加工而成的防水卷材。常见的有三元乙丙橡胶防水卷材（EPDM）、氯化聚乙烯防水卷材、聚氯乙烯防水卷材、氯丁橡胶防水卷材、聚乙烯橡胶防水卷材等。

合成高分子防水卷材具有质量小（$2kg/m^2$），适用温度范围宽（－20～80℃），耐候性好，抗拉强度高（2～18.2MPa），延伸率大等优点，近年来已逐渐在国内的各种防水工程中得到推广应用。

② 卷材胶黏剂。

a. 溶剂型胶黏剂。用于高聚物改性沥青防水卷材和合成高分子防水卷材的胶黏剂主要为各种与卷材配套使用的溶剂型胶黏剂，如适用于改性沥青类卷材的RA-86型氯丁胶黏结剂、SBS改性沥青黏结剂，三元乙丙橡胶卷材所用的聚氨酯底胶基层处理剂、CX-404氯丁橡胶胶黏剂，氯化聚乙烯橡胶卷材所用的LYX-603胶黏剂等。

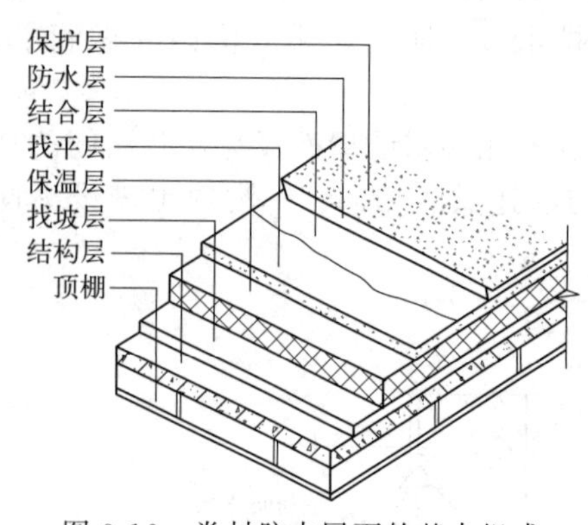

图9-16　卷材防水屋面的基本组成

b. 冷底子油。将沥青稀释溶解在煤油、轻柴油或汽油中制成，涂刷在水泥砂浆或混凝土层面作打底用。

（2）卷材防水构造

卷材防水屋面是由结构层、找坡层、找平层、结合层、防水层、保护层等部分组成的，如图9-16所示。

① 构造层次。

a. 结构层。柔性防水屋面的结构层的主要作用是承担屋顶的全部荷载，通常为预制或现浇的钢筋混凝土屋面板。当为预制式钢筋混凝土板时，应采用强度等级不小于C20的细石混凝土灌缝；当板缝宽度大于40mm时，缝内应设置构造钢筋。

b. 找平层。找平层一般采用1∶3水泥砂浆或1∶8沥青砂浆，为防止找平层变形开裂而波及卷材防水层，宜在找平层中留设分隔缝。分隔缝的宽度一般为20mm，纵横间距不大于6m。分隔缝上面应覆盖一层200～300mm宽的附加卷材，用黏结剂单边点贴，找平层厚度，如表9-2。

表9-2　找平层厚度和技术要求

类别	适用的基层	厚度/mm	技术要求
水泥砂浆	整体现浇混凝土板	15～20	1∶2.5水泥砂浆
	整体材料保温层	20～25	
细石混凝土	装配式混凝土板	30～35	C20混凝土，宜加钢筋网片
	板状材料保温层		C20混凝土

c. 找坡层。当屋面采用材料找坡来形成坡度时，找坡层一般位于结构层之上，采用轻质、廉价的材料，如（1∶6）～（1∶8）的水泥焦渣或水泥膨胀蛭石垫置形成坡度，最薄处的厚度不宜小于30mm。当屋面采用结构找坡时，则不需设置找坡层。

d. 结合层。由于砂浆中水分的蒸发在找平层表面形成小的孔隙和小颗粒粉尘，严重影响了沥青胶与找平层的黏结，因此，在铺贴卷材防水层前，必须在找平层上预先涂刷基层处理剂作结合层。结合层材料应与卷材的材质相适应，采用沥青类卷材和高聚物改性沥青防水卷材时，一般采用冷底子油（所谓冷底子油，就是将沥青溶解在一定量的煤油或汽油中所配成的沥青溶液）作结合层；采用合成高分子防水卷材时，则用专用的基层处理剂作结合层。

e. 防水层。

高聚物改性沥青防水层：高聚物改性沥青防水卷材的铺贴方法有冷粘法及热熔法两种。

高分子卷材防水层：以三元乙丙卷材防水层为例，三元乙丙是一种常用的高分子橡胶防水卷材，其构造做法是先在找平层（基层）上涂刮基层处理剂如 CX-404 胶等，要求薄而均匀，待处理剂干燥不粘手后即可铺贴卷材。卷材一般应由屋面低处向高处铺贴。卷材可平行或垂直于屋脊方向铺贴。

f. 保护层。保护层的目的是保护防水层，使卷材不致因光照和气候等作用迅速老化，防止沥青类卷材的沥青过热流淌或受到暴雨冲刷。保护层的做法根据屋面利用情况而定，不上人时构造做法如图 9-17(a) 所示，上人屋面的保护层构造做法如图 9-17(b) 所示。

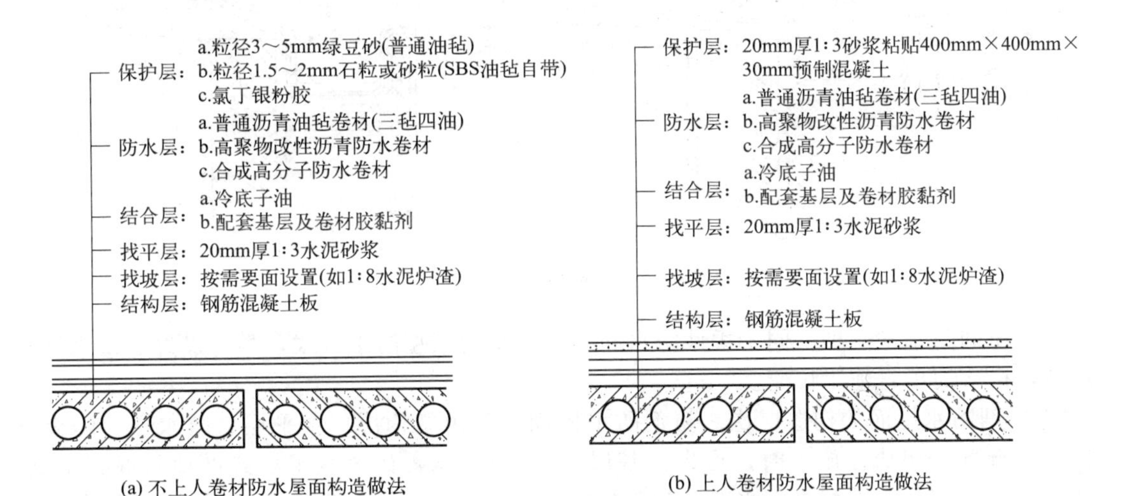

图 9-17　卷材防水屋面构造做法

g. 辅助层。辅助层是为了满足房屋的使用，或提高屋面性能而补充设置的构造层，如保温层、隔热层、隔气层、找坡层等。

为防止水汽进入保温（隔热）层而影响效果，应在保温层下设置隔汽层。

② 细部构造。

a. 泛水构造。泛水指屋面上沿着所有垂直面所设的防水构造，其做法如图 9-18 所示。

b. 挑檐口构造。挑檐口分为无组织排水和有组织排水两种做法，如图 9-19 所示。

c. 水落口构造。水落口是用来将屋面雨水排至雨水管而在檐口处或檐沟内开设的洞口。有组织外排水常用的有檐沟水落口及女儿墙水落口两种形式，有组织内排水的水落口则设在天沟上，构造与外排水檐沟式相同。

9.2.3　粉剂防水和涂膜防水屋面

（1）粉剂防水屋面

粉剂又称拒水粉，是以硬脂酸钙为主要原料，通过特定的化学反应组成的复合型粉状防

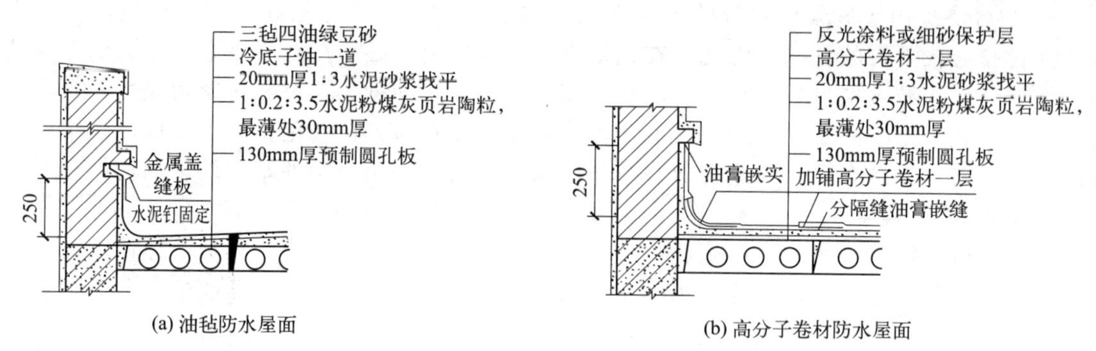

(a) 油毡防水屋面　　(b) 高分子卷材防水屋面

图 9-18　泛水构造做法

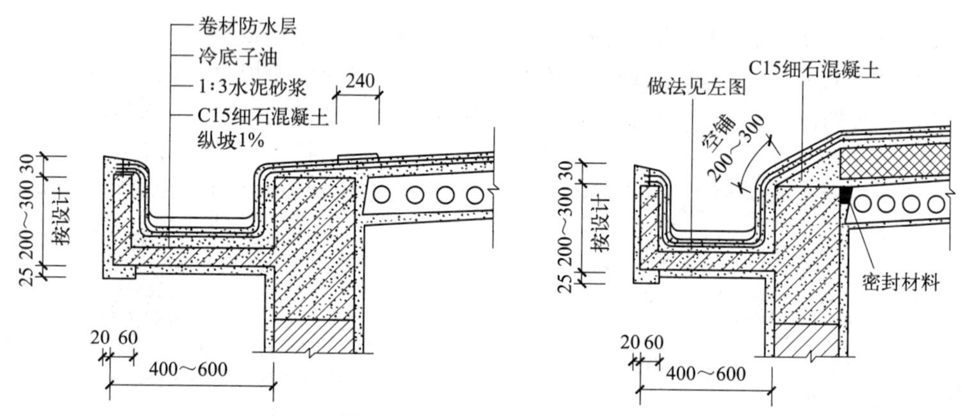

图 9-19　挑檐口的构造做法

水材料。粉剂防水是一种不同于柔性防水和刚性防水的新型防水方式，具有极好的憎水性和随动性，构造简单，施工快捷。

① 粉剂防水屋面的构造层次。粉剂防水屋面一般由结构层、找平层、防水层、隔离层和保护层五部分组成。施工时，可先在基层上抹 1∶3 水泥砂浆找平层或做细石混凝土层，再铺厚度为 5～7mm 的建筑拒水粉。为避免保护层施工时，粉剂防水层的整体性受到破坏，常在防水层与保护层之间做一层隔离层，即用成卷的普通纸或无纺布铺盖于防水层上。为避免粉剂防水层在使用过程中受外力作用而破坏，常需在防水层之上做保护层加以保护。保护层材料可分为铺贴类和整浇类两大类。铺贴类常用水泥砖、缸砖、烧结普通砖或预制混凝土板等；整浇类常选用细石混凝土或水泥砂浆。

② 粉剂防水屋面的细部构造。为保证良好的防水效果，当遇到檐口、天沟、变形缝等薄弱部位时，其防水粉应适当加厚。粉剂防水屋面的分隔缝、泛水、檐口等部位的设置原则及细部构造处理与刚性防水屋面大致相同。其细部构造做法如图 9-20 所示。

(2) 涂膜防水屋面

① 涂膜防水的适用范围。涂膜防水屋面又称涂料防水屋面，是指用可塑性和黏结力较强的高分子防水涂料，直接涂刷在屋面基层上形成一层不透水的薄膜层以达到防水目的的一种屋面做法，其构造如图 9-21 所示。

② 涂膜防水屋面的分类

a. 氯丁胶沥青防水涂料屋面。氯丁胶沥青防水涂料以氯丁胶乳和石油沥青为主要原料，选用阳离子乳化剂和其他助剂，经软化和乳化而成，是一种水乳型涂料。

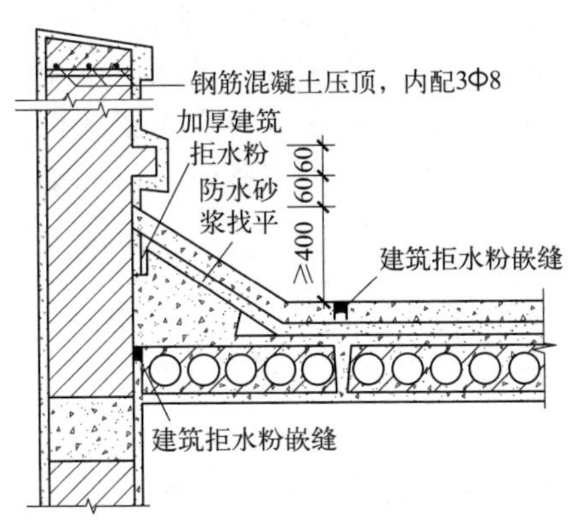

(a) 泛水构造

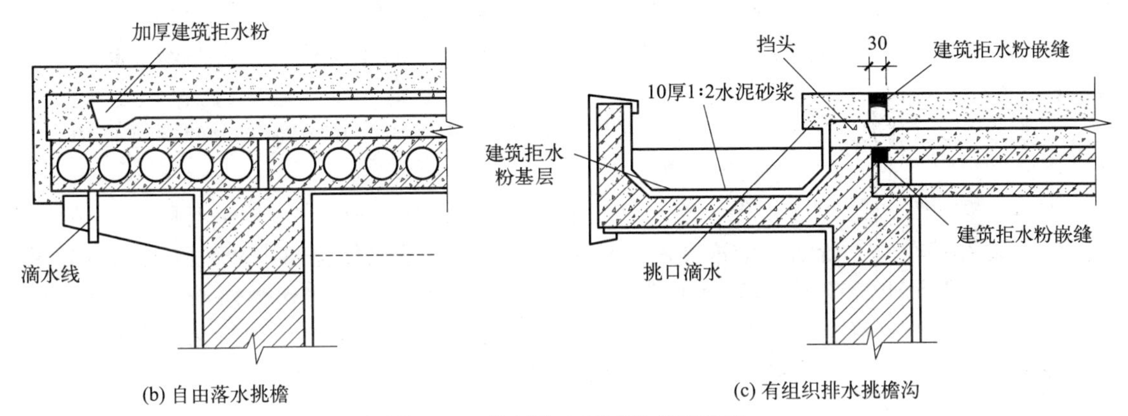

(b) 自由落水挑檐　　(c) 有组织排水挑檐沟

图 9-20　粉剂防水屋面的细部构造

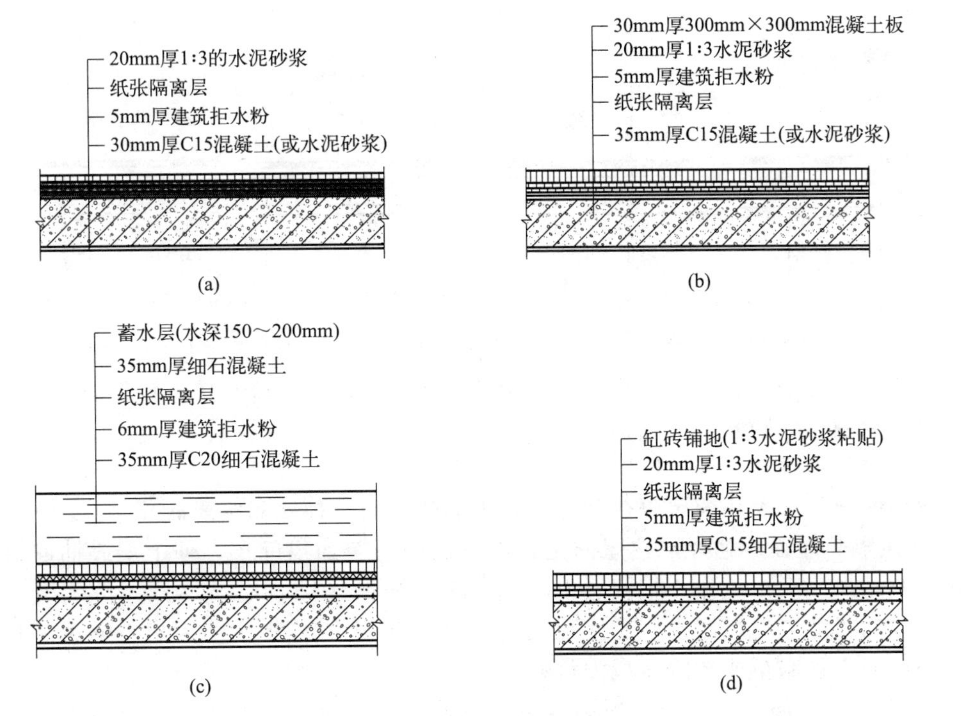

图 9-21　涂膜防水屋面构造做法

b. 焦油聚氨酯防水涂料屋面。焦油聚氨酯防水涂料又名 851 涂膜防水胶，做法是：将找平以后的基层面吹扫干净，待其干燥后，用配制好的涂液（甲、乙两液的质量比为 1：2）均匀涂刷在基层上。不上人屋面可待涂层干后在其表面刷银灰色保护涂料；上人屋面在最后一遍涂料未干时撒上绿豆砂，三天后在其上做水泥砂浆或浇混凝土贴地砖的保护层。

9.2.4 平屋面的保温与隔热

屋面作为建筑物最顶部的围护构件，应能够减少外界气候对建筑物室内带来的影响，为此，应在屋面设置相应的保温隔热层。

（1）平屋面的保温

保温层的构造方案和材料做法需根据使用要求、气候条件、屋面的结构形式、防水处理方法等因素来具体考虑确定。

① 保温材料。屋面保温应选用轻质、多孔、导热系数小且有一定强度的材料。

② 保温层的位置。根据屋面结构层、防水层和保温层的相对位置，可归纳为以下几种情况：

a. 保温层设在防水层之下、结构层之上。这种形式构造简单，施工方便，是目前应用最广泛的形式之一，如图 9-22(a) 所示。

b. 保温层与结构层结合。保温层与结构层结合的做法有三种：一是保温层设在槽形板的下面，如图 9-22(b) 所示，但这种做法易使室内的水汽进入保温层中从而降低保温效果；二是保温层放在槽形板朝上的槽口内，如图 9-22(c) 所示；三是将保温层与结构层融为一体，如配筋的加气混凝土屋面板，这种构件既能承重，又有保温效果，简化了屋面构造层次，施工方便，但屋面板的强度低，耐久性差，如图 9-22(d) 所示。

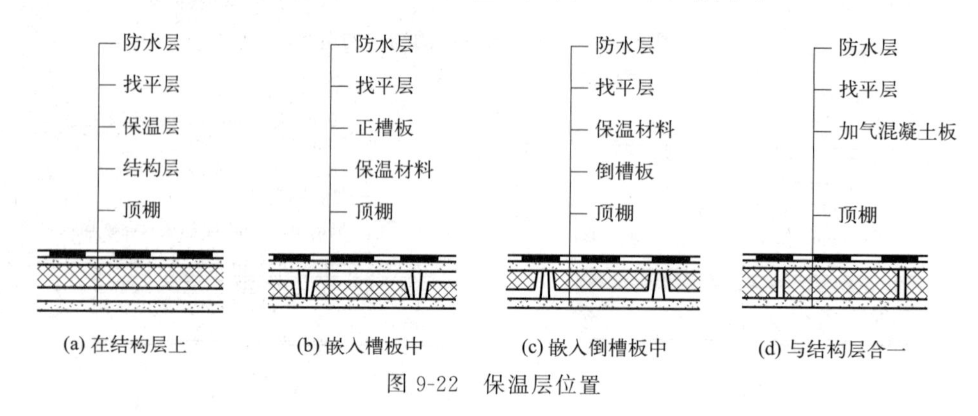

图 9-22 保温层位置

c. 保温层设置在防水层之上，又称倒铺保温层。使用倒铺保温层时，保温材料需选择不吸水、耐气候性强的材料，如聚氨酯或聚苯乙烯泡沫塑料保温板等有机保温材料。其构造层次顺序为保温层、防水层、结构层。

（2）平屋面的隔热

平屋面的隔热可采用通风隔热屋面、蓄水隔热屋面、种植隔热屋面等。

① 通风隔热屋面。通风隔热屋面是指在屋面中设置通风间层，使上层表面起遮挡阳光的作用，利用风压和热压作用把间层中的热空气不断带走，以减少传到室内的热量，从而达到隔热降温的目的。通风层设在防水层之上，其做法很多，图 9-23 为架空通风隔热屋面构造，其中以架空预制板或大阶砖最为常见。

② 蓄水隔热屋面。蓄水隔热屋面是指在屋面蓄积一层水，利用水蒸发时需要大量的汽

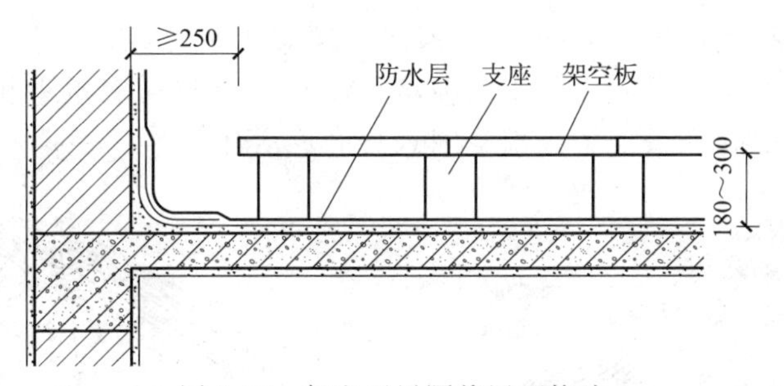

图 9-23 架空通风隔热屋面构造

化热，从而大量消耗屋面的太阳辐射热，以减少屋面吸收的热能，从而达到降温隔热目的。同时，屋面蓄水还可以反射阳光，减少阳光辐射对屋面的热作用。蓄水隔热屋面传热示意如图 9-24 所示。

③ 种植隔热屋面。种植隔热屋面是在平屋面上种植植物，借助栽培介质隔热。利用植物吸收阳光进行光合作用和遮挡阳光的双重作用来达到降温隔热的目的。近年来，随着人们绿化、美化、环保意识的增强，种植隔热屋面受到重视，而且由于种植隔热屋面的隔热效果优于架空隔热屋面和蓄水屋面，又有一定的保温能力，发展前景较好，如图 9-25 所示。

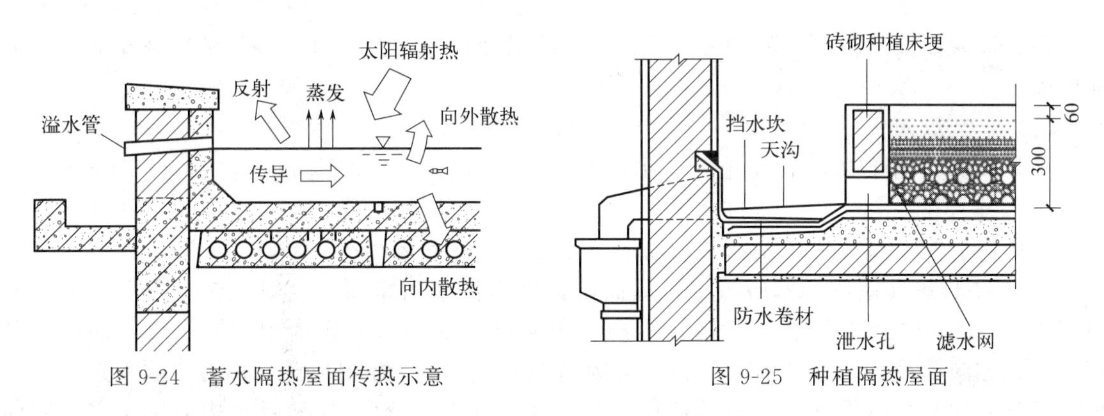

图 9-24 蓄水隔热屋面传热示意　　图 9-25 种植隔热屋面

9.3 坡屋顶构造

9.3.1 坡屋顶的承重结构

坡屋顶一般由承重结构和屋面面层两部分组成，必要时还有保温层、隔热层及顶棚等。承重结构主要承受屋面荷载并把它传到墙或柱上，一般有椽子、檩条、屋架或大梁等。坡屋顶的承重结构一般由椽子、檩条、屋架或大梁等组成。其结构类型有横墙承重、屋架承重等。

(1) 横墙承重

横墙承重又称硬山搁檩，也就是先将横墙顶部按屋面坡度大小砌成三角形，在墙上直接搁置檩条或钢筋混凝土屋面板支承屋面传来的荷载，如图 9-26 所示。其具有构造简单、施工方便、节约木材、有利于防火和隔声等优点，但房屋开间尺寸受到一定限制。其适用于住宅、办公楼、旅馆等开间较小的建筑。

(2) 屋架承重

屋架是由多个杆件组合而成的承重桁架，可用木材、钢材、钢筋混凝土制作，形状有三角形、梯形、拱形、折线形等，如图 9-27 所示。屋架支承在纵向外墙或柱上，上面搁置的檩条或钢筋混凝土屋面板承受屋面传来的荷载。屋架承重与横墙承重相比，可以省去横墙，使房屋内部有较大的空间，增加了内部空间划分的灵活性。

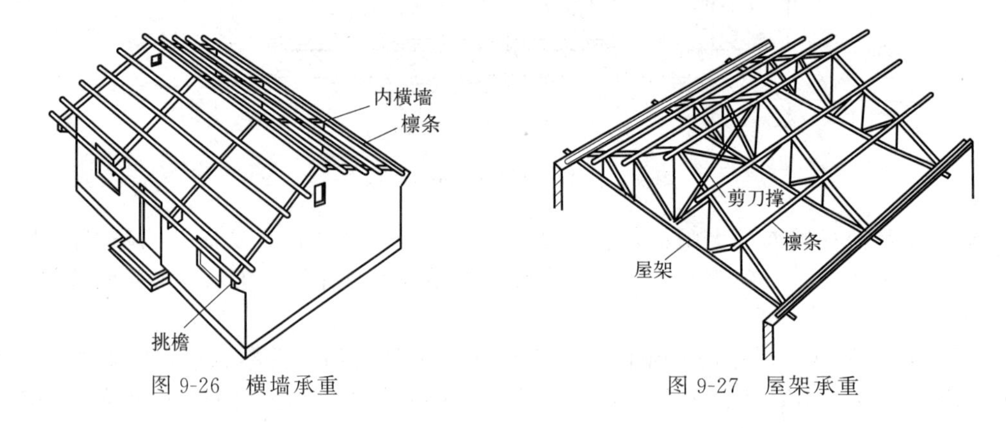

图 9-26 横墙承重　　图 9-27 屋架承重

9.3.2 坡屋面的构造

根据坡屋面面层防水材料的种类不同，可将坡屋面划分为平瓦屋面、油毡瓦屋面、波形瓦屋面等。

(1) 平瓦屋面

平瓦又称机制平瓦，有黏土瓦、水泥瓦、琉璃瓦等，一般尺寸为长 380～420mm，宽 240mm，净厚 20mm，适用于排水坡度为 20%～50%的坡屋面。根据基层的不同做法，平瓦屋面的构造有木望板平瓦屋面和钢筋混凝土挂瓦板平瓦屋面等。

① 木望板平瓦屋面。木望板平瓦屋面也称屋面板平瓦屋面，一般先在檩条上平铺一层厚度为 15～20mm 的木望板，然后在木望板上满铺一层油毡，作为辅助防水层。油毡可平行于屋脊方向铺设，从檐口铺到屋脊，搭接不小于 80mm，并用板条（称为“顺水条”）钉牢，板条方向与檐口垂直，上面再钉挂瓦条，如图 9-28 所示。这种屋面构造层次多，屋面的防水、保温效果好，应用最为广泛。

② 钢筋混凝土挂瓦板平瓦屋面。挂瓦板是将檩条、木望板以及挂瓦条等结合为一体的钢筋混凝土预制构件，其断面形式有双 T 形（双肋板）、单 T 形（单肋板）和 F 形（F 形板）三种。挂瓦板直接搁置在横墙或屋架之上，板上直接挂瓦，如图 9-29 所示。这种屋面构造简单，施工方便，造价经济，但易渗水，多用于等级较低的建筑。

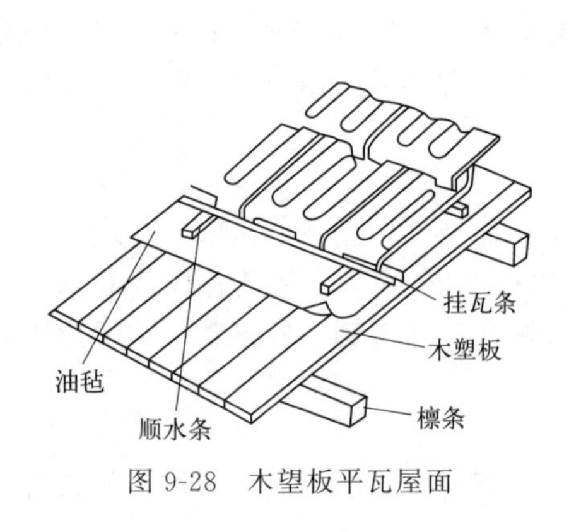

图 9-28 木望板平瓦屋面

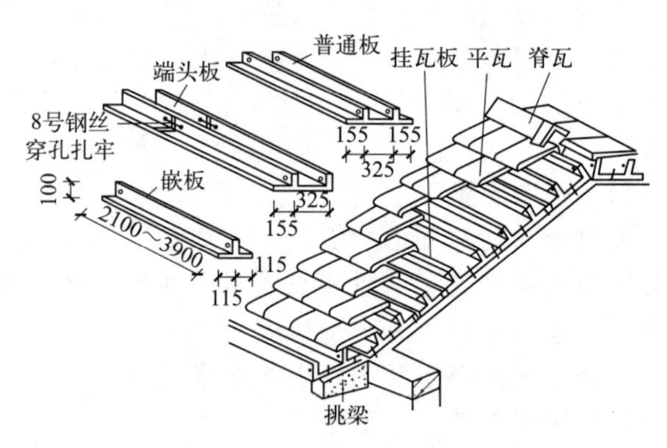

图 9-29 钢筋混凝土挂瓦板平瓦屋面

③ 现浇钢筋混凝土板平瓦屋面。如采用现浇钢筋混凝土屋面板作为屋面的结构层，屋面上应固定挂瓦条挂瓦，或用水泥砂浆等材料固定平瓦。其构造如图 9-30 所示。

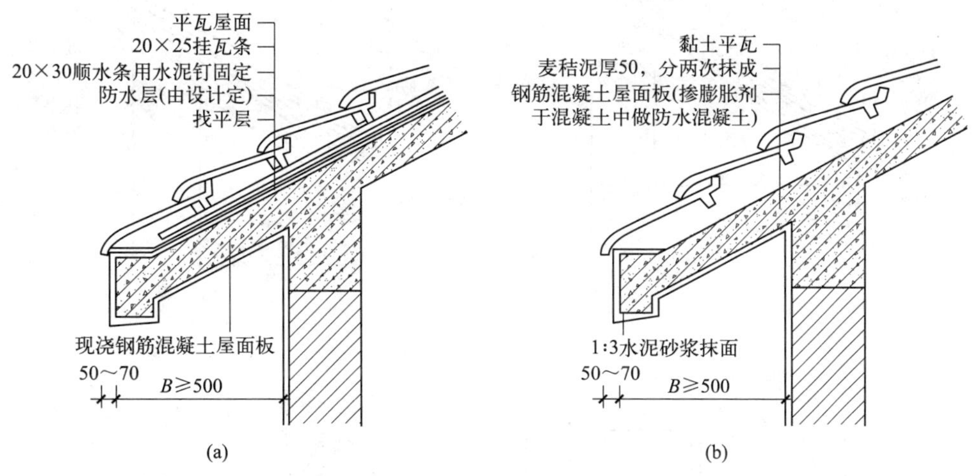

图 9-30 现浇钢筋混凝土板平瓦屋面

(2) 油毡瓦屋面

油毡瓦是指以玻璃纤维为胎基，经浸涂石油沥青后，面层热压各色彩砂，背面撒以隔离材料而制成的瓦状材料，其形状有方形和半圆形两种。油毡瓦具有柔性好、耐酸碱、不褪色、质量轻的优点，适用于坡屋面的防水层或多层防水层的面层。

油毡瓦适用于排水坡度大于 20% 的坡屋面，可铺设在木板基层和混凝土基层的水泥砂浆找平层上。其规格、构造如图 9-31、图 9-32 所示。

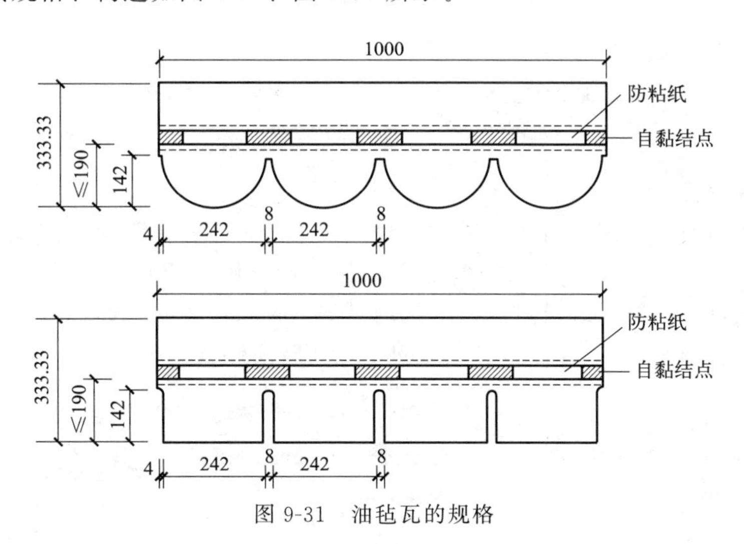

图 9-31 油毡瓦的规格

(3) 波形瓦屋面

波形瓦可用石棉水泥、塑料、玻璃钢和金属等材料制成，其中，以石棉水泥波形瓦应用最多。石棉水泥波形瓦屋面具有质量轻、构造简单、施工方便、造价低廉等优点，但易脆裂，保温隔热性能较差，多用于室内要求不高的建筑。

瓦的上下搭接长度不小于 100mm，左右方向也应满足一定的搭接要求，并应在适当部位去角，以保证搭接处瓦的层数不致过多，如图 9-33 所示。

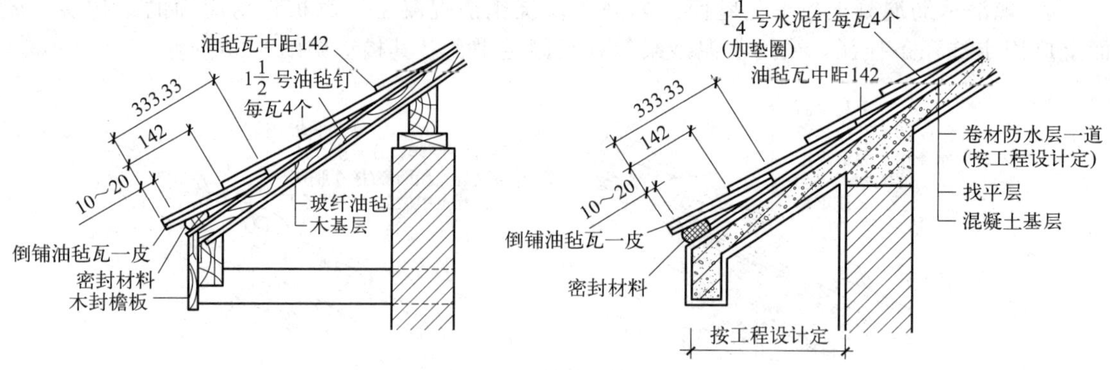

图 9-32 油毡瓦屋面

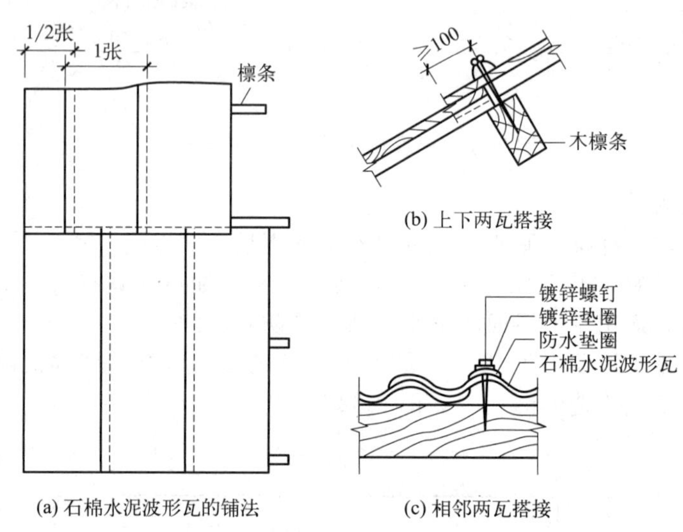

图 9-33 石棉水泥波形瓦屋面

(4) 小青瓦屋面

小青瓦屋面是我国传统民居中常用的一种屋面形式，小青瓦断面呈圆弧形，平面形状为一头较宽，另外一头较窄，尺寸规格各地不一。一般采用木望板、苇箔等做基层，上铺灰泥，灰泥上再铺瓦。小青瓦铺设时，在少雨地区的搭接长度为搭六露四，在多雨地区的搭接长度为搭七露三。图 9-34 所示为几种常见的小青瓦屋面构造。

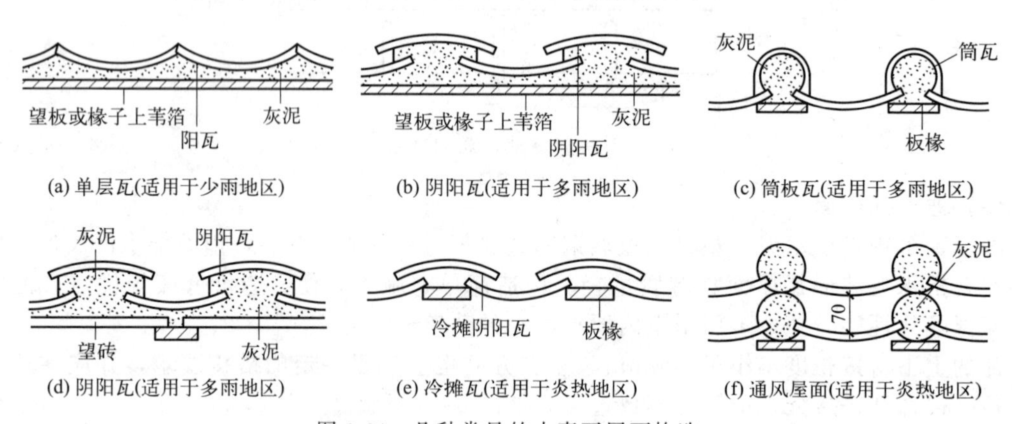

图 9-34 几种常见的小青瓦屋面构造

(5) 压型钢板屋面

压型钢板是将镀锌钢板轧制成型，表面涂刷防腐涂层或彩色烤漆而成的屋面材料，其具有多种规格，有的中间填充了保温材料，成为夹芯板，可提高屋面的保温效果。压型钢板屋面一般与钢屋架配合，可先在钢屋架上固定工字形或槽形檩条，然后在檩条上固定钢板支架。这种屋面具有自重轻、施工方便、装饰性与耐久性强的优点，一般用于对屋面的装饰性要求较高的建筑。

9.3.3　坡屋面的保温与隔热

(1) 坡屋面的保温构造

坡屋面的保温层一般布置在瓦材与条之间或吊顶棚上面。保温材料可根据工程具体要求选用松散材料、块体材料或板状材料。在一般的小青瓦屋面中，采用基层上铺厚厚的黏土稻草泥作为保温层，小青瓦片黏结在该层上。在平瓦屋面中，可将保温材料填充在檩条之间。在设有吊顶的坡屋面中常常将保温层铺设在顶棚上面，可收到保温和隔热双重效果。

(2) 坡屋面的隔热构造

炎热地区在坡屋面中设进气口和排气口，利用屋面内外的热压差和迎风面的压力差，组织空气对流，形成屋面内的自然通风，以减少由屋面传入室内的辐射热，从而达到隔热降温的目的。进气口一般设在檐墙上、屋檐部位或室内顶棚上；出气口最好设在脊处，以增大高差有利加速空气流通。图 9-35 为几种通风屋面的示意图。

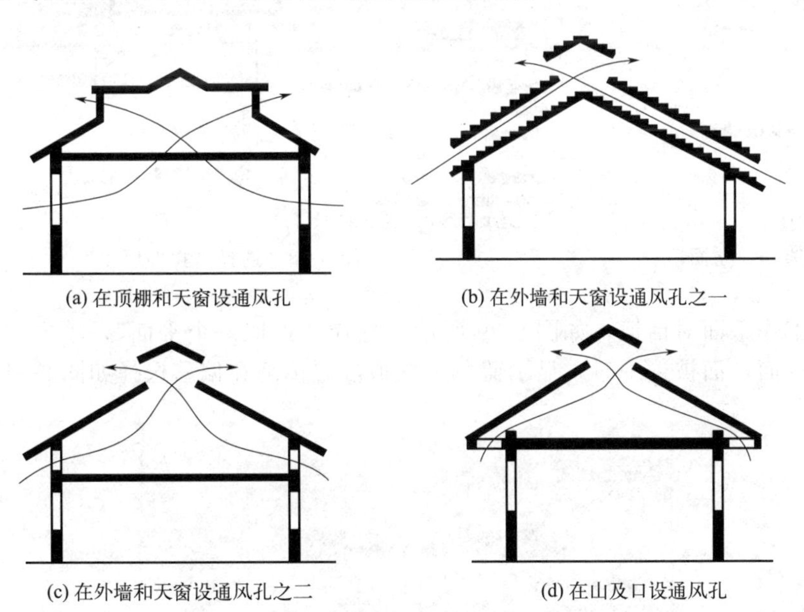

(a) 在顶棚和天窗设通风孔　(b) 在外墙和天窗设通风孔之一

(c) 在外墙和天窗设通风孔之二　(d) 在山及口设通风孔

图 9-35　坡屋面通风示意图

9.4　建筑屋顶的 Revit 建模

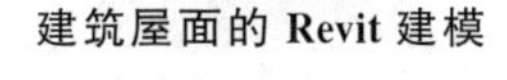

建筑屋面的 Revit 建模

9.4.1　悬山双坡屋顶建模

图 9-36 为一个典型的双坡屋顶，其建模过程如下：

① 单击“文件”，单击“项目”，打开一个已经绘制好墙体的 Revit 文件。

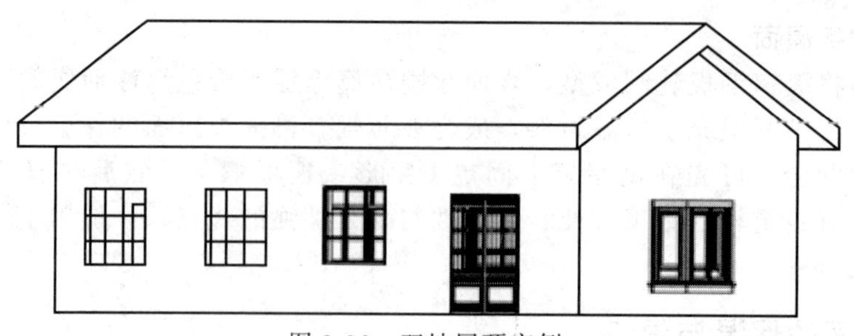

图 9-36 双坡屋顶实例

② 点击 Revit 界面右侧“项目浏览器”下“立面”中“东”，视角将转换到东，如图 9-37 所示。单击“建筑”选项卡，“屋顶”按钮，在下拉框中选择“拉伸屋顶”选项，如图 9-38 所示。

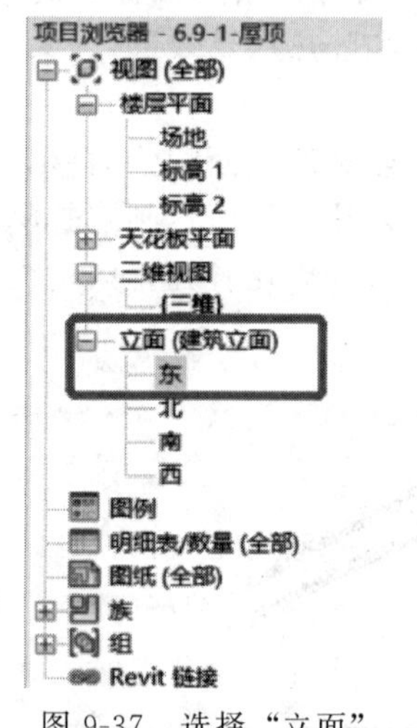

图 9-37 选择“立面”

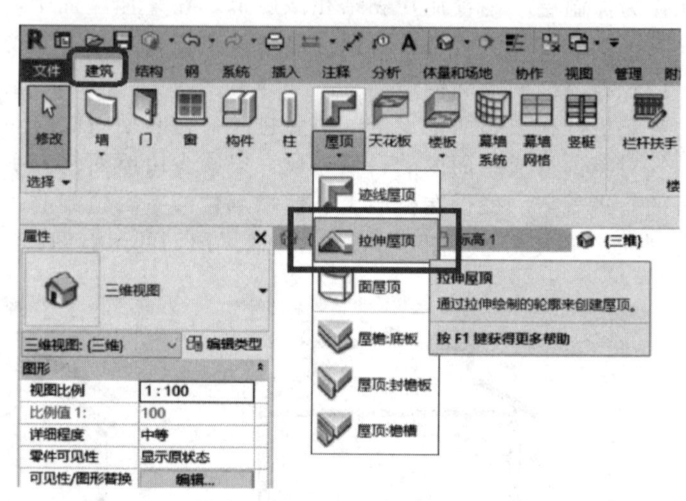

图 9-38 选择“拉伸屋顶”

③ 激活工作平面对话框，如图 9-39 所示，选择“拾取一个平面”，单击“确定”，选择如图 9-40 所示面，面被选中时，显示蓝色。屋顶参照标高和偏移选择如图 9-41 所示。

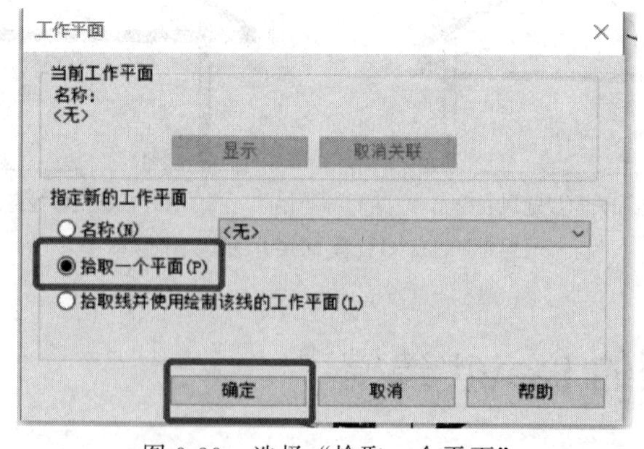

图 9-39 选择“拾取一个平面”

④ 单击“屋顶”的“编辑类型”按钮，“编辑类型”对话框弹出，单击“复制”按钮，并在名称中填写“常规屋顶−400mm”，单击“确定”，如图 9-42 所示。

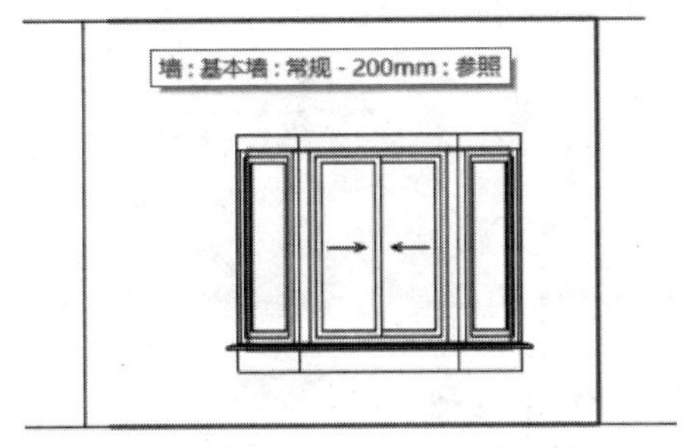

图 9-40　选择立面墙

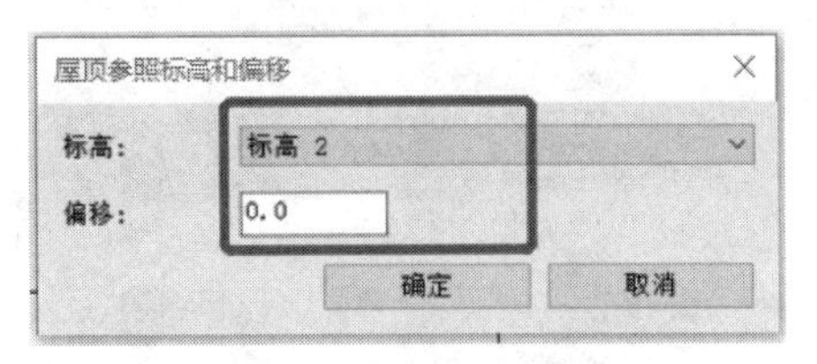

图 9-41　输入偏移值

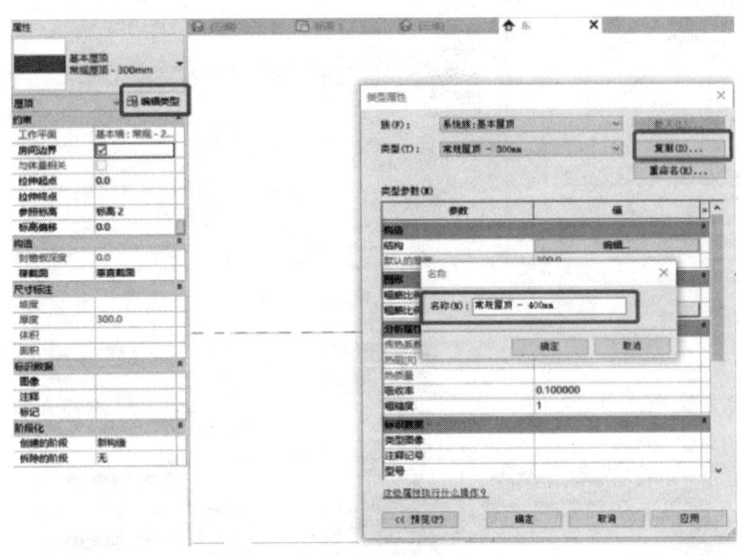

图 9-42　命名屋顶

⑤ 在“属性”对话框中，单击“编辑类型”按钮，“类型属性”对话框被打开，如图 9-43 所示。

⑥ 单击“编辑部件”对话框中“插入”按钮，单击刚刚添加的“结构 [1] ”后面的“按类别”扩展按钮，“材质浏览器”对话框被打开，在材质列表中，选择“屋顶”材质，单击“确定”，并在厚度位置输入“100”，如图 9-44 所示。在下一项材质表中，单击“结构 [1] ”后面的“按类别”扩展按钮，选择“混凝土，预制”，单击“确定”，并在厚度位置输入“300”，如图 9-45 所示，以此来编辑屋顶的材质及厚度。

⑦ 在“修改”选项卡上，选择直线，如图 9-46 所示，绘制拉伸屋顶线，请注意应用镜像指令来绘制，更加准确，如图 9-47 所示。单击“√”后即可生成相应屋顶，如图 9-48 所示。

⑧ 单击“项目浏览器”中“楼层平面”中“标高 2”，转换视角如图 9-49 所示。

⑨ 单击屋顶，进入屋顶编辑状态，调整屋顶宽度，形成双悬山结构。如图 9-50 所示，单击绘图界面空白处，即可生成双悬山屋面。

⑩ 单击“项目浏览器”中“三维视图”中“三维”，视角转换至三维角度，选择东山墙，如图 9-51 所示。在“修改”选项卡中，单击“附着顶部/底部”，如图 9-52 所示。选择墙体附着的屋顶，如图 9-53 所示，即可形成封闭的山墙。西面山墙，也按上步骤操作，可绘制完成悬山双坡屋顶建模，如图 9-54 所示。

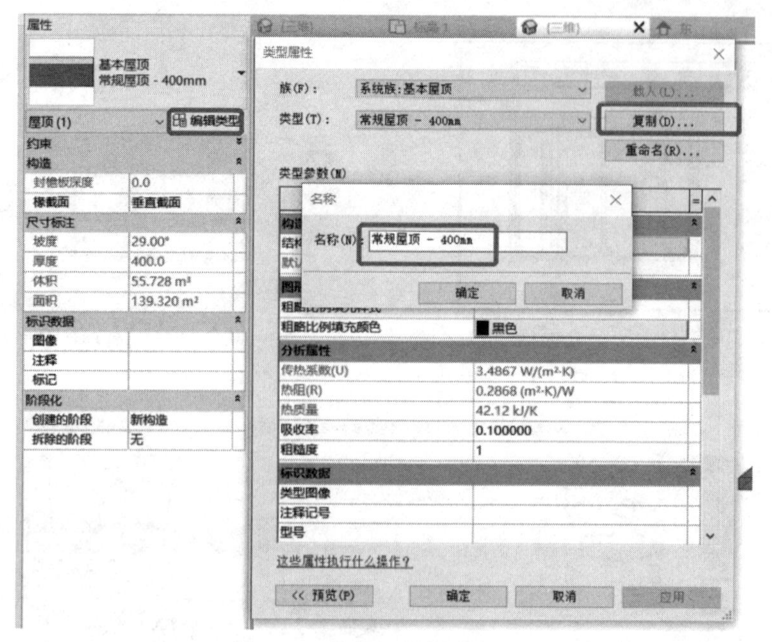

图 9-43 编辑屋顶构造（一）

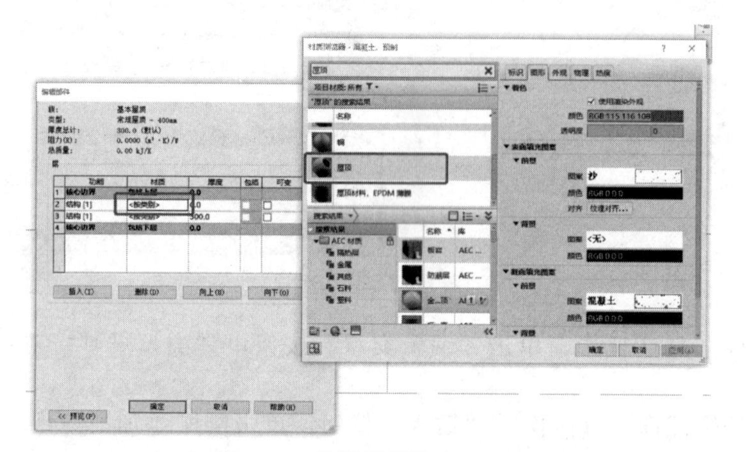

图 9-44 编辑屋顶构造（二）

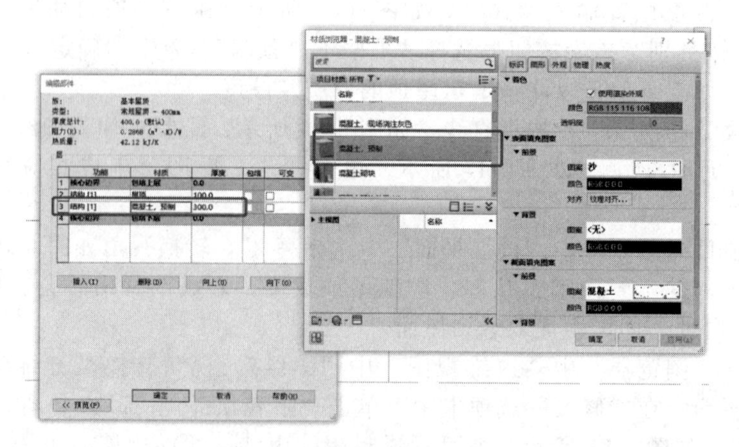

图 9-45 编辑屋顶构造（三）

图 9-46　选择“直线”工具

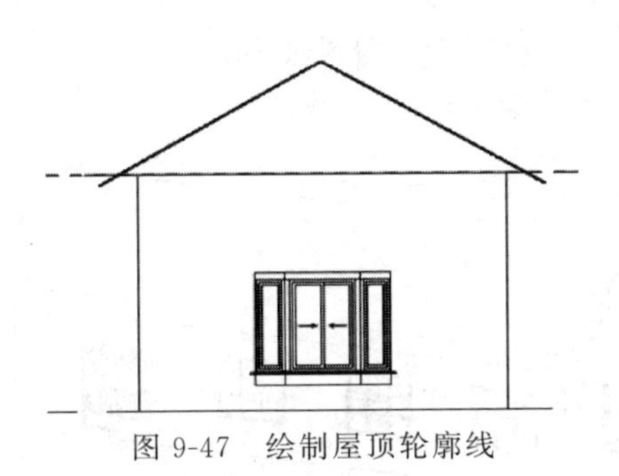

图 9-47　绘制屋顶轮廓线

图 9-48　初步生成屋顶

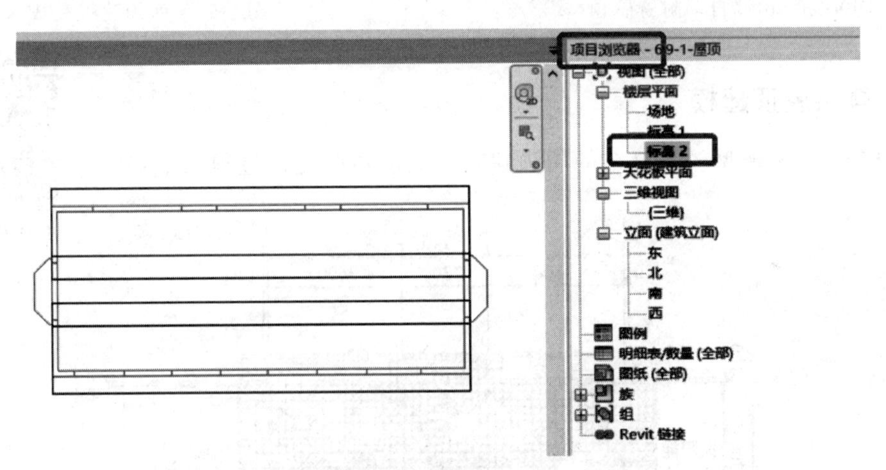

图 9-49　转换视角

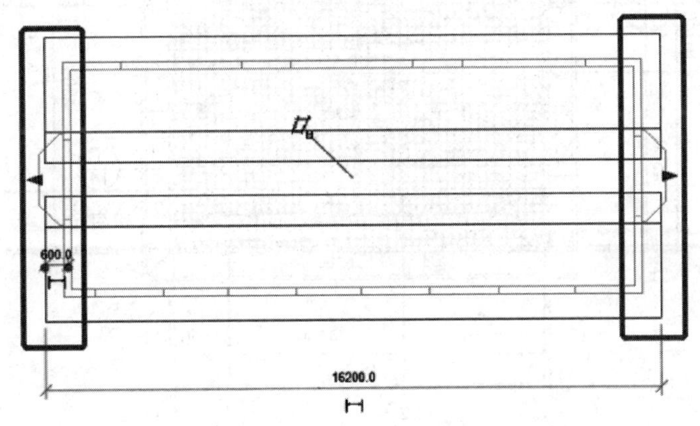

图 9-50　拉伸修改屋顶宽度

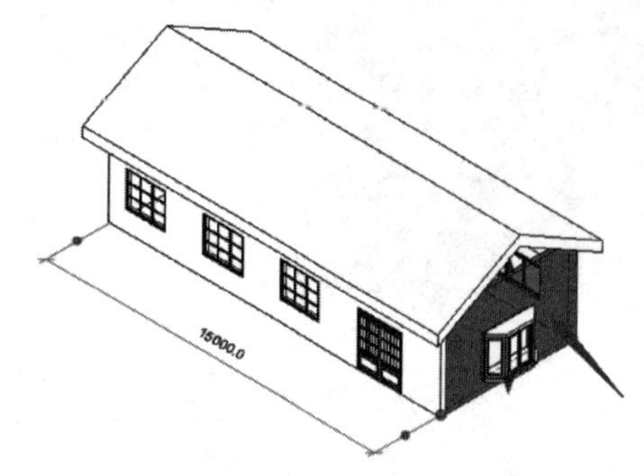

图 9-51 选择东山墙

图 9-52 单击“附着顶部/底部”

图 9-53 山墙自动附着屋顶

图 9-54 屋顶建模完成

9.4.2 复杂屋顶建模

复杂屋顶建模

图 9-55 为一个造型较为复杂的屋顶建筑，其屋顶的建模过程如下：

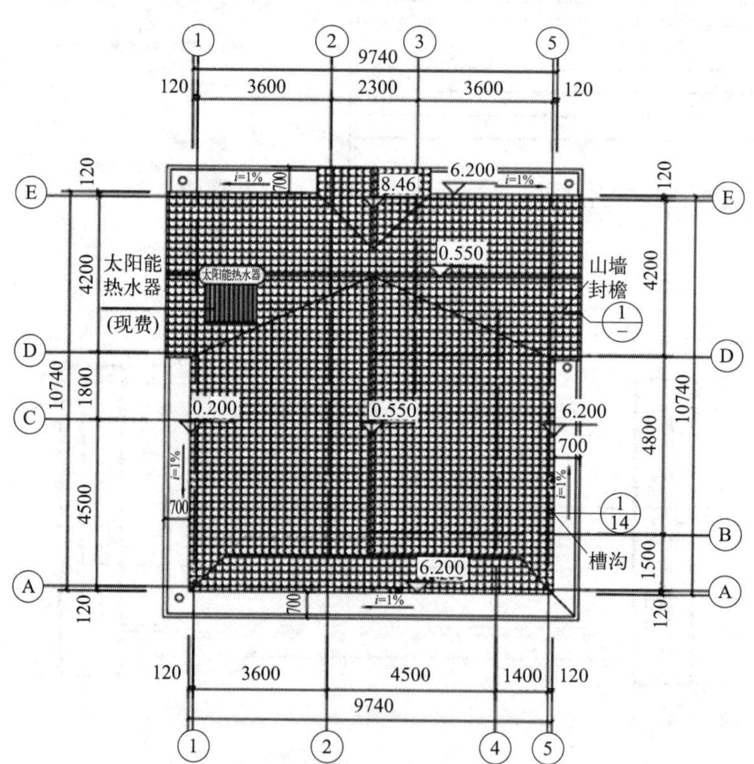

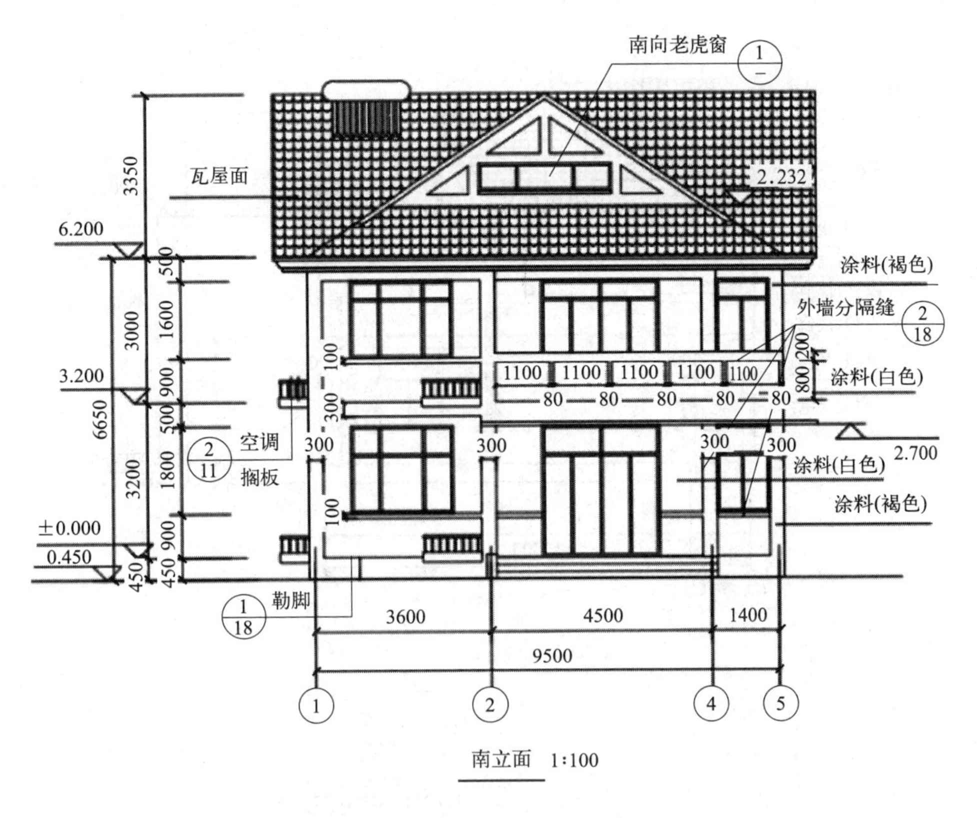

南立面 1:100

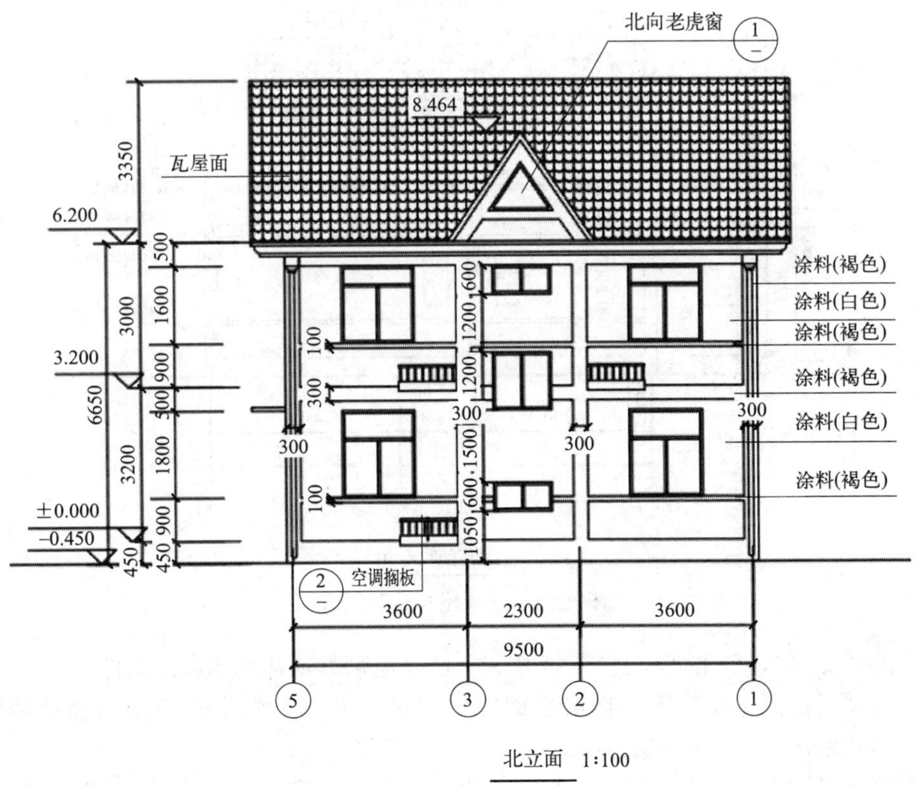

北立面 1:100

图 9-55

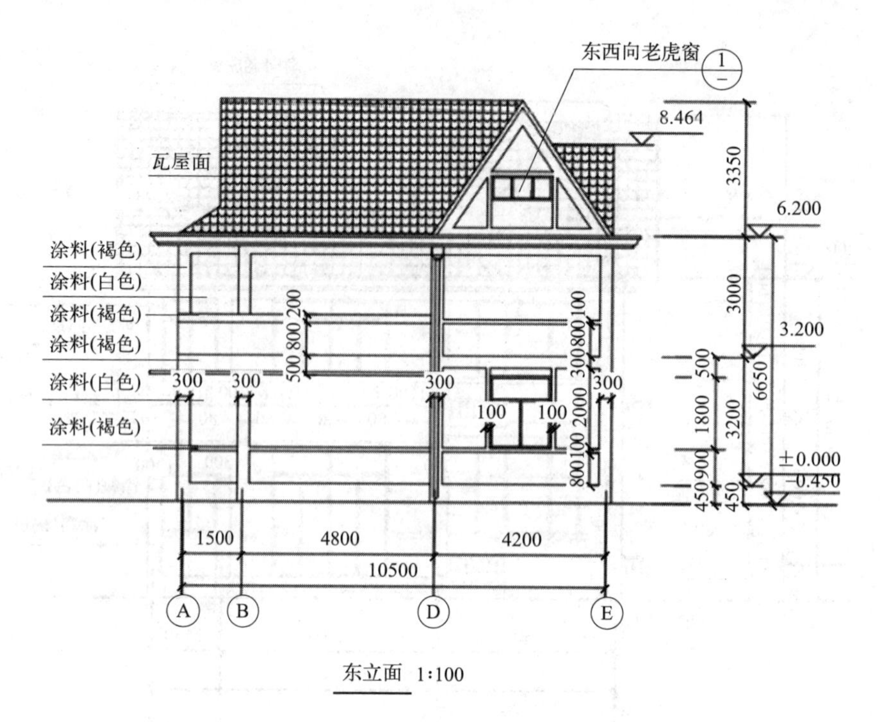

东立面 1:100

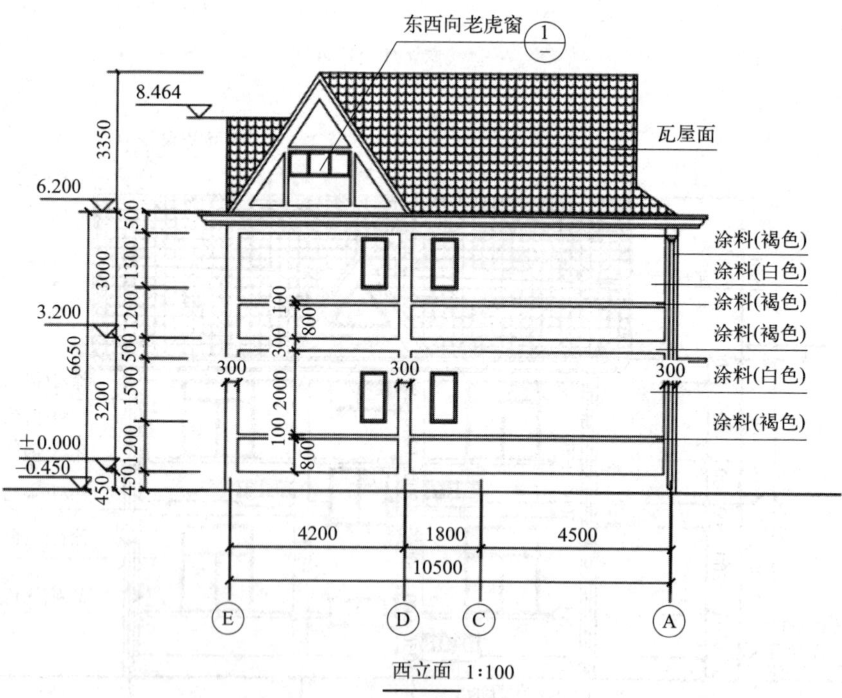

西立面 1:100

图 9-55 复杂屋顶建筑图纸

① 单击“文件”，单击“项目”，打开一个已经绘制好墙体的 Revit 文件。

② 单击“项目浏览器”下“楼层平面”中“建筑 F3”，如图 9-56 绘制辅助轴网线⑥、⑦、⑧。轴网线⑥、⑦、⑧分别为网线①、⑤、Ⓔ偏移 820mm。

③ 视角将保持在“标高 2”，如图 9-57 所示。单击“建筑”选项卡，单击“屋顶”按钮，在下拉框中选择“迹线屋顶”选项，如图 9-58 所示。

④ 单击基本屋顶的“编辑类型”按钮，“编辑类型”对话框弹出，单击“复制”按钮，并在名称中填写“常规屋顶－400mm”，单击“确定”，如图 9-59 所示。

⑤ 在“修改”选项卡上，选择“边界线”，如图 9-60 所示，依据建筑图纸，绘制如图 9-61 所示的屋顶迹线，注意迹线在轴线Ⓑ处绘制横线。

⑥ 依次单击选择如图 9-62 所示屋顶迹线，取消“定义坡度”。

⑦ 在“修改”选项卡上，选择“偏移”，输入“偏移”量“200”，取消“复制”前面的“√”，如图 9-63 所示。依次点击除了压在散水线上的屋顶迹线（请注意单击迹线的外侧），可得到偏移后的屋顶迹线，如图 9-64 所示。

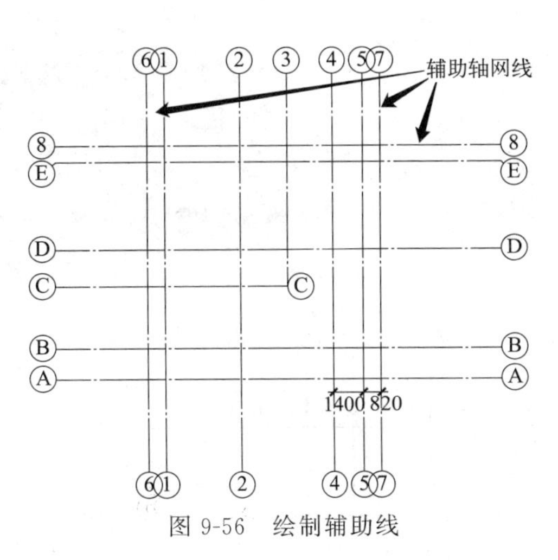

图 9-56 绘制辅助线

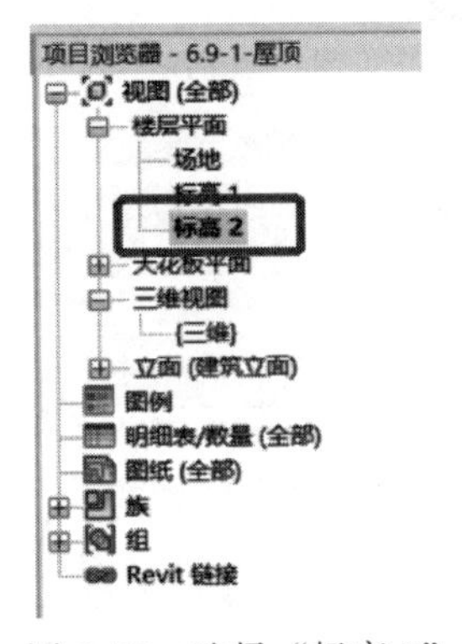

图 9-57 选择“标高 2”

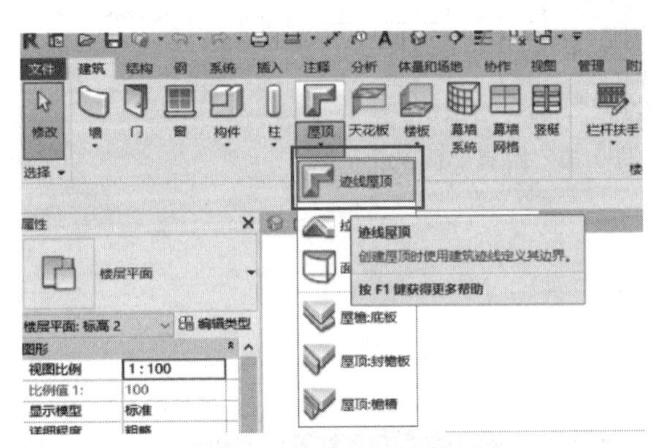

图 9-58 选择“迹线屋顶”

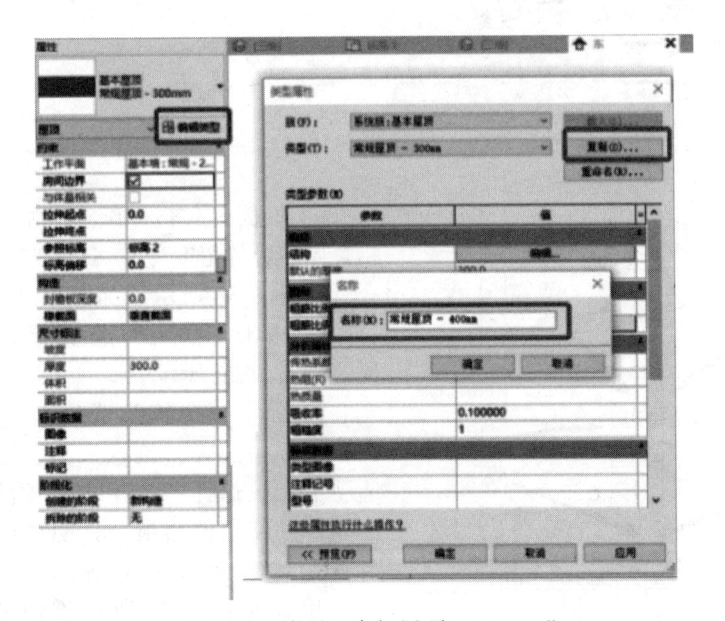

图 9-59 填写“常规屋顶－400mm”

图 9-60　选择“边界线”工具

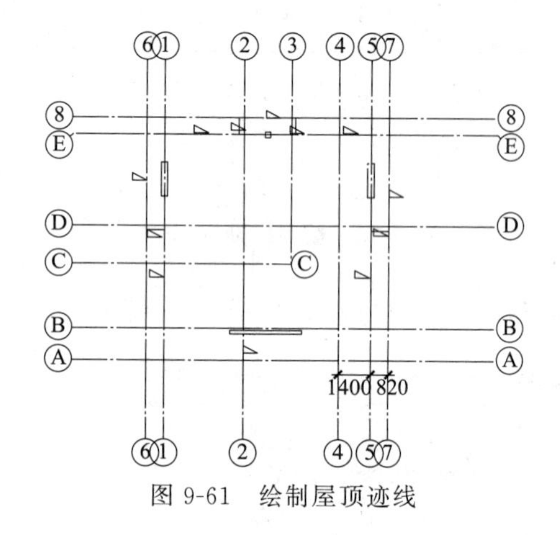

图 9-61　绘制屋顶迹线

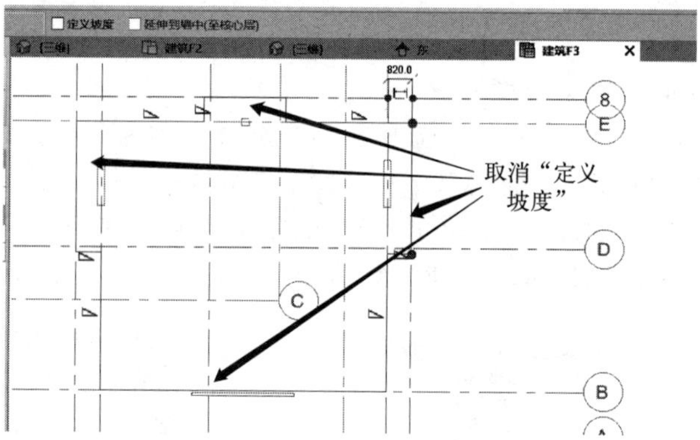

图 9-62　取消相应迹线的坡度

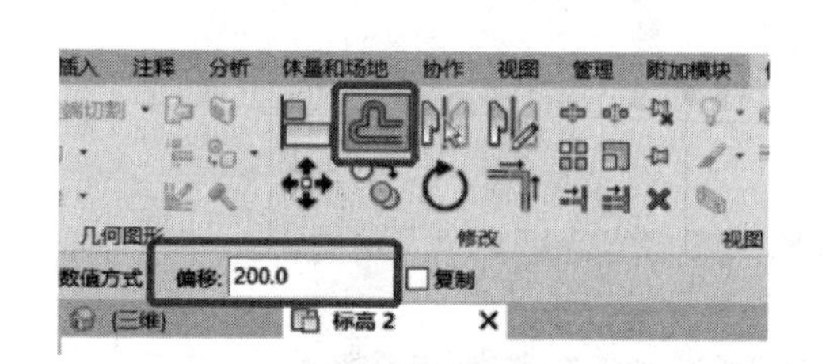

图 9-63　选择“偏移”指令

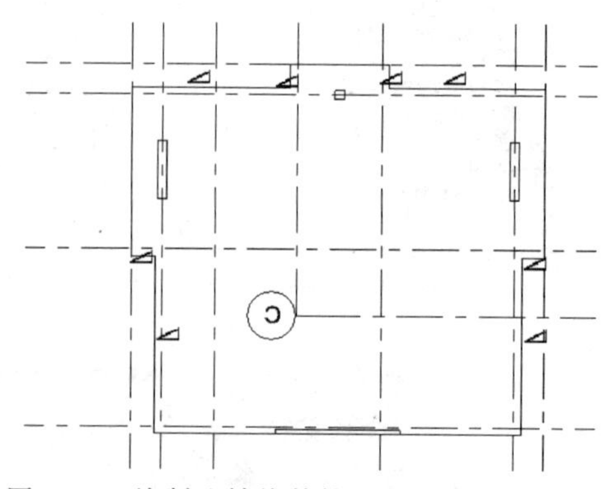

图 9-64　绘制比轴线外扩 200mm 的屋顶迹线

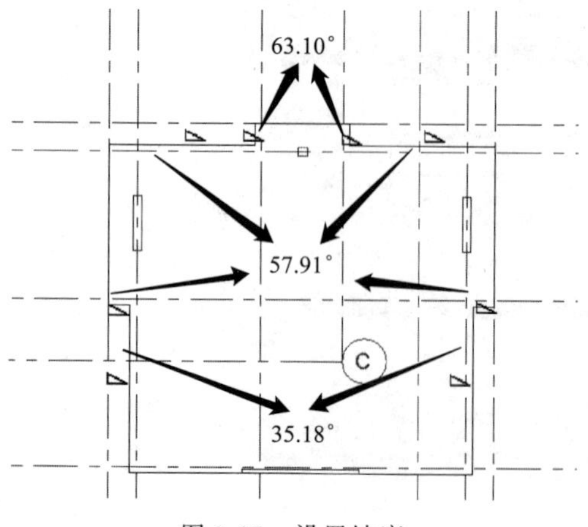

图 9-65　设置坡度

⑧ 根据图 9-65 图纸上的相关几何信息，计算相关屋顶边的角度为 35.18°、57.91°、63.10°。

按图 9-65 所示添加屋顶迹线相应角度。

⑨ 单击“修改”选项卡上“√”，形成屋顶，如图 9-66 所示。

⑩ 单击“建筑”选项卡，“屋顶”按钮，在下拉框中选择“迹线屋顶”选项，在“修改”选项卡上，选择“边界线”，沿轴线Ⓑ绘制屋顶迹线，并使用偏移指令，偏移轴线Ⓐ处的迹线，数字为 200，如图 9-67 所示。

⑪ 根据图 9-68 所示添加屋顶迹线相应角度，单击“修改”选项卡上“√”，生成屋顶，

如图 9-69 所示。

⑫单击“项目浏览器”中“楼层平面”中“建筑 F3”，视角转换至“建筑 F3”。单击“建筑”选项卡，单击“墙”按钮，在下拉框中选择“墙：建筑”选项，如图 9-70 所示。

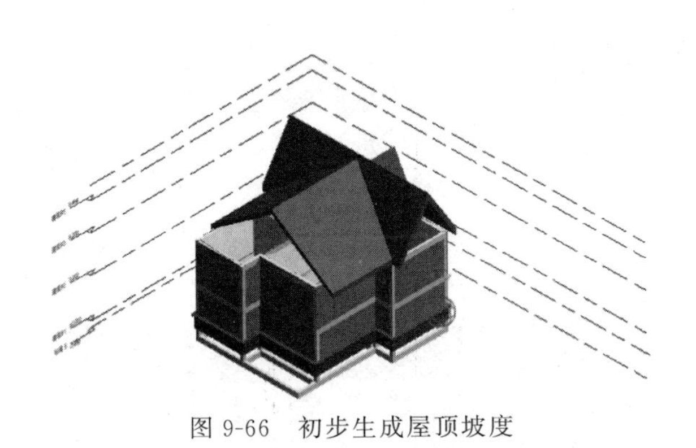

图 9-66　初步生成屋顶坡度

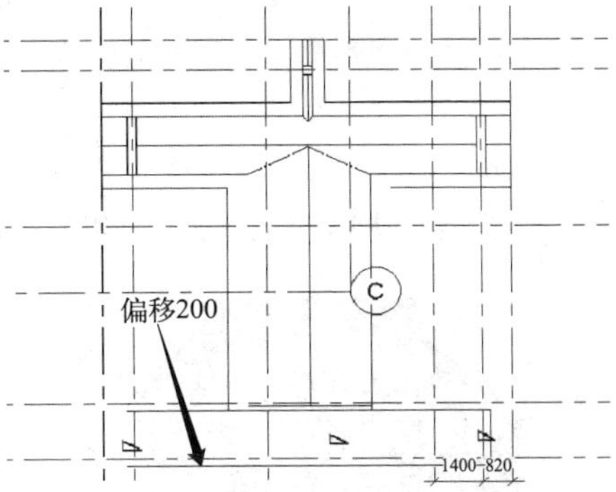

图 9-67　绘制屋顶迹线后偏移 200mm

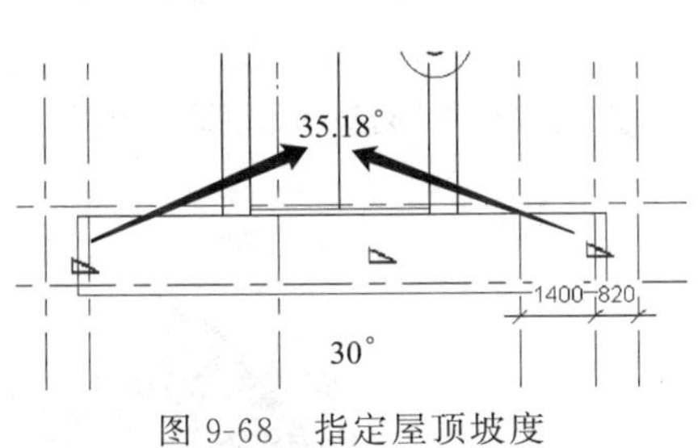

图 9-68　指定屋顶坡度

图 9-69　生成第二段屋顶

⑬ 在“编辑类型”中，“定位线”选择“面层面：内部”，“底部约束”选择“建筑 F3”，“底部偏移”输入“0.0”，“顶部约束”选择“未连接”，如图 9-71 所示。

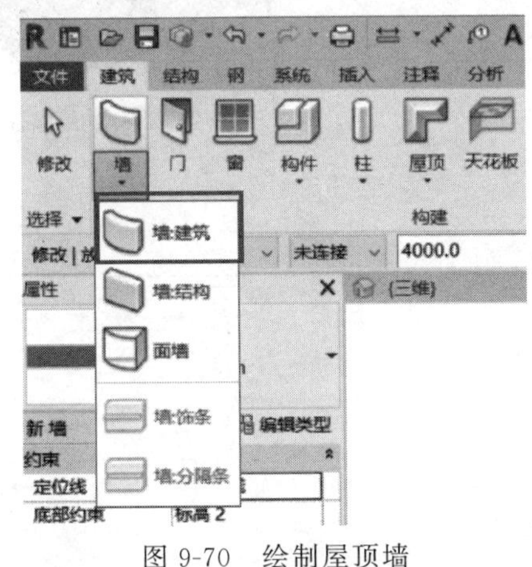

图 9-70　绘制屋顶墙

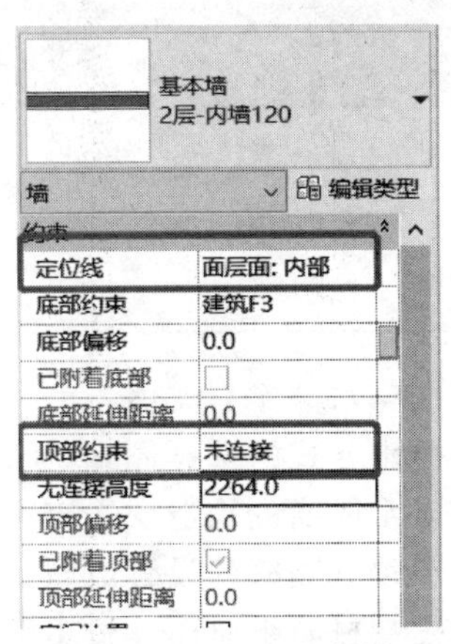

图 9-71　设置墙参数

⑭ 沿着建筑物墙的中心线山墙，可形成内部对齐的山墙，如图 9-72 所示。

⑮ 视角转换到三维视角，鼠标选中生成的山墙，拖拽至低于屋顶位置，如图 9-73 所示。

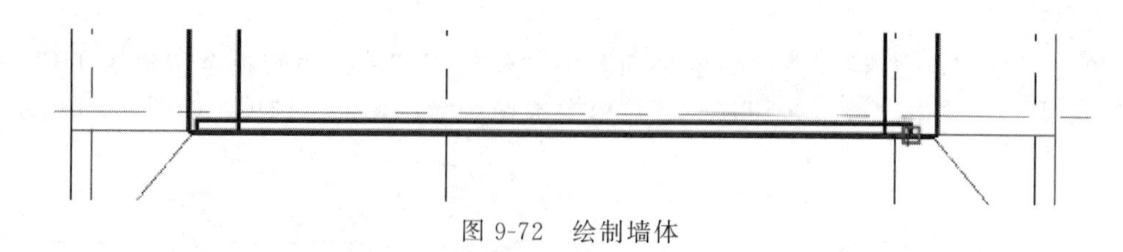

图 9-72　绘制墙体

⑯ 选中山墙，在“修改”选项卡中单击“附着顶部/底部”，如图 9-74 所示。单击选择屋面，即可生成附着于屋面的山墙，如图 9-75 所示。

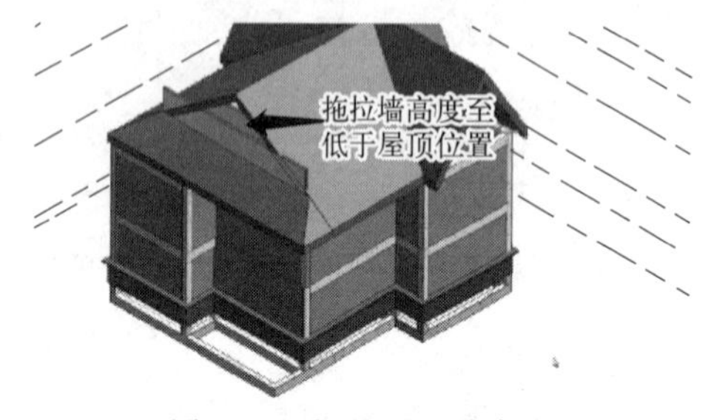

图 9-73　调整屋顶墙高度

图 9-74　选择“附着顶部/底部”

⑰ 应用“修改”选项卡中“附着顶部/底部”功能，依次选择东立面、西立面山墙，选择相应的屋面，生成东西山墙，如图 9-76 所示。

图 9-75　选择需要附着的屋顶

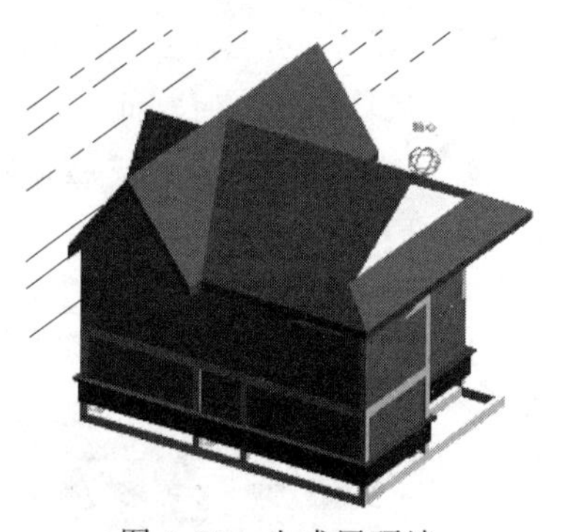

图 9-76　生成屋顶墙

思考题

1. 屋顶的排水类型有哪些？
2. 简述排水方式的选择原则。
3. 刚性防水屋面的构造层次有哪些？
4. 简述屋顶分隔缝的设置原则。
5. 什么是卷材防水屋面，适用范围是什么？
6. 简述粉剂防水屋面的构造。
7. 简述坡屋顶的承重结构类型及特点。
8. 简述坡屋顶保温构造。

第 10 章
楼梯及其他垂直交通设施

10.1 概述

建筑空间的竖向组合联系是依靠楼梯、电梯、自动扶梯、台阶、坡道及爬梯等构成的竖向交通设施。其中使用最为广泛的是楼梯。楼梯是有楼层的建筑物各个不同楼层之间上下联系的不可缺少的主要垂直交通设施，同时也是人员紧急疏散的唯一通道。电梯主要用于高层建筑或使用要求较高的多层公共建筑和住宅建筑、医院、酒店等建筑中。自动扶梯主要用于人流量大或使用要求高的公共建筑，如商场、候机楼等。台阶用于室、内外高差和室内局部高差之间的联系。坡道则用于无障碍交通、货物运输和车库中。爬梯专用于不常用的检修等。

10.1.1 楼梯的组成

一般楼梯主要由楼梯梯段、楼梯平台、栏杆扶手三部分组成，如图 10-1 所示。

(1) 楼梯梯段

梯段俗称梯跑，是联系两个不同标高平台的倾斜构件，分为板式梯段（由梯段板和踏步组成）和梁板式梯段（由梁、板和踏步组成）两种。梯段的踏步步数一般不宜超过 18 级，但也不宜少于 3 级。这是因为踏步数太多容易使人疲劳，太少不容易让人察觉。

(2) 楼梯平台

楼梯平台指连接两个梯段的水平部分，是供楼梯转折和休息使用。按平台所处位置和高度不同，有中间平台和楼层平台之分。两楼层之间的平台称为中间平台。与楼层地面标高齐平的平台称为楼层平台。

(3) 栏杆扶手

栏杆扶手是设在梯段及平台边缘的安全保护构件。当梯段宽度不大时，可只在梯段临空面设置；当梯段宽度较大时，非临空面也应加设靠墙扶手；当梯段宽度很大时，则需在梯段中间加设中间扶手。

楼梯作为建筑空间竖向联系的主要部件，其位置应明显，起到提示引导人流的作用，并要充分考虑其造型美观、通行顺畅、行走舒适、坚固安全，同时还应满足施工和经济条件的要求。因

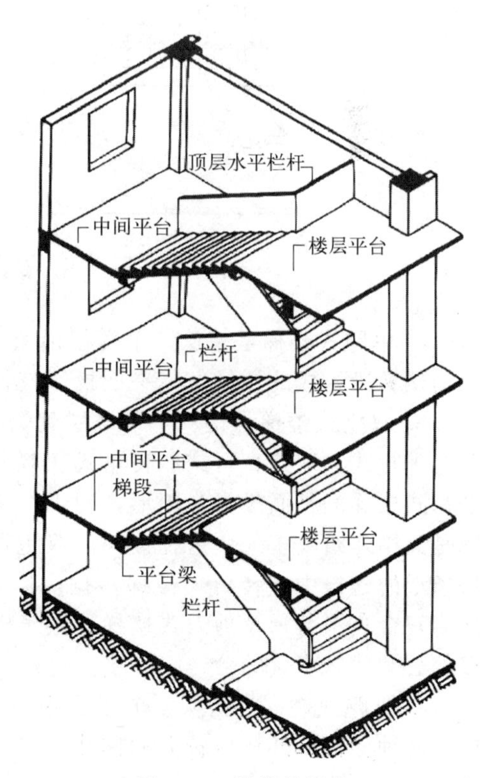

图 10-1 楼梯的组成

此，需要合理地选择楼梯的形式、坡度、材料和构造做法。

10.1.2 楼梯的形式

楼梯的类型较多，在不同的建筑中可以采用不同的类型。

① 楼梯按楼梯段的数量、构造和平面布置方式划分，常见的类型有单跑式（通常把楼梯段称为跑）、双跑式、三跑式和螺旋式等，如图 10-2、图 10-3 所示。

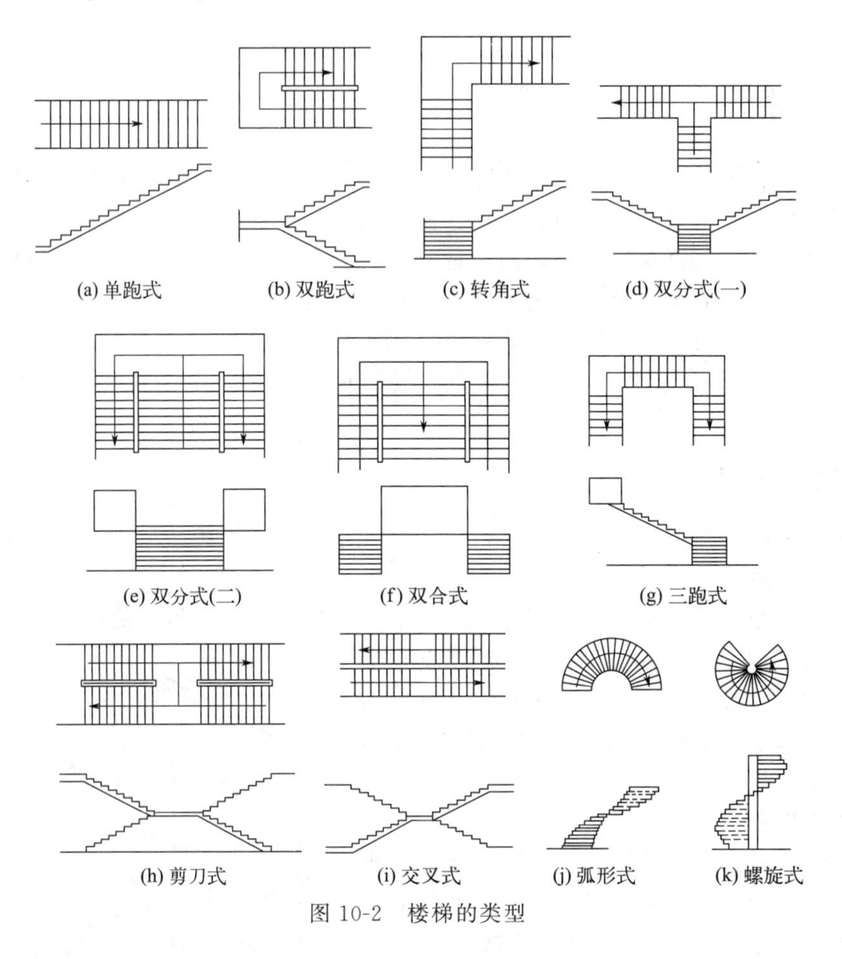

图 10-2 楼梯的类型

a. 单跑式楼梯是指从一个楼层沿着一个方向到另一个相邻楼层，只有一个不设中间平台的楼梯段组成的楼梯。其平面投影较长，多用于楼层高度较小的建筑中。

b. 双跑式楼梯是指从一个楼层到另一个相邻楼层，由两个楼梯段组成的楼梯。其包括双跑平行式、双跑直行式、转角式、双分式平行梯、双合式平行梯、剪刀式等。其中，双跑平行式楼梯的平面投影为矩形，便于与建筑物中的房间组合，所以应用最为广泛，无论工业还是民用建筑大多采用这种楼梯。双跑直行式楼梯由于平面投影较长，多用于楼梯间平面呈长条形的建筑中。转角式楼梯占据房间一角，故多用于室内空间较小的建筑。双分式平行梯、双合式平行梯及剪刀式楼梯，由于楼梯段相对较宽，且便于分散人流，故多用于人流较多的公共建筑中。

c. 三跑式楼梯是指从一个楼层到另一个相邻楼层，需要由三个转折的楼梯段组成的楼梯。此种楼梯中部形成较大的梯井，其平面投影近似方形，故多用于楼梯间平面接近方形的建筑中。

(a) 直行单跑楼梯

(b) 直行多跑楼梯

(c) 平行多跑楼梯

(d) 平行双分楼梯

(e) 弧形楼梯

(f) 螺旋楼梯

(g) 三跑式楼梯

(h) 折行多跑楼梯

(i) 剪刀式楼梯

图 10-3　常见楼梯实例

d. 螺旋式楼梯是指楼梯踏步围绕一根或多根中央立柱布置，平面呈圆形，每个踏步均为扇形的楼梯。由于其踏步内窄外宽，坡度较陡，行走不便，不能作为主要人流交通和疏散楼梯。但由于其造型优美，常作为建筑小品，一般用于人流量少的居住建筑和公共建筑的大厅中。

e. 弧形式楼梯是指楼梯段的投影为弧形的楼梯。其比螺旋楼梯的半径大，投影不是圆形，是一段弧形，所以扇形踏步的内侧宽度也较大，坡度不至于过陡，通行条件较好，具有明显的导向。由于其造型优美，可以丰富室内空间的艺术效果，故多用于美观要求较高的公共建筑中。

② 楼梯按位置划分，有室内楼梯和室外楼梯。

③ 楼梯按重要性划分，有主要楼梯和辅助楼梯。

④ 楼梯按材料划分，有木楼梯、钢楼梯和钢筋混凝土楼梯等。

10.1.3　楼梯的坡度

一般讲，楼梯坡度小则平缓，行走舒适，但扩大了楼梯间进深，增加了交通面积和工程造价，故应合理选择。楼梯坡度一般取 25°～38°。35°较为适宜，30°左右较为通用，较为舒适的坡度为 26°34′，即高宽比为 1∶2。坡度小于 20°，一般设计为坡道，大于 45°则设计为爬梯。爬梯、楼梯和坡道的坡度范围如图 10-4 所示。

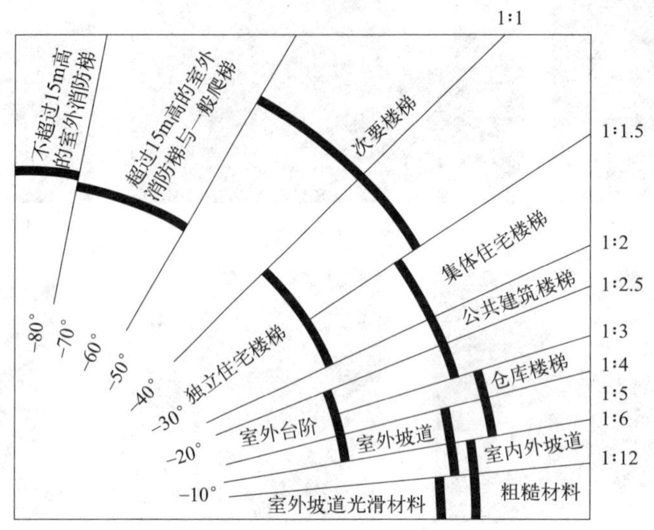

图 10-4　爬梯、楼梯和坡道的坡度范围

10.2　钢筋混凝土楼梯的构造

钢筋混凝土楼梯具有坚固耐久、节约木材、防火性能好、可塑性强等优点，目前得到广泛应用。按其施工方式可分为现浇整体式和预制装配式。现浇整体式整体刚度好，对抗震较为有利，但现场施工量大。预制装配式有利于工业化生产，节约模板，提高施工速度。

10.2.1　现浇整体式钢筋混凝土楼梯

现浇整体式钢筋混凝土楼梯是指在施工现场就地支模、绑扎钢筋，将楼梯段与平台整浇在一起的整体式钢筋混凝土楼梯。

现浇整体式钢筋混凝土楼梯具有整体性好、刚度大、坚固耐久、尺寸灵活的特点，对抗震较为有利。但由于工序较多，模板耗费较多，湿作业多，施工速度慢，其多用于楼梯形式复杂、整体性要求高或对抗震设防要求较高的建筑中。

现浇整体式钢筋混凝土楼梯按楼梯段传力方式的不同，其结构形式可分为板式楼梯和梁板式楼梯两种，如图 10-5 所示。

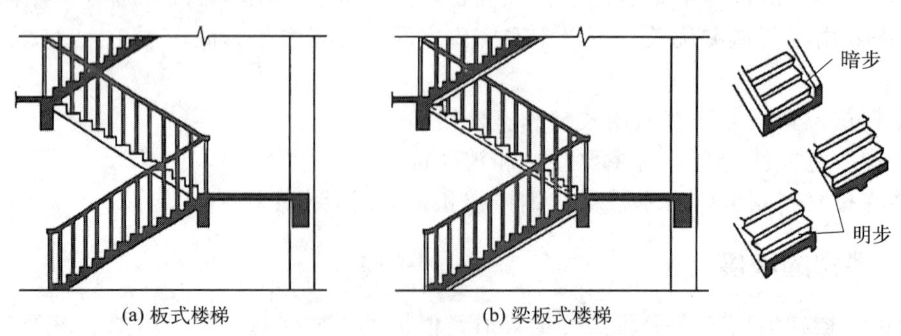

(a) 板式楼梯　(b) 梁板式楼梯

图 10-5　现浇整体式钢筋混凝土楼梯构造

(1) 板式楼梯

板式楼梯［图 10-5(a)］是将楼梯段作为一整块斜板，在斜板面上做成踏步，楼梯段的两端放在平台梁上，平台梁支承在墙或柱上的楼梯。其用于跨度较小的场合。

有时，为了保证楼梯平台的净空高度，也可取消板式楼梯的平台梁，梯段板与平台板直接连为一跨，荷载经梯段板直接传递到墙体或柱子，这种楼梯称为折板式楼梯，如图 10-6 所示。

(2) 梁板式楼梯

梁板式楼梯［图 10-5(b)］是指楼梯段中设有斜梁，斜梁支承在平台梁上，平台梁支承在墙或柱上的楼梯。其适用于跨度大的场合。

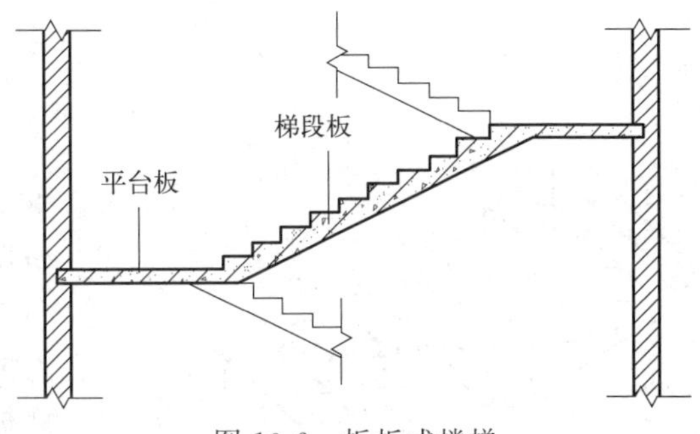

图 10-6　折板式楼梯

斜梁的位置可在楼梯段的上面，也可在楼梯段的下面；可以在临空一侧或下部中间设一根，也可以在楼梯段的两侧各设一根。斜梁在楼梯段上面时踏步为暗步，在楼梯段下面时踏步为明步。

悬臂板式楼梯，即取消平台梁和中间平台的墙体或柱子支承，使楼梯完全靠上下梯段板和平台组成的空间板式结构与上下层楼板结构共同受力，该类型楼梯造型新颖、空间开阔。如图 10-7 所示。

图 10-7　悬臂板式楼梯

10.2.2 预制装配式钢筋混凝土楼梯

预制装配式钢筋混凝土楼梯按支承方式不同主要有梁承式、墙承式和墙悬臂式 3 种。本节以常用的平行双跑楼梯为例，阐述预制装配式钢筋混凝土楼梯的构造原理和做法。

(1) 梁承式楼梯

在一般民用建筑中常使用梁承式楼梯。预制梁承式钢筋混凝土楼梯是指梯段用平台梁来支承楼梯的构造方式。平台梁是设在梯段与平台交接处的梁，是最常用的楼梯梯段的支座。梁承式楼梯预制构件分为梯段（板式或梁板式）、平台梁、平台板 3 部分，如图 10-8 所示。

板式梯段为整块或数块带踏步条板，没有梯斜梁，梯段底面平整，结构厚度小，其上下端直接支承在平台梁上，如图 10-8(a) 所示，使平台梁位置相应抬高，增大了平台下净空高度，适用于住宅、宿舍等建筑中。

板式梯段按构造方式不同，有实心和空心两种类型。实心梯段板自重较大，在吊装能力不足时，可沿宽度方向分块预制，安装时拼成整体。为减轻自重，也可将梯段板做成空心构件，有横向抽孔和纵向抽孔两种方式。其中，横向抽孔较纵向抽孔合理易行，应用广泛，如图 10-9 所示。

梁板式梯段由梯斜梁和踏步板组成。踏步板支承在两侧梯斜梁上，梯斜梁两端支承在平台梁上，构件小型化，施工时不需大型起重设备即可安装，如图 10-8(b) 所示。

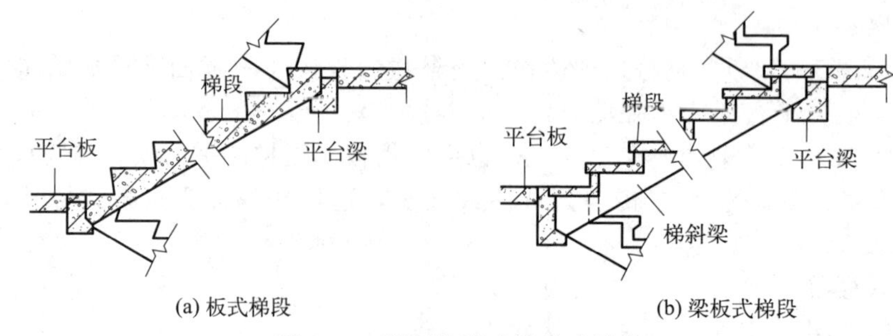

(a) 板式梯段　　(b) 梁板式梯段

图 10-8　预制装配式梁承式楼梯

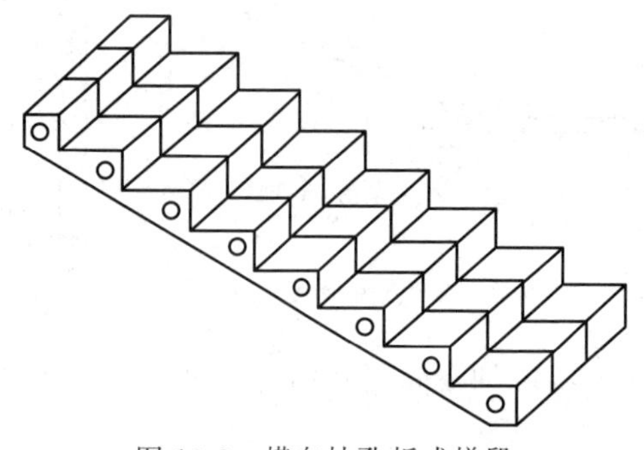

图 10-9　横向抽孔板式梯段

钢筋混凝土踏步板的断面形式有三角形、一字形和L形3种，如图10-10所示。三角形踏步始见于20世纪50年代，其拼装后底面平整。实心三角形踏步自重较大，为减轻自重，可将踏步内抽孔，形成空心三角形踏步。一字形踏步只有踏板，没有踢板，制作简单，存放方便，外形轻巧，必要时可用砖补砌踢板；但其受力不太合理，仅用于简易梯、室外梯等。L形踏步自重轻、用料省，但拼装后底面形成折板，容易积灰。L形踏步的搁置方式有两种：一种是正置，即踢板朝上搁置；另一种是倒置，即踢板朝下搁置。

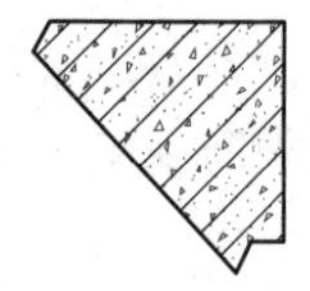
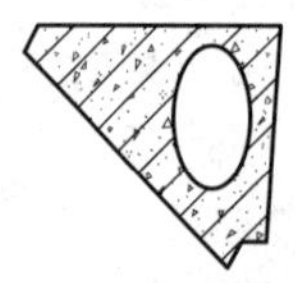
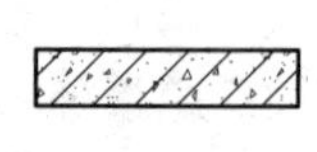
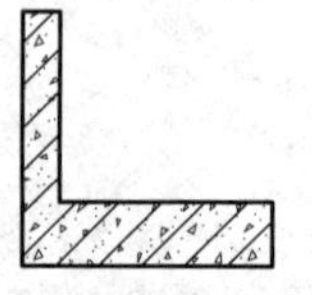
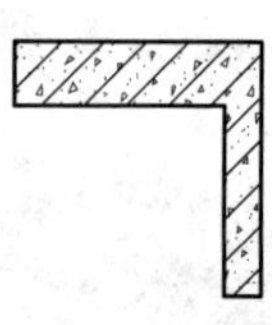

(a) 实心三角形踏步　　(b) 空心三角形踏步　　(c) 一字形踏步　　(d) 正置L形踏步　　(e) 倒置L形踏步

图 10-10　预制踏步板断面的形式

梯斜梁有矩形断面、L形断面和锯齿形断面3种。矩形断面和L形断面梯斜梁主要用于搁置三角形踏步板。三角形踏步板配合矩形斜梁，拼装后形成明步楼梯；三角形踏步板配合L形斜梁，拼装后形成暗步楼梯。锯齿形断面梯斜梁主要用于搁置一字形、L形踏步板，当采用一字形踏步板时，一般用侧砌墙作为踏步的踢面；当采用L形踏步板时，要求斜梁锯齿的尺寸和踏步板相互配合协调，避免出现踏步架空、倾斜的现象，如图10-11所示。

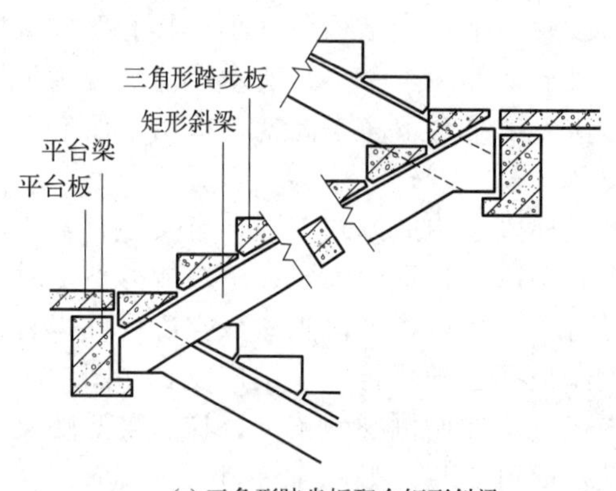

(a) 三角形踏步板配合矩形斜梁

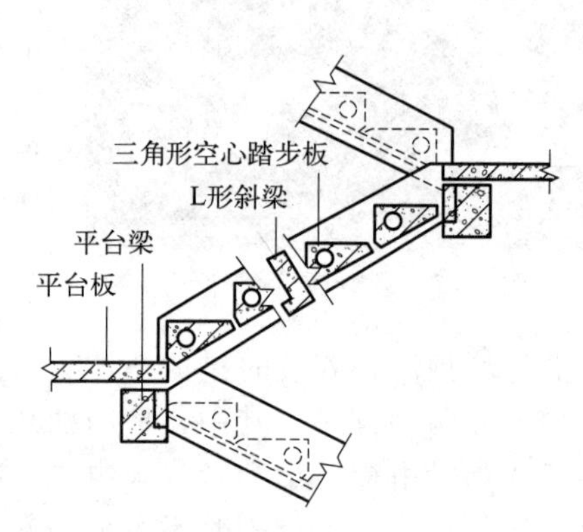

(b) 三角形踏步板配合L形斜梁

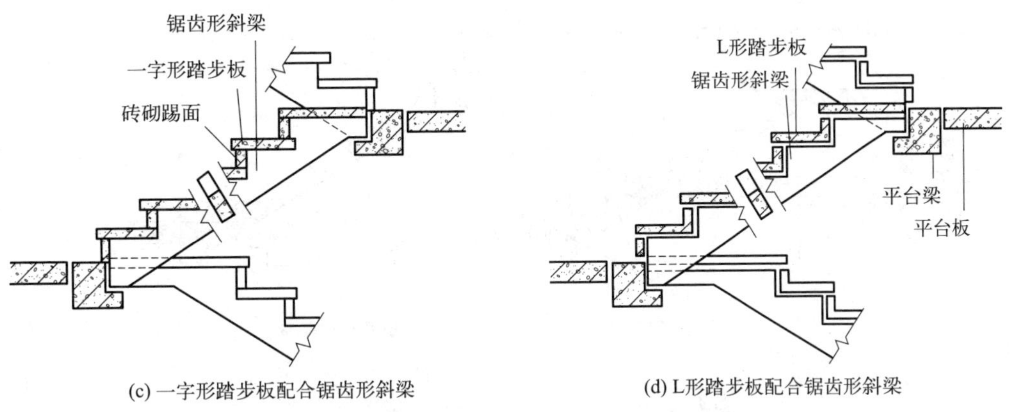

(c) 一字形踏步板配合锯齿形斜梁　(d) L形踏步板配合锯齿形斜梁

图 10-11　梁承式楼梯斜梁与平台梁搁置方式

为了便于支承梯斜梁或梯段板，减少平台梁占用的结构空间，一般将平台梁做成 L 形断面，如图 10-12 所示，结构高度按 $L/(10\sim12)$ 估算（L 为平台梁跨度）。

平台板一般采用钢筋混凝土空心板，也可以使用槽板或平板。平台板一般平行于平台梁布置，当垂直于平台板布置时，常用小平板，如图 10-13 所示。

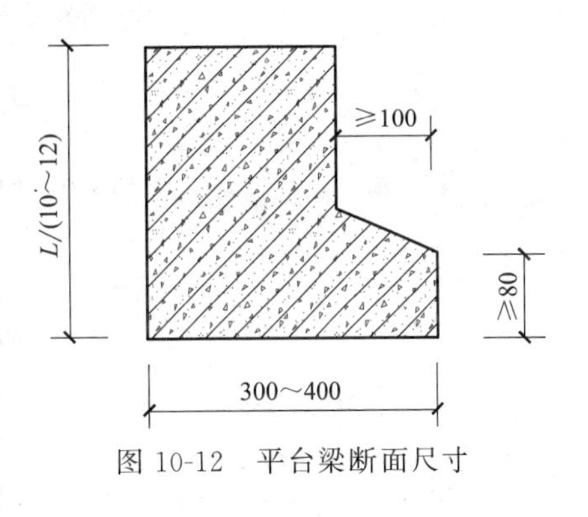

图 10-12　平台梁断面尺寸

根据两梯段之间的关系，一般分为梯段齐步和错步两种方式；根据平台梁与梯段之间的关系，有埋步和不埋步两种节点构造方式，如图 10-14 所示。梯段埋步，平台梁与一步踏步的踏面在同一高度，梯段的跨度较大，但是平台梁底标高可以提高，有利于增加平台梁下净空高度；梯段不埋步，用平台梁代替了一步踏步梯面，可以减少梯段跨度，但是平台梁底标高较低，减少了平台梁下净空高度。

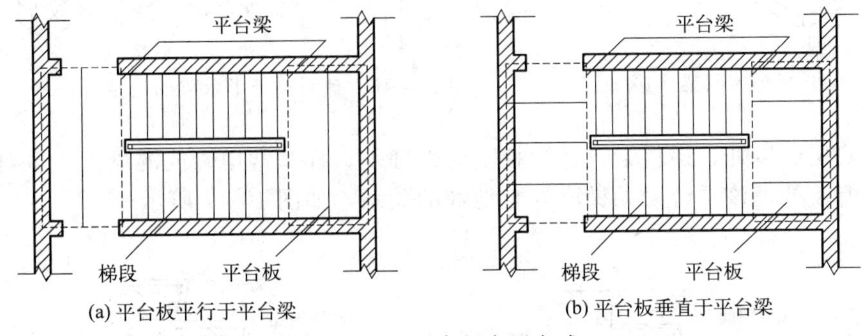

(a) 平台板平行于平台梁　(b) 平台板垂直于平台梁

图 10-13　平台板布置方式

由于楼梯是主要交通部件，对其坚固性和耐久性要求较高，因此需要加强各构件之间的连接，提高其整体性。

① 踏步板与梯斜梁连接。踏步板与梯斜梁的连接，一般是在梯斜梁上预埋钢筋，与踏步板支承段预留孔插接，同时踏步板下要用水泥砂浆坐浆，踏步板上插接处要用高强度等级水泥砂浆填实，如图 10-15 所示。

② 梯斜梁或梯段板与平台梁连接。梯斜梁或踏步板与平台梁连接可采用插接或预埋铁件焊接，如图 10-16 所示。

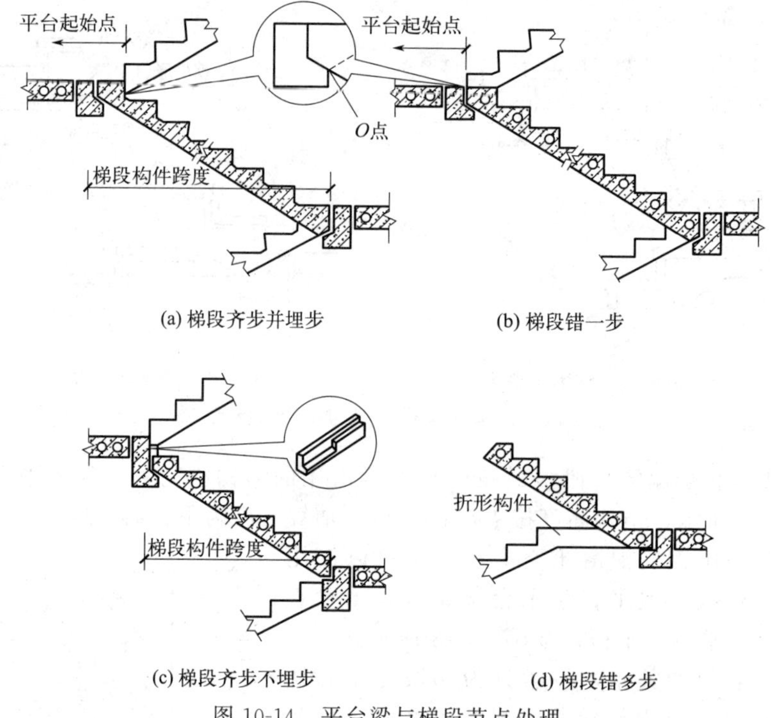

图 10-14　平台梁与梯段节点处理

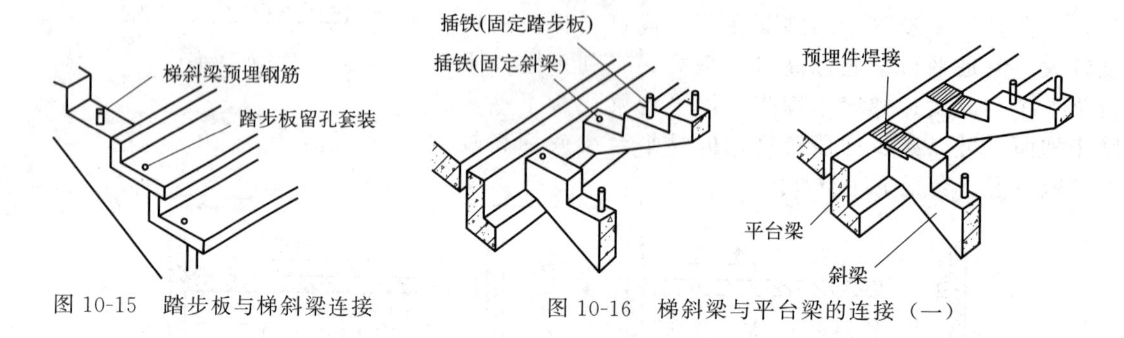

图 10-15　踏步板与梯斜梁连接

图 10-16　梯斜梁与平台梁的连接（一）

在楼梯底层起步处，梯斜梁或梯段板下应做梯基，梯基常用砖或混凝土，也可用平台梁代替梯基，但需处理该平台梁无梯段处与地坪的关系，如图 10-17 所示。

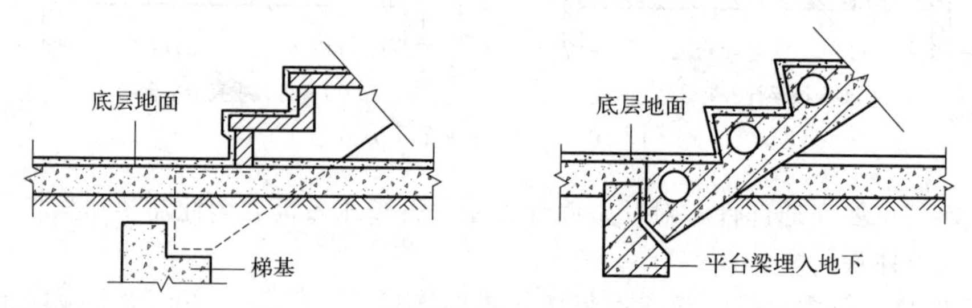

图 10-17　梯斜梁与平台梁的连接（二）

（2）墙承式楼梯

墙承式楼梯是指预制踏步的两端支承在墙上，荷载将直接传递给两侧的墙体。墙承式楼梯不需要设梯梁和平台梁，踏步多采用一字形、L 形或倒 L 形断面。

墙承式楼梯主要适用于直跑楼梯或中间设电梯井道的三跑楼梯。双跑平行楼梯如果采用墙承式，必须在原梯井处设墙，作为踏步板的支座，如图 10-18 所示。

墙承式楼梯在梯段之间有墙，使得视线、光线受到阻挡，空间狭窄，搬运家具及较多人流上下均感不便，通常在中间墙上开设观察口以改善视线和采光。

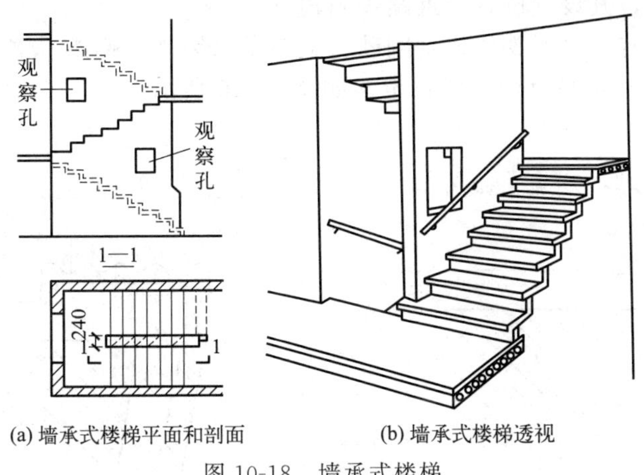

图 10-18　墙承式楼梯

(3) 墙悬臂式楼梯

预制装配墙悬臂式钢筋混凝土楼梯是指预制钢筋混凝土踏步板一端嵌固于楼梯间侧墙上，另一端悬挑的楼梯形式，如图 10-19 所示。

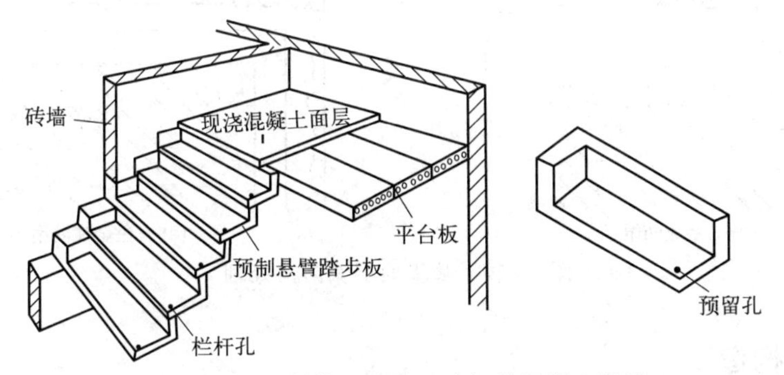

图 10-19　预制装配墙悬臂式钢筋混凝土楼梯

这种楼梯只有一种预制悬挑的踏步构件，无平台梁和梯斜梁，也无中间墙，楼梯间空间轻巧通透，结构占空间少，在住宅建筑中使用较多，但其楼梯间整体刚度较差，不能用于有抗震设防要求的地区。

墙悬臂式楼梯用于嵌固踏步板的墙体厚度不应小于 240mm，踏步板悬挑长度一般不大于 1500mm，踏步板一般采用 L 形或倒 L 形带肋断面形式。

10.3　踏步、栏杆和扶手构造

10.3.1　踏步面层及防滑构造

(1) 踏步面层

踏步面层的做法与楼层面层装修做法基本一致。考虑到楼梯作为主要交通疏散部位，人流量大、使用率高，应选用耐磨、美观、不起尘的材料来装饰面层，常用普通水磨石、彩色水磨石、大理石、花岗石等做面层，还可在面层上铺设地毯，如图 10-20 所示。

(2) 防滑构造

在踏步上设置防滑条的目的是避免行人滑倒，并起到保护踏步阳角的作用。在人流量较大的楼梯中均应设置，其设置位置靠近踏步阳角处。

常用的防滑材料有：水泥铁屑、金刚砂、金属条（铸铁、铝条、铜条）等。防滑条凸出踏步面 2～3mm 即可，过高反而不便行走，如图 10-20 所示。

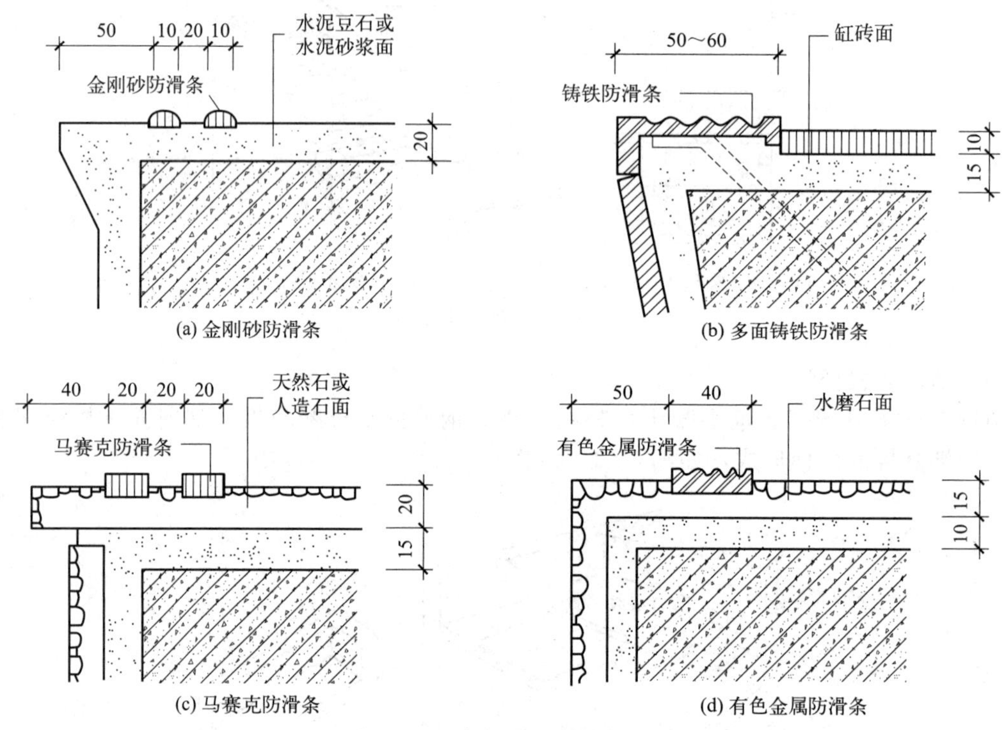

图 10-20 踏步面层及防滑处理

10.3.2 栏杆构造

栏杆或栏板是梯段和平台临空一边必设的安全设施，在建筑中也是装饰性较强的构件，同时要有一定的强度和稳度，能承受必要的外力冲力，栏杆一般由立杆和横杆或栏板组成。

栏杆形式可分为空花式、栏板式、混合式等类型（图 10-21）。栏杆形式应根据材料、经济、装修标准和使用对象的不同进行合理的选择和设计。

① 空花式。空花式栏杆以栏杆竖杆作为主要受力构件，常采用钢材制作，也可采用木材、铝型材、铜和不锈钢等制作，具有质量轻、通透轻巧的特点，是楼梯栏杆的主要形式，如图 10-21(a) 所示。

在构造设计中应保证其竖杆具有足够的强度以抵抗侧向冲击力，其杆件形成的空花尺寸不宜过大，以利安全，特别是供少年儿童使用的楼梯，竖杆间净距不应大于 110mm。

② 栏板式。栏板式栏杆常采用砖、钢丝网水泥抹灰、钢筋混凝土等形成实心栏板，相比空花式安全性更好，但厚度增加，影响梯段有效宽度，并增加自重。当前，多采用安全玻璃做栏板来减轻自重、厚度，并提高栏板的通透性和轻盈感，如图 10-21(b) 所示。

(a) 空花式

(b) 栏板式

(c) 混合式

图 10-21　栏杆的形式

③ 混合式。混合式栏杆是指空花式和栏板式两种栏杆形式的组合，栏杆竖杆作为主要抗侧力构件，栏板则作为防护和美观装饰构件。竖杆常采用钢材或不锈钢等，栏板部分常采用轻质美观材料制作，如木板、铝板、有机玻璃板和钢化玻璃板等，如图 10-21(c) 所示。

栏杆竖杆与梯段、平台的连接一般在梯段和平台上预埋钢板焊接或预留孔插接。为了防止栏杆锈蚀和增强栏杆美观度，常在竖杆下部装设套环，覆盖住栏杆与梯段或平台的接头处（图 10-22）。

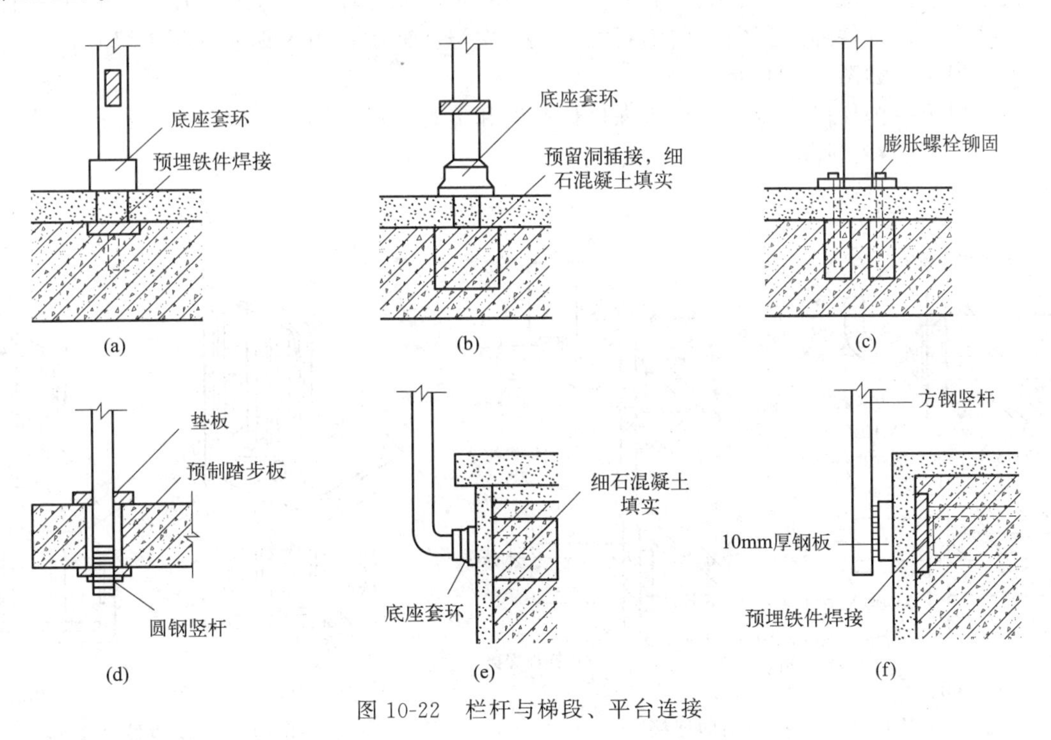

图 10-22　栏杆与梯段、平台连接

10.3.3　扶手构造

扶手常用木材、塑料、金属管（钢管、铝合金管、不锈钢管等）制作。木扶手和塑料扶手形式多样，使用较为广泛，但不宜用于室外楼梯。不锈钢等扶手造价偏高，使用受限。其尺寸选择时，既要考虑人体尺度和使用要求，又要考虑栏杆的高度和加工的可能性。常见的扶手形式及尺寸如图 10-23 所示。

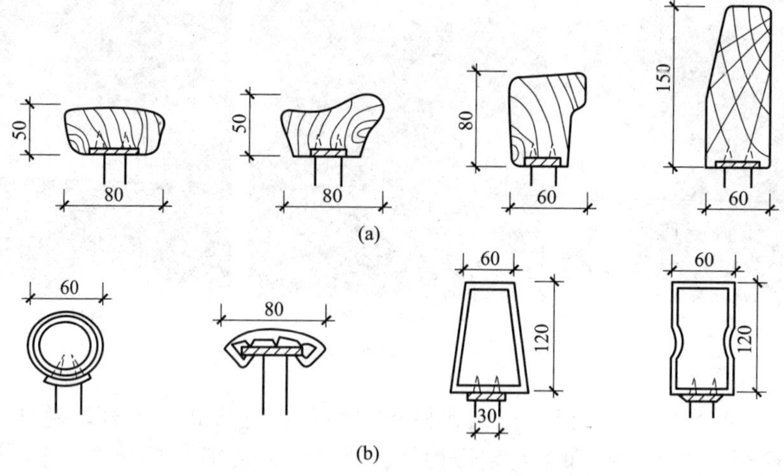

图 10-23 扶手断面形式与尺寸

扶手与栏杆的连接，一般是在栏杆竖杆顶部设通长扁钢与扶手底面或侧面槽口榫接，用螺钉固定。金属管材扶手与栏杆竖杆连接一般采用焊接或铆接，但应注意其材料的一致性。

扶手与墙面连接时，扶手应与墙面有 100mm 左右的距离。当为砖墙时，一般在墙上留洞，将扶手连接杆件伸入洞内，用细石混凝土二次浇注嵌固；当为钢筋混凝土墙时，一般采用预埋件焊接，如图 10-24 所示。

在底层第一跑梯段起步处，为增强栏杆刚度和美观，可对第一级踏步和栏杆扶手进行特殊处理，如图 10-25 所示。

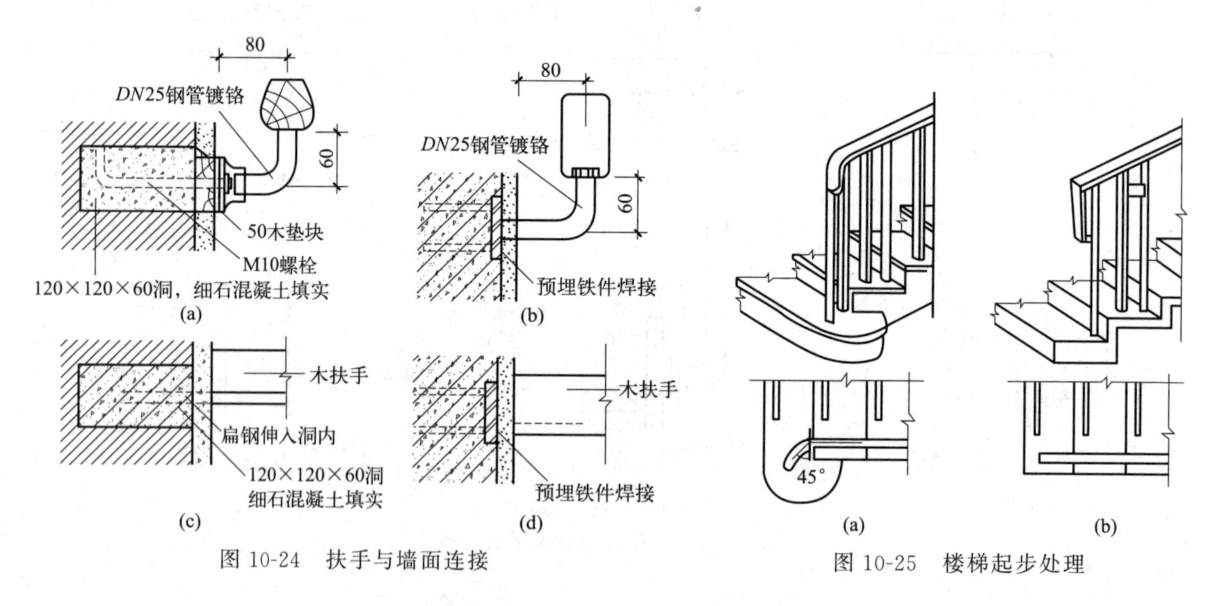

图 10-24 扶手与墙面连接

图 10-25 楼梯起步处理

在梯段转折处，由于梯段间的高差关系，为了保持栏杆高度一致和扶手的连续，需根据不同情况进行处理。如图 10-26 所示，当上下梯段齐步时，上下扶手在转折处同时向平台延伸半步，使两扶手高度相等，连接自然，但这样做缩小了平台的有效深度；如扶手在转折处不伸入平台，下跑梯段扶手在转折处需上弯形成鹤颈扶手；因鹤颈扶手制作较麻烦，也可改用直线转折的硬接方式。当上下梯段错一步时，扶手在转折处不需向平台延伸即可自然连接。当长短跑梯段错开几步时将出现水平栏杆。

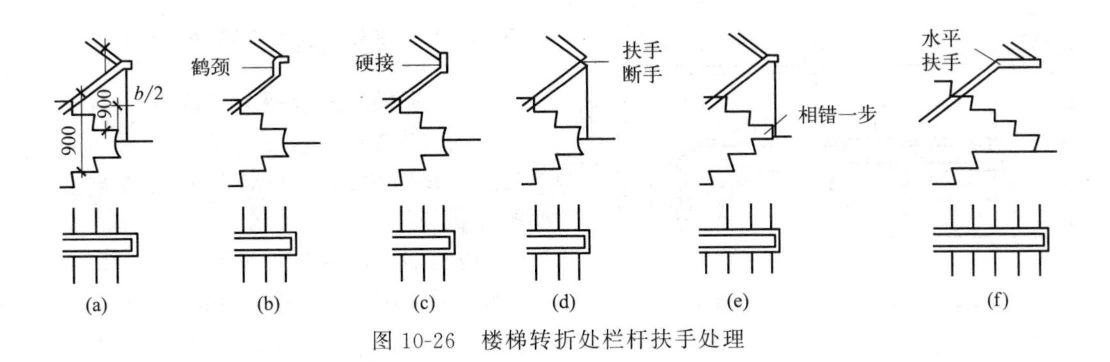

图 10-26　楼梯转折处栏杆扶手处理

10.4　竖向通道无障碍的构造设计

竖向通道无障碍的构造设计，主要是方便残疾人的使用。下面就做一般介绍。

在解决连通不同高差的问题时，虽然可以采用诸如楼梯、台阶、坡道等设施，但这些设施在给某些残疾人使用时，仍然会造成不便，特别是下肢残疾的人和视觉残疾的人。下肢残疾的人往往会借助拐杖和轮椅代步，而视觉残疾的人则往往会借助导盲棍来帮助行走。无障碍设计中有一部分就是指能帮助上述两类残疾人顺利通过高差的设计。下面将主要就无障碍设计中一些有关楼梯、台阶、坡道等的特殊构造做一些介绍。

10.4.1　坡道的坡度和宽度

坡道坡度应较为平缓，还要有一定的宽度。有关规定如下：

(1) 坡道的坡度

我国对便于残疾人通行的坡道坡度标准为不大于 1/12，与其相匹配的每段坡道的最大高度为 750mm，最大坡段水平长度为 9000mm。对于只设坡道的建筑入口及室外通路，其坡道标准为 1/20，最大高度为 1500mm，最大坡段水平长度为 30.00m，见表 10-1。

表 10-1　坡道的尺寸

坡度	1/20	1/16	1/12	1/10	1/8
最大高度/m	1.50	1.00	0.75	0.60	0.35
水平长度/m	30.00	16.00	9.00	6.00	2.80

(2) 坡道的宽度及平台宽度

为便于轮椅顺利通过，室内坡道的最小宽度应不小于 1000mm，室外坡道的最小宽度应不小于 1500mm，图 10-27 表示相关坡道的平台所应具有的最小宽度。坡道位置及相应的坡度、宽度见表 10-2。

表 10-2　坡道位置及相应的坡度、宽度

坡道位置	最大坡度	最小宽度/m
有台阶的建筑入口	1/12	⩾1.20
只设坡道的建筑入口	1/20	⩾1.50
室内走道	1/12	⩾1.00
室外通道	1/20	⩾1.50
困难地段	1/10～1/8	⩾1.20

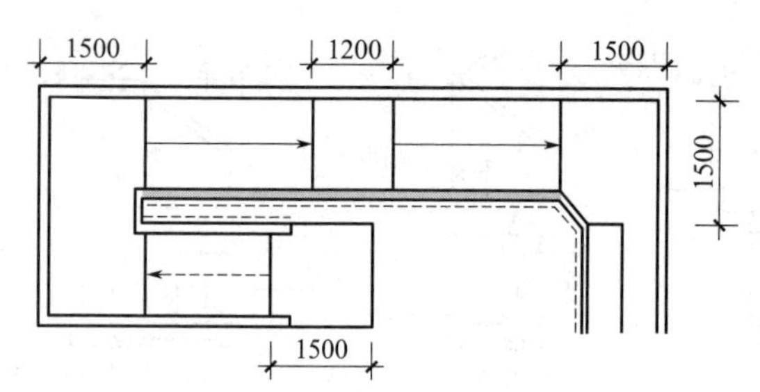

图 10-27 坡道休息平台的最小宽度

10.4.2 楼梯形式及扶手栏杆

(1) 楼梯形式及相关尺度

无障碍楼梯，应采用直线形楼梯，不宜采用弧形梯段或在半平台上设置扇步，如图 10-28 所示。

楼梯的坡度应尽量平缓，其坡度宜在 35°以下，梯面高不宜大于 170mm，且每步踏步应保持等高。民用建筑楼梯的梯段宽度不宜小于 1200mm，公共建筑不宜小于 1500mm。

(2) 踏步设计注意事项

无障碍楼梯踏步应选用合理的构造形式及饰面材料，表面防滑。

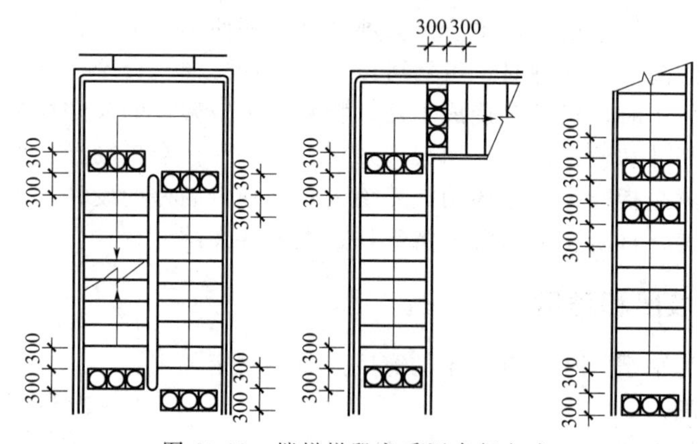

图 10-28 楼梯梯段宜采用直行方式

(3) 楼梯、坡道扶手栏杆

楼梯、坡道应在两侧内设扶手。公共楼梯可设上下双层扶手。上层扶手高 0.85m，下层高 0.68m。在楼梯梯段（或坡道的坡段）的起始及终结处，扶手应自其前缘向前伸出 300mm 以上，两个相邻梯段的扶手应该连通，扶手末端应向下或伸向墙面 0.10m，如图 10-29 所示。扶手内侧与墙面的距离应为 40～50mm，其断面形式应便于抓握，如图 10-30 所示。交通建筑、医疗建筑和政府接待部门等公共建筑，在扶手的起点与终点应设盲文说明牌。

10.4.3 导盲块的设置

导盲块又称地面提示块，一般设置在有障碍物、需要转折、存在高差等场所，利用其表面上的特殊构造形式，向视力残疾者提供触感信息，提示该停步或需改变行进方向等。图 10-31 所示为常用的导盲块的两种形式。图 10-28 中已经标明了它在楼梯中的设置位置，在坡道上也适用。

10.4.4 构件边缘处理

鉴于安全方面的考虑，临空处的构件边缘都应该向上翻起，包括楼梯梯段和坡道的临空一面、室内外平台的临空边缘等，这样可以防止拐杖或导盲棍等工具向外滑出，对轮椅也是一种制约。图 10-32 给出相关尺寸。

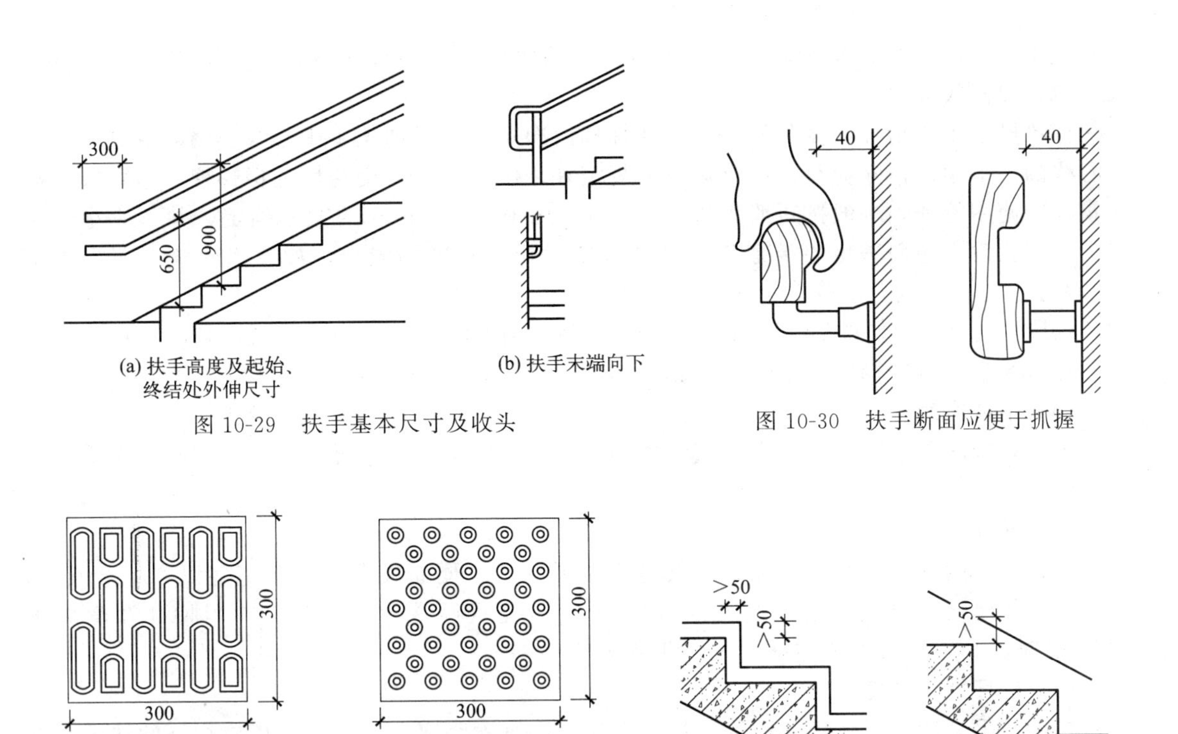

图 10-29　扶手基本尺寸及收头

图 10-30　扶手断面应便于抓握

(a) 地面提示行进块材　(b) 地面提示停步块材

图 10-31　地面提示块构造

(a) 立缘　(b) 踢脚板

图 10-32　构件边缘处理

10.5　楼梯的设计

10.5.1　楼梯的主要尺寸

(1) 踏步

踏步分踏面和踢面。踏步的水平面叫作踏面，用 b 表示其宽度，垂直面叫作踢面，用 h 表示其高度。踏步的尺寸是根据人体的尺度来确定其数值的，一般取值为 $b+h=450$mm，或 $b+2h=600\sim620$mm，不同类型的建筑，其要求也不相同。故楼梯段的坡度是由踏步的高宽比决定的。一般而言，$b\geqslant250$mm，$h\leqslant180$mm，见表 10-3，以满足人流行走舒适安全。

表 10-3　常用适宜踏步尺寸　　单位：mm

名称	住宅	学校、办公楼	剧院、会堂	医院	幼儿园
踢面高 h	156～175	140～160	120～150	120～150	120～150
踏面宽 b	250～300	280～340	300～350	300～350	260～280

一般情况下，踏步的高度为 140～175mm，踏步的宽度不宜小于 260mm，常用 260～320mm。为了适应人们上下楼时的活动情况，踏面应该适当宽一些。

楼梯踏步尺寸的确定与人的步距有关，通常用下列经验公式估算：

$$b+2h=s=600\sim620\text{mm 或 } b+h=450\text{mm}$$

式中，h 为踏步踢面高度，mm；b 为踏步踏面宽度，mm；s 为成人的平均步距，mm。

(2) 梯段尺寸

梯段尺寸主要指梯段宽和梯段长。楼梯梯段净宽是指楼梯扶手中心线至墙面或靠墙扶手中心线的水平距离，除应符合防火规范的规定外，供日常主要交通用的楼梯梯段净宽应根据建筑物的使用特征，一般按每股人流［0.55＋(0～0.15)］mm 的宽度确定，并不应小于两股人流；同时，还需满足各类建筑设计规范中对梯段宽度的限定，如住宅建筑大于或等于 1100mm、公共建筑大于或等于 1300mm 等。

梯段长的计算：如果某梯段有 n 步台阶的话，踏面宽为 b，那么该梯段的长度为 $b(n-1)$。在一般情况下，每个梯段的踏步不应超过 18 级，也不应少于 3 级。

(3) 平台宽度

平台有中间平台和楼层平台，通常中间平台的宽度不应小于梯段宽，楼层平台宽度一般比中间平台更宽一些，以利于人流分配。

(4) 梯井宽度

梯井是指两梯段之间的空隙，一般是为楼梯施工方便而设置的，其宽度以 60～200mm 为宜，公共建筑梯井的净宽不应小于 150mm。有儿童经常使用的楼梯，当梯井宽度大于 200mm 时，必须采取安全措施，防止儿童坠落。

(5) 栏杆扶手高度

栏杆扶手高度是指从踏步前缘至扶手上表面的垂直距离。一般室内楼梯栏杆的扶手高度不宜小于 900mm。室外楼梯，特别是消防楼梯的栏杆扶手高度应不小于 1100mm。在幼儿园、小学等使用对象主要为儿童的建筑中，需在 500～600mm 高度增设一道扶手，以适应儿童的身高，如图 10-33 所示。水平护身栏杆长度大于 500mm 时，栏杆扶手高度应不低于 1050mm。当楼梯的宽度大于 1650mm 时，应增设靠墙扶手；当楼梯的宽度大于 2200mm 时，还应增设中间扶手。

(6) 楼梯净空高度

楼梯净空高度对楼梯的正常使用影响很大，不但关系到行走安全，在很多情况下还涉及楼梯下面空间利用和通行的可能性。楼梯净空高度包括楼梯间的梯段净高和平台过道处的平台净高两部分，如图 10-34 所示。梯段净高是指下层梯段踏步前缘（包括最低和最高一级踏步前缘线以外 300mm 范围内）至其正上方梯段下表面的垂直距离；平台过道处的平台净高是指平台过道地面至上部结构最低点（通常为平台梁）的垂直距离。梯段净高宜大于 2200mm，平台净高应大于 2000mm。为使平台下净高满足通行要求，一般采用以下几种处理方法。

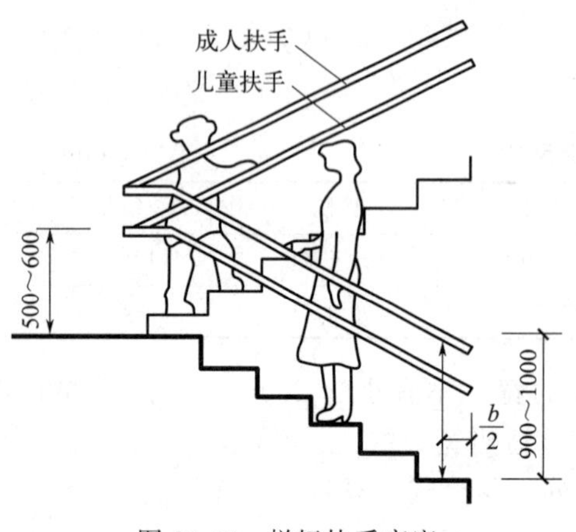

图 10-33 栏杆扶手高度

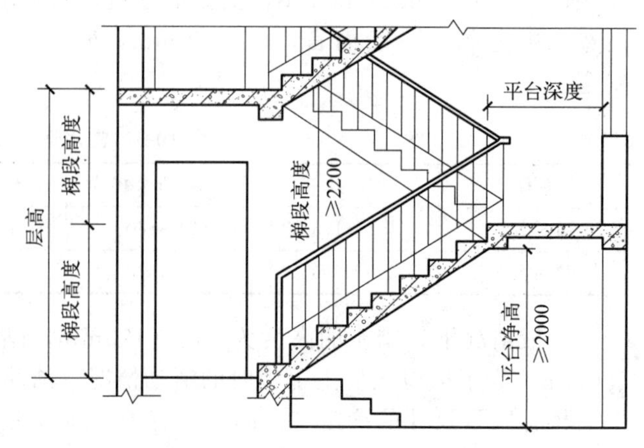

图 10-34 楼梯的净空高度要求

① 降低平台下过道处的地坪标高。在室内外高差较大的前提下，将部分室外台阶移至室内，同时为防止雨水倒灌入室内，应使室内最低点的标高高出室外标高至少 0.1m。这种处理方法可保持等跑梯段，使构件统一，如图 10-35 所示。

② 采用长短跑楼梯。改变两个梯段的踏步数，采用不等级数，如图 10-36 所示，使起步第一跑楼梯变为长跑梯段，以提高中间平台标高。这种处理方法仅在楼梯间进深较大、底层平台宽度较富余时适用。

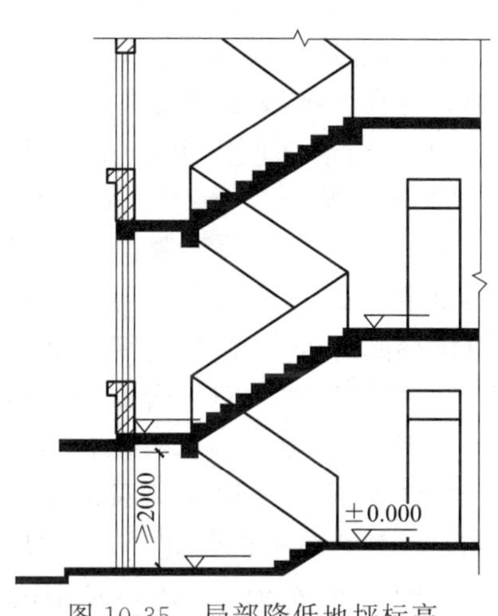

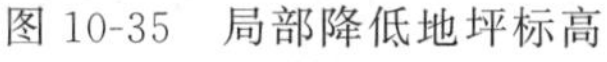

图 10-35　局部降低地坪标高

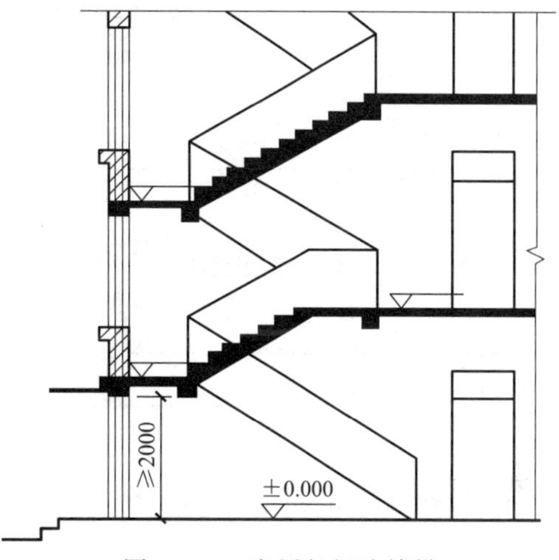

图 10-36　底层长短跑楼梯

在实际工程中，经常综合以上两种方式，在降低平台下过道处地坪标高的同时采用长短跑楼梯，如图 10-37 所示。这种处理方法兼有两种方式的优点。

③ 底层采用直跑楼梯。当底层层高较低时（不大于 3m）可用直跑楼梯直接从室外上 2 层，如图 10-38 所示，2 层以上可恢复两跑。设计时需注意入口雨篷底面与梯段间的净空高度，保证其可行性。

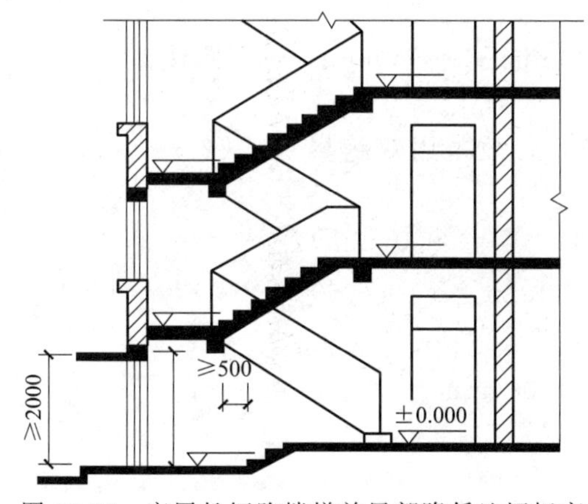

图 10-37　底层长短跑楼梯并局部降低地坪标高

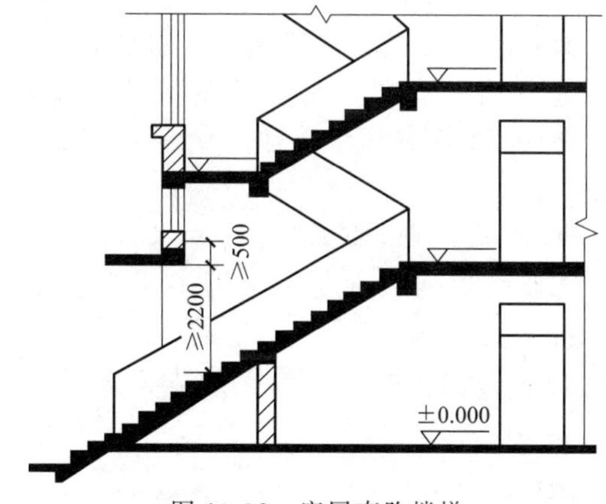

图 10-38　底层直跑楼梯

10.5.2　楼梯尺寸的计算

在进行楼梯设计时，应对楼梯各细部尺寸进行详细计算。以常用的平行双跑楼梯为例，楼梯尺寸的计算（图 10-39）步骤如下。

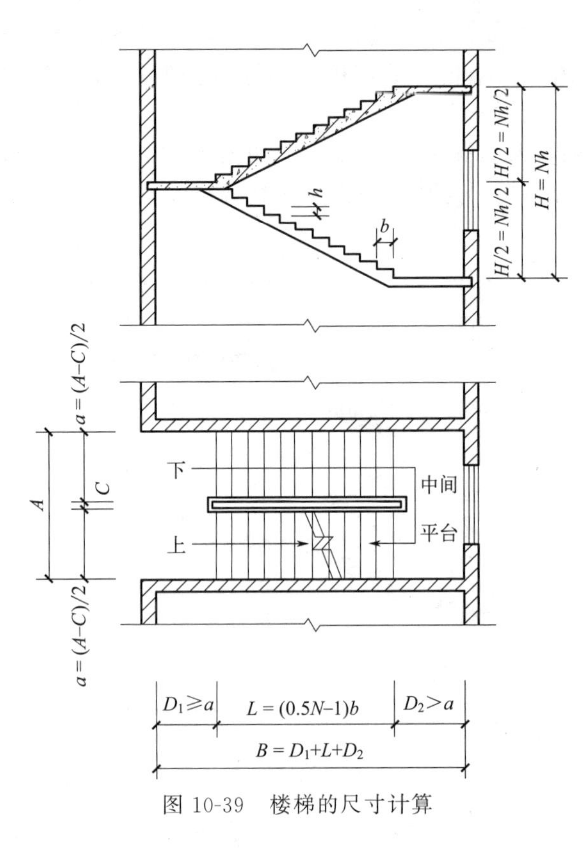

图 10-39 楼梯的尺寸计算

① 根据层高 H 和初选踏步高 h 确定每层踏步数量 N，$N=H/h$。设计时尽量采用等跑楼梯，N 宜为偶数，以减少构件规格。若求出 N 为奇数或非整数，可以反过来调整步高 h。

② 根据步数 N 和初选步宽 b 确定梯段水平投影长度 L，$L=(0.5N-1)b$。

③ 确定是否设梯井。如楼梯间宽度较富余，可在两梯段之间设梯井。

④ 根据楼梯间开间净宽 A 和梯井净宽 C 确定梯宽 a，$a=(A-C)/2$。同时检验其通行能力是否满足紧急疏散时人流股数的要求。如不能满足，则应对梯井净宽 C 或楼梯间开间净宽 A 进行调整。

⑤ 根据初选中间平台宽 D_1（$D_1\geqslant a$）和楼层平台宽 D_2（$D_2>a$）以及梯段水平投影长度 L 检验楼梯间进深长度 B，$D_1+L+D_2=B$。如不能满足，可对 L 值进行调整（即调整 b 值），必要时则需调整 B 值。在 B 值一定的情况下，如尺寸有富余，一般可加宽 b 值以减缓坡度或加宽 D_2 值以利于楼层平台分配人流。在装配式楼梯中，D_1 和 D_2 值的确定尚需注意使其符合预制板安放尺寸，并减少异形规格板数量。

例 10-1 某建筑物开间 3300mm，层高 3300mm，进深 5100mm，为开敞式楼梯。内墙 240mm，轴线居中，外墙 360mm，轴线外侧为 240mm，内侧为 120mm，室内外高差 450mm。楼梯间不能通行。试进行楼梯尺寸的计算。

解： ① 本题为开敞式楼梯，初步确定 $b=300$mm，$h=150$mm。选双跑楼梯。

② 确定踏步数：3300÷150=22。

由于 22 超过每跑楼梯的最多允许步数（18），故采用双跑楼梯。22÷2=11（每跑 11 步）。

③ 确定楼梯段的水平投影长度 L_1。300×(11−1)=3000(mm)。

④ 确定楼梯段宽度 B_1，取梯井宽度 $B_2=160$mm，$B_1=(3300-2\times120-160)\div2=1450$(mm)。

⑤ 确定休息板宽度 L_2，取 $L=1450+150=1600$(mm)。

⑥ 校核：

进深尺寸 $L=5100-120+120=5100$(mm)；

$1-L_1-L_2=5100-300-1600=500$(mm)，结论为合格。

⑦ 画平面、剖面草图（如图 10-40 所示）。

例 10-2 某住宅的开间尺寸为 2700mm，进深尺寸为 5100mm，层高 2700mm，封闭式平面，内墙为 240mm，轴线居中，外墙 360mm，轴线外侧 240mm，内侧 120mm。室内外高差 750mm，楼梯间底部有出入口，门高 2000mm。

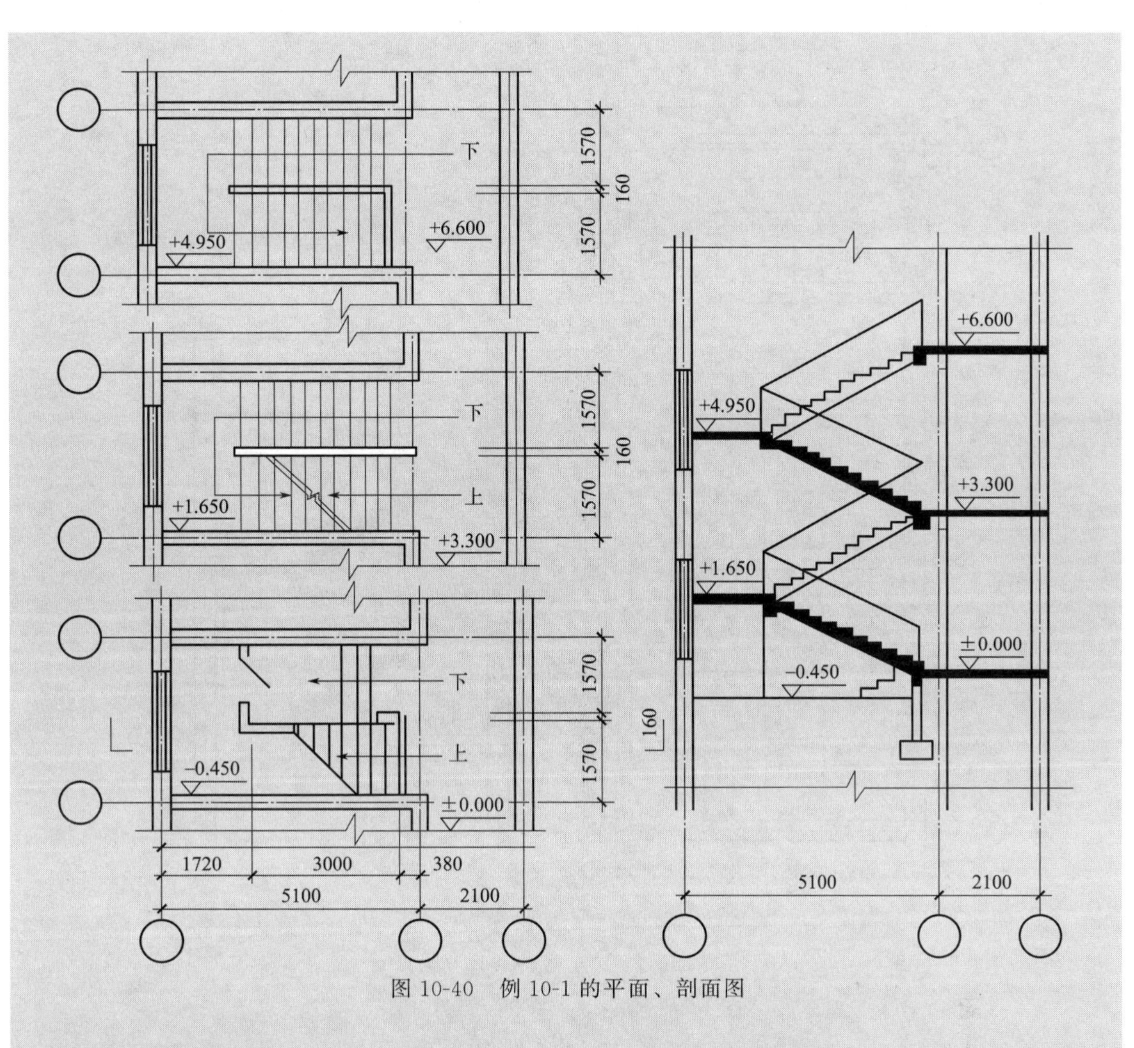

图 10-40　例 10-1 的平面、剖面图

解： ① 本题为封闭式楼梯，层高为 2700mm，初步确定步数为 16。

② 踏步高度 $h=2700\div16=168.75$(mm)，踏步宽度 b 取 250mm。

③ 由于楼梯间下部开门，故取第一跑步数多，第二跑步数少的两跑楼梯。步数多的第一跑取 9 步，第二跑取 7 步，二层以上各取 8 步。

④ 梯段宽度 B，根据开间净尺寸确定。$2700-2\times120=2460$(mm)，取梯井为 160mm，梯段宽 $B_1=(2460-160)\div2=1150$(mm)。

⑤ 确定休息板宽度 L_2，取 $L_2=1150+130=1280$(mm)。

⑥ 计算梯段投影长度，以最多步数的一段为准。$L_1=250\times(9-1)=2000$(mm)。

⑦ 校核：

进深净尺寸：$5100-2\times120=4860$(mm)。

$4860-1280-2000-1280=300$(mm)（这段尺寸可以放在楼层处）。

高度尺寸：$168.75\times9=1518.75$(mm)，室内外高差 750mm，其中 700mm 用于室内，50mm 用于室外。

$1518.75+700=2218.75$(mm)$>$2000mm。可以满足开门，梁下通行高度在 1950mm 以上的要求。

第10章

⑧ 画平面、剖面草图（如图 10-41 所示）。

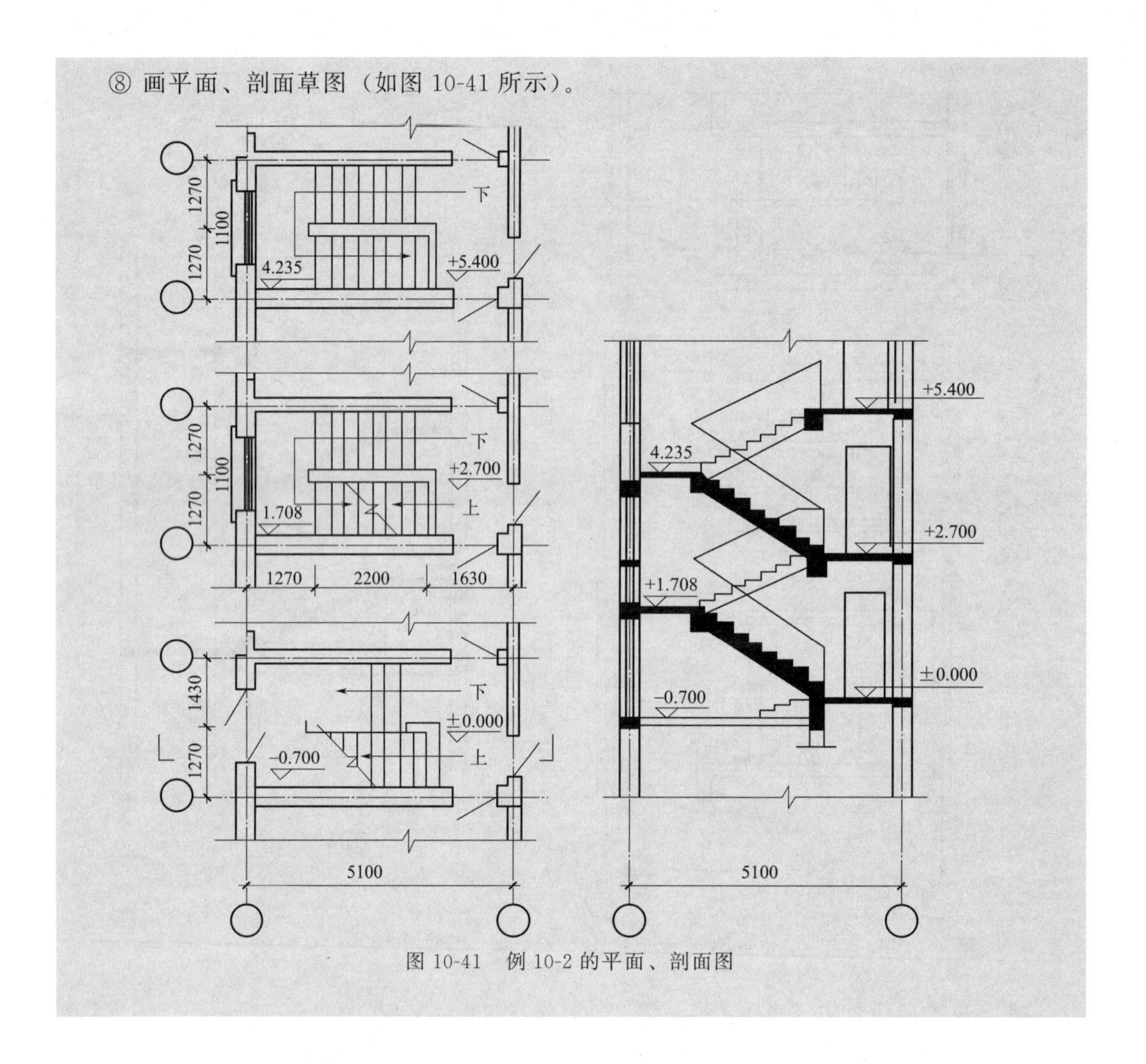

图 10-41　例 10-2 的平面、剖面图

10.6　台阶与坡道

台阶、坡道是指建筑物出入口处室内外高差之间的交通联系部分。由于人流量大，又处于室外，因此要充分考虑环境条件，合理设计以满足使用需求。

10.6.1　台阶

台阶由踏步、坡段与平台两部分组成。由于处在建筑物人流较集中的出入口处，其坡度应较缓。台阶踏步一般宽取 300～400mm，高不超过 150mm；坡道坡度一般取 1/12～1/6。

台阶易受雨水侵蚀、日晒、霜冻等影响，其面材应考虑防滑、抗风化、抗冻融性能强的材料制作，如选用水泥砂浆、斩假石、地面砖、马赛克、天然石等。台阶基础做法基本同地坪垫层做法，一般采用素土夯实、三合土或灰土夯实，上做 C10 素混凝土垫层即可。对大体量台阶或地基土质较差的，可视情况改 C10 素混凝土为 C15 钢筋混凝土或架空做成钢筋混凝土台阶；对严寒地区的台阶需考虑地基土冻胀因素，可改用含水率低的砂石垫层至冰冻线以下。台阶构造示例如图 10-42 所示。

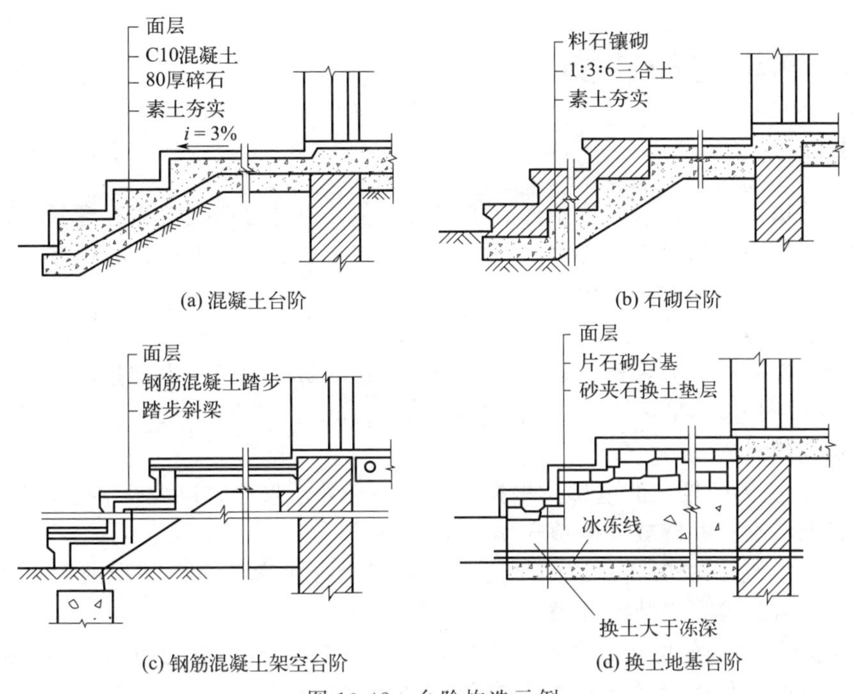

(a) 混凝土台阶　(b) 石砌台阶

(c) 钢筋混凝土架空台阶　(d) 换土地基台阶

图 10-42　台阶构造示例

平台设于台阶与建筑物出入口大门之间，以缓冲人流，作为室内外空间的过渡。其宽度一般不小于 1000mm，为利于排水，其标高应低于室内地面 30～50mm，并做向外 3%左右的排水坡度。人流大的建筑，平台还应设刮泥槽，如图 10-43 所示。

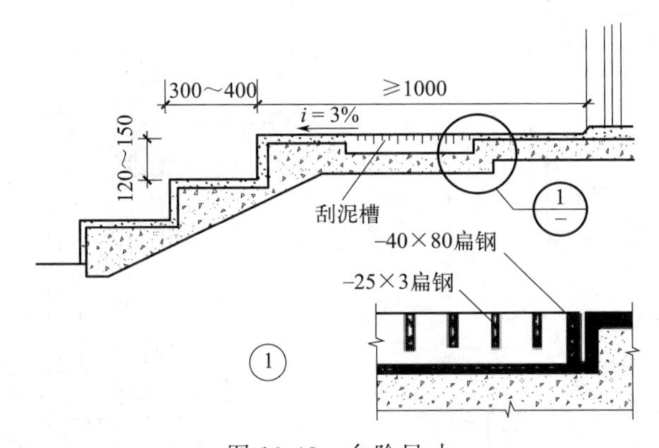

图 10-43　台阶尺寸

10.6.2　坡道

坡道的构造与台阶基本相同，一般采用实铺，垫层的强度和厚度应根据坡道的长度及上部荷载大小进行选择。严寒地区垫层下部设置砂垫层，为防滑，常将其表面做成锯齿形或带防滑条状，如图 10-44 所示。

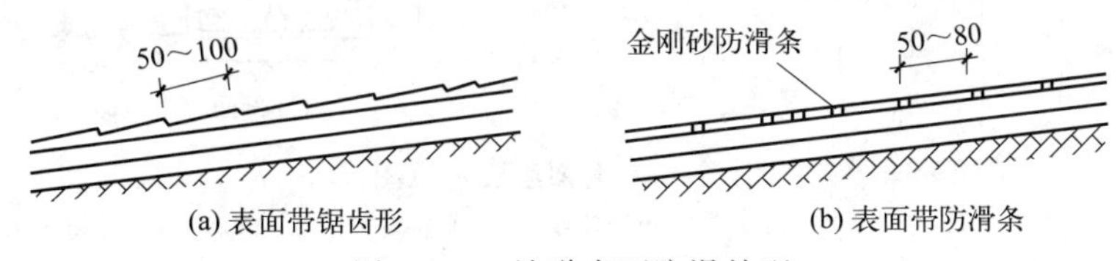

(a) 表面带锯齿形　(b) 表面带防滑条

图 10-44　坡道表面防滑处理

第10章

10.7 电梯与自动扶梯

10.7.1 电梯

随着社会的进步，人们的居住条件有了很大改善，电梯已广泛应用在建筑中。在高层建筑和一些多层建筑中电梯已成为必需的垂直交通设施，如住宅、办公楼、医院、商场等。它运行速度快，节省人力和时间，便于搬运货物。

(1) 电梯的类型

电梯按使用性质可分为客梯、货梯、观光电梯、消防电梯等；电梯按运行速度可分为低速（<2.5m/s）、中速（2.5～5m/s）和高速（5～10m/s）电梯。

(2) 电梯的组成

① 电梯井道。不同性质的电梯，根据需要有各种井道尺寸，以配合各种电梯轿厢使用。井道壁多为钢筋混凝土井壁或框架填充墙井壁。

② 电梯机房。电梯机房和井道的平面相对位置允许机房任意向一个或两个相邻方向伸出，并满足机房有关设备安装的要求。

③ 井道地坑。井道地坑在最底层平面标高下不小于 1.4m，作为轿厢意外下降时所需的缓冲器的安装空间，具体尺寸须根据电梯类型和电梯生产厂家土建要求决定。电梯组成如图 10-45 所示。

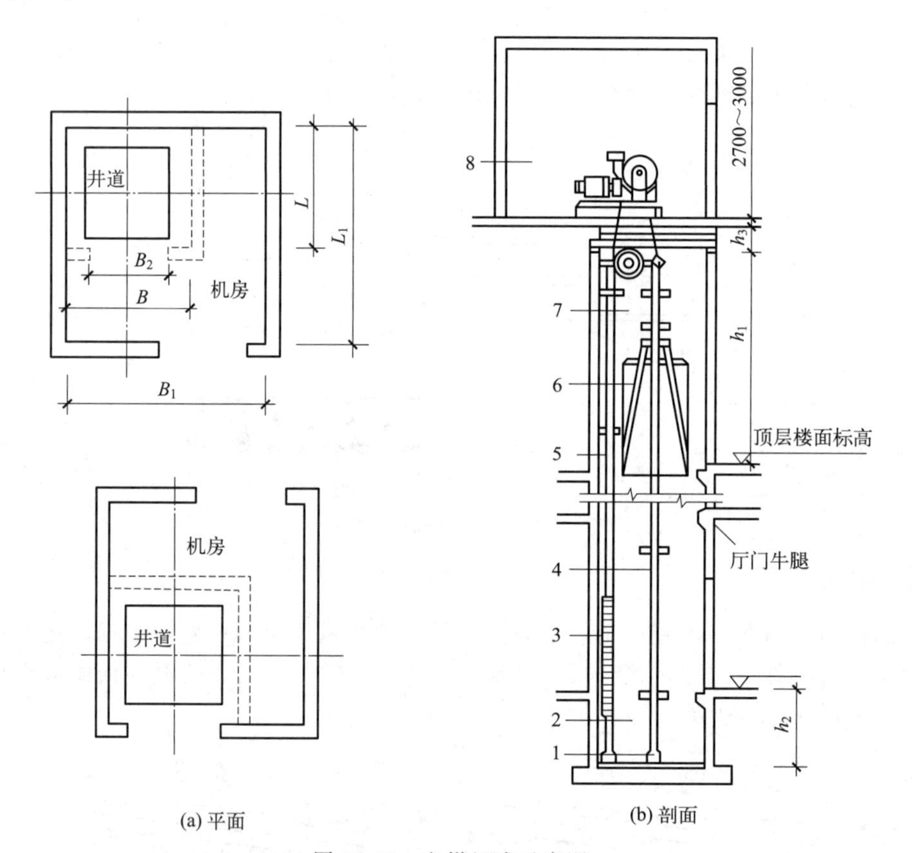

(a) 平面　　(b) 剖面

图 10-45 电梯组成示意图

1—缓冲器；2—地沟；3—平衡锤；4—轿厢导轨；5—平衡锤导轨；6—轿厢；7—井道；8—机房

10.7.2　自动扶梯

自动扶梯适用于车站、码头、空港、商场等人流量大的场所，是建筑物层间连续运输效率最高的载客设备（图 10-46、图 10-47）。一般自动扶梯均可正、逆方向运行，停机时可当作临时楼梯行走，平面布置可单台设置或双台并列。双台并列时往往采取一上一下的方式，使垂直交通具有连续性。但必须在二者之间留有足够的结构间距（目前有关规定为不小于 380mm），以保证装修的方便及使用者的安全（图 10-48）。

图 10-46　自动扶梯实例

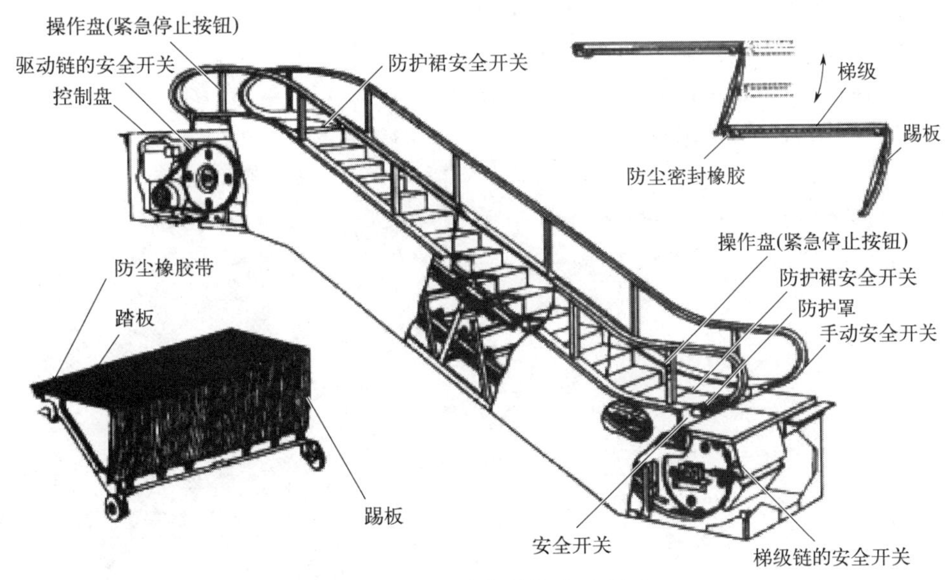

图 10-47　自动扶梯构成示意图

自动扶梯的机械装置悬在楼板下面，楼层下做装饰处理，底层则做地坑。在其机房上部自动扶梯口处应做活动地板，以利检修（图 10-49）。地坑也应做防水处理。

自动扶梯与侧边的主体结构构件或者在双台并列时的相互之间，须留有足够的安全间距，在适当的部位安装安全提醒防护装置。

自动扶梯不可用作消防通道。在建筑物中设置自动扶梯时，上下两层面积总和如超过防火分区面积要求时，应按防火要求设防火隔断或复合式防火卷帘封闭自动扶梯井。

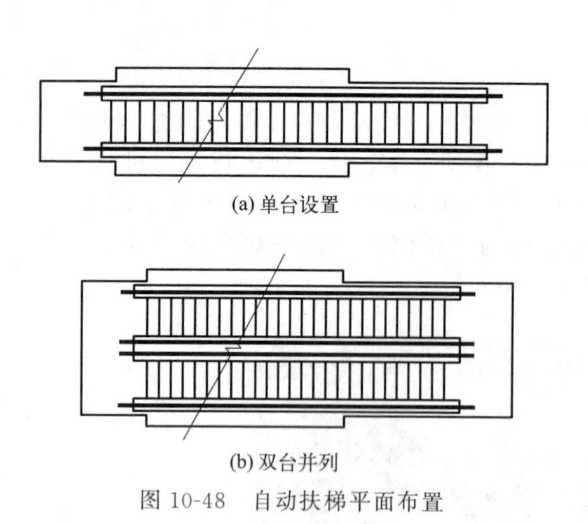

(a) 单台设置

(b) 双台并列

图 10-48 自动扶梯平面布置

图 10-49 自动扶梯口设有设备坑及检修口

思考题

1. 楼梯由哪几部分组成，各组成部分的要求及作用是什么？
2. 常见的楼梯主要有哪几种形式？其适用范围是什么？
3. 楼梯的设计要求有哪些？如何进行楼梯设计？
4. 如何确定梯段的宽度、平台宽度？
5. 一般民用建筑中，楼梯踏步尺寸有何限制？
6. 楼梯的净高有哪些限制？一般为多少？
7. 楼梯间底层平台下设出入口时，如何设计？
8. 楼梯踏步做法及防滑措施有哪些？

第 11 章
门和窗

11.1 概述

11.1.1 门窗的作用

建筑物的门窗属于房屋建筑中的围护及分隔构件，不承重。门的主要作用是交通联系、分隔建筑空间，并兼有采光、通风的作用；窗的主要功能是采光、通风及观望。门窗均属围护构件，除了满足基本使用要求外，还应具有保温隔热、隔声、防护及防火等功能。另外，门窗对建筑物的外观及室内装修造型影响也很大，它们的大小、比例尺度、位置、数量、材质、形状、组合方式等是决定建筑视觉效果的非常重要的因素。

11.1.2 门窗的设计要求

(1) 采光和通风要求

按照建筑物的照度标准，建筑门窗应当选择适当的形状以及面积。窗主要起采光通风作用，以下以窗为重点介绍。

以窗的形状为例，长方形窗构造简单，在采光数值和采光均匀性方面最佳，所以最常用。对于采光面积，相关规范有明确规定，如住宅的起居室、卧室的窗户面积不应小于地板面积的 1/7，学校为 1/5，医院手术室为 1/3～1/2，辅助房间为 1/12 等。同样面积情况下，竖立长方形窗适用于进深大的房间，这样阳光直射入房间的最远距离较大（图 11-1）。在设置位置方面，如采用顶窗，亮度会达到侧窗的 6～8 倍。

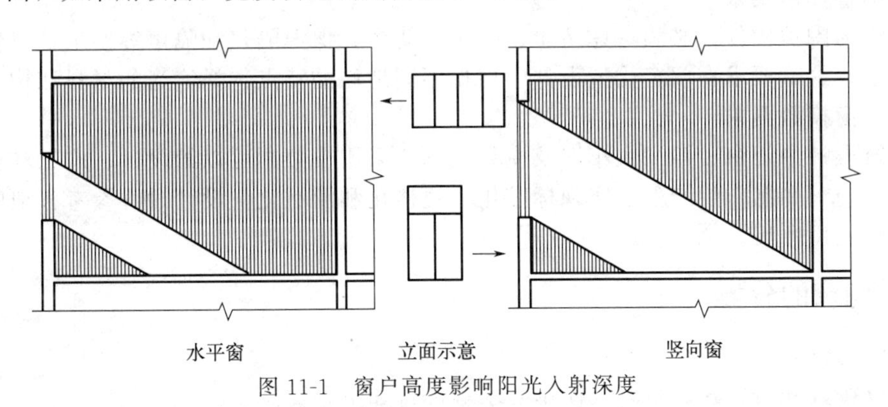

图 11-1 窗户高度影响阳光入射深度

在进行建筑设计时，必须注意选择有利于通风的窗户类型和合理的门窗位置，以获得良好的空气对流（图 11-2）。

(2) 密闭和热工性能要求

门窗构件间缝隙较多，启闭时还会受到振动。门窗与建筑主体结构间还可能因结构变形

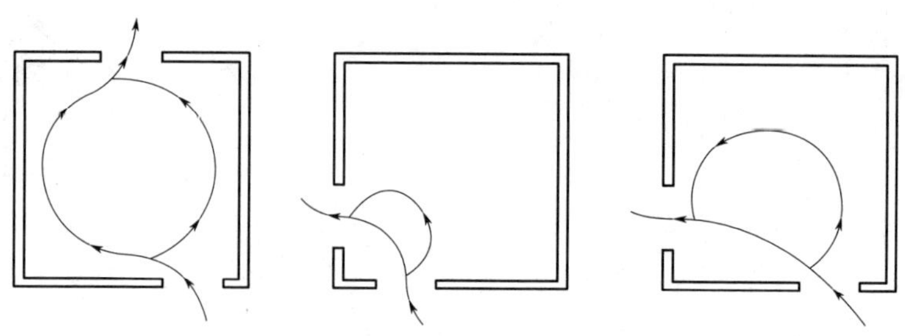

图 11-2 门窗位置对室内通风效果的影响

出现裂缝，这些缝会造成雨水或风沙及烟尘的渗漏，还可能对建筑的隔热、隔声带来不良影响。因此与其他围护构件相比，门窗在密闭性能方面的问题更突出。

随着节能意识的提高，门窗的热工性能越来越受到重视。除了在门窗制作中选择合适的材料及合理的构造方式外，相关规范还针对不同气候地区，严格规定了东西南北四个朝向建筑立面的窗墙面积比限值。

(3) 使用和交通安全要求

建筑中的门主要供人出入、联系室内外，因此在设计中门的数量、位置、大小及开启方向应按照规范进行设计，并根据建筑物的性质和人流数量的多少考虑，以便能满足通行流畅、安全的要求。

例如，相关规范规定了不同性质的建筑物以及不同高度的建筑物，其开窗的高度不同，这完全是出于安全防范方面的考虑。又如在公共建筑中，规范规定位于疏散通道上的门应该朝疏散的方向开启，而且通往楼梯间等处的防火门应当有自动关闭的功能，也是为了保证在紧急状况下人群疏散顺畅，而且减少火灾发生区域的烟气向垂直逃生区域的扩散。

(4) 建筑视觉效果要求

门窗的数量、形状、组合、材质、色彩是建筑立面造型中非常重要的部分。特别是在一些对视觉效果要求较高的建筑中，门窗更是立面设计的重点。应在满足交通、采光、通风等主要功能的前提下，考虑视觉美观和造价问题，在建筑造型中门窗也可以作为一种装饰语言传达设计理念。

(5) 围护作用要求

门窗作为围护构件，必须考虑防尘、防水、防盗、保温隔热和隔声等要求，以保证室内环境的舒适，这就要求在门窗构造设计中根据不同地区的特点选择恰当的材料和构造形式。

(6) 门窗模数要求

在建筑设计中门窗、门洞大小涉及模数问题，采用模数制可以给设计、施工和构件生产带来方便。门窗在制作生产上已实现标准化、规格化和商品化，设计时可参考各地的建筑门窗标准图和通用图集。

11.1.3 门窗的分类

(1) 门的分类

门可以按其开启方式、材料及使用要求等进行如下分类。

① 按开启方式分为平开门、弹簧门、推拉门、折叠门、转门、上翻门、升降门、卷帘门等，如图 11-3 所示。

a. 平开门。平开门是建筑中最常见、使用最广泛的门，铰链装于门扇的一侧与门框相连，水平开启，门扇围绕铰链轴转动，有单扇与双扇、内开与外开之分。平开门具有构造简单、制作方便、开关灵活等优点。

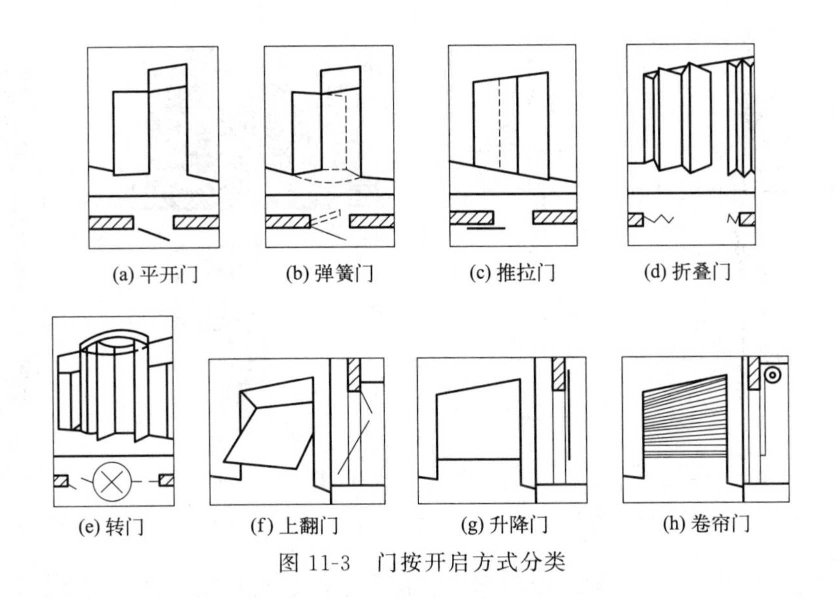

图 11-3　门按开启方式分类

b. 弹簧门。弹簧门形式同平开门，但采用了弹簧铰链或地弹簧代替普通铰链，借助弹簧的力量使门扇可单向或内外双向弹动且开启后可自动关闭，兼具内外平开门的特点。单面弹簧门多为单扇，常用于有温度调节及气味遮挡要求的房间，如厨房、厕所；双面弹簧门适用于人流较多、对门有自动关闭要求的公共场所，如过厅、走道。弹簧门应在门扇上安装玻璃或者采用玻璃门扇，供出入人员相互观察，避免碰撞。弹簧门使用方便，但存在关闭不严、密闭性不好的缺点。

c. 推拉门。推拉门是沿设置在门上部或下部的轨道左右滑移的门，有单扇和双扇两种。从安装方法上可分上挂式、下滑式以及上挂下滑结合三种形式。采用推拉门分隔内部空间既节省空间，又轻便灵活，门洞尺寸也可设置大一些，但有关闭不严、密闭性不好的缺点。日常使用中有普通推拉门、电动及感应推拉门等。

d. 折叠门。折叠门的门扇可以拼合、折叠并推移到洞口的一侧或两侧，减少占据房间使用面积。简单的折叠门只在侧边安装铰链，复杂的须在门上、下两侧安装导轨及转动的五金配件。折叠门开启节省空间，但构造较复杂，一般作为公共空间（如餐厅包间、酒店客房）中的活动隔断。

e. 转门。转门是由三或四扇门用同一竖轴组合成夹角相等、在两个固定弧形门套内旋转的门，其开启方便，密封性能良好，赋予建筑现代感，广泛用于有采暖或空调设备的宾馆、商厦、办公大楼和银行等场所。其优点是外观时尚，能够有效防止室内外空气对流；缺点是交通能力小，不能作为安全疏散门，因此需要在两旁设置平开门、弹簧门等组合使用。转门的旋转方向通常为逆时针，分普通转门和自动旋转门两种。

f. 上翻门。上翻门一般由门扇、平衡装置、导向装置三部分组成，如图 11-4 所示。平衡装置一般采用重锤或弹簧。这种门有不占使用面积的优点，但对五金件、安装工艺要求较高，多用于车库。

g. 卷帘门。卷帘门在门洞上部设置卷轴，利用卷轴收放门帘来开关门洞口。门的组成主要包括帘板、导轨及传动装置，如图 11-5 所示。帘板由条状金属帘板相互铰接组成。

开启时，帘板沿着门洞两侧的导轨上升，卷入卷筒中。门洞的上部安装手动或者电动传动装置。卷帘门具有防火、防盗、开启方便、节省空间的优点，主要适用于商场、车库、车间等需大门洞尺寸的场所。

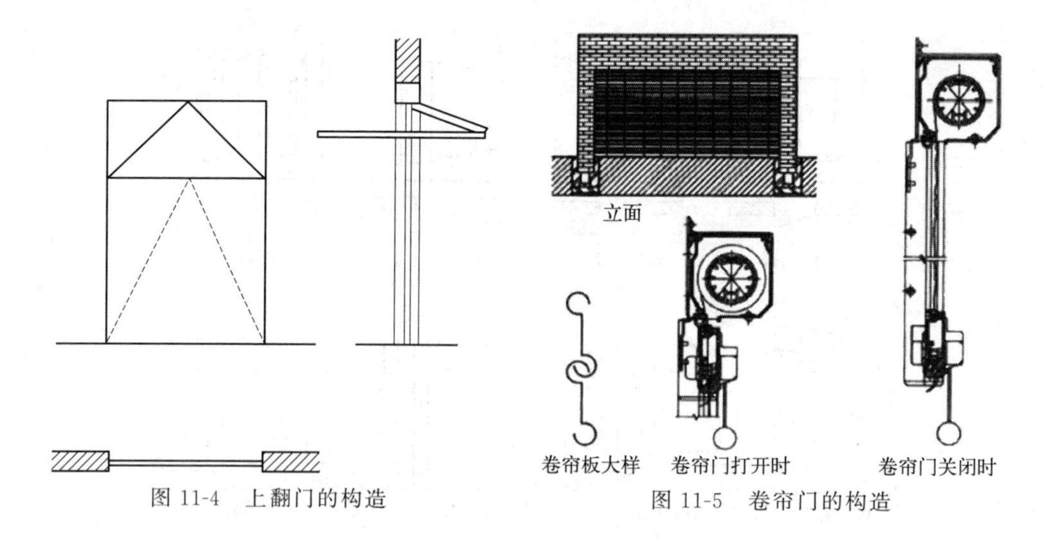

图 11-4 上翻门的构造

图 11-5 卷帘门的构造

② 按使用材料分为木门、钢木门、钢门、铝合金门、玻璃门、塑钢门及铸铁门等。

③ 按构造分为镶板门、拼板门、夹板门、百叶门等。

④ 按使用要求分为保温门、隔声门、防火门等。

(2) 窗的分类

① 按使用材料分为木窗、钢窗、铝合金窗、塑料窗、玻璃钢窗和塑钢窗等。

② 按开启方式分为固定窗、平开窗、悬窗、立转窗、推拉窗及百叶窗等，如图 11-6 所示。

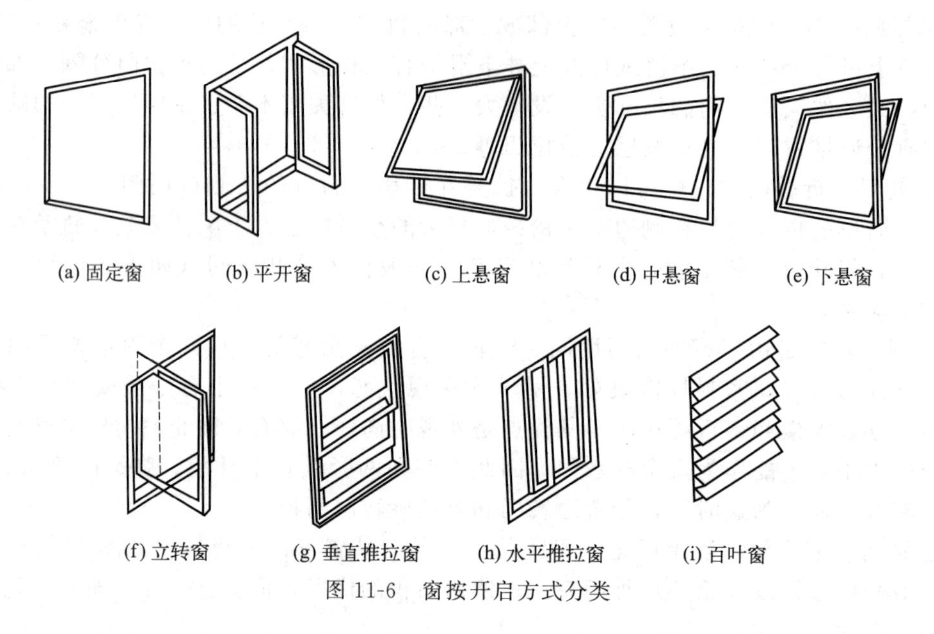

图 11-6 窗按开启方式分类

a. 固定窗。固定窗即为不能开启的窗。固定窗的玻璃直接嵌固在窗框上，仅供采光和眺望使用。

b. 平开窗。铰链装于窗扇一侧与窗框相连，向外或向内水平开启，分单扇、双扇和多扇，有内开与外开之分。其构造简单、开启灵活、制作维修方便，广泛应用于民用建筑中。

c. 悬窗。按铰链和转轴的位置不同，可分为上悬窗、中悬窗和下悬窗三种。

上悬窗的铰链安装在窗扇上部，一般向外开启，如图 11-7 所示，具有良好的防雨性能，多用作门和窗上部的亮子；中悬窗的铰链安装在窗扇中部，开启时窗扇绕水平轴旋转，窗扇上部向内开，下部向外开，有利于挡雨、通风，多用于高侧窗；下悬窗的铰链安装在窗扇下部，一般向内开，但占据室内空间且不防雨，多用于内门的亮子。

图 11-7　上悬窗

d. 立转窗。窗扇可沿竖轴转动，其开启大小及方向可随风向调整，有利于将室外空气引入室内，但因密闭性较差，不宜用于寒冷和多风沙地区。

e. 推拉窗。分为垂直推拉窗和水平推拉窗两种。水平推拉窗需在窗扇上、下设置轨槽，垂直推拉窗需有滑轮和平衡措施。其开启时不占室内外空间，窗扇受力状态较好，窗扇和玻璃可以较大，但通风面积受限制。铝合金和塑钢材料窗多采用推拉方式开启。

f. 百叶窗。主要用于遮阳、防雨和通风，但采光较差。窗扇可用金属、木材、玻璃等制作，有固定式和活动式两种形式。

11.2　门窗的尺度

11.2.1　门的尺度

门的尺度是指门洞的高宽尺寸，应满足人流疏散，搬运家具、设备的要求，并应符合《建筑模数协调标准》（GB/T 50002—2013）的规定。一般情况下，公共建筑的单扇门的宽度为 950～1000mm，双扇门的宽度为 1500～1800mm，高度为 2.1～2.3m；居住建筑的门可略小些，外门的宽度为 900～1000mm，房间门的宽度为 900mm，厨房门的宽度为 800mm，厕所门的宽度为 700mm，高度统一为 2.1m。供人日常生活进出的门，门扇的高度通常为 1900～2100mm，单扇门的宽度为 800～1000mm，辅助房间如浴厕、储藏室的门的宽度为 600～800mm，窗的高度一般为 300～900mm。工业建筑的门可按需要适当提高。

11.2.2　窗的尺度

窗的尺度一般根据采光通风要求、结构构造要求和建筑造型等因素决定，同时应符合模数制要求。

一般平开窗的窗扇宽度为 400～600mm，高度为 800～1500mm，亮子高度为 300～600mm，固定窗和推拉窗尺寸可大些。

11.3　门窗的组成

门窗主要由门窗框、门窗扇、门窗五金几部分组成。有时为了完善构造节点，加强密封性能或改善装修效果，还常常用到一些门窗附件，如披水、贴脸板等。

11.3.1 门窗框

门窗框是门窗与建筑墙体、柱、梁等构件连接的部分，起固定作用，还能控制门窗扇启闭的角度。门窗框又称作门窗樘，一般由两边的垂直边梃和自上而下分别称作上槛、中槛（又称作中横挡）、下槛的水平构件组成。在一樘中并列有多扇门或窗的，垂直方向中间还会有中梃来分隔及安装相邻的门窗扇。考虑使用便利性，门大多不设下槛。为了控制门窗扇关闭时的位置和开启时的角度，门窗框一般要连带或增加附件，称为铲口或铲口条（又称止口条）（图 11-8）。传统木门的门框用料，大门可为（60～70)mm×(140～150)mm（毛料），内门可为（50～70)mm×(100～120)mm，有纱门时用料宽度不宜小于 150mm。木窗框用料一般为 60mm×100mm，装纱窗时为 60mm×120mm。

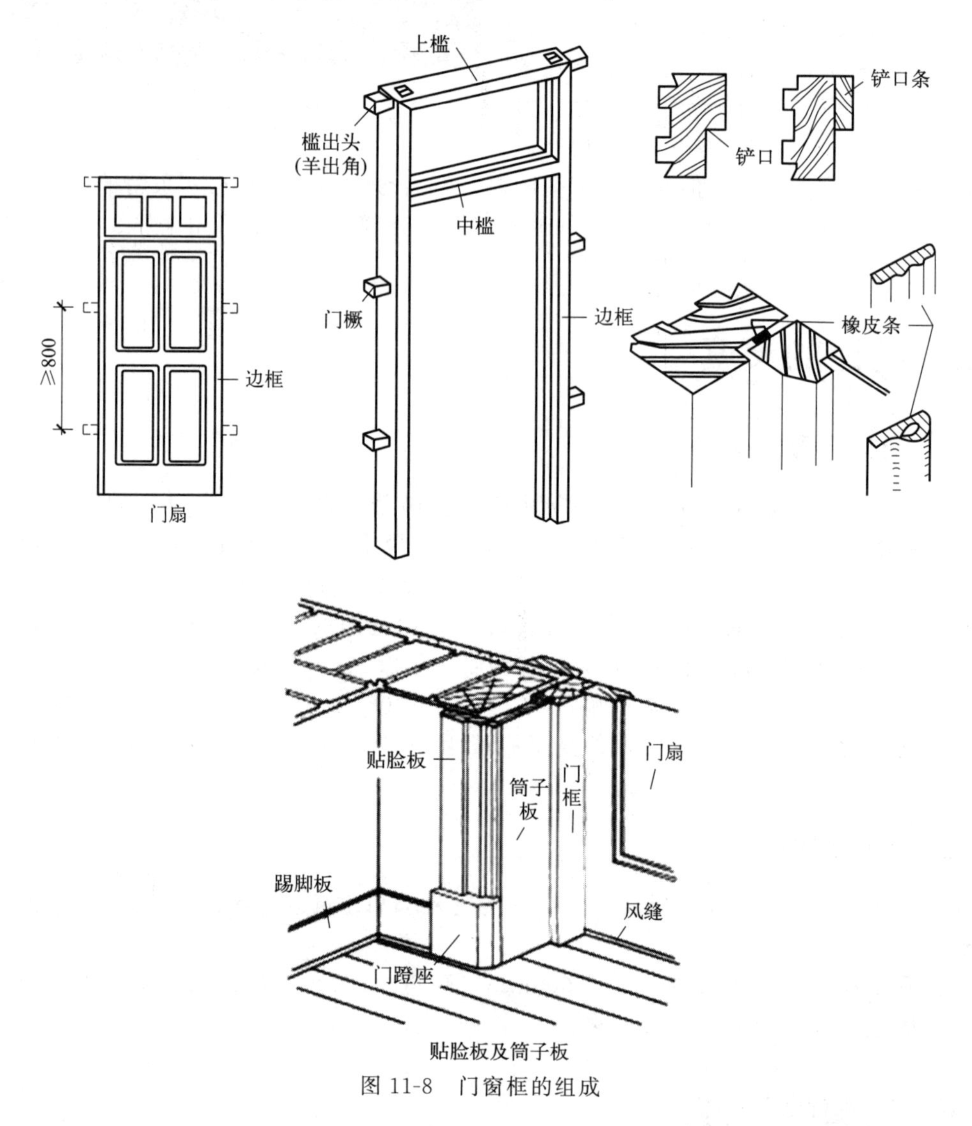

图 11-8 门窗框的组成

11.3.2 门窗扇

门窗扇是门窗可供开启的部分。

(1) 门扇

门扇的类型主要有镶板门、夹板门、百叶门、无框玻璃门等（图 11-9）。镶板门由垂直构件边梃，水平构件上冒头、中冒头和下冒头以及门芯板或玻璃组成。夹板门由内部骨架和外部面板组成。百叶门是将门扇的一部分做成可以通风的百叶。

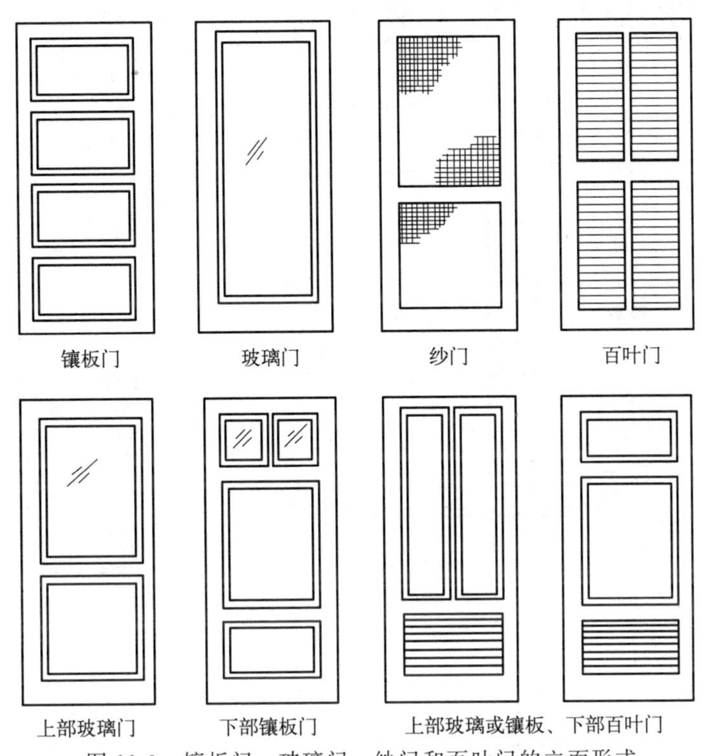

图 11-9　镶板门、玻璃门、纱门和百叶门的立面形式

① 镶板门。镶板门以冒头、边梃用全榫结合成框，中镶木板（门芯板）或玻璃。常见的木质镶板门门扇边框的厚度一般为 40～45mm，纱门 30～35mm。镶板门上冒头尺寸为 (45～50)mm×(100～120)mm，中冒头、下冒头为了装锁和坚固要求，宜用（45～50）mm×150mm，边梃至少 50mm×150mm。门芯板可用 10～15mm 厚木板拼装成整块，镶入边框，或用多层胶合板、硬质纤维板及其他塑料板等代替。冒头及边梃、中梃断面可根据要求设计。有的镶板门将锁装在边梃上，故边梃尺寸也不宜过细。门芯板如换成玻璃，则成为玻璃门。

② 夹板门。夹板门一般是在胶合成的本框格表面再胶贴或钉盖胶合板或其他人工合成板材，骨架形式参见图 11-10。其特点是用料省、自重轻、外形简洁，适用于房屋的内门。夹板门的内框一般边框用料 35mm×(50～70)mm，内芯用料 33mm×(25～35)mm，中距 100～300mm。面板可整张或拼花粘贴，也可预先在工厂压制出花纹。

应当注意在装门锁和铰链的部位，框料须另加宽。有时为了使门扇内部保持干燥，可作透气孔贯穿上下框格。另有一种实心做法是将两块细木工板直接胶合作为芯板，其外侧再胶三夹板，这样门扇厚度约为 45mm，与一般门扇相同。与镶板门类似，夹板门也可局部做成百页的形式。为保持门扇外观效果及保护夹板面层，常在夹板门四周钉 10～15mm 厚木条收口。

③ 无框玻璃门。无框玻璃门用整块安全平板玻璃直接做成门扇，立面简洁，常用于公共建筑。最好是能够由光感设备自动启闭，否则应有醒目的拉手或其他识别标志（图 11-11）。

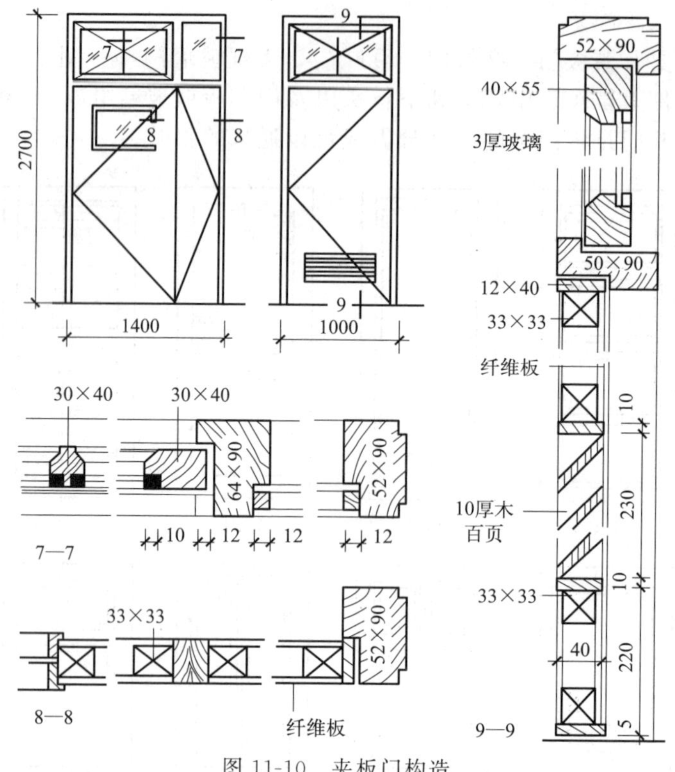

图 11-10 夹板门构造

（2）窗扇

窗扇因为需要采光，多需镶玻璃，其构成大多与镶玻璃门相仿，也由上下冒头、中间冒头以及左右边梃组成（图 11-12）。有时根据需要，玻璃部分可以改为百叶。木窗窗扇冒头和边梃的厚度一般为 35～42mm，通常为 40mm，宽度视木料材质和窗扇大小而定，一般为 50～60mm。

图 11-11 无框玻璃门实例

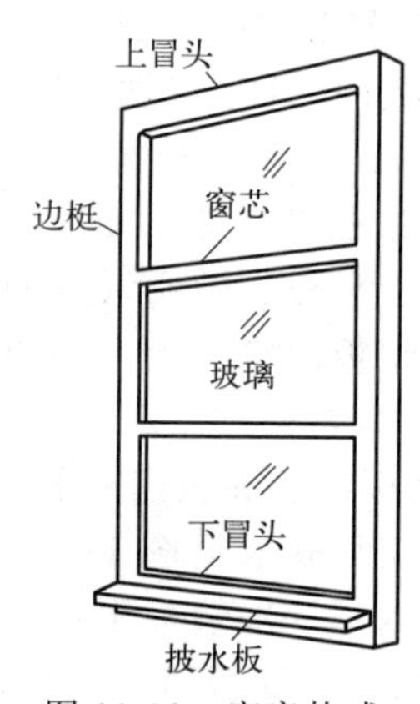

图 11-12 窗扇构成

对应于无框玻璃门，也可以做成无框的窗扇。

11.3.3 门窗五金

门窗五金的用途是在门窗各组成部件之间以及门窗与建筑主体之间起到连接、控制以及固定的作用。门的五金主要有把手、门锁、铰链、闭门器和门挡等。窗的五金有铰链、风钩、插销、拉手以及导轨、转轴、滑轮等。

（1）铰链

铰链是连接门窗扇与门窗框，供平开门及平开窗开启时转动的五金件。有些铰链又被称为合页。铰链的形式很多，有明铰链和暗铰链，也有普通铰链和弹簧铰链，还有固定铰链和抽心铰链（方便装卸）等类型的区分（图 11-13）。常用规格有 50mm、75mm、100mm 等几种。门扇上的铰链一般须装上下两道，较重时则采用三道铰链。有时为了使窗扇便于从室内擦洗以及开启后能贴平墙身，常采用长脚铰链或平移式滑杆（图 11-14）。

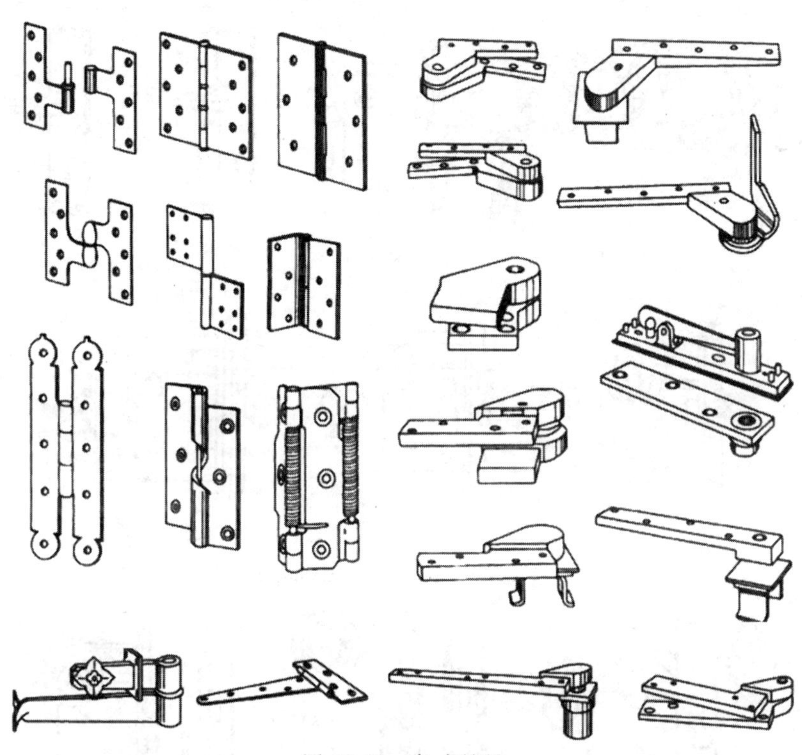

图 11-13　各式铰链

（2）插销

插销是门窗扇关闭时的固定用具。插销也有很多种类，推拉窗常采用转心销，转窗和悬窗常用弹簧插销，有些功能特别的门会采用通天插销。

（3）把手

把手是装置在门窗扇上，方便把握开关动作时用的。最简单的固定式把手也叫拉手，而有些把手与门锁或窗销结合，通过其转动来控制门窗扇的启闭，它们也被称为执手。由于直接与人手接触，所以设计时需要考虑它的大小、触觉感受等方面的因素。

（4）门锁

门锁多装于门框与门扇的边梃上，

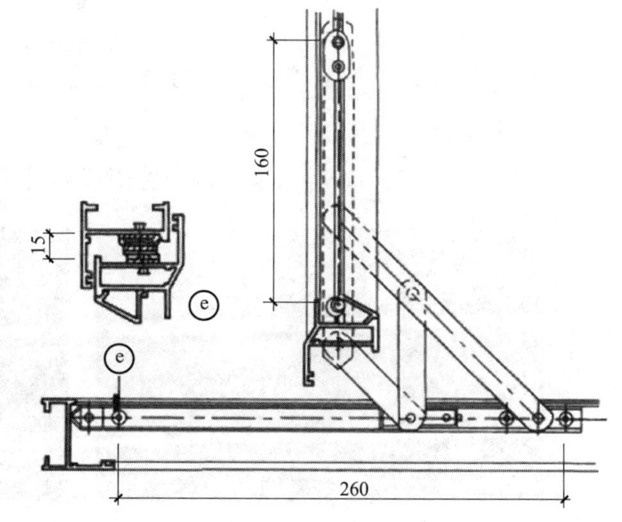

图 11-14　平移式滑杆

也有的直接装在门扇和地面及墙面交接处，更有些与把手结合成为把手门锁（图 11-15）。弹子门锁是较常用的一种门锁，大量应用于民用建筑中，随着技术的进步，它们的类型也不断增加。把手门锁由于使用方便，现在应用也很普遍，这种门锁只要转动旋钮拉住弹簧钩锁就能打开。圆筒销子锁在室外则需用钥匙，在室内通过指旋器就能打开锁。智能化的电子门锁近几年开始在居住和公共建筑中大量出现，它们配合建筑的管理措施加强了安全性和合理性，有的可以通过数字面板设置密码，还有的用电子卡开锁，而且不同的卡可以设置不同的权限以规定不同的使用方式，除此之外还有指纹锁等。

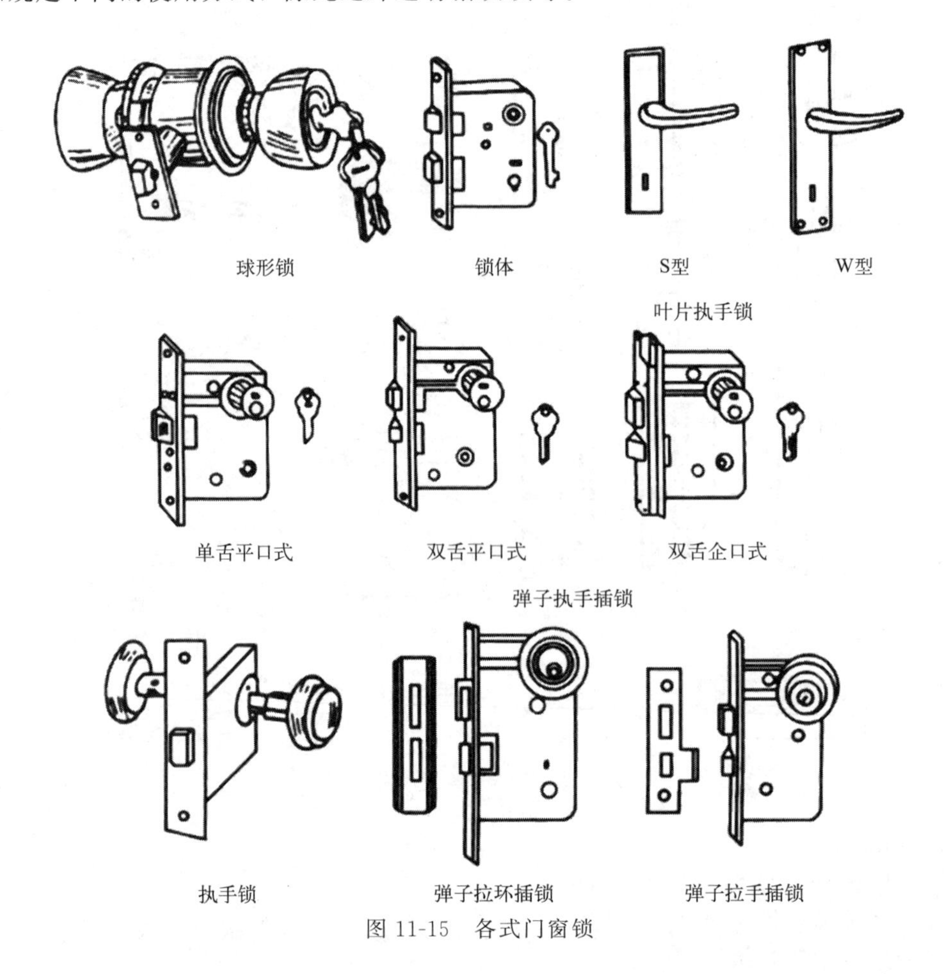

图 11-15 各式门窗锁

(5) 闭门器

闭门器是安装在门扇与门框上自动关闭开启门的机械构件（图 11-16）。

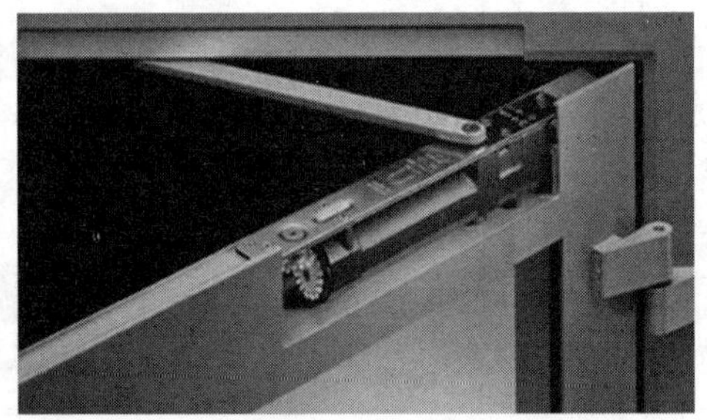

图 11-16 闭门器外观及内部结构

闭门器有通过机械式液压控制的，也有通过电子芯片控制的。由于门的使用情况不同，闭门器的设计性能也是各种各样的。选用时一般要注意闭门力、缓冲、延时、停门功能等技术参数，如需要也可以在使用时调节。

（6）定门器

定门器也称门碰头或门吸，装在门扇、踢脚或地板上。门开启时作为固定门扇之用，同时使把手不致损坏墙壁。定门器有钩式、夹式、弹簧式、磁铁式等数种（图 11-17）。

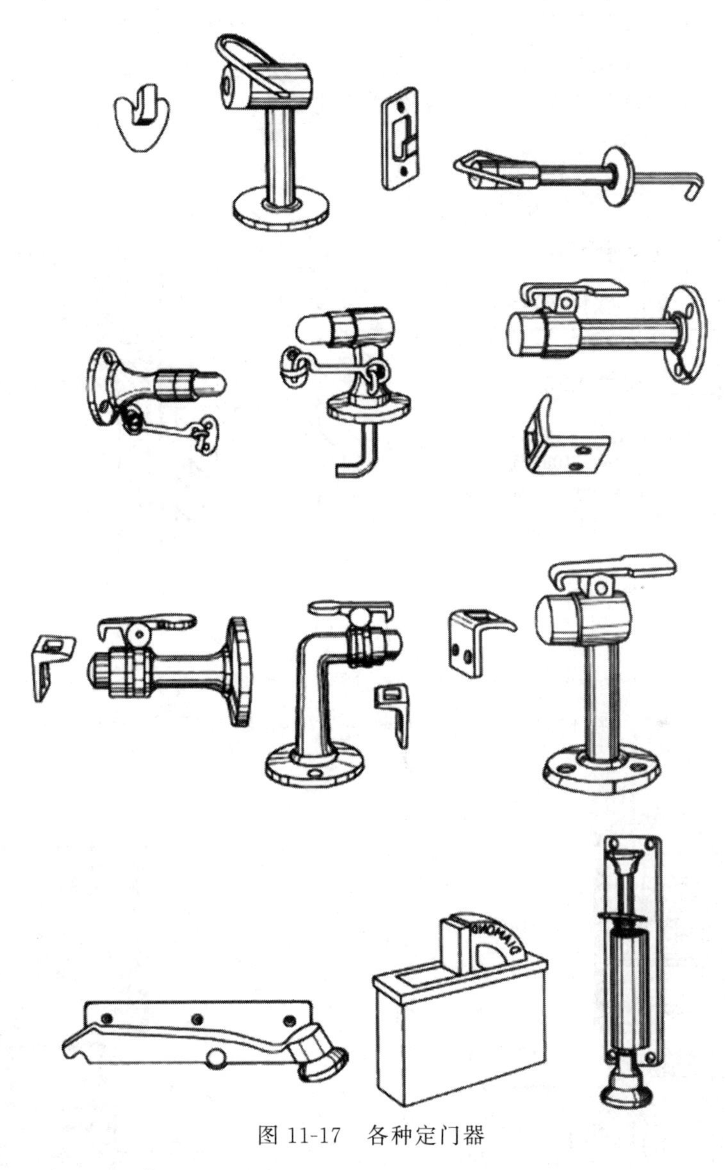

图 11-17　各种定门器

11.4　门窗的安装

11.4.1　门窗框的安装

门窗在安装时除无框制品外，一般先安装门窗框。

无论用哪种工艺安装门窗，建筑上一律认定门窗的尺寸是指门窗的洞口尺寸，也就是门窗的标志尺寸。

由于门窗材料的不同，在用塞樘工艺安装门窗框时，固定的方式不尽相同。无论采用何种材质的门窗框，若墙体为轻质砌块或加气混凝土，需要在连接部位设置预埋件。以金属门窗和塑钢窗为例介绍安装方法。

图 11-18 中所示的彩色涂层空腹钢板门窗，在安装时有两种方式：一是如图 11-18(a) 所示的带副框的做法，适用于外墙面为石材、马赛克、面砖等贴面材料，或门窗与内墙面需要平齐的建筑，工艺为在墙身中预埋铁，先安装副框后安装门窗框；二是如图 11-18(b) 所示的不带副框的做法，适用于室外为一般粉刷的建筑。

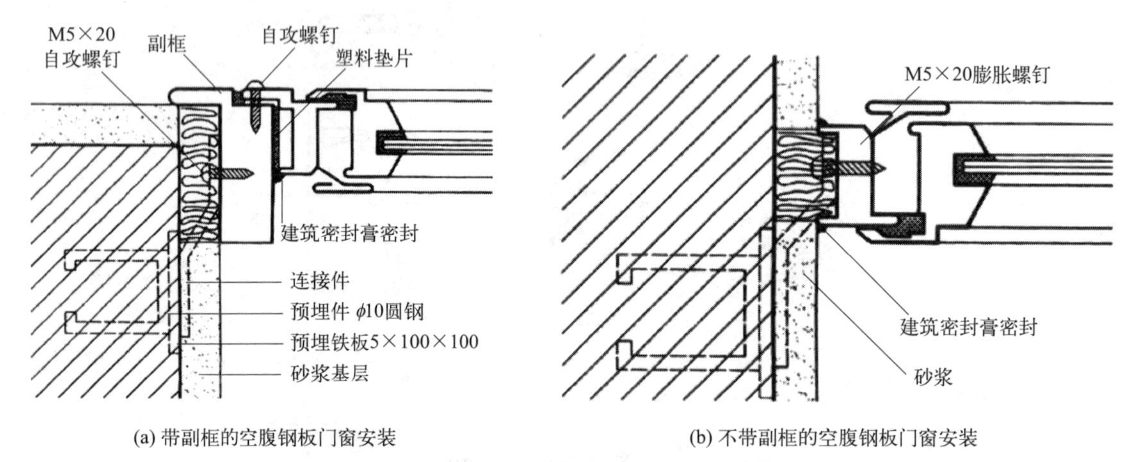

(a) 带副框的空腹钢板门窗安装　　(b) 不带副框的空腹钢板门窗安装

图 11-18　空腹钢板门窗安装工艺

铝合金门窗和塑钢窗在门窗框的安装方面与空腹钢板门窗并无实质上的差别，也可以通过连接件或副框来连接。图 11-19 所示的两种安装方法均为通过“之”字形的连接件与墙身

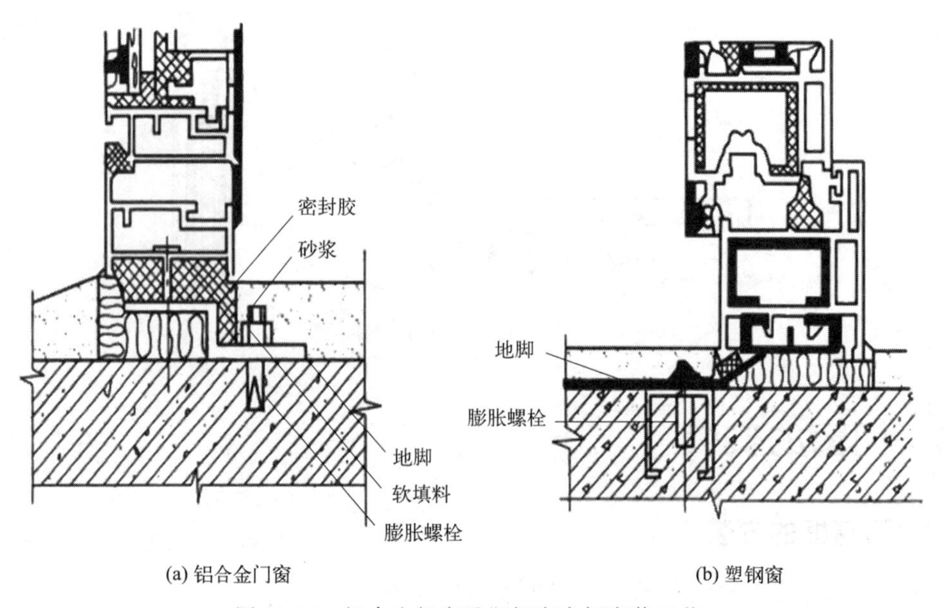

(a) 铝合金门窗　　(b) 塑钢窗

图 11-19　铝合金门窗及塑钢窗窗框安装工艺

连接。不过应当注意洞口缝隙中不能嵌入砂浆等刚性材料，而是必须采用柔性材料填塞。常用的有矿棉毡条、玻璃棉条、泡沫塑料条、泡沫聚氨酯条等。外门窗应在安装缝两侧都用密封胶密封。

11.4.2 门窗扇的安装

可开启的门窗扇一般按照开启方式通过各种铰链或插件、滑槽和滑杆与门窗框连接。在此过程中，还应适当调整其四周缝隙的宽度及立面的垂直平整度。固定不开启的窗扇将玻璃直接安装到窗框上。无框的门窗将转轴五金件或滑槽连接到门窗洞口的上下两边的预埋件上，或者用膨胀螺栓直接打入，然后安装门窗扇。

11.4.3 门窗玻璃的安装

为了防止在施工过程中发生破损，带玻璃的门窗类型，玻璃一般都在门窗扇安装调整后再安装。

金属和塑钢门窗玻璃安装时，应先在门窗扇型材内侧凹槽内嵌入密封条，并在四周安放橡塑垫衬或垫底，等玻璃安放到位后，再用带密封条的嵌条将其固定压紧，如图11-20所示。另外，铝合金门窗也可用密封胶填缝，密封胶固化后将玻璃固定。用密封胶固定的水密性、气密性优于用密封条。

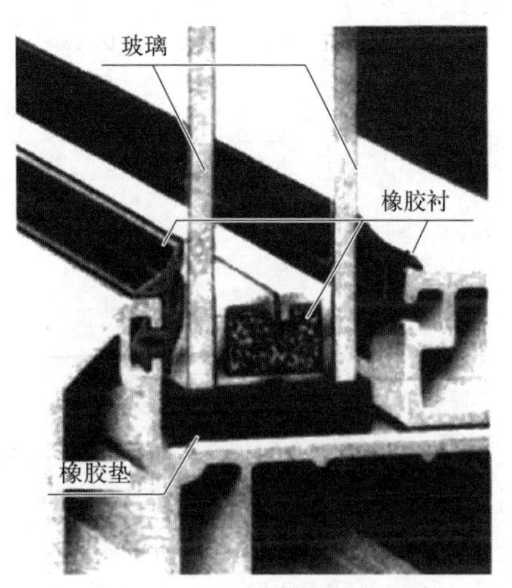

图11-20 塑钢门窗玻璃安装

11.5 门窗节能

建筑门窗是建筑围护结构中热工性能最薄弱的部位，其能耗占到建筑围护结构总能耗的40%～50%。同时，门窗也是建筑中的得热构件，可以通过太阳光透射入室内而获得太阳辐射，因此是影响建筑室内热环境和建筑节能的重要因素。门窗要想达到好的节能效果，除了满足基本性能外，还应综合考虑当地气候条件、功能要求、建筑形式等因素，并满足国家节能设计标准对门窗设计指标的要求。

(1) 节能设计指标

在建筑节能设计中，应根据建筑所处地的建筑热工设计分区，恰当地选择门窗材料和构造方式，使建筑外门窗的热工性能符合该地建筑节能设计标准的相关规定。其主要指标包括：

① 传热系数。传热系数是外门窗保温性能分级的重要指标。不同建筑外门窗材料、构造方法其传热系数也不相同，不同建筑热工设计分区、不同体形系数条件下的建筑外门窗其传热系数要求也不同，见表11-1。

② 综合遮阳系数。对于南方炎热地区，在强烈的太阳辐射条件下，阳光直射到室内，将严重影响建筑室内热环境，因此外窗应采取适当遮阳措施，以降低建筑空调能耗。

门窗的遮阳效果用综合遮阳系数（SC_w）来衡量，其影响因素包括玻璃本身的遮阳性能和外遮阳的遮阳性能。其要求也根据建筑热工设计分区、窗墙面积比的不同有所区别，见表11-1。

表 11-1 夏热冬冷地区不同朝向、不同窗墙面积比的外窗传热系数和综合遮阳系数限制

围护结构部位			传热系数 $K/[W/(m^2 \cdot K)]$	外窗综合遮阳系数 SC_w
户门			3.0(通往封闭空间) 2.0(通往非封闭空间或户外)	
外窗(含阳台门透明部分)	体形系数≤0.40	窗墙面积比≤0.20	4.7	—/—
		0.20<窗墙面积比≤0.30	4.0	—/—
		0.30<窗墙面积比≤0.40	3.2	夏季≤0.40/夏季≤0.45
		0.40<窗墙面积比≤0.45	2.8	夏季≤0.35/夏季≤0.40
		0.45<窗墙面积比≤0.60	2.5	东、西、南向设置外遮阳 夏季≤0.35 冬季≥0.60
	体形系数>0.40	窗墙面积比≤0.20	4.0	—/—
		0.20<窗墙面积比≤0.30	3.2	—/—
		0.30<窗墙面积比≤0.40	2.8	夏季≤0.40/夏季≤0.45
		0.40<窗墙面积比≤0.45	2.5	夏季≤0.35/夏季≤0.40
		0.45<窗墙面积比≤0.60	2.3	东、西、南向设置外遮阳 夏季≤0.35 冬季≥0.60

(2) 节能设计措施

① 增强门窗的保温性能。根据各地区建筑节能设计标准合理选择满足传热系数指标的门窗。提高门窗保温性能的措施有改善门窗框的保温能力，改善门扇和窗玻璃的保温能力。

② 减少门窗的空气渗透。空气渗透是门窗热工性能薄弱的重要原因之一，因此，应选用制作和安装质量良好、气密性等级较高的门窗。改进门窗气密性的措施有：在出入口处增设门斗；提高型材的规格尺寸、准确度、尺寸稳定性和组装的精确度；采取良好的密封措施。

③ 选择适宜的窗地比。建筑能耗中，照明能耗占20%～30%。为了充分利用天然采光，节约照明用电，应根据房间的功能、光气候特征等因素，选择适宜的窗地比。

④ 控制好窗墙面积比。从天然采光角度来说，窗洞口面积越大越好。但从热工角度来说，为了避免建筑能耗随外窗面积的增大而增加，必须对窗墙面积比进行控制。窗墙面积比的限制除了与建筑热工设计分区有关外，还与外墙的朝向相关。

⑤ 合理的遮阳设计。在南方炎热地区，门窗的隔热性能尤其重要。提高隔热性能主要有两条途径：一是采用合理的建筑外遮阳，设计挑檐、遮阳板、活动遮阳等措施；二是玻璃的选择，选用对太阳红外线反射能力强的热反射材料贴膜，如 Low-E 玻璃等。

思考题

1. 简述门和窗的作用和要求。
2. 确定窗的尺寸应考虑哪些因素？什么是窗墙面积比？有什么意义？
3. 窗框的安装方式与区别是什么？
4. 简述木门的组成，门框和门扇的组成。
5. 确定门的尺寸应考虑哪些因素？常用门扇的类型有哪些？
6. 试列举门框和门扇的断面形状。
7. 镶板门的用途和构造特点是什么？
8. 夹板门的用途和构造特点是什么？
9. 遮阳板的作用是什么？窗遮阳板的基本形式有哪些？各自的特点和用途是什么？

第12章 变形缝

12.1 变形缝的概念

由于温度变化、地基不均匀沉降和地震因素的影响，建筑结构内部将产生附加应力和变形，如处理不当建筑物可能产生裂缝或倒塌。将房屋划分为若干独立的部分，使各部分能自由地变化，可减少产生裂缝的机会。故在设计时事先将建筑物垂直分开的预留缝称为变形缝。墙体能够通过变形缝的设置分为各自独立的区段。变形缝包括伸缩缝、沉降缝和防震缝三种。

(1) 伸缩缝

伸缩缝亦称温度缝，是指为防止建筑构件因温度变化热胀冷缩使建筑物出现裂缝或破坏的变形缝。伸缩缝可以将过长的建筑物分成几个长度较短的独立部分，以此来减少由于温度的变化而对建筑物产生的破坏。设置伸缩缝时，一般是每隔一定的距离设置一条伸缩缝，或者是在建筑平面变化较大的地方预留缝隙，将基础以上建筑构件全部断开，分为各自独立的能在水平方向自由伸缩的部分，因为基础埋于地下，受温度影响较小，不必断开，通过这些做法来使伸缩缝两侧的建筑物能自由伸缩。

(2) 沉降缝

沉降缝是指当建筑地基土质差别较大或者是建筑物与相邻的其他部分的高度、荷载和结构形式差别较大时设置的变形缝。如果建筑地基土质差别较大或者是与周围的建筑环境不统一，可能造成建筑物的不均匀沉降，甚至会导致建筑物中一些部位出现位移。为了预防上述不良情况的出现，建筑物在施工过程中一般会在适当的位置设置垂直缝隙，把一个建筑物按刚度不同划分为若干个独立的部分，从而使建筑物中刚度不同的各个部分可以自由地沉降。沉降缝可以从建筑物基础到屋面的全部构件断开，一般为70～100mm宽。

(3) 防震缝

防震缝是指将形体复杂和结构不规则的建筑物划分成为体型简单、结构规则的若干个独立单元的变形缝。防震缝的主要目的是提高建筑物的抗震性能。防震缝的两侧一般采用双墙、双柱的模式建造，缝隙一般是从建筑物的基础面以上沿建筑物的全高设置的。防震缝从建筑物的基础顶面断开并贯穿建筑物的全高。防震缝的缝隙尺寸一般为50～100mm。缝的两侧应有墙体将建筑物分为若干体型简单、结构刚度均匀的独立单元。

有很多建筑物对这三种接缝进行了综合考虑，即所谓的“三缝合一”，缝宽按照防震缝宽度处理，基础按沉降缝断开。

12.2 变形缝的设置

12.2.1 伸缩缝

伸缩缝从基础顶面开始，将墙体、楼板、屋面全部构件断开，宽度一般为20～30mm。

结构设计规范对砖石墙体伸缩缝的最大间距有相应规定。伸缩缝间距与墙体的类别有关，特别是与屋面和楼板的类型有关。整体式或装配整体式钢筋混凝土结构，因屋面和楼板本身没有自由伸缩的余地，当温度变化时，在结构内部产生温度应力大，因而伸缩缝间距比其他结构形式小些。大量性民用建筑用的装配式无檩体系钢筋混凝土结构，有保温层或隔热层的瓦顶，相对来说其伸缩缝间距要大些。严寒地区、不采暖的温度差较大且变化频繁地区，墙体伸缩缝的间距应按表中数值予以适当减少后采用。墙体的伸缩缝内应嵌以轻质可塑材料，在进行立面处理时，须使缝隙起到伸缩的作用。根据建筑物的长度、结构类型和屋盖刚度以及屋面是否设保温或隔热层来考虑，伸缩缝应设在因温度和收缩变形引起应力集中、砌体产生裂缝可能性最大处。伸缩缝的间距可按如表 12-1 和表 12-2 考虑设置。

表 12-1 砌体房屋伸缩缝的最大间距 单位：m

屋盖或楼盖类别		间距
整体式或装配整体式钢筋混凝土结构	有保温层或隔热层的屋盖、楼盖	50
	无保温层或隔热层的屋盖	40
装配式无檩体系钢筋混凝土结构	有保温层或隔热层的屋盖、楼盖	60
	无保温层或隔热层的屋盖	50
装配式有檩体系钢筋混凝土结构	有保温层或隔热层的屋盖	75
	无保温层或隔热层的屋盖	60
瓦材屋盖、木屋盖或楼盖、轻钢屋盖		100

注：1. 对烧结普通砖、烧结多孔砖、配筋砌块砌体房屋，取表中数值；对石砌体、蒸压灰砂普通砖、蒸压粉煤灰普通砖、混凝土砌块、混凝土普通砖和混凝土多孔砖房屋，取表中数值乘以 0.8 的系数；当墙体有可靠外保温措施时，其间距可取表中数值。

2. 在钢筋混凝土屋面上挂瓦的屋盖应按钢筋混凝土屋盖采用。

3. 层高大于 5m 的烧结普通砖、烧结多孔砖、配筋砌块砌体结构单层房屋，其伸缩缝间距可按表中数值乘以 1.3 取值。

4. 温差较大且变化频繁地区和严寒地区不采暖的房屋及构造物墙体的伸缩缝的最大间距，应按表中数值予以适当减小。

5. 墙体的伸缩缝应与结构的其他变形缝相重合，缝宽度应满足各种变形缝的变形要求；在进行立面处理时，必须保证缝隙的变形作用。

表 12-2 钢筋混凝土结构伸缩缝最大间距 单位：m

结构类别		室内或土中	露天
排架结构	装配式	100	70
框架结构	装配式	75	50
	现浇式	55	35
剪力墙结构	装配式	65	40
	现浇式	45	30
挡土墙或地下室墙壁等结构	装配式	40	30
	现浇式	30	20

注：1. 装配整体式结构的伸缩缝间距，可根据结构的具体情况取表中装配式结构与现浇式结构之间的数值。

2. 框架-剪力墙结构或框架-核心筒结构房屋的伸缩缝间距，可根据结构的具体情况取表中框架结构与剪力墙结构之间的数值。

3. 当屋面无保温或隔热措施时，框架结构、剪力墙结构的伸缩缝间距宜按表中露天栏的数值取用。

4. 现浇挑檐、雨罩等外露结构的局部伸缩缝间距不宜大于 12m。

12.2.2 沉降缝

沉降缝将房屋从基础到屋面全部构件断开，使两侧各为独立的单元，可以自由沉降。沉降缝一般在下列部位设置：平面形状复杂的建筑物的转角处、建筑物高度或荷载差异较大处、结构类型或基础类型不同处、地基土层有不均匀沉降处、不同时间修建的房屋的连接部位。

(1) 沉降缝的设置条件

① 平面形状复杂、连接比较薄弱的部位。

② 同一建筑物相邻部分的层数相差两层以上或层高相差超过 10m。

③ 建筑物相邻部位荷载差异较大。

④ 建筑物相邻部位结构类型不同。

⑤ 地基土压缩性有明显差异处。

⑥ 房屋或基础类型不同处。

⑦ 房屋分期建造的交接处。

(2) 沉降缝的宽度

沉降缝的宽度与地基情况及建筑高度有关，地基越弱的建筑物，沉陷的可能性越高，沉陷后所产生的倾斜距离越大，其沉降缝宽度一般为 30～70mm，在软弱地基上的建筑其缝宽应适当增加。沉降缝宽度如表 12-3 所示。

表 12-3　沉降缝的宽度

地基性质	房屋高度 H	缝宽 B/mm
一般地基	＜5m 5～10m 10～15m	30 50 70
软弱地基	2～3 层 4～5 层 5 层以上	50～80 80～120 ＞120
湿陷性黄土地基		30～70

注：沉降缝两侧单元层数不同时，由于高层影响，低层倾斜往往很大，因此宽度按高层确定。

12.2.3　防震缝

对于设计烈度在 6～9 度的地区，当房屋体型比较复杂时，利用防震缝将房屋分成几个体型比较规则的结构单元。

(1) 设置条件

① 建筑平面复杂，如图 12-1 所示，有较大突出部分时。

② 建筑物立面高差在 6m 以上时。

③ 建筑物有错层且楼板高差较大时。

④ 建筑相邻部分的结构刚度、质量相差较大时。

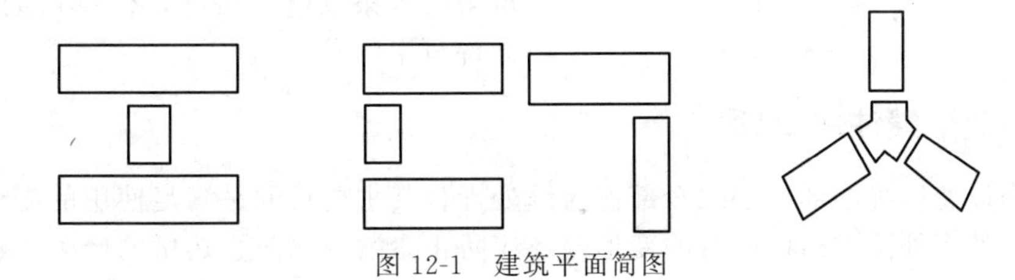

图 12-1　建筑平面简图

(2) 构造要求

① 设防震缝处基础可以断开，也可以不断开。

② 缝的两侧设置墙体或双柱或一柱一墙，使各部分封闭并具有较好的刚度。

③ 防震缝应同伸缩缝和沉降缝协调布置，做到一缝多用。

(3) 宽度要求

根据《建筑抗震设计规范》(GB 50011—2010)(2016 年版)的规定，钢筋混凝土房屋设置防震缝时应符合下列要求：

① 框架结构(包括设置少量抗震墙的框架结构)房屋的防震缝宽度，当高度不超过 15m 时不应小于 100mm；高度超过 15m 时，6 度、7 度、8 度和 9 度分别每增加高度 5m、4m、3m 和 2m，宜加宽 20mm。

② 框架-抗震墙结构房屋的防震缝宽度不应小于①项规定数值的 70%，抗震墙结构房屋的防震缝宽度不应小于①项规定数值的 50%；且均不宜小于 100mm。

③ 防震缝两侧结构类型不同时，宜按需要较宽防震缝的结构类型和较低房屋高度确定缝宽。

8、9 度框架结构房屋防震缝两侧结构层高相差较大时，防震缝两侧框架柱的箍筋应沿房屋全高加密，并可根据需要在缝两侧沿房屋全高各设置不少于两道垂直于防震缝的抗撞墙。抗撞墙的布置宜避免加大扭转效应，其长度可不大于 1/2 层高，抗震等级可同框架结构；框架构件的内力应按设置和不设置抗撞墙两种计算模型的不利情况取值。

12.3 变形缝处的结构布置

12.3.1 设变形缝处的结构布置方案

伸缩缝应保证建筑构件在水平方向自由变形，沉降缝应满足构件在垂直方向自由沉降变形，防震缝主要是防地震水平波的影响，但三种缝的构造基本相同。变形缝的构造要点是：将建筑构件全部断开，以保证缝两侧自由变形。

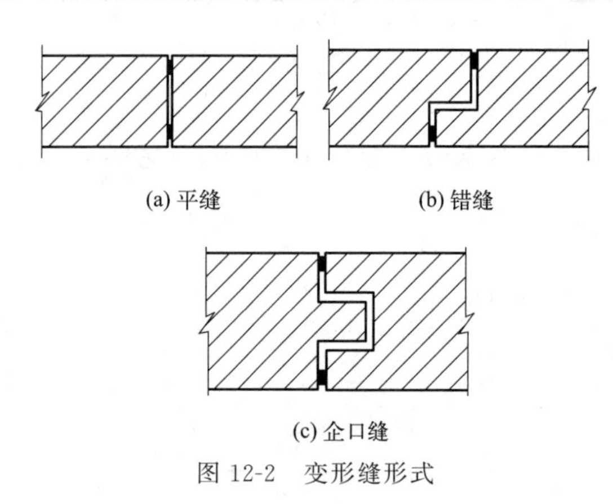

图 12-2 变形缝形式

变形缝的形式因墙厚不同处理方式可以有所不同，如图 12-2 所示。其构造在外墙与内墙的处理中，可以因位置不同而各有侧重。缝的宽度不同，构造处理不同，如图 12-3 所示。外墙变形缝为保证自由变形，并防止风雨影响室内，应用沥青麻丝填嵌缝隙，当变形缝宽度较大时，缝口可采用镀锌铁皮或铅板盖缝调节；内墙变形缝应着重表面处理，可采用木条或金属盖缝，仅一边固定在墙上，允许自由移动。

12.3.2 设变形缝注意事项

在建筑物设变形缝的部位必须全部做盖缝处理。其主要目的是满足使用的需求，例如通行等。此外，处于外围护结构部分的变形缝还应防止渗漏，以防止热桥的产生。建筑变形缝中盖缝处理的几大要点：

① 盖缝板的材料及构造方式必须符合变形缝所在部位的其他功能需要。例如用于屋面和外墙面部位的盖缝板应选择不易腐蚀的材料，如镀锌铁皮、彩色薄钢板、铝皮等，并做到

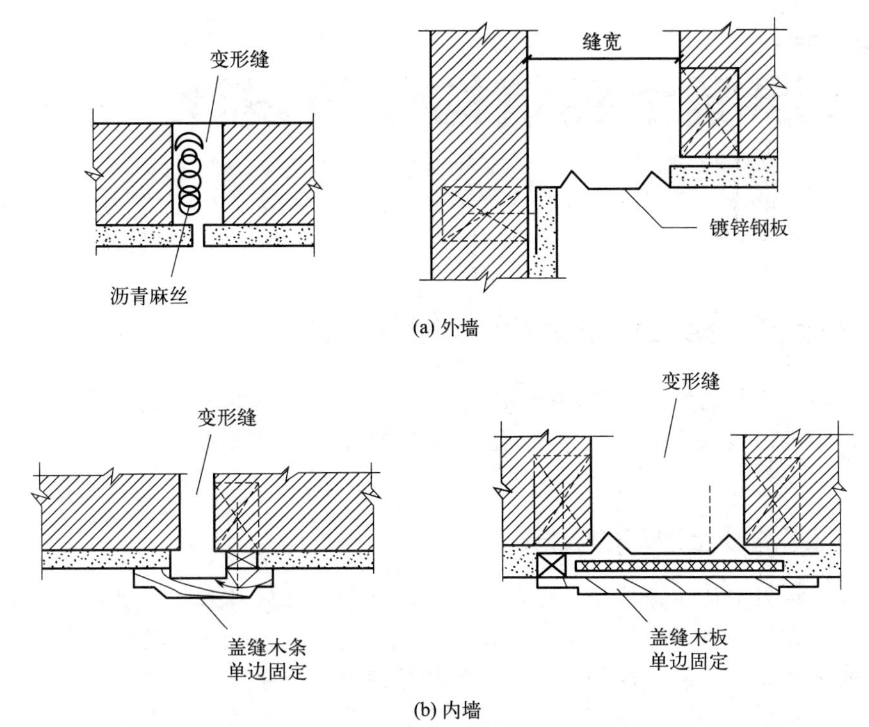

图 12-3　变形缝构造

节点能够防水；而用于室内地面及内墙面的盖缝板，可以根据内部面层装修的要求来做。

② 对于高层建筑物及防火要求较高的建筑物，室内变形缝四周的基层，应采用不燃材料，装饰层也应采用不燃材料或难燃材料。在变形缝内不应敷设电缆、可燃气体管道和易燃、可燃液体管道，若这类管道必须穿过变形缝时，应在穿过处加设不燃材料套管，并应采用不燃材料将套管两端空隙紧密填塞。

③ 盖缝板的形式必须符合所属变形缝类别的变形需要。例如伸缩缝上的盖缝板不必适应上、下方向的位移，而沉降缝上的盖板则必须满足这一要求。

思考题

1. 什么是变形缝？变形缝可分为哪几种类型？
2. 什么是伸缩缝？它的设置应符合哪些要求？
3. 建筑物有哪些情况时应考虑设置沉降缝？沉降缝的宽度如何设置？
4. 设置变形缝应该考虑哪些事项？

第 13 章 装配式混凝土建筑构造与设计

13.1 装配式混凝土建筑概念与特点

装配式建筑主要包括装配式混凝土结构、钢结构、现代木结构建筑等，因为采用标准化设计、工厂化生产、装配化施工、信息化管理、智能化应用，是现代工业化生产方式的代表。

13.1.1 装配式混凝土建筑的概念

装配式建筑是指把传统建造方式中的大量现场作业工作转移到工厂进行，在工厂加工制作好建筑用构件和配件（如楼板、墙板、楼梯、阳台等），运输到建筑施工现场，通过可靠的连接方式在现场装配安装而成的建筑。装配式建筑有两个主要特征：第一个特征是构成建筑的主要构件特别是结构构件是预制的；第二个特征是预制构件的连接必须可靠。

按照国家标准《装配式混凝土建筑技术标准》（GB/T 51231—2016）的定义，装配式建筑是“结构系统、外围护系统、设备与管线系统、内装系统的主要部分采用预制部品部件集成的建筑”。定义强调装配式建筑是四个系统（而不仅仅是结构系统）的主要部分采用预制部件集成。装配式混凝土建筑是指“建筑的结构系统由混凝土部件（预制构件）构成的装配式建筑”。

13.1.2 装配式混凝土建筑的优势

一般而言，装配式混凝土建筑较之现浇混凝土建筑有如下优势：①提升建筑质量；②提高建设效率；③节约材料；④节能减排环保；⑤节省劳动力并改善劳动条件；⑥缩短工期；⑦有利于安全；⑧方便冬期施工等。

图 13-1　某工地现场安装预制构件

如图 13-1 所示，以某高层建筑工地为例，由于道路狭窄，运送预制构件的大型车辆无法通过，施工企业在现场建一个临时露天工厂，采用在现场预制构件后吊装的方式施工。采用这种装配式施工方式，预制构件的成品质量好，装配式施工成本低。装配式优势的实现与规范的适宜性、结构体系的适宜性、设计的合理性和管理的有效性密切相关。

13.1.3 装配式混凝土建筑的限制条件

从理论上讲，现浇混凝土结构都可以采用装配式，但实际上还是有约束限制条件的。环境条件不允许、技术条件不具备或增加成本太多，都可能使装配式不可行。一个建筑是不是采用装配式，哪些部分采用装配式，必须进行必要性和可行性研究，对限制条件进行分析。

(1) 环境条件

① 抗震设防烈度。抗震设防烈度9度地区目前没有规范支持。

② 构件工厂与工地的距离。如果附近没有预制构件工厂，工地现场又没有条件建立临时工厂，就不具备装配式条件。

③ 道路条件。如果预制工厂到工地的道路无法通过大型构件运输车辆或道路过窄、大型车辆无法转弯调头或途中有限重桥、限高天桥、隧洞等，对能否采用装配式形成限制。

④ 工厂生产条件。预制构件工厂的起重能力、模台所能生产的最大构件尺寸等，是拆分设计的限制条件。

(2) 技术条件

① 高度限制。按现行国家标准，装配式建筑最大适用高度比现浇混凝土结构要低一些。

② 形状限制。装配式建筑不适宜形体复杂的建筑，这样可能模具成本很高；复杂造型不易脱模；连接和安装节点比较复杂。

(3) 成本约束

不适宜的结构体系、复杂的连接方式、预制构件伸出钢筋多、模具摊销次数少，都会提高成本。

(4) 对建设规模和体量的要求

装配式建筑必须有一定的建设规模才能发展起来。一座城市或一个地区建设规模过小，厂房设备摊销成本过高，很难维持运营。

装配式需要建筑体量。高层建筑、超高层建筑和多栋设计相同的多层建筑适用装配式。数量少的小体量建筑不适合装配式。

(5) 装配式企业投资较大

构件制作工厂和施工企业投资较大。如果不能形成经营规模，有较大的风险。以年产5万件构件的工厂为例，需要购置土地、建设厂房、购买设备设施；而从事构件安装的施工企业需要购置大吨位长吊臂塔式起重机，仅塔式起重机一项就投资巨大。

13.2 装配式混凝土建筑的材料与配件

装配式混凝土建筑所用材料大多数与现浇混凝土建筑相近，本节的讨论重点是装配式混凝土建筑的连接材料、结构材料（特别讨论装配式混凝土结构里应用常规材料时的特殊条件、要求与注意事项）、建筑与装饰材料。

13.2.1 连接方式与材料

预制构件与现浇混凝土的连接、预制构件之间的连接，是装配式混凝土结构最关键的技术环节，是设计的重点。

装配式混凝土结构的连接方式分为两类：湿连接和干连接。

湿连接是混凝土或水泥基浆料与钢筋结合的连接方式，适用于装配整体式混凝土结构连接。湿连接的核心是钢筋连接，包括套筒灌浆、浆锚搭接、机械套筒连接、注胶套筒连接、绑扎连接、焊接、锚环钢筋连接、钢索钢筋连接、后张法预应力连接等。湿连接还包括预制构件与现浇接触界面的构造处理，如键槽和粗糙面；以及其他方式的辅助连接，如型钢螺栓连接。

干连接主要借助于埋设在预制混凝土构件的金属连接件进行连接，如螺栓连接、焊接等。

如图 13-2 所示，为装配式混凝土结构连接方式。

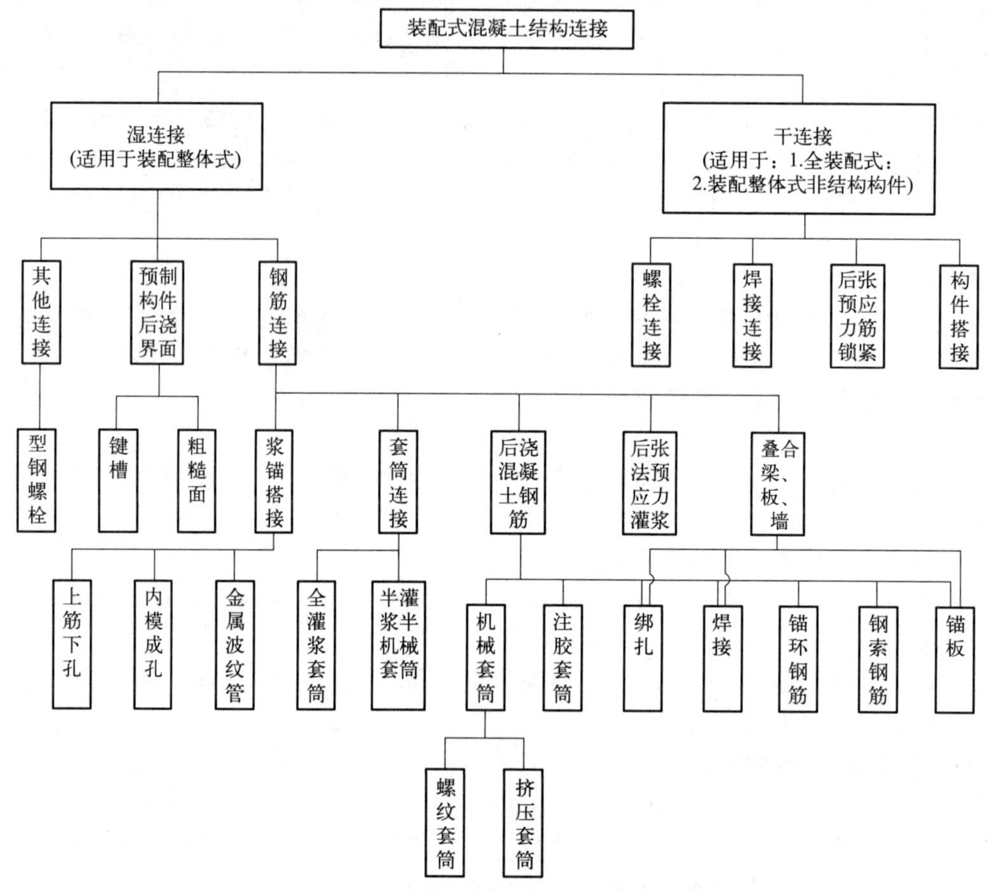

图 13-2 装配式混凝土结构连接方式一览

装配式混凝土结构的连接材料包括灌浆套筒、套筒灌浆料、浆锚孔金属波纹管、浆锚搭接灌浆料、浆锚孔螺旋筋、灌浆导管、灌浆孔塞、灌浆堵缝材料、夹芯保温构件拉结件、机械套筒、注胶套筒和钢筋锚固板。除机械套筒、注胶套筒和钢筋锚固板在现浇混凝土结构建筑中也有应用外，其余材料都是装配式混凝土结构连接的专用材料，即连接用主材和辅材。

13.2.2 结构材料

装配式混凝土建筑的结构材料主要包括混凝土及其原材料、钢筋、钢板等。装配式混凝土建筑关于混凝土的要求如下。

(1) 普通混凝土

装配式混凝土建筑往往采用比现浇建筑强度等级高一些的混凝土和钢筋，高强度等级混凝土与高强钢筋的应用可以减少钢筋数量，避免钢筋配置过密、套筒间距过小影响混凝土浇筑，这对柱梁结构体系建筑比较重要。高强度等级混凝土和钢筋对提高整个建筑的结构质量和耐久性有利。

① 预制构件结合部位和叠合梁板的后浇混凝土，强度等级应当与预制构件的强度等级一样。

② 不同强度等级结构件组合成一个构件时，如梁与柱结合的梁柱一体构件，柱与板结合的柱板一体构件，混凝土的强度等级应当按结构件设计的各自的强度等级制作。比如，一个梁柱结合的莲藕梁，梁的混凝土强度等级是 C30，柱的混凝土强度等级是 C50，就应当分别对梁、柱浇筑 C30 和 C50 混凝土。

③ 预制构件混凝土配合比不宜照搬当地商品混凝土配合比。因为商品混凝土配合比考虑配送运输时间，往往延缓了初凝时间，预制构件在工厂制作，搅拌站就在车间旁，混凝土不需要缓凝。

④ 工地后浇混凝土用商品混凝土，强度等级和其他力学物理性能应符合设计要求，需考虑的一个因素是，剪力墙结构水平后浇带一般在浇筑次日强度很低时就安装上一层剪力墙板，且养护条件不好，使用早强混凝土是一个选项，在气温较低时尤其必要。

（2）轻质混凝土

轻质混凝土可以减轻构件重量和结构自重荷载。重量是预制构件拆分的制约因素。例如，开间较大或层高较高的墙板，常常由于重量太重，超出了工厂或工地起重能力而无法做成整间板，而采用轻质混凝土就可以做成整间板，轻质混凝土为装配式混凝土建筑提供了便利性。

轻质混凝土的"轻"主要靠用轻质骨料替代砂石来实现。用于装配式混凝土建筑的轻质混凝土的轻质骨料必须是憎水型的。目前国内已经有用憎水型陶粒配置的轻质混凝土，强度等级 C30 的轻质混凝土重力密度为 $17kN/m^3$，可用于装配式混凝土建筑中。

（3）装饰混凝土

装饰混凝土是指具有装饰功能的水泥基材料，包括清水混凝土、彩色混凝土、彩色砂浆等。装饰混凝土用于装配式混凝土建筑表皮（外表直接裸露的构件），包括直接裸露的柱梁构件、剪力墙外墙板、外挂墙板、夹芯保温构件的外叶板等。

（4）水泥

可用于普通混凝土结构的水泥都可以用于装配式混凝土建筑。预制构件制作工厂应当使用质量稳定的优质水泥。

预制构件制作工厂一般自设搅拌站，使用灌装水泥。表面装饰混凝土可能用到白水泥，白水泥一般是袋装。

装配式混凝土结构工厂生产不连续时，应避免过期水泥被用于构件制作。

（5）骨料

① 石子。粗骨料应采用质地坚实、均匀洁净、级配合理、粒形良好、吸水率小的碎石。应符合现行国家标准《建设用卵石、碎石》（GB/T 14685—2022）的规定。

② 砂子。细骨料应符合现行国家标准《建设用砂》（GB/T 14684—2022）的规定。

③ 彩砂。彩砂为人工砂，是人工破碎的粒径小于 5mm 白色或彩色的岩石颗粒。包括各种花岗石彩砂、石英砂和白云石砂等。彩砂应符合现行国家标准《建设用砂》（GB/T 14684）的规定。

（6）水

拌制混凝土宜采用饮用水，一般能满足要求，使用时可不经试验。

拌制混凝土用水须符合《混凝土用水标准》（JGJ 63—2006）的规定。混合物用于装配式混凝土结构的混合物主要为粉煤灰、磨细矿渣、硅灰等。使用时应保证其产品品质稳定，来料均匀。

粉煤灰应符合标准《粉煤灰混凝土应用技术规范》（GB/T 50136—2013）的规定。

磨细矿渣应符合标准《用于水泥和混凝土中的粒化高炉矿渣粉》（GB/T 18046—2008）

的规定。

硅灰应符合标准《砂浆和混凝土用硅灰》(GB/T 27690—2011) 的规定。

(7) 混凝土外加剂

① 内掺外加剂。内掺外加剂是指在拌制混凝土拌和前或拌和过程中掺入用以改善混凝土性能的物质。包括减水剂、引气剂、加气剂、早强剂、速凝剂、缓凝剂、防水剂、阻锈剂、膨胀剂、防冻剂等。

预制构件所用的内掺外加剂与现浇混凝土常用外加剂品种基本一样，只是不用泵送剂，也不用像商品混凝土那样为远途运输混凝土而添加延缓混凝土凝结时间的外加剂。

预制构件最常用的外加剂包括减水剂、引气剂、早强剂、防水剂等。外加剂应符合现行国家标准《混凝土外加剂应用技术规范》(GB 50119—2013) 的规定。

② 外涂外加剂。外涂外加剂是预制构件为形成与后浇混凝土接触界面的粗糙面而用的缓凝剂，涂刷或喷涂在要形成粗糙面的模具表面，延缓该处混凝土凝结。构件脱模后，用压力水枪将未凝结的水泥浆料冲去，形成粗糙面。为保证粗糙面形成的均匀性，宜选用外涂外加剂的专业厂家的产品。

(8) 颜料

在制作装饰一体化预制构件时，可能会用到彩色混凝土，需要在混凝土中掺入颜料。

彩色混凝土颜料掺量不仅要考虑色彩需要，还要考虑颜料对强度等力学物理性能的影响。颜料配合比应当做力学物理性能的比较试验。颜料掺量不宜超过 6%。颜料应当储存在通风、干燥处，防止受潮，严禁与酸碱物品接触。

(9) 钢筋间隔件

钢筋间隔件即保护层垫块，用于控制钢筋保护层厚度或钢筋间距的物件。按材料分为水泥基类、塑料类和金属类。

装配式混凝土建筑不可以用石子、砖块、木块、碎混凝土块等作为间隔件。选用原则如下：

① 水泥砂浆间隔件强度较低，不宜选用。

② 混凝土间隔件的强度应当比构件混凝土强度等级提高一级，且不应低于 C30。不得使用断裂、破碎的混凝土间隔件。

③ 塑料间隔件不得采用聚氯乙烯类塑料或二级以下再生塑料制作。

④ 塑料间隔件可作为表层间隔件，但环形塑料间隔件不宜用于梁、板底部。

⑤ 不得使用老化断裂或缺损的塑料间隔件。

⑥ 金属间隔件可作为内部间隔件，不应用作表层间隔件。

(10) 钢筋

钢筋在装配式混凝土结构构件中除了结构设计配筋外，还用于制作浆锚连接的螺旋加强筋、构件脱模或安装用的吊环、预埋件或内埋式螺母的锚固“胡子筋”等。钢筋的材质要求与现浇混凝土一样。

(11) 型钢和钢板

装配式混凝土结构中用到的钢材包括埋置在构件中的外挂墙板安装连接件等。钢材的力学性能指标应符合现行国家标准《钢结构设计标准》(GB 50017) 的规定。

(12) 焊条

钢材焊接所用焊条应与钢材材质和强度等级相对应，并符合现行国家标准《混凝土结构设计规范》(GB 50010)、《钢结构设计标准》(GB 50017)、《钢结构焊接规范》(GB 50661) 和《钢筋焊接及验收规程》(JCJ 18) 等的规定。

(13) 钢丝绳

钢丝绳在装配式混凝土结构中主要用于竖缝柔性套箍连接和大型构件脱模吊装用的柔性吊环。

钢丝绳应符合现行国家标准《钢丝绳通用技术条件》(GB/T 20118) 的规定。

13.2.3　建筑与装饰材料

在装配式混凝土建筑里常用的接缝密封材料、夹芯保温墙板填充用保温材料、饰面材料、在构件表面采用反打施工工艺的石材等。

(1) 建筑密封胶

外挂墙板和剪力墙外墙板的接缝需要采用密封胶等材料进行密闭防水处理。混凝土接缝建筑密封胶基本要求如下：

① 建筑密封胶应与混凝土具有相容性。没有相容性的密封胶粘不住，容易与混凝土脱离。

② 应当有较好的弹性，可压缩比率大。

③ 具有较好的耐候性、环保性以及可涂装性。

④ 接缝中的背衬可采用发泡氯丁橡胶或聚乙烯塑料棒。

(2) 密封橡胶条

装配式混凝土建筑所用橡胶密封条用于板缝节点，与建筑密封胶共同构成多重防水体系。密封橡胶条是环形空心橡胶条，应具有较好的弹性、可压缩性、耐候性和耐久性，如图 13-3 所示。

图 13-3　不同形状的密封橡胶条

(3) 保温材料

三明治夹芯外墙板夹芯层中的保温材料，宜采用挤塑聚苯乙烯板 (XPS)、硬泡聚氨酯 (PUR)、酚醛等轻质高效保温材料。保温材料应符合国家现行有关标准的规定。

(4) 石材反打材料

石材反打是将石材反铺到预制构件模板上，用不锈钢挂钩将其与钢筋连接，然后浇筑混凝土，装饰石材与混凝土构件结合为一体。

反打石材背面安装不锈钢挂钩，直径不小于 4mm，如图 13-4 和图 13-5 所示。

反打石材工艺须在石材背面涂刷一层隔离剂，该隔离剂是低黏度的，具有耐温差、抗污染、附着力强、抗渗透、耐酸碱等特点。用在反打石材工艺的一个目的是防止泛碱，避免混凝土中的“碱”析出石材表面；另一个目的是防水，还有一个目的是减弱石材与混凝土因温度变形不同而产生的应力。

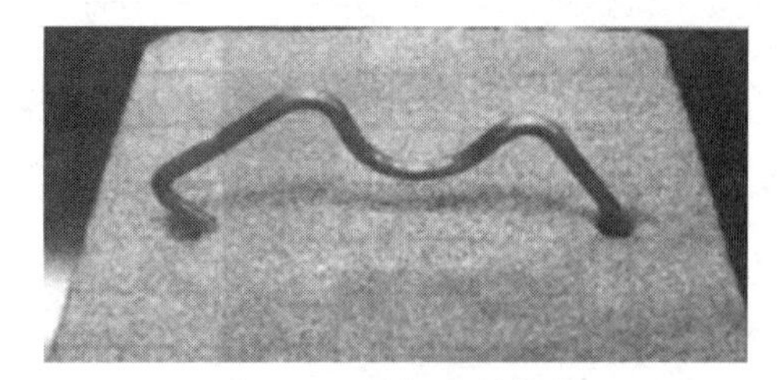
图 13-4 反打石材挂钩

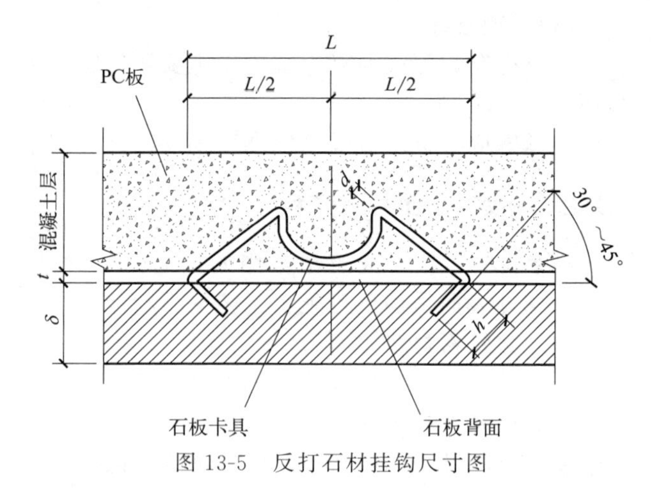

图 13-5 反打石材挂钩尺寸图

13.3 装配式混凝土建筑的结构设计

13.3.1 结构设计概述

装配式混凝土建筑结构设计也须按照现浇混凝土结构进行设计计算，但装配式混凝土结构有自身的结构特点。

(1) 结构设计原则与内容

本书给出了装配式混凝土建筑设计原则，包括依据规范、借鉴国外经验、专家论证、协同设计和一张图原则。这些原则都是结构设计所要遵循的。本节再从结构设计角度强调或提出一些具体原则。

① 符合规范。国家标准《装配式混凝土建筑技术标准》和行业标准《装配式混凝土建筑技术规范》是装配式建筑结构设计必须遵循的依据，但不能机械地照搬规范条文和图例，应当熟悉规范，对规定知其所以然，灵活运用规范做好结构设计。

② 概念设计。装配式结构设计不是简单的“规范＋计算＋照搬标准图”，更不能让计算软件代替“设计”。在结构设计中，概念设计往往比精确计算更重要。一个工程如能很好地进行概念设计，再辅以计算机计算，会得到更合理的结果。

③ 灵活拆分。根据每个项目的实际情况，因地制宜进行拆分设计，尽最大可能实现装配式建筑的效益与效率，是结构设计的重要任务。如施工企业的塔式起重机吨位比较大，工厂也有相应的制作能力，拆分时就应充分利用塔式起重机的吊装能力，既提高吊装效率，也减少了连接部位和后浇混凝土作业。

④ 聚焦结构安全。需要聚焦与结构安全有关的问题包括：

a. 夹芯保温墙拉结件及其锚固的可靠性。

b. 预制构件连接的可靠性。

c. 预制构件吊点、外挂墙板安装节点的可靠性等。

⑤ 协同清单。装配式结构设计必须与各个环节各个专业密切协同，避免预制构件遗漏预埋件、预埋物等，为此需要列出详细的协同清单，逐一核对是否设计到位。

(2) 结构概念设计

结构概念设计是依据结构原理对结构安全进行分析判断和总体把握，特别是对结构计算解决不了的问题，进行定性分析，做出正确设计。

在装配式结构设计中，概念设计往往比具体计算和画图更重要。

① 装配式混凝土结构整体性概念设计。装配整体式混凝土结构设计的基本原理是等同原理，等同的意思是通过采用可靠的连接技术和必要的结构构造措施，使装配整体式混凝土结构与现浇混凝土结构的效能基本等同。因此，在装配式建筑结构方案设计和拆分设计中，必须贯彻结构整体性的概念设计，特别是需要加强结构整体性的部位。

结构设计师应通过概念设计确保结构整体性。

② 强柱弱梁设计。“强柱弱梁”就是框架柱不先于框架梁破坏。因为框架梁破坏是局部性构件破坏，而框架柱破坏将危及整个结构的安全——有可能整体倒塌。由于预制构件及其连接可能会带来一些对“强柱弱梁”的不利影响，应足够重视，确保装配式混凝土结构形成合理的“梁铰”屈服机制，如图 13-6(a) 所示，避免出现“柱铰”屈服机制，如图 13-6(b) 所示。

③ 强剪弱弯设计。“弯曲破坏”是延性破坏，有显性预兆特征，如开裂或下挠变形过大等，会给人以提醒。而“剪切破坏”是一种脆性破坏，没有预兆，瞬时发生。装配式建筑结构设计要避免先发生剪切破坏，设定“强剪弱弯”的目标。

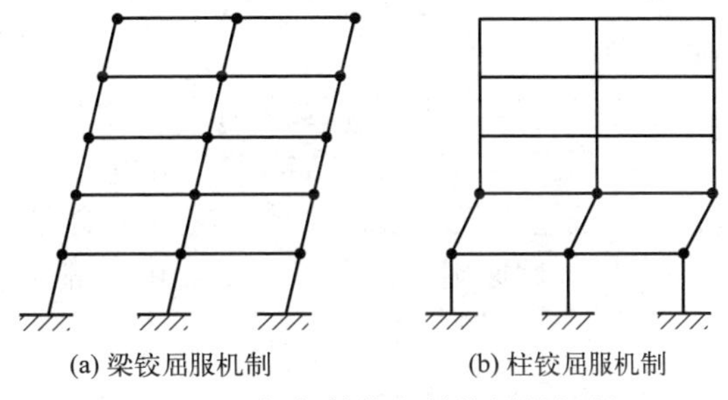

(a) 梁铰屈服机制　　(b) 柱铰屈服机制

图 13-6　框架结构塑性铰屈服机制

④ 强节点弱构件设计。“强节点弱构件”是指连接核心区不能先于构件破坏，以确保整体结构的安全。在装配式柱梁结构设计中，应考虑采用合适的梁柱截面，以避免钢筋、套筒等在后浇节点区密集拥挤，影响混凝土浇筑密实度，削弱节点承载力。

(3) 结构体系选择

一般而言，任何结构体系的混凝土建筑都可以做装配式，但有的结构体系更适宜一些，有的结构体系则勉强一些，有的结构体系则正在摸索之中。

① 柱梁结构体系分析。就装配式适宜性而言，框架结构、框剪结构和筒体结构等柱梁体系结构是适宜的。但柱梁结构体系用于装配式也存在不足，如柱、梁、外挂墙板等预制构件的制作目前还很难实现自动化。

② 剪力墙结构体系分析。剪力墙结构体系装配式比现浇有以下优势：构件在工厂制作，比现场浇筑质量要好很多。如外墙板可以实现结构保温一体化，防火性能提高，省去了外墙保温作业环节与工期。石材反打或者瓷砖反打，节省了干挂石材工艺的龙骨费用，也省去了外装修环节和工期。各个环节协调得好，计划调度合理得当，可以缩短除主体结构施工以外的内外装修工期。剪力墙结构另外一个优势是可以将预制构件拆分成以板式构件为主，以适于流水线制作工艺。

剪力墙结构体系也存在一定不足，如剪力墙结构混凝土用量大，竖向构件连接面积大，钢筋连接节点多，连接点局部加强的构造也增加较多，连接作业量大。边缘构件处、水平现浇带、双向叠合楼板间现浇带、叠合板现浇叠合层等后浇混凝土比较多。

13.3.2　结构拆分设计

拆分设计是装配式混凝土建筑设计中最关键的环节，对结构安全、建筑功能、建造成本影响非常大，是消耗人力、容易出问题的环节。

（1）拆分设计原则

① 符合标准和政策要求的原则。

a. 符合标准规定。装配式混凝土建筑结构拆分设计应当依据国家标准、行业标准和项目所在地的地方标准。

b. 符合地方政策。有些地方政府制定了具体的装配式建筑政策：或要求预制外墙面积比达到一定比例；或强调三板（预制楼梯板、叠合楼板、预制墙板）的应用比例等拆分设计须符合这些要求。

② 各专业各环节协同原则。结构拆分设计须兼顾建筑功能、艺术、结构合理性、制作、运输、安装环节的可行性和便利性等，也包含对约束条件的调查和经济分析。拆分应当在各环节技术人员协作下完成。

③ 结构合理性原则。从结构合理性考虑，拆分原则如下：结构拆分应考虑结构的合理性。构件接缝选在应力小的部位。高层建筑柱梁结构体系套筒连接节点应避开塑性铰位置。尽可能统一和减少构件规格。相邻、相关构件拆分协调一致，如叠合板拆分与支座梁拆分需协调一致。

④ 符合制作、运输、安装环节约束条件原则。从安装效率和便利性考虑，构件越大越好，但必须考虑工厂起重机能力、模台或生产线尺寸、运输限高限宽限重约束、道路路况限制、施工现场塔式起重机或其他起重机能力限制等。

⑤ 经济性原则。拆分对成本影响非常大，拆分设计须遵循经济性原则，进行多方案比较，给出经济上可行的拆分设计。

（2）拆分设计步骤

拆分步骤如图 13-7 所示。

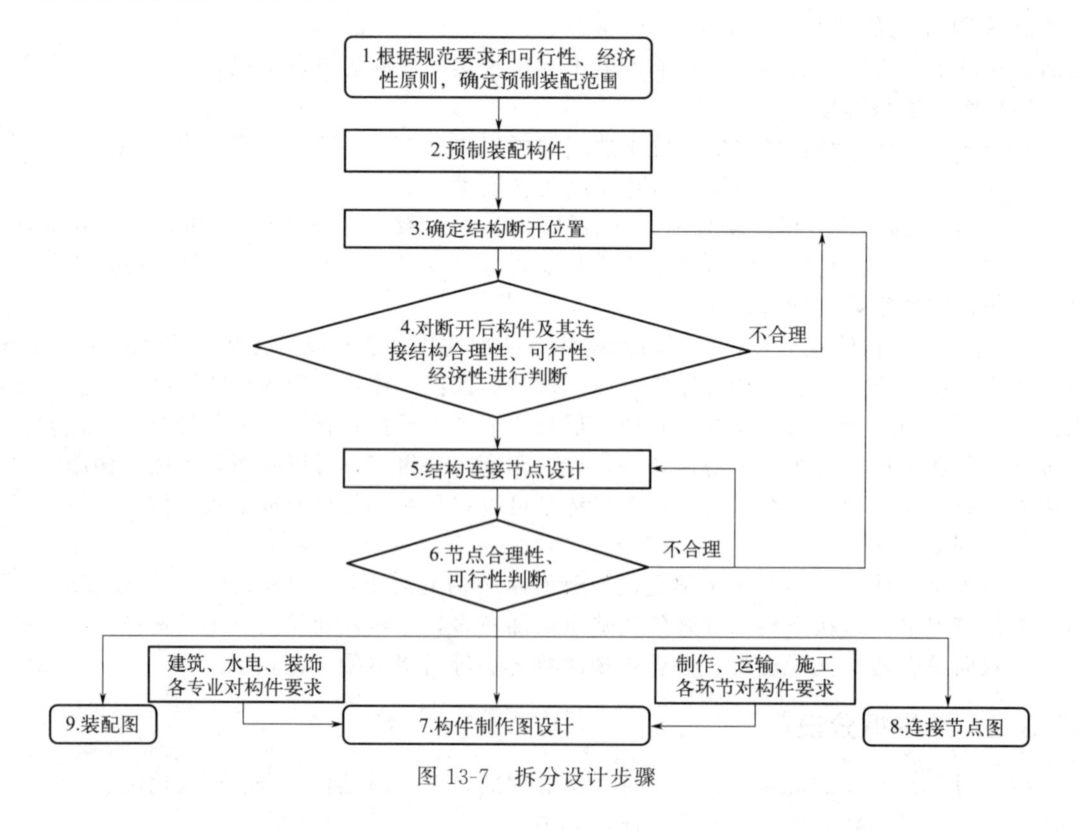

图 13-7 拆分设计步骤

(3) 拆分设计内容与总说明

拆分设计主要内容：①拆分界线确定；②连接节点设计；③预制构件设计。拆分设计图构成：①拆分设计总说明；②拆分布置图；③连接节点图；④构件制作图。

(4) 拆分布置图与节点图

在平面拆分布置图中，需要绘制出完整的预制构件范围，给出预制构件的完整信息以及详图索引等具体内容，需要符合以下具体要求：

① 平面拆分布置图给出一个标准层的拆分布置，并标明适用的楼层范围。

② 凡是布置不一样或拆分有差异的楼层都应当另行给出该楼层拆分布置图。

③ 平面面积较大的建筑，除整体完整的拆分布置图外，还可以分成几个区域给出区域拆分布置图。

④ 需要在平面布置图中给出构件类型、构件尺寸标注、构件重量、构件安装方向等具体信息。

⑤ 构件名称宜包含预制构件的位置信息、对称信息、结构信息，以方便生产管理、运输存放及施工管理。

⑥ 在平面布置图中给出必要的详图索引号。

对于立面拆分布置图，要求如下：

① 东西南北四个立面宜分别给出立面拆分布置图，各立面布置图要表达各层预制构件的外轮廓线、拼缝线，门、窗、洞口及外部装饰线条等信息。

② 立面图上需将现浇部分与预制部分清晰区分开，每块预制构件的名称需表达准确且与平面图一致。

③ 给出建筑两端或分段的轴线轴号信息；给出各层的标高线及标高，给出每层预制构件的竖向尺寸关系。

剖面拆分图是拆分图极为重要的图样内容，能反映构件与主体结构的相对关系：

① 原则上每一个预制墙都应给出墙身剖面图，剖面关系一致时则用同一个墙身索引号。

② 剖切位置应选择该墙身有代表性的位置，如孔、洞、槽位置（孔、洞、槽若有对称性则经过其中心线）。

③ 墙身剖面图中应将预制构件之间及预制构件与主体结构之间的相对关系尺寸准确标注绘出，绘出各层层高及每层预制构件间的竖向尺寸关系。

④ 对于在墙身剖面图上不能清晰表达的一些细部构造节点，需通过详图索引后另行绘制索引详图。

连接节点图就是把装配式混凝土结构连接做法、构造等局部细节采用较大比例（通常采用 20∶100 的比例）的图绘制出来，详细表达出节点所集成项之间的相互关系、构造做法、尺寸、材料规格等信息。

(5) 拆分设计应用软件

基于 BIM 的设计拆分软件可以实现预制构件库的建立、构件拆分与预拼装、全专业协同设计、构件深化与详图生成、碰撞检查、材料统计等，设计数据可直接接到生产加工设备。拆分设计可利用的软件包括 PKPM、Tekla、All Plan、盈建科等软件，以 PKPM-PC 为例，PKPM-PC 是基于 PKPM-BIM 平台按照装配式建筑全产业链集成应用模式研发的，是装配式结构拆分设计的工具软件。

13.3.3 结构连接设计

装配式混凝土连接技术主要包括结合部位连接技术、三明治墙板连接技术、焊接连接技术、钢筋连接技术和浆锚搭接等。

(1) 灌浆套筒连接技术

这种连接套筒是将钢筋从两端直接穿入套筒内部，随后将高强度微膨胀砂浆灌满套筒内部，此时套筒的连接工作完成，这种连接套筒的名称为全灌浆套筒，全灌浆套筒在世界范围内得到了广泛应用。随着科学技术的不断发展，结合我国国内建筑特点和居民的建筑需求，我国研发出了一种半灌浆套筒技术。这种半灌浆套筒的上半部分是由钢筋和套筒连成整体，为了保障套筒的牢固程度和稳定性，上半部分钢筋采取直螺纹方式，下半部分钢筋则采取灌浆方式与上半部分相连。

(2) 结合部位连接技术

装配式混凝土连接技术最核心的设计理念就是等同现浇。在对结合部位连接技术进行应用之前，要对连接部位的力学情况有全面和清晰的了解。装配式混凝土连接部位的主要受力传递指的是压应力的传递。压应力主要通过连接构件之间的接触面积进行传递，想要加大压应力的传递，就要增加连接部位之间的接触面积，反之亦然。除此之外，减少连接部位之间的摩擦系数和改变自身的重量都可以成为改变受力的有效条件。

(3) 三明治墙板连接技术

三明治墙板连接技术是近些年推出的一种新型连接技术。三明治墙板连接技术主要分为组合式和非组合式两种类型。组合式三明治墙板技术指的是将两层墙板之间的部分作为受力主体，以此满足其作为平截面的假设。而两层墙板之间的刚性连接构件则要负责传递内、外墙的剪应力。三明治墙板连接技术可以减少墙板自身受到的剪应力和其他压力，但必须满足墙板空间平截面受力需求，才能够实现整体空间的稳定性。而非组合式三明治墙板连接技术是由前后两层墙板共同分担受力。两层墙板的任务是各自承担自身的剪应力，无需再满足墙板中部空间的平截面假设。两层墙板之间的刚性构件则只需负责传递由内叶墙承担的剪应力。而外叶墙则通过柔性连接构件悬挂于内叶墙上。

(4) 焊接连接技术

国内所应用的焊接连接技术主要是干式连接。焊接连接可以减少混凝土的使用数量，甚至可以减免浇筑以及养护环节。当施工周期十分紧迫的情况下，就可以使用焊接连接技术进行施工，完全不会影响整体构件的施工质量。但是，由于这种连接技术中塑性铰的位置设置非常隐蔽，通过这种干式连接完成的预制构件抗震性能不强。一些处于地震带的城市或者地质条件较为复杂的地区一般不适合使用干式连接。由于连接节点会额外承担由地壳运动带来的荷载，混凝土构件连接节点和混凝土构件本身都更容易出现破裂等问题，施工时根据实际的施工情况和地质条件对施工工艺进行微调。

(5) 钢筋连接技术和浆锚搭接技术

钢筋连接技术可以保障装配式混凝土的稳定性，起到加固建筑结构的效果。钢筋连接技术为连接部位增强了刚度和恢复力。所以钢筋连接技术被称为装配式混凝土结构的技术基础，它的进步推动了装配式混凝土结构的发展。浆锚搭接技术在建设过程中，施工时会在预制墙板底部提前设置好预留洞装置，然后将已经连接的钢筋插入预留洞装置中。随后通过对钢筋进行施压完成搭接工作。

下面以框架结构的连接设计为例，介绍装配式混凝土建筑结构的连接技术。

如图 13-8 所示，叠合梁对接连接，应符合下列规定：

① 连接处应设置后浇段，后浇段的长度应满足梁下部纵向钢筋连接作业的空间需求。

② 梁下部纵向钢筋在后浇段内宜采用机械连接、套筒灌浆连接或焊接连接。

③ 后浇段内的箍筋应加密，箍筋间距不应大于 $5h$ 且不应大于 100mm。

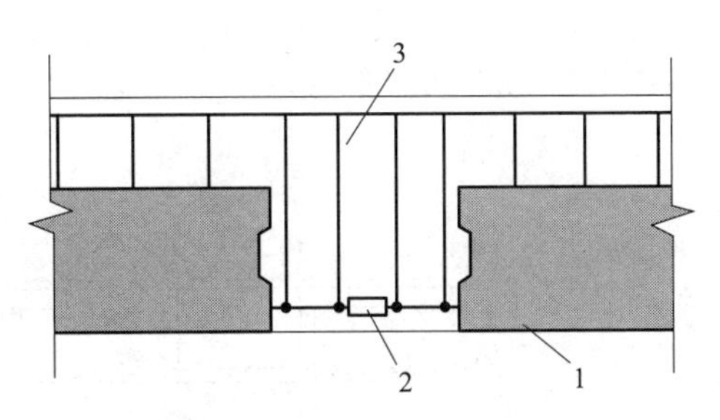

图 13-8　叠合梁连接节点示意图

1—预制梁；2—钢筋连接接头；3—后浇段

对于主梁与次梁在后浇段连接：

① 在端部节点处，次梁下部纵向钢筋伸入主梁后浇段内的长度不应小于 $12d$（d 为纵向钢筋直径），次梁上部纵向钢筋应在主梁后浇段内锚固。当采用弯折锚固，如图 13-9(a) 所示，或锚固板时，锚固直段长度不应小于 $0.6l_{ab}$；当钢筋应力不大于钢筋强度设计值的 50%时，锚固直段长度不应小于 $0.35l_{ab}$；弯折锚固的弯折后直段长度不应小于 $12d$。

② 在中间节点处，两侧次梁的下部纵向钢筋伸入主梁后浇段内长度不应小于 $12d$；次梁上部纵向钢筋应在后浇层内贯通，如图 13-9(b) 所示。

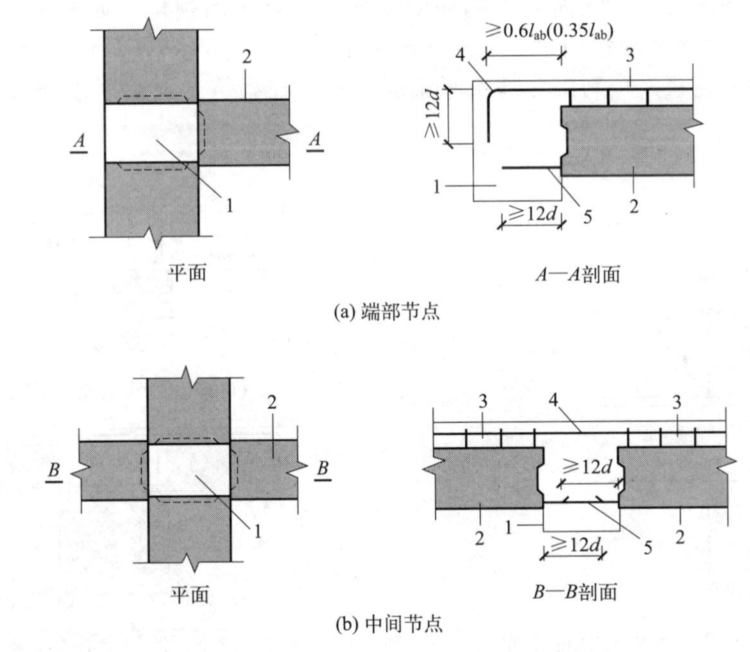

图 13-9　主次梁连接节点构造示意图

1—主梁后浇段；2—次梁；3—后浇混凝土叠合层；4—次梁上部纵向钢筋；5—次梁下部纵向钢筋

对于主梁与次梁在连体主梁的连体部位连接，叠合楼盖结构，次梁与主梁的连接可在连体主梁的后浇段连接。即主梁上预留后浇段，混凝土断开而钢筋连续，以便穿过和锚固次梁钢筋。当主梁截面较高且次梁截面较小时，主梁预制混凝土也可不完全断开，采用预留凹槽的形式供次梁钢筋穿过。次梁的端部可以设计为刚接和被接。次梁的钢筋在主梁内采用锚固板的方式锚固时，锚固长度根据行业标准《钢筋锚固板应用技术规程》（JGJ 256—2011）确定。

对于梁伸入柱的钢筋锚固与连接：

① 框架中间层中间节点。节点两侧的梁下部纵向受力钢筋宜锚固在后浇节点区内，如

图 13-10(a) 所示，也可采用机械连接或焊接的方式直接连接，如图 13-10(b) 所示；梁的上部纵向受力钢筋应贯穿后浇节点区。

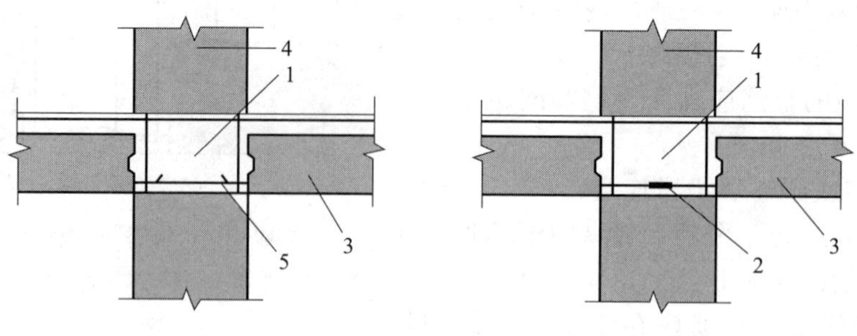

(a) 梁下部纵向受力钢筋锚固　　(b) 梁下部纵向受力钢筋连接

图 13-10　预制柱及叠合梁框架中间层中间节点构造示意图

1—后浇区；2—梁下部纵向受力钢筋连接；3—预制梁；4—预制柱；5—梁下部纵向受力钢筋锚固

② 框架中间层端节点。当柱截面尺寸不满足梁纵向受力钢筋的直线锚固要求时，宜采用锚固板锚固，如图 13-11 所示，也可采用 90°弯折锚固。

③ 框架顶层中间节点梁纵向受力钢筋的构造应符合①的规定。如图 13-12 所示，柱纵向受力钢筋宜采用直线锚固；当梁截面尺寸不满足直线锚固要求时，宜采用锚固板锚固。

④ 核心区以外连接。预制梁底部水平钢筋也可在柱梁结合核心区以外后浇混凝土区域采用挤压套筒连接。

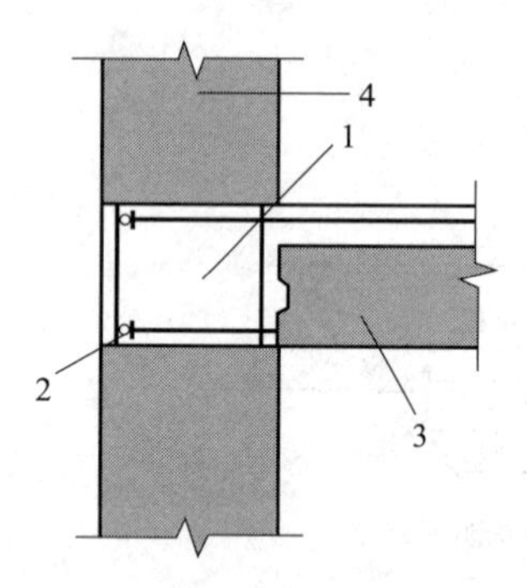

图 13-11　预制柱及叠合梁框架中间层端节点构造示意

1—后浇区；2—梁纵向受力钢筋锚固；3—预制梁；4—预制柱

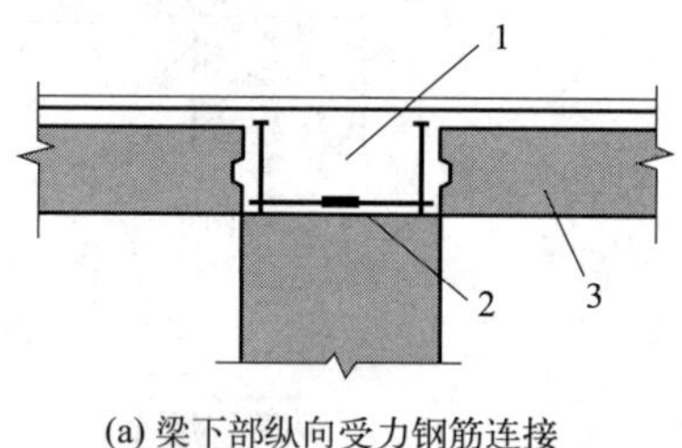

(a) 梁下部纵向受力钢筋连接

1
4
3

(b) 梁下部纵向受力钢筋锚固

图 13-12　预制柱及叠合梁框架顶层中间节点构造示意图

1—后浇区；2—梁下部纵向受力钢筋连接；3—预制梁；4—梁下部纵向受力钢筋锚固

思考题

1. 什么是装配式建筑？其发展优势有哪些？
2. 装配式建筑的连接方式有哪些？
3. 简述装配式建筑材料的种类有什么？
4. 装配式建筑结构拆分工作包括哪些内容？

第3篇 工业建筑设计及构造

本篇的主要内容有：工业建筑概述；单层工业建筑构造；建筑防火及节能。

学习目标：

掌握单层工业厂房的功能与构件组成；

了解工业建筑的类型、特点与设计要求；

了解工业建筑防火及建筑节能。

第 14 章
工业建筑概述

14.1　工业建筑的特点和分类

14.1.1　工业建筑的特点

工业建筑是供人们从事各类生产活动的建筑物。它与民用建筑一样，在设计原则、建筑技术及建筑材料等方面有相同之处，但由于生产工艺不同、技术要求高，工业建筑对建筑平面空间布局等有特殊要求，因此在建筑构造、建筑结构及建筑施工方面等与民用建筑有一定区别。

在工业建筑设计中必须注意以下几方面的特点：

① 工业建筑必须紧密结合生产，满足工业生产的要求，并为工人创造良好的劳动卫生条件。工业生产类型很多，每种工业都有各自不同的生产工艺和特征，工业建筑需要满足不同的生产工艺要求，以利提高产品质量及劳动生产率。

② 工业生产类别很多、差异很大。有重型的、轻型的；有冷加工、热加工；有的要求恒温、密闭，有的要求开敞。这些对建筑平面、空间布局、层数、体型、立面及室内处理等有直接的影响。

③ 不少工业建筑有大量的设备及起重机械，大型的生产设备和起重机械决定着厂房的空间尺度大、体量大。不少厂房为高大的敞通空间，无论在采光、通风、屋面排水及构造处理上都较一般民用建筑复杂。例如：机械制造厂金工装配车间主要进行机器零件的加工及装配，车间分成若干工段，各工段之间需相互联系和运送原材料、半成品及成品。厂房内设有各种起重运输设备，如车辆、吊车等。多跨通透的空间，不但能适应工段之间的相互联系，而且能满足组织工艺、布置设备和改变工艺的要求。由于采用多跨厂房，为了解决好天然采光及自然通风的问题，常需设置天窗，屋面也增加了排水与防水的复杂性。

④ 厂房荷载大决定着采用大型承重骨架，在单层厂房中，多用钢筋混凝土排架结构承重；在多层厂房中，用钢筋混凝土骨架承重；对于特别高大的厂房，或有重型吊车的厂房，或地震烈度较高地区的厂房，宜采用钢骨架承重。

14.1.2　工业建筑的分类

随着科学技术及生产力的发展，工业生产的种类越来越多，生产工艺亦更为先进复杂，技术要求也更高，相应地对建筑设计提出的要求亦更为严格，从而出现各种类型的工业建筑。工业建筑可归纳为如下几种类型：

(1) 按用途分类

① 主要生产厂房。指从原料、材料至半成品、成品的整个加工装配过程中直接从事生产的厂房。如拖拉机制造厂中的铸铁车间、铸钢车间等，都属于主要生产厂房。“车间”一词，本意是指工业企业中直接从事生产活动的管理单位，后亦被用来代替“厂房”。

② 辅助生产厂房。指间接从事工业生产的厂房。如拖拉机制造厂中的机器修理车间、电修车间等。

③ 动力用厂房。指为生产提供能源的厂房。这些能源有电、蒸汽、煤气、乙炔、氧气、压缩空气等。其相应的建筑是发电厂、锅炉房、煤气发生站、乙炔站、氧气站、压缩空气站等。

④ 储存用房屋。指为生产提供储备各种原料、材料、半成品、成品的房屋。如炉料库、砂料库、金属材料库等。

⑤ 运输用房屋。指管理、停放、检修交通运输工具的房屋。如机车库、汽车库等。

⑥ 其他。如水泵房、污水处理站等。

（2）按层数分类

① 如图 14-1 所示，单层厂房。这类厂房主要用于重型机械制造工业、冶金工业、纺织工业等。

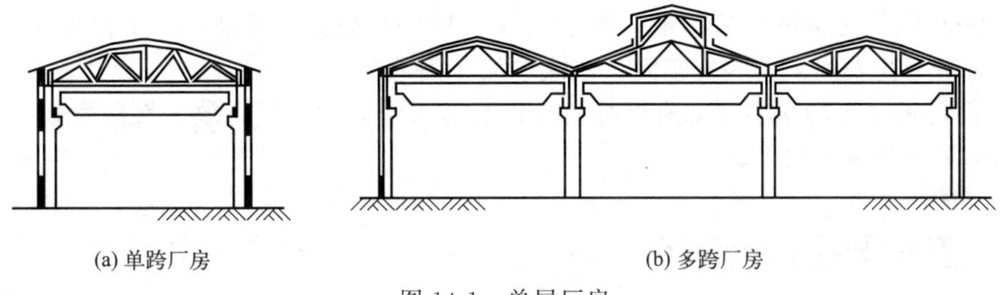

(a) 单跨厂房　　(b) 多跨厂房

图 14-1　单层厂房

② 如图 14-2 所示，多层厂房。这类厂房广泛用于食品工业、电子工业、化学工业、轻型机械制造工业、精密仪器工业等。

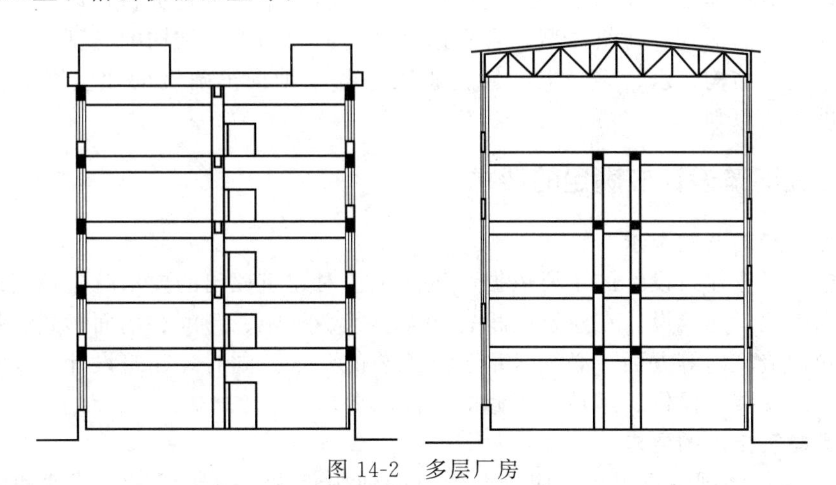

图 14-2　多层厂房

③ 混合层次厂房。厂房内既有单层跨，又有多层跨。如图 14-3(a) 所示，为热电厂主厂房，汽轮发电机设在单层跨内，其他为多层。如图 14-3(b) 所示，为化工车间，高大的生产设备位于中间的单层跨内，边跨则为多层。

（3）按生产状况分类

① 冷加工车间。生产操作是在常温下进行，如机械加工车间、机械装配车间等。

② 热加工车间。生产中散发大量余热，有时伴随烟雾、灰尘、有害气体。如铸工车间、锻工车间等。

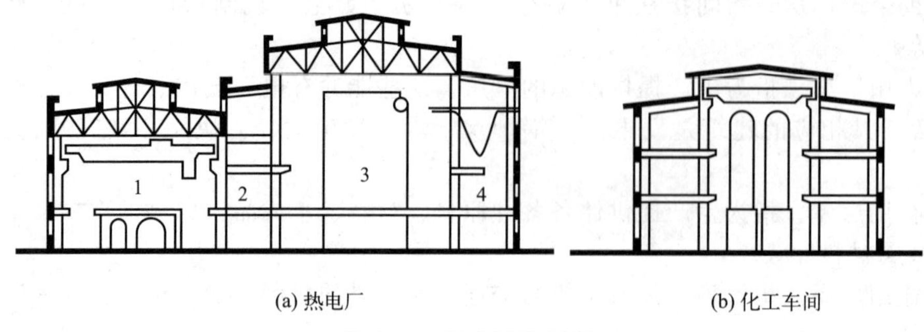

(a) 热电厂　　(b) 化工车间

图 14-3　混合层次厂房

1—汽机间；2—除氧间；3—锅炉间；4—煤斗间

③ 恒温恒湿车间。为保证产品质量，车间内部要有稳定的温湿度条件。如精密机械车间、纺织车间等。

④ 洁净车间。为保证产品质量，防止大气中灰尘及细菌的污染，要求保持车间内部高度洁净，如精密仪表加工及装配车间、集成电路车间等。

⑤ 其他特种状况的车间。如有爆炸可能性、有大量腐蚀物、有放射性散发物、防微振、高度隔声、防电磁波干扰等。

14.2 工业建筑的设计

14.2.1 工业建筑设计的任务

建筑设计人员根据设计任务书和工艺设计人员提出的生产工艺资料，设计厂房的平面形状、柱网尺寸、剖面形式、建筑体型；合理选择结构方案和围护结构的类型，进行细部构造设计；协调建筑、结构、水、暖、电、气、通风等各工种；正确贯彻“坚固适用、经济合理、技术先进”的原则。

14.2.2 工业建筑设计应满足的要求

（1）满足生产工艺的要求

生产工艺是工业建筑设计的主要依据，生产工艺对建筑提出的要求就是该建筑在使用功能上的要求。因此，建筑设计在建筑面积、平面形状、柱距、跨度、剖面形式、厂房高度以及结构方案和构造措施等方面，必须满足生产工艺的要求。同时，建筑设计还要满足厂房所需的机器设备的安装、操作、运转、检修等方面的要求。

（2）满足建筑技术的要求

① 工业建筑的坚固性及耐久性应符合建筑的使用年限。由于厂房静荷载和活荷载比较大，建筑设计应为结构设计的经济合理性创造条件，使结构设计更利于满足坚固和耐久的要求。

② 由于科技发展日新月异，生产工艺不断更新，生产规模逐渐扩大，因此，建筑设计应使厂房具有较大的通用性和改建扩建的可能性。

③ 应严格遵守《厂房建筑模数协调标准》及《建筑模数协调标准》的规定，合理选择厂房建筑参数（柱距、跨度、柱顶标高等），以便采用标准的、通用的结构构件，使设计标准化、生产工厂化、施工机械化，从而提高厂房建筑工业化水平。

(3) 满足建筑经济的要求

① 在不影响卫生、防火及室内环境要求的条件下，将若干个车间（不一定是单跨车间）合并成联合厂房，对现代化连续生产极为有利。因为联合厂房占地较少，外墙面积相应减小，缩短了管网线路，使用灵活，能满足工艺更新的要求。

② 建筑的层数是影响建筑经济性的重要因素。因此，应根据工艺要求、技术条件等，确定采用单层或多层厂房。

③ 在满足生产要求的前提下，设法缩小建筑体积，充分利用建筑空间，合理减少结构面积，提高使用面积。

④ 在不影响厂房的坚固、耐久、生产操作、使用要求和施工速度的前提下，应尽量降低材料的消耗，从而减轻构件的自重和降低建筑造价。

⑤ 设计方案应便于采用先进的、配套的结构体系及工业化施工方法。但是，必须结合当地的材料供应情况、施工机具的规格和类型，以及施工人员的技能来选择施工方案。

(4) 满足卫生及安全要求

① 应有与厂房所需采光等级相适应的采光条件，以保证厂房内部工作面上的照度；应有与室内生产状况及气候条件相适应的通风措施。

② 排除生产余热、废气，提供正常的卫生、工作环境。

③ 对散发出的有害气体、有害辐射、严重噪声等应采取净化、隔离、消声、隔声等措施。

④ 美化室内外环境，注意厂房内部的水平绿化、垂直绿化及色彩处理。

14.2.3 工业建筑设计应考虑的因素

(1) 消防隔热的设计

对于防火设计的优化首先应结合施工工艺图、生产类型、工业建筑对防火隔热的需求确定防火等级，设计时严格遵循国家防火规范，材料的选择也应符合质量与防火等级要求，并在钢材上涂抹防火涂料。防火设计时还应对工业建筑的平面布局设计进行优化，科学布置防火隔热设施、安全疏散通道以及消防楼梯等。对于隔热设计则应进行耐热保护，如对冶金工业建筑中加热炉附近辐射范围内的钢材进行保护。

钢结构目前在工业建筑中得到了广泛应用，它相对于混凝土结构具备强度高、塑性好等优势，但钢材导热性强，温度对于钢材的影响较大，100℃以上钢材抗拉强度会逐渐下降，可塑性会有所提升，达到250℃时可塑性也会降低，温度达到500℃钢材会直接断裂，因此钢材的防火、隔热能力相对于混凝土结构而言较差。

(2) 抗震设计

首先，工业建筑建筑结构设计人员应从全局考虑，结合工艺图明确工业建筑的质量要求，使得设计的结构合理。然后钢结构在厂房横向结构中的设计是钢结构工业建筑建筑结构设计中的最关键一环，需要综合考虑钢结构各配件的受力性能并根据横向结构的变化规律将各类负面影响控制到最低，充分发挥钢结构的作用。最后对于地震因素对于工业建筑的影响进行分析时，应充分考虑外部环境对厂房的影响，以钢结构工作的实质要求为依据选择结构框架，做好节点的设计工作，对于连接钢材构件的部分保证抗拉伸性和强度，进而提高工业建筑的抗震能力。

(3) 防腐设计

钢结构在自然环境下容易被氧化腐蚀，尤其是在潮湿的环境中，钢结构的氧化腐蚀程度更加严重，使得钢结构的受力发生应力集中问题，缩短钢结构的使用年限。当前为了防止钢材的腐蚀现象，我国主要采用防腐防锈涂料，使环境中的腐蚀因子与钢结构相隔离。在对钢结构进行防腐设计时，应充分考虑工业建筑的环境进行合理防腐设计，对于防腐防锈涂料的涂抹厚度，应结合钢材所处环境进行合理控制。

(4) 承重系统设计

首先根据厂房的高度、跨度、抗震等级、吊车吨位等综合信息进行布局。一般对于钢结构工业建筑屋盖结构需要设计为垂直支撑结构，但对于需要安放大型震感强烈的装置或特重级吊车的工业建筑，需要将屋盖支撑系统设计为纵向水平支撑结构。其次对支撑系统构件的内力情况进行科学设计，减少钢构件使用数量，缩短构件的截面。大型结构的屋面设计时需要利用三点和屋架焊接方式，以确保支撑能力。最后对于厂房的排水设计，应将屋面设计成具有坡度的结构，坡度控制在5°内。

(5) 立面设计

近年来建设单位对工业建筑的立面设计有了越来越高的要求。在进行工业建筑建筑结构设计优化时应在确保经济适用的前提下提高美感，如线条、规模以及色彩等。线条的横纵设计由工业建筑的立面高度决定，规模则由厂房的类型决定，如用于重工业生产的工业建筑规模较大，应在满足工艺的情况下再追求美观。此外，应在工业建筑的危险区域设计醒目的标志以提高生产人员的安全意识。

(6) 节能环保设计

在节能建筑得到广泛应用的今天，工业建筑的节能越来越被人所重视，随着科技的发展，工业建筑的节能水平会越来越高。如德国现行的建筑节能规范EnEv2007，即采用专门的建筑节能计算软件，输入能耗和补充的可再生能源，对于建筑做统一统筹规划和记录，以达到智能节能控制的目的。但是这种方法，需要建立在累计足够的基础性参数以降低计算软件算法的误差，同时也要统一节能证书体系，达到统一的算法标准。这种智能节能算法方式在我国目前开始运用于住宅领域及少数的商业领域和大型互联网企业中，不过相信未来会得到普及，包括工业地产。

而对于实际工业建筑中的建筑照明、采暖、通风、空调和给排水系统，可以通过建筑设计的物理手法，合理设计自然采光域面、保温层和反光层的铺设、对流通风风道和水系统的循环二次利用等多样化的方式，实现现阶段的节能理念。

14.3 单层工业建筑的结构组成

14.3.1 单层工业建筑的结构类型

在工业建筑中，承担各种荷载作用的构件所组成的承重骨架，通常称为结构。单层工业建筑的结构类型按其承重结构的材料来分，有砖混结构、钢筋混凝土结构和钢结构等类型；按其主要承重结构的形式分，有排架结构、刚架结构及其他结构形式。如下以承重结构形式为例，对单层工业建筑的结构类型进行介绍。

(1) 排架结构

排架结构是我国目前单层厂房中应用较多的一种基本结构形式，有钢筋混凝土排架（现浇或预制装配施工）和钢排架两种类型。它由柱基础、柱子、屋面大梁或屋架等横向排架构件和屋面板、连系梁、支撑等纵向连系构件组成。横向排架起承重作用，纵向连系构件起纵向支撑、保证结构的空间刚度和稳定性作用。排架结构主要适用于跨度、高度、吊车荷载较大及地震烈度较高的单层厂房建筑。如图14-4所示，为装配式钢筋混凝土排架结构厂房示意图。

图 14-4　装配式钢筋混凝土排架结构厂房

(2) 刚架结构

刚架结构的主要特点是屋架与柱子合并为同一构件，其连接处为整体刚接。如图 14-5 所示，单层厂房中的刚架结构主要是门式刚架，门式刚架依其顶部节点的连接情况有两铰钢架和三铰钢架两种形式。门式刚架构件类型少、制作简便，比较经济，室内空间宽敞、整洁。在高度不超过 10m、跨度不超过 18m 的纺织、印染等厂房中应用较普遍。

(3) 其他结构形式

近年来，随着型材的推广，特别是压型彩色钢板等的推广运用，我国单层厂房中越来越多地采用钢结构或轻钢屋盖结构等，如图 14-6 所示。这类结构受力合理，能充分地发挥材料的力学性能，空间刚度大，抗震性能较强。在实际工程中，钢筋混凝土结构、钢结构等可以组合应用，也可以采用网架、V 形折板、马鞍板和壳体等屋盖结构，如图 14-7 所示。

图 14-5　门式刚架厂房

图 14-6　钢结构厂房

(a) 网架屋盖结构

(b) V形折板屋盖结构

(c) 马鞍板屋盖结构

(d) 壳体屋盖结构

图 14-7　其他结构厂房形式

14.3.2 工业建筑房屋的组成

工业建筑房屋的组成是指单层厂房内部生产房间的组成。生产车间是工厂生产的基本单位，它一般由四个部分组成：

① 生产工段（也称生产工部），是加工产品的主体部分；

② 辅助工段，是为生产工段服务的部分；

③ 库房部分，是存放原料、材料、半成品、成品的地方；

④ 行政办公生活用房。

每一幢厂房的组成应根据生产的性质、规模、总平面布置等因素来确定。

14.3.3 工业建筑构件的组成

我国单层厂房的结构多采用排架结构体系，常用的排架结构体系有钢筋混凝土排架结构和钢结构排架体系两种。

（1）钢筋混凝土排架结构的构件组成

传统的钢筋混凝土排架结构，主要针对跨度大、高度较高、吊车吨位大的厂房。这种结构受力合理，建筑设计灵活，施工方便，工业化程度较高。如图 14-8(a) 所示，是典型的装配式钢筋混凝土排架结构的单层厂房，它的构件组成包括承重结构、围护构件以及其他附属构件。承重结构包括：

① 横向排架：由基础、柱、屋架（或屋面梁）组成。

② 纵向连系构件：由基础梁、连系梁、圈梁、吊车梁等组成。它与横向排架构成骨架，保证厂房的整体性和稳定性。纵向构件承受作用在山墙上的风荷载及吊车纵向制动力，并将它传递给柱子。

③ 为了保证厂房的刚度，还应设置屋架支撑、柱间支撑等支撑系统。围护结构包括：外墙、屋面、地面、门窗、天窗等。其他：如散水、地沟、隔断、作业梯、检修梯等。

（2）钢结构排架体系的构件组成

单层钢结构排架体系的构件组成与钢筋混凝土排架结构相似，但由于采用钢材，它的自重更轻、抗震性能好、施工速度快、工业化程度更高。

重型钢结构排架主要用于跨度大、空间高、吊车吨位或振动荷载大的厂房，如图 14-8(b) 所示；轻型钢结构排架主要用于轻型工业建筑和各种仓库，如图 14-8(c) 所示。

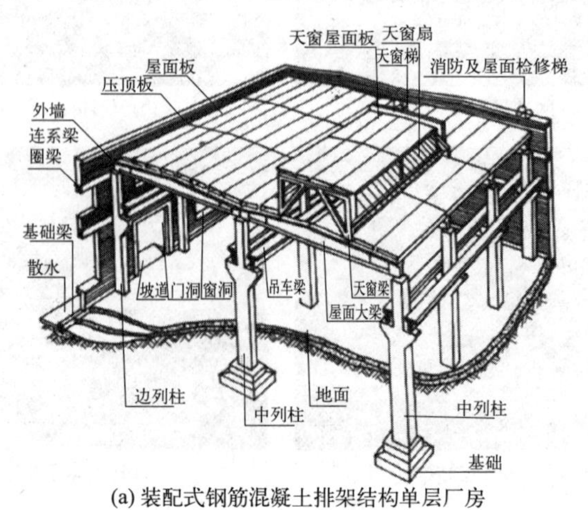

(a) 装配式钢筋混凝土排架结构单层厂房

图 14-8

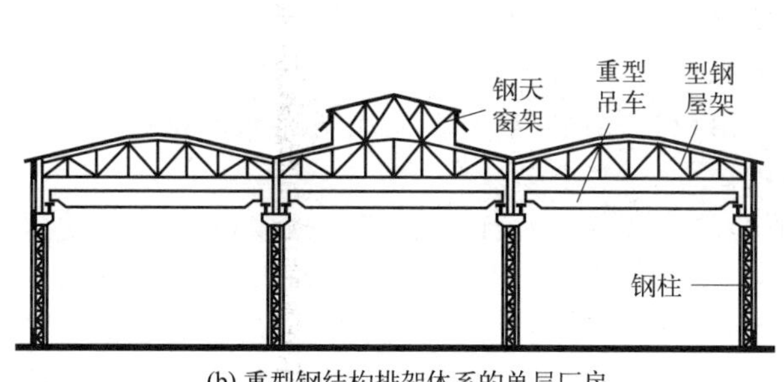

(b) 重型钢结构排架体系的单层厂房

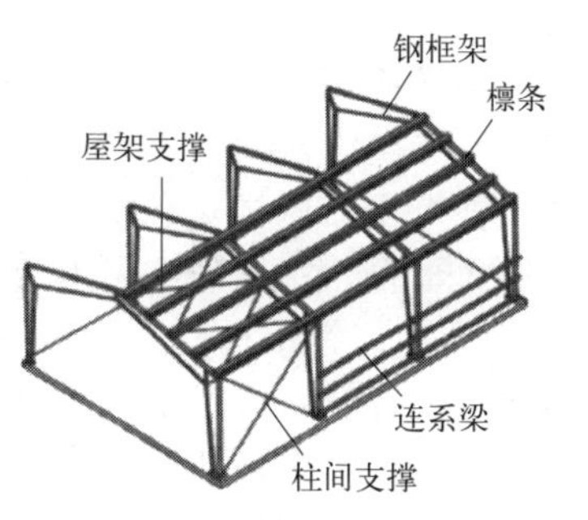

(c) 轻型钢结构排架体系的单层厂房

图 14-8　钢筋混凝土排架结构和钢结构排架体系结构

对于要求建设速度快、早投产、早受益的工业建筑，也常采用钢结构。钢结构易腐蚀、保护维修费用高，且防火性能差，故此结构应采取必要的防护措施。

14.4　多层工业建筑的特点和结构形式

建设多层厂房是节约集约利用土地和转变经济发展方式的客观要求，有利于企业节约投资成本。产业轻型化、智能化加速，以及国家政策的倡导和鼓励，使得多层厂房具有良好的发展趋势。

(1) 多层厂房的主要特点

① 生产在不同标高的楼层上进行。多层厂房的最大特点是生产在不同标高的楼层上进行，每层之间不仅有水平的联系，还有垂直方向的联系。因此，在厂房设计时，不仅要考虑同一楼层各工段间应有合理的联系，还必须解决好楼层与楼层间的垂直联系，并安排好垂直方向的交通。

② 节约用地。多层厂房具有占地面积少、节约用地的特点。

③ 通用性受限。由于需要在楼层上布置设备进行生产，多层厂房的楼板荷载较大，受梁板结构经济合理性的制约，多层厂房柱网尺寸较单层厂房小，使得厂房的通用性受到限制。

(2) 多层厂房的结构形式

厂房结构形式的选择首先应该结合生产工艺及层数的要求进行。其次还应该考虑建筑材料的供应、当地的施工安装条件、构配件的生产能力以及建筑场地的自然条件等。按其所用材料的不同有以下类型：

① 混合结构。其包括砖墙承重和内框架承重两种形式。前者包括横墙承重及纵墙承重的不同布置。但因砖墙占用面积较多，影响工艺布置，因而相比之下，内框架承重的混合结构形式使用较多。由于混合结构的取材和施工均较方便，也较经济，保温隔热性能较好，所以当楼板跨度为 4～6m，层数为 4～5 层，层高为 5.4～6.0m，在楼面荷载不大又无振动的情况下，均可采用混合结构。但当地基条件差，容易不均匀下沉时，选用应慎重。此外在地震区不宜选用。

② 钢筋混凝土结构。钢筋混凝土结构是我国目前采用最广泛的一种结构。它的构件截面较小，强度大，能适应层数较多、荷重较大、跨度较宽的需要。钢筋混凝土框架结构，一般可分为梁板式结构和无梁楼板结构两种。其中梁板式结构又可分为横向承重框架、纵向承重框架及纵横向承重框架三种。横向承重框架刚度较好，适用于室内要求房间比较固定的厂

房，是目前经常采用的一种形式。纵向承重框架的横向刚度较差，需在横向设置抗风墙、剪力墙，由于横向连系梁的高度较小，楼层净空较高，有利于管道的布置，一般适用于需要灵活分间的厂房。纵横向承重框架，采用纵横向均为刚接的框架，厂房整体刚度好，适用于地震区及各种类型的厂房。无梁楼板结构由板、柱帽、柱和基础组成。它的特点是没有梁，因此楼板底面平整，室内净空可有效利用。

③ 钢结构。钢结构建筑因具有独特的承重性、稳定性、安全性、可靠性等受到多层工业厂房建筑设计技术人员的青睐。与传统的混凝土厂房建筑设计不同，多层钢结构工业厂房在建筑设计上，大多使用了轻钢作为主要建筑施工材料，这种材料能够很好地改善传统建筑材料的重量大、结构性能不足等劣势。多层钢结构工业厂房建设所采用的轻钢材质能够充分发挥结构优点，大幅减轻建筑的总体重量。

14.5 工业建筑平面设计及柱网的选择

承重结构柱在平面上排列时所形成的网格称为柱网。确定建筑物主要构件位置及标志尺寸的基准线为定位轴线，平行于厂房长度方向的定位轴线称为纵向定位轴线，垂直于厂房长度方向的定位轴线称为横向定位轴线。纵向定位轴线间距称为跨度，横向定位轴线间距称为柱距。柱网示意图如图 14-9 所示。柱网的选择实际上就是选择工业建筑的跨度和柱距。确定柱网尺寸的原则是：

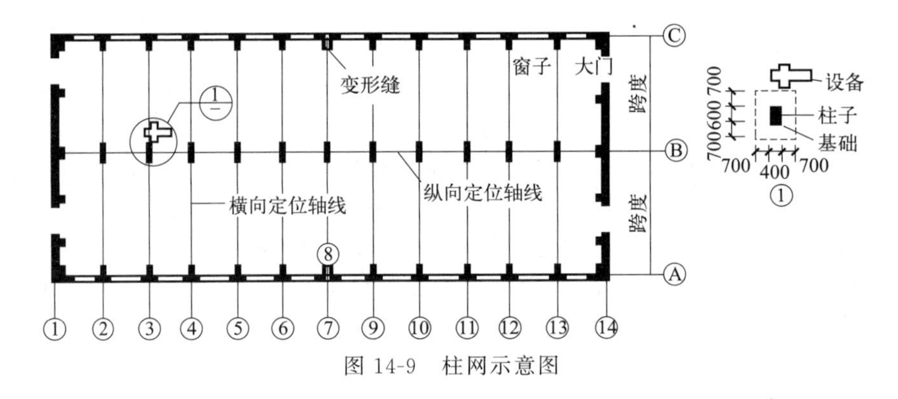

图 14-9 柱网示意图

(1) 满足生产工艺

跨度和柱距尺寸要满足生产工艺的要求，如设备的大小和布置方式，材料和加工件的运输，生产操作和维修所要求的空间等，如图 14-10 所示。

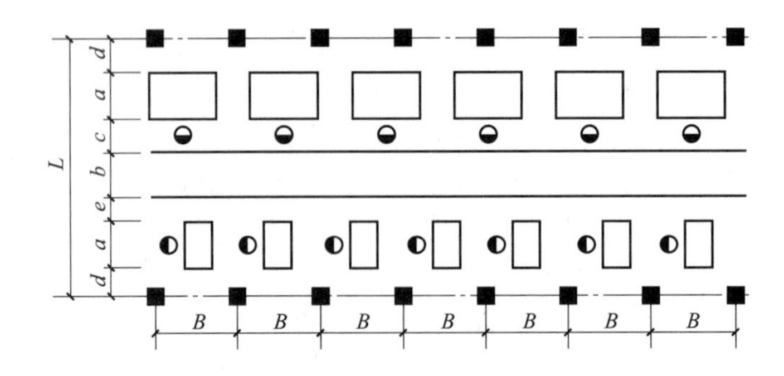

图 14-10 跨度尺寸与工业布置关系

L—跨度；B—柱距；a—设备宽度；b—行车通道宽度；c—操作宽度；d—设备与轴线间距；e—安全距离

(2) 平面和结构经济合理

如图 14-11 所示，跨度和柱距的选择应使平面的利用和结构方案达到经济合理。如有的厂房由于工艺的要求扩大部分跨间距，常将个别大型设备跨越布置，采用抽柱方案，上部采用托架梁承托屋架。有的柱距满足不了生产工艺需要，可能形成大小柱距不同的现象，使设计和施工都比较复杂，因此应根据实际情况分析比较其经济合理性，调整柱距，达到柱距统一。

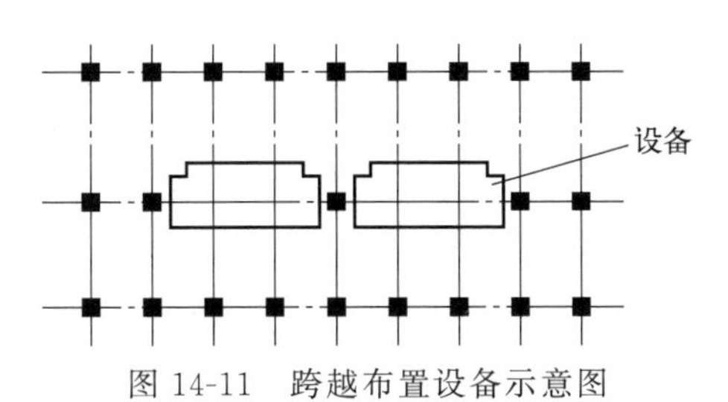

图 14-11　跨越布置设备示意图

另外，一些设备布置灵活的厂房，总宽度不变，适当加大厂房的跨度，可节约生产面积，比较经济合理。此外还要考虑技术条件、施工能力，以达到较好的综合效益。

(3) 符合《厂房建筑模数协调标准》要求

满足《厂房建筑模数协调标准》(GB/T 50006) 的要求。标准规定厂房的跨度在 18m 和 18m 以下时应采用扩大模数 30M 数列，分别为 6m、9m、12m、14m、18m；在 18m 以上时应采用 60M 数列，分别为 18m、24m、30m、36m。柱距采用 60M 数列，即 6m 和 12m。根据这些尺寸可按《工业建筑全国通用构件标准图集》选用不同材料的与跨度、柱距相统一的配套构件，如屋架、吊车梁、基础梁、屋面板、墙板等。

(4) 扩大柱网

随着生产的发展，新产品的开发，新的科学技术和装备不断采用，生产工艺不断更新，要求厂房具有较大的通用性和灵活性，扩大柱网在一定程度上可以满足这种要求，也可更有效地利用生产面积。如图 14-12 所示，当柱的断面尺寸为 600mm×400mm 时，机床与柱的最小距离应为 700mm，因此，柱与周围最小距离所占的面积达 3.6m^2。如减少柱子，则可排列更多的设备，减少设备基础与柱子基础的冲突，节约厂房面积。同时，因减少了构件数量，对减少工程量、加快施工速度、提高综合经济效益大为有利。常用的柱网有 12m×12m、14m×12m、18m×12m、24m×12m、18m×18m 和 24m×24m。

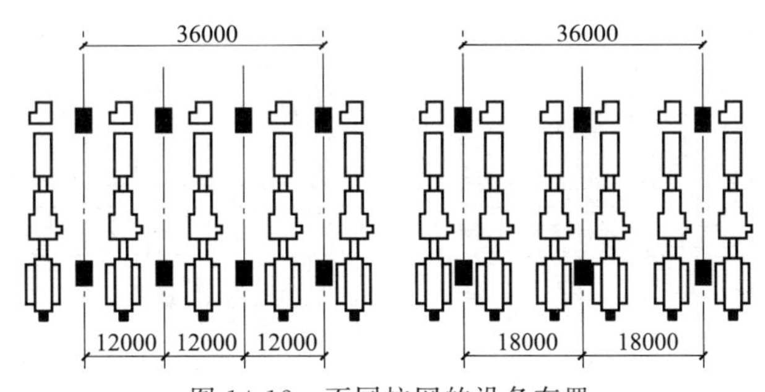

图 14-12　不同柱网的设备布置

思考题

1. 什么是工业建筑？工业建筑如何分类？
2. 什么是柱网？确定柱网尺寸的原则是什么？
3. 多层厂房的结构类型有哪些？
4. 单层厂房的结构类型有哪些？

第 15 章 单层工业建筑构造

单层工业建筑的构造包括很多内容，本章重点叙述外墙、屋面和地面、天窗的构造。多层工业建筑的构造与民用建筑相似，本教材不再赘述。

15.1 外墙构造

单层厂房的外墙，根据使用要求、材料和构造形式等不同可采用砖墙、砌块墙、块材墙、板材墙以及开敞式外墙、彩色压型钢板外墙等。

15.1.1 钢筋混凝土大型板材墙

采用大型板材墙可成倍地提高工程效率，加快建设速度，同时它还具有良好的抗震性能。因此大型板材墙是我国工业建筑应优先采用的外墙类型之一。

(1) 大型板材墙板的类型

墙板的类型按其保温性能分为保温墙板和非保温墙板；按所用材料分为单一材料墙板和复合材料墙板；按其规格分为基本板、异形板和各种辅助构件；按其在墙面的位置可分为一般板、檐下板和山尖板等。

(2) 大型板材墙板的布置

墙板的布置方式，最广泛采用的是横向布置，其次是混合布置，竖向布置采用较少（图 15-1）。

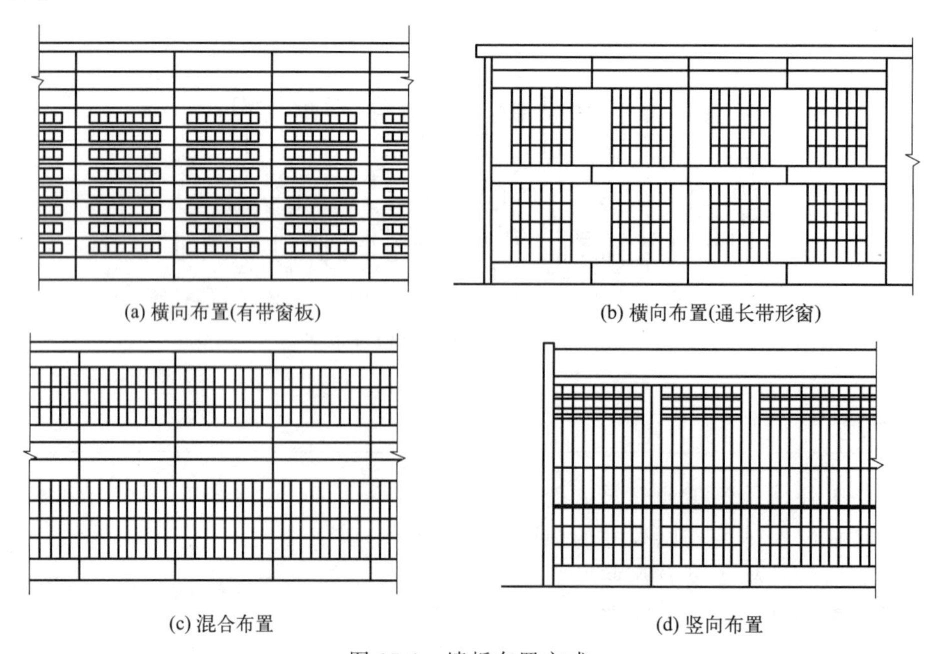

图 15-1 墙板布置方式

横向布置时板型少，以柱距为板长，板柱相连，板缝处理较方便。山墙板布置与侧墙相同，山尖部位可布置成台阶形、人字形、折线形（图 15-2）等。

台阶形山尖异形墙板少，但连接用钢较多，人字形则相反，折线形介于两者之间。

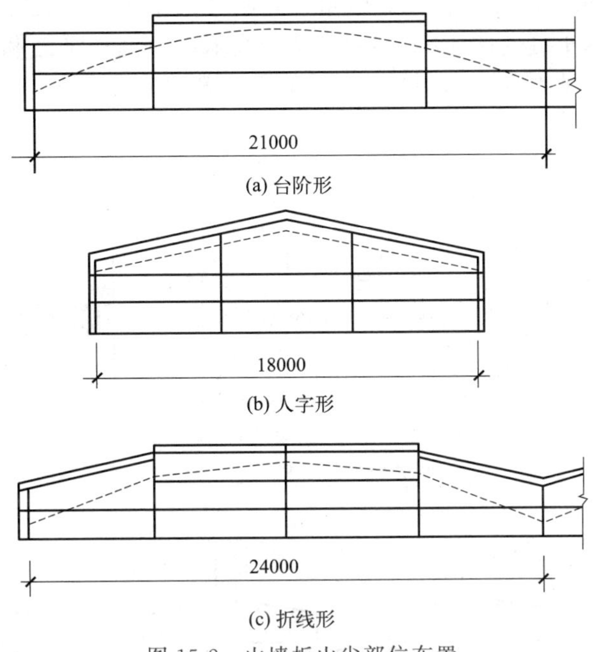

图 15-2　山墙板山尖部位布置

(3) 大型板材墙板连接

① 板柱连接。板柱连接应安全可靠，便于制作、安装和检修，一般分柔性连接和刚性连接两类。

柔性连接的特点是：墙板与厂房骨架以及板与板之间在一定范围内可相对独立位移，能较好地适应振动引起的变形。设防烈度高于 7 度的地震区宜用此法连接墙板。

图 15-3（a）所示为螺栓挂钩柔性连接。其优点是安装时一般无焊接作业，维修换件也较容易，但用钢量较多，暴露的零件较多，在腐蚀性环境中必须严加防护。图 15-3(b) 所示为角钢挂钩柔性连接。其优点是用钢量较少，暴露的金属面较少，有少许焊接作业，但对土建施工的精度要求较高。角钢挂钩连接施工方便快捷，但相对独立位移较差。

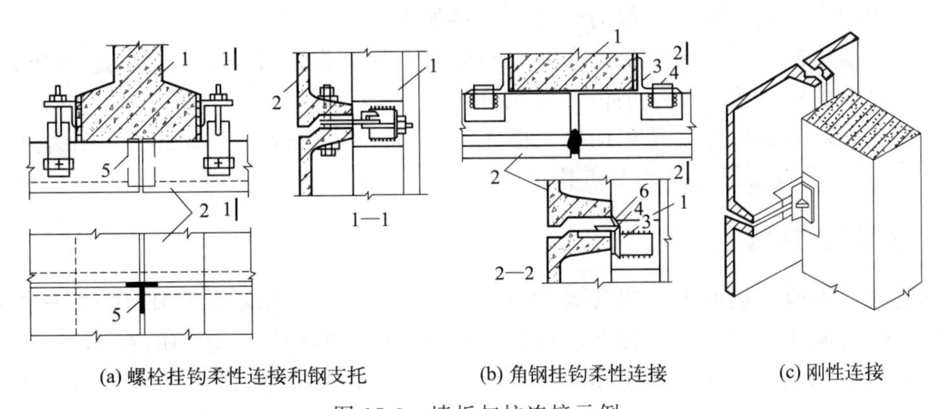

图 15-3　墙板与柱连接示例

1—柱；2—墙板；3—柱侧预焊角钢；4—墙板上预焊角钢；5—钢支托；6—上下板连接筋（焊接）

刚性连接［图 15-3(c)］就是将每块板材与柱子用型钢焊接在一起，无须另设钢支托。其突出的优点是连接件钢材少，由于丧失了相对位移的条件，对不均匀沉降和振动较敏感，主要用在地基条件较好，振动影响小和抗震设防烈度小于 7 度的地区。

② 板缝处理。对板缝的处理首先是防水，并应考虑制作及安装方便，对保温墙板尚应注意满足保温要求。水平缝［图 15-4(a)］宜选用高低缝、滴水平缝和肋朝外平缝。对防水要求不严或雨水很少的地方也可采用平缝。垂直缝较常用的有直缝、喇叭缝、单腔缝、双腔缝等，如图 15-4(b) 所示。

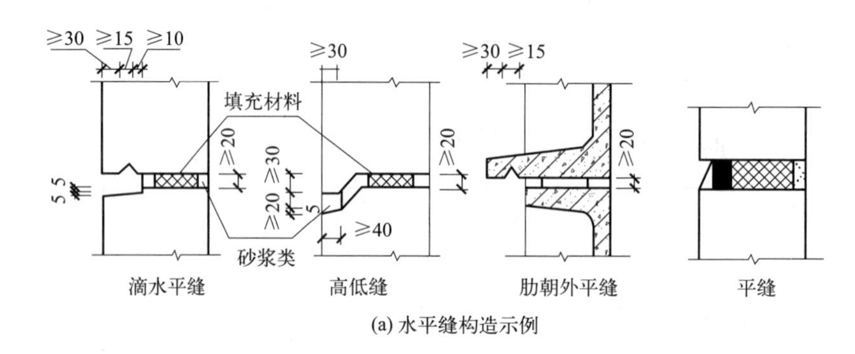

(a) 水平缝构造示例

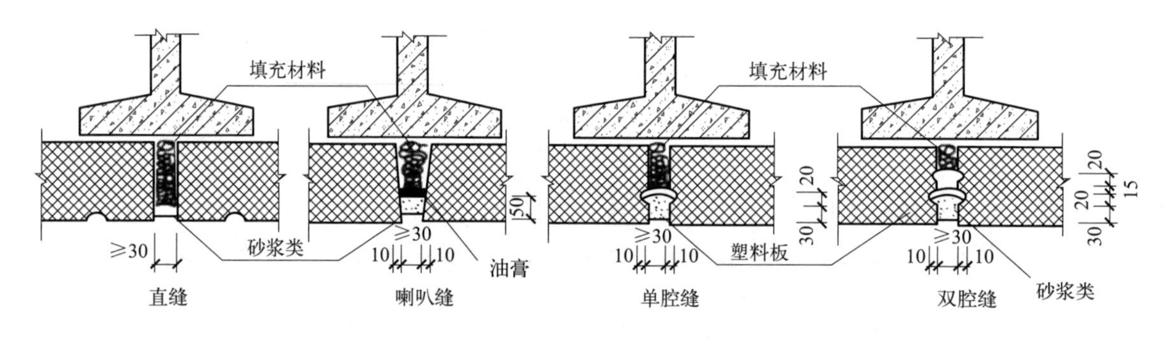

(b) 垂直缝构造示例

图 15-4 板缝构造

15.1.2 彩色压型钢板外墙

在单层厂房外墙中，石棉水泥波瓦、金属外墙板等轻质板材的使用日益广泛。它们的连接构造基本相同，现以金属外墙板为例简要叙述如下。

金属板外墙构造力求简单，施工方便，与墙梁连接可靠，转角等细部构造应有足够的搭接长度，以保证防水效果。压型钢板外墙板在构造上增设了墙梁等构件。图 15-5 和图 15-6 分别为非保温外墙和保温外墙转角构造。图 15-7 为窗户包角构造。图 15-8 为山墙与屋面处泛水构造。图 15-9 为墙板与砖墙节点构造。

15.1.3 开敞式外墙

南方夏热冬暖地区热加工车间常采用开敞式或半开敞式外墙（图 15-10），该外墙的主要特点是既能通风又能防雨，故其外墙构造主要是挡雨板的构造，常用的有：

① 石棉水泥波瓦挡雨板。特点是轻，图 15-11(a) 即其构造示例，该例中基本构件有型钢支架（或钢筋支架）、型钢擦条、中波石棉水泥波瓦挡雨板及防溅板。挡雨板垂直间距视车间挡雨要求与飘雨角而定。

② 钢筋混凝土挡雨板［图 15-11(b)、(c)］。图 15-11(b) 基本构件有三：支架、挡雨板、防溅板。图 15-11(c) 构件最少，但风大雨多时飘雨多。室外气温较高，风沙大的干热地区不应采用开敞式外墙。

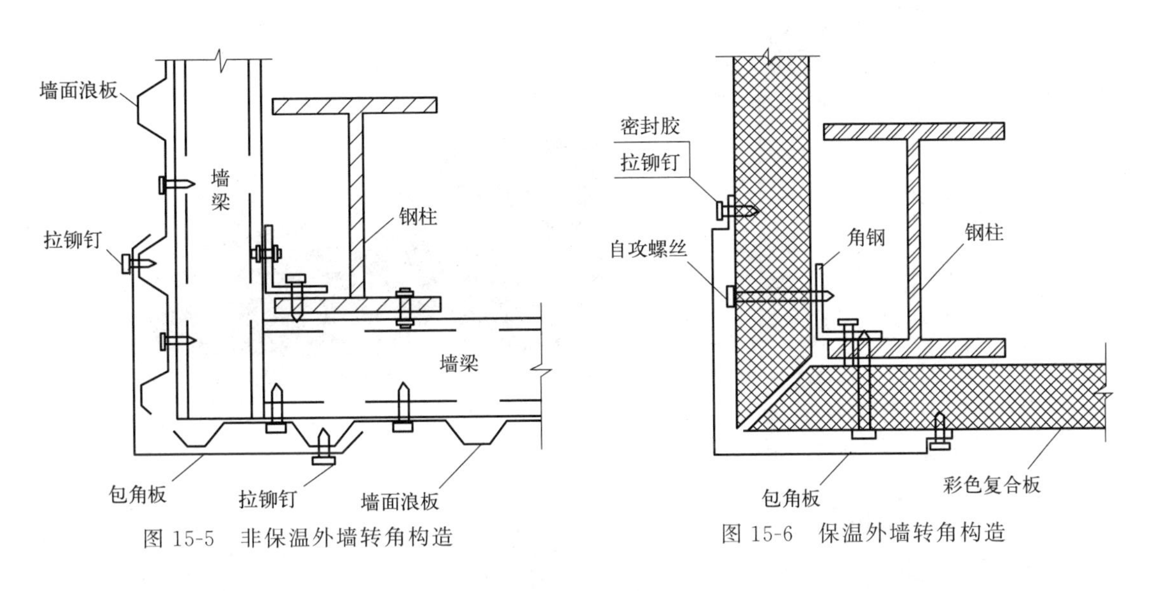

图 15-5 非保温外墙转角构造 图 15-6 保温外墙转角构造

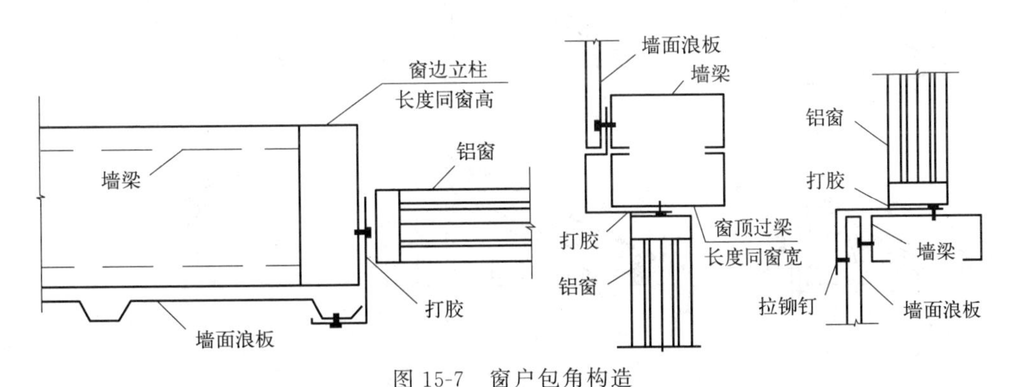

图 15-7 窗户包角构造

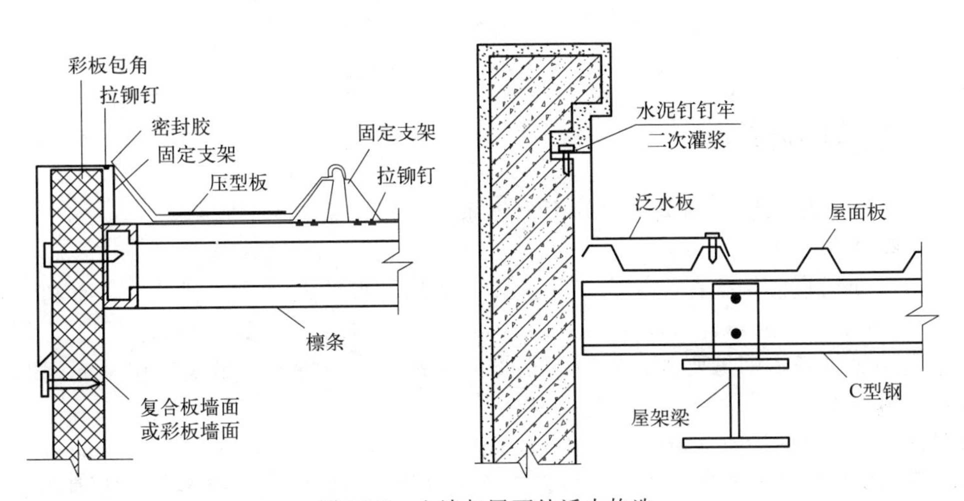

图 15-8 山墙与屋面处泛水构造

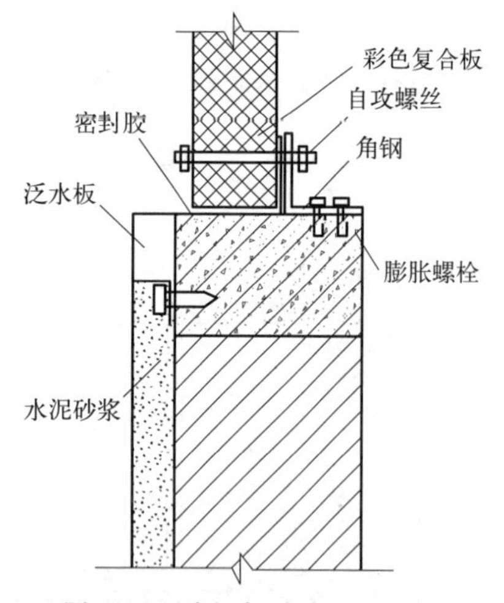

图 15-9 墙板与砖墙节点构造

图 15-10 某开敞式外墙厂房

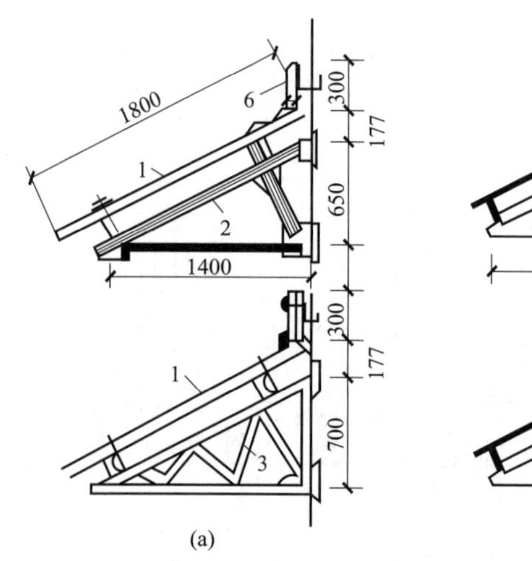

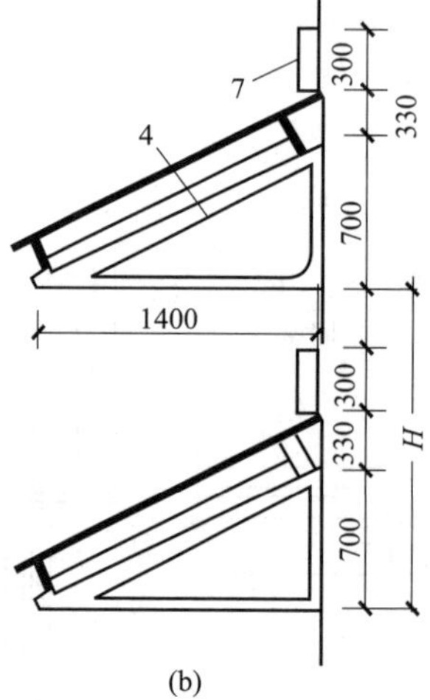

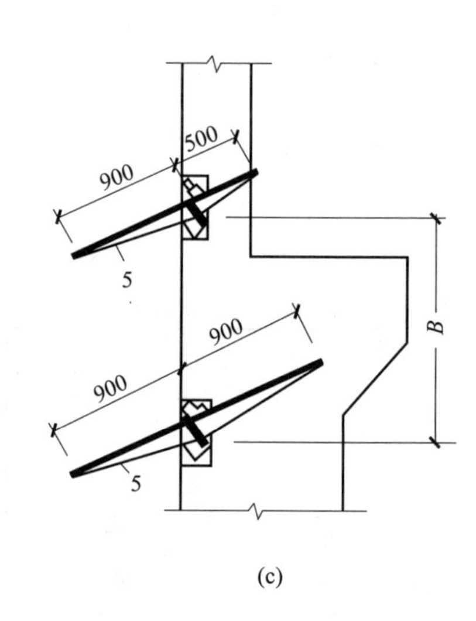

图 15-11 挡雨板构造示例

1—石棉水泥波瓦；2—型钢支架；3—圆钢筋轻型支架；4—轻型混凝土挡雨板及支架；
5—无支架钢筋混凝土挡雨板；6—石棉水泥波瓦防溅板；7—钢筋混凝土防溅板

15.2 屋面构造

厂房屋面体系根据屋面构造可分为无檩体系和有檩体系。

(1) 无檩体系

将大型屋面板直接搁置在屋架上。无檩体系的构件尺寸大，构件型号少，有利于工业化施工，如图 15-12(a) 所示。大型屋面板的长度是柱子的间距，多为 6m。厂房屋面应满足防水、保温隔热等基本围护要求。同时，根据厂房需要，设置天窗解决厂房采光问题。

(2) 有檩体系

由搁置在屋架上的檩条支承小型屋面板构成，如图 15-12(b) 所示。小型屋面板的长度为檩条的间距。这种体系构件尺寸小、重量轻、施工方便，但构件数量较多，施工周期长。当采用轻型屋面板时，为避免屋面板产生较大挠度并保证屋面结构稳定，也在屋面板下铺设檩条。

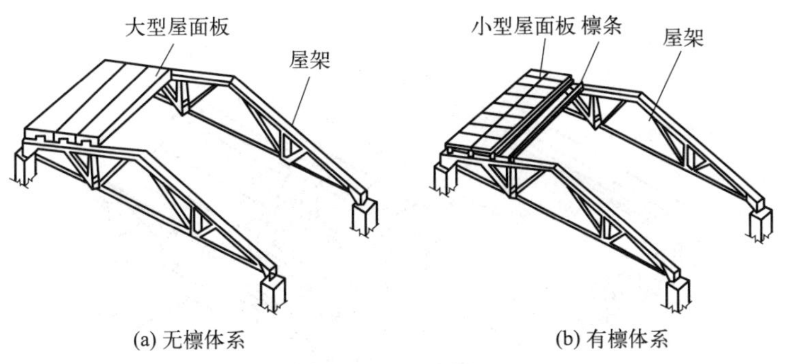

图 15-12　屋面构造

檩条应与屋架上弦连接牢固，以加强厂房纵向刚度。一般钢屋架、木屋架的檩条为同屋架的材料制作；钢筋混凝土屋架可用钢筋混凝土檩条或钢檩条。目前，应用较多的钢结构厂房屋面多采用压型钢板有檩体系，即在钢架斜梁上设置 C 形或 Z 形冷轧薄壁钢檩条，再铺设压型钢板屋面。彩色压型钢板屋面施工速度快、重量轻，表面带有色彩涂层，防锈、耐腐、美观，保温隔热、防结露等，适应性较强。压型钢板屋面构造做法与墙体做法有相似之处。图 15-13 为压型钢板屋面及檐沟构造，图 15-14 为屋脊节点构造，图 15-15 为檐沟构造，图 15-16、图 15-17 为双层压型钢板复合保温屋面构造，图 15-18 为内天沟构造，图 15-19 为屋面变形缝构造。

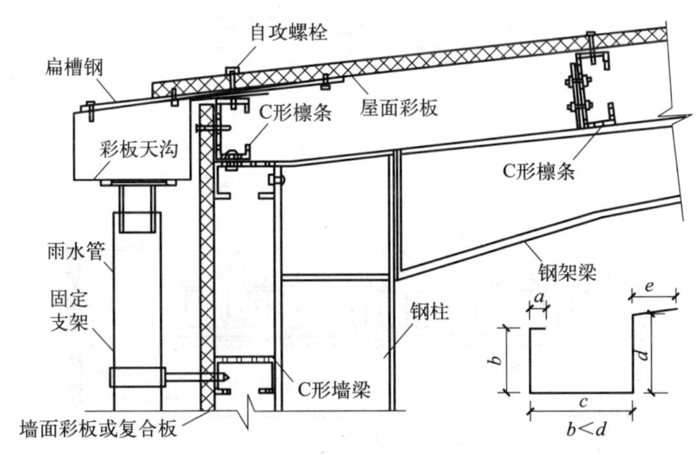

图 15-13　压型钢板屋面及檐沟构造

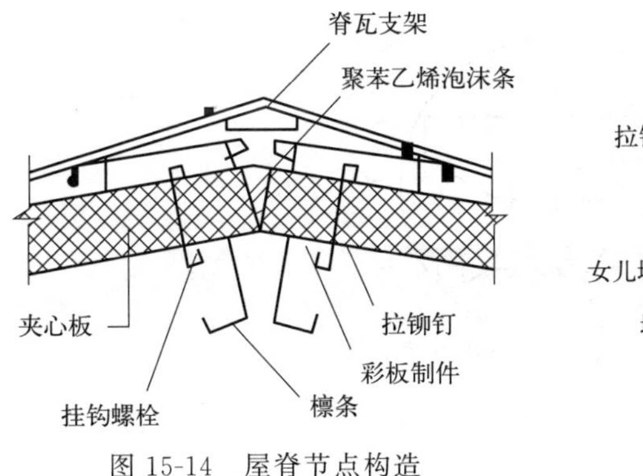

图 15-14　屋脊节点构造

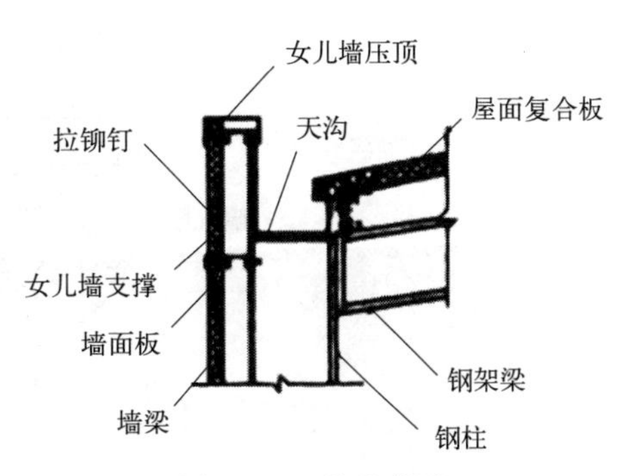

图 15-15　檐沟构造

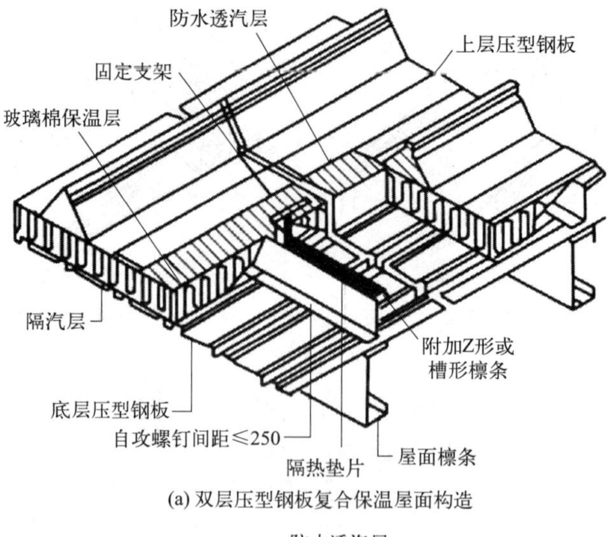

(a) 双层压型钢板复合保温屋面构造

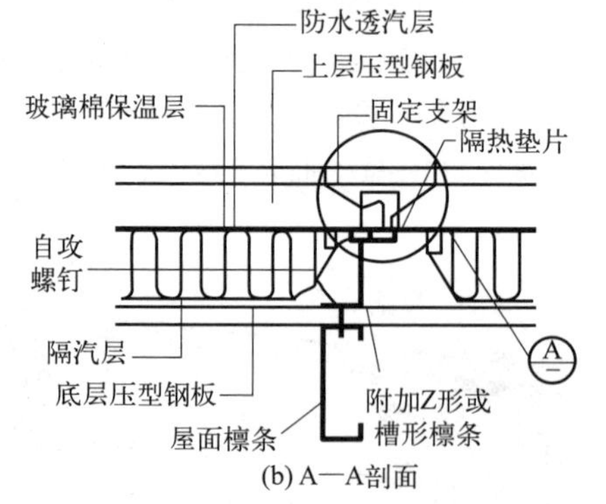

(b) A—A剖面

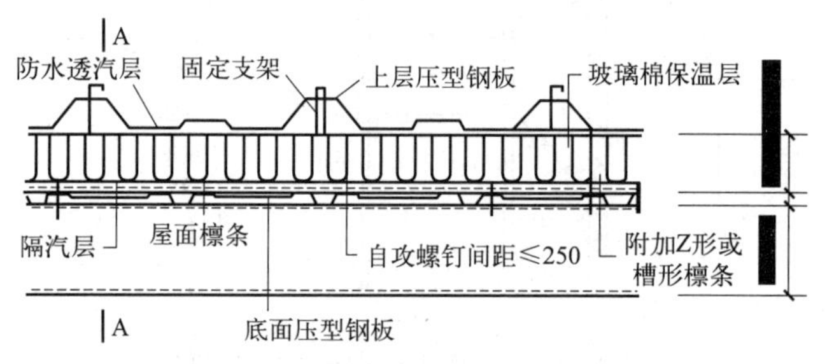

(c) 层面横向连接

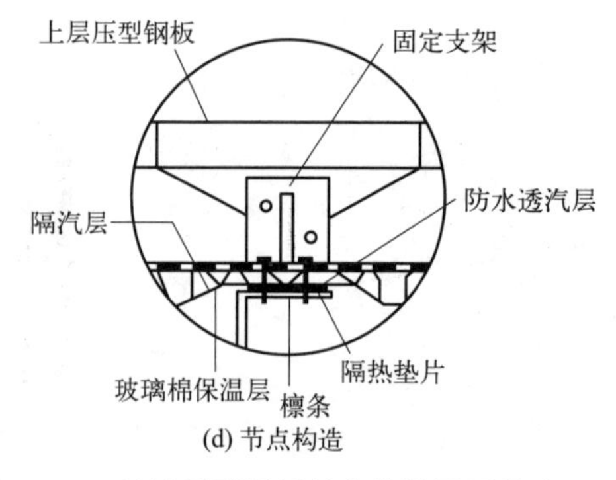

(d) 节点构造

图 15-16 双层压型钢板复合保温屋面构造

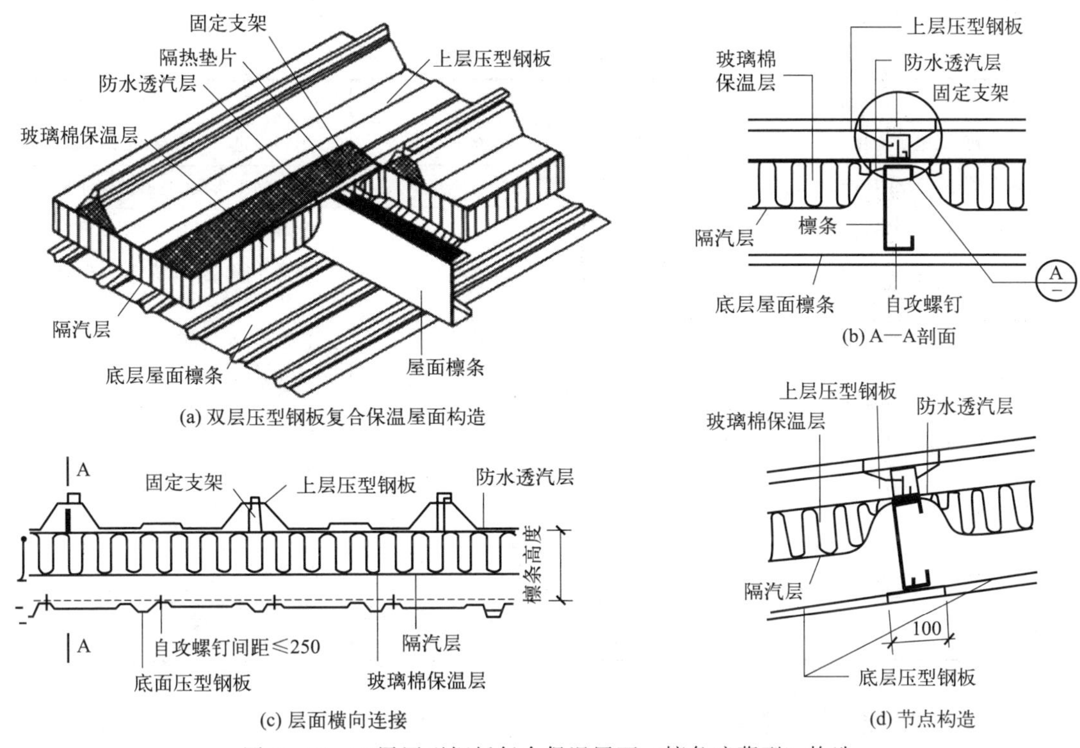

图 15-17　双层压型钢板复合保温屋面（檩条暗藏型）构造

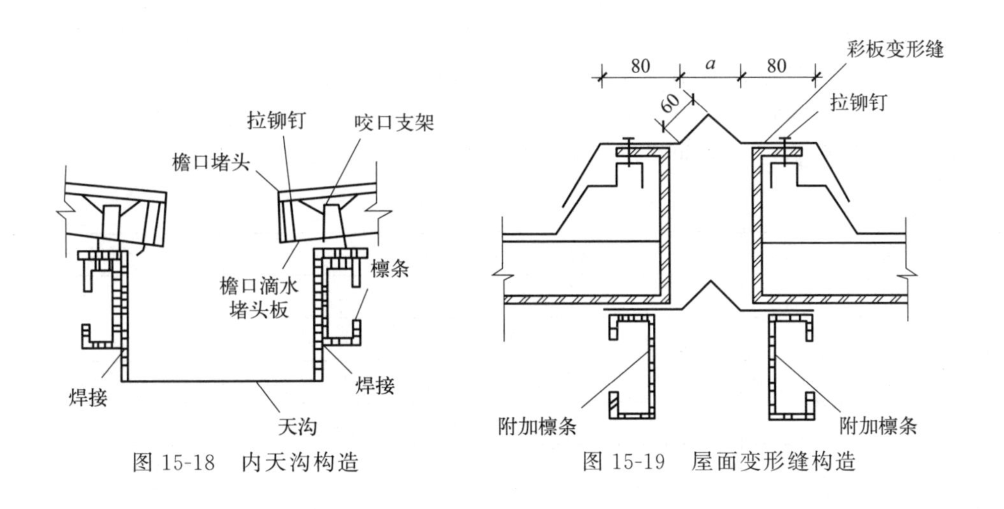

图 15-18　内天沟构造

图 15-19　屋面变形缝构造

15.3　地面构造

工业建筑的地面不仅面积大、荷载重，还要满足各种生产使用要求。因此，合理地选择地面材料及构造，不仅对生产，而且对投资都有较大的影响。工业建筑地面与民用建筑地面构造基本相同，一般由面层、垫层和地基组成。

15.3.1　面层选择

面层是直接承受各种物理和化学作用的表面层，应根据生产特征、使用要求和影响地面的各种因素来选择地面。面层的选用可参见表 15-1。

表 15-1 地面面层选择

生产特征及对垫层使用要求	适宜的面层	生产特征举例
机动车行驶、受坚硬物体磨损	混凝土、铁屑水泥、粗石	车行通道、仓库、钢绳车间等
坚硬物体对地面产生冲击(10kg 以内)	混凝土、块石、缸砖	机械加工车间、金属结构车间等
坚硬物体对地面有较大冲击(50kg 以上)	矿渣、碎石、素土	铸造、锻压、冲压、废钢处理等
受高温作用地段(500℃以上)	矿渣、凸缘铸铁板、素土	铸造车间的熔化浇铸工段、轧钢车间加热和轧机工段、玻璃熔制工段
有水和其他中性液体作用地段	混凝土、水磨石、陶板	选矿车间、造纸车间
有防爆要求	菱苦土、木砖沥青砂浆	精苯车间、氢气车间等
有酸性介质作用	耐酸陶板、聚氯乙烯塑料	硫酸车间的净化、硝酸车间的吸收浓缩
有碱性介质作用	耐碱沥青混凝土、陶板	纯碱车间、液氨车间、碱熔炉工体段
不导电地面	石油沥青混凝土、聚氯乙烯塑料	电解车间
要求高度清洁	水磨石、陶板马赛克、拼花木地板、聚氯乙烯塑料、地漆布	光学精密器械、仪器仪表、钟表、电信器材的装配

15.3.2 垫层的设置与选择

垫层是承受并传递地面荷载至地基的构造层次，可分为刚性和柔性两类。刚性垫层整体性好、不透水、强度大，适用于荷载大且要求变形小的地面；柔性垫层在荷载作用下产生一定的塑性变形，造价较低，适用于承受冲击和强振动作用的地面。

垫层的厚度主要由作用在地面上的荷载确定，地基的承载能力对它也有一定的影响，对于较大荷载需经计算确定。地面垫层的最小厚度应满足表 15-2 的规定。

表 15-2 垫层最小厚度

垫层名称	材料强度等级或配合比	厚度/mm
混凝土	≥C10	60
四合土	1∶1∶6∶12(水泥∶石灰膏∶砂∶碎砖)	80
三合土	1∶3∶6(熟化石灰∶砂∶碎砖)	100
灰土	3∶7 或 2∶8(熟化石灰∶黏性土)	100
砂、炉渣、碎(卵)石		60
矿渣		80

15.3.3 地基的要求

地面应铺设在均匀密实的地基上。当地基土层不够密实时，应用夯实、掺骨料、铺设灰土层等措施加强。地面垫层下的填土应选用砂土、粉土、黏性土及其他有效填料，不得使用过湿土、淤泥、腐殖土、冻土、膨胀土及有机物含量大于 8%的土。

15.3.4 细部构造

① 缩缝。混凝土垫层需考虑温度变化产生的附加应力的影响，同时防止因混凝土收缩

变形所导致的地面裂缝。一般厂房混凝土垫层按 3～6m 间距设置纵向缩缝，6～12m 间距设置横向缩缝，设置防冻胀层的地面纵横向缩缝间距不宜大于 3m。缩缝的构造形式有平头缝、企口缝、假缝（图 15-20），一般多为平头缝，企口缝适合于垫层厚度大于 150mm 的情况，假缝只能用于横向缩缝。

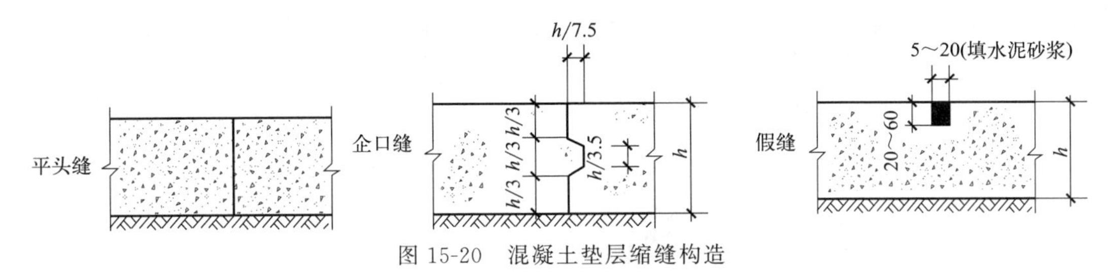

图 15-20　混凝土垫层缩缝构造

② 变形缝。地面变形缝的位置应与建筑物的变形缝一致。在地面荷载差异较大和受局部冲击荷载的部分应设变形缝。变形缝应贯穿地面各构造层次，并用嵌缝材料填充（图 15-21）。

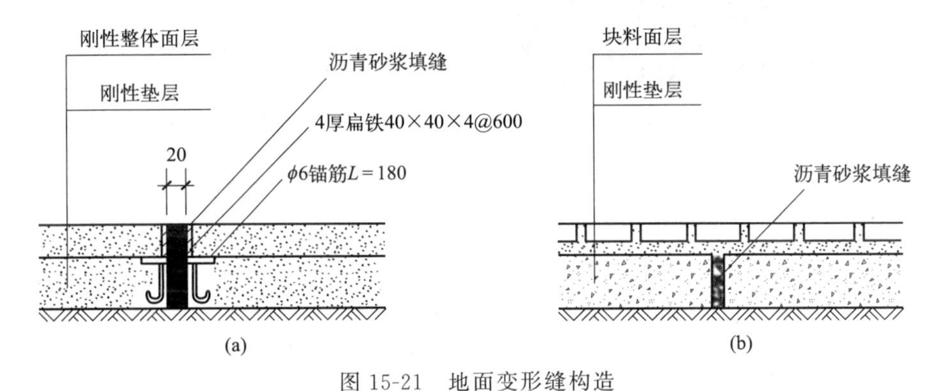

图 15-21　地面变形缝构造

③ 交接缝。两种不同材料的地面，由于强度不同，接缝处易遭受破坏，应根据不同情况采取措施。图 15-22 为不同交接缝的构造示例。

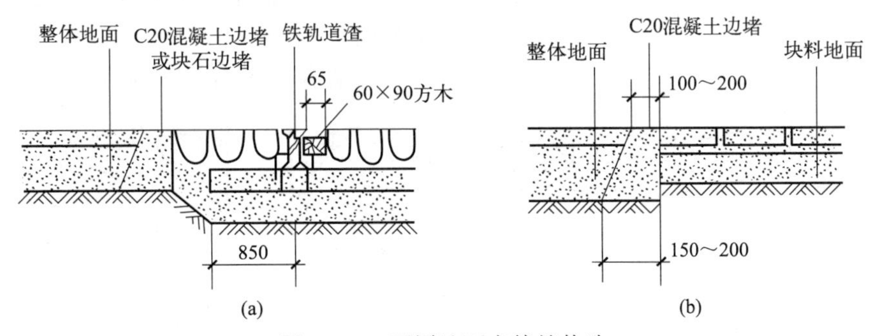

图 15-22　不同地面交接缝构造

15.4　天窗构造

天窗在单层厂房中应用非常广泛，主要作用是厂房的天然采光和自然通风。在工业建筑中，以天然采光为主要功能的天窗称为采光天窗，以通风排烟为主要功能的天窗称为通风天窗。

15.4.1 采光天窗

15.4.1.1 矩形天窗

矩形天窗（图 15-23）具有采光好，光线均匀，防雨较好，窗扇可开启以兼通风的优点，故在冷加工车间广泛应用。其缺点是构件类型多，造价高，抗震性能差。

为了获得良好的采光效率，矩形天窗的宽度 b 宜等于厂房跨度 L 的 1/3～1/2，天窗高宽比 h/b 在 0.3 左右，相邻两天窗的轴线间距 L_0 不宜大于工作面至天窗下缘高度 H 的 4 倍（图 15-24）。

图 15-23 矩形天窗内、外景

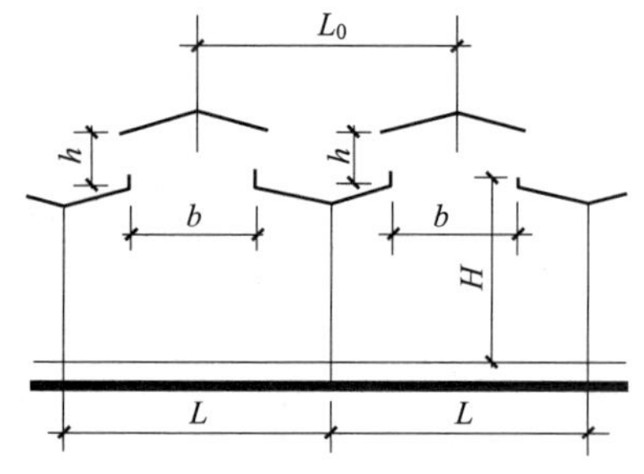

图 15-24 矩形天窗的几何尺寸

矩形天窗主要由天窗架、天窗扇、天窗屋面板、侧板及端壁等构件组成（图 15-25）。

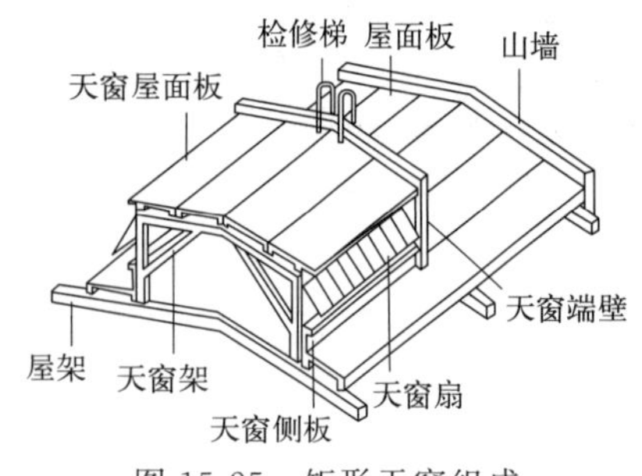

图 15-25 矩形天窗组成

(1) 天窗架

天窗架是天窗的承重构件，支承在屋架上弦上，常用钢筋混凝土或型钢制作。钢天窗架重量轻、制作及吊装方便，除用于钢屋架外，也可用于钢筋混凝土屋架。钢天窗架常用的形式有桁架式和多压杆式两种[图 15-26(a)]。

钢筋混凝土天窗架与钢筋混凝土屋架配合使用，一般为 I 形或 W 形，也可做成双 Y 形 [图 15-26(b)]。

(2) 天窗扇

天窗扇的主要作用是采光、通风和挡雨，用钢材

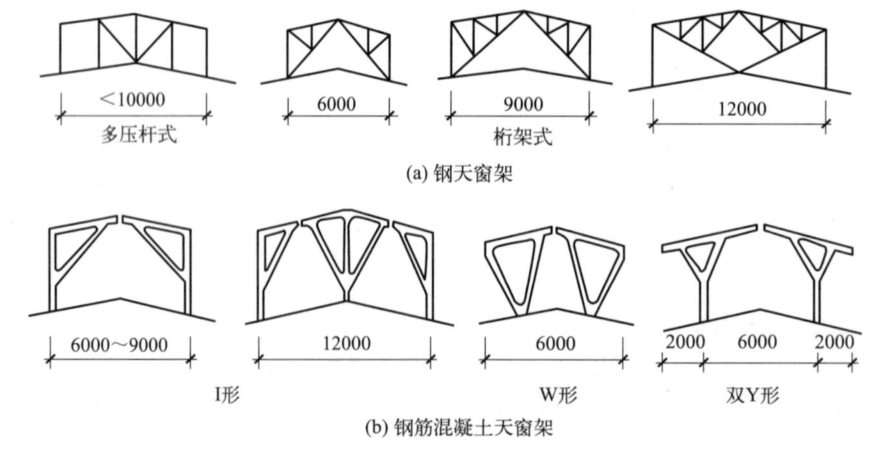

图 15-26 天窗架形式示例

制作。它的开启方式有两种：上悬式和中悬式。前者防雨性能较好，但开启角度不能大于45°，故通风较差；后者开启角度可达60°～80°，故通风流畅，但防雨性能欠佳。

① 上悬式钢天窗扇。我国定型产品的上悬式钢天窗扇的基准高度为900mm、1200mm、1500mm，由此可组合成不同高度的天窗。上悬式钢天窗扇可采用通长布置和分段布置两种。

通长天窗扇［图 15-27(a)］由两个端部固定窗扇和若干个中间开启窗扇连接而成，其组合长度应根据矩形天窗的长度和选用天窗扇开关器的启动能力来确定。

分段天窗扇［图 15-27(b)］是在每个柱距内分别设置天窗扇，其特点是开启及关闭灵活，但窗扇用钢量较多。

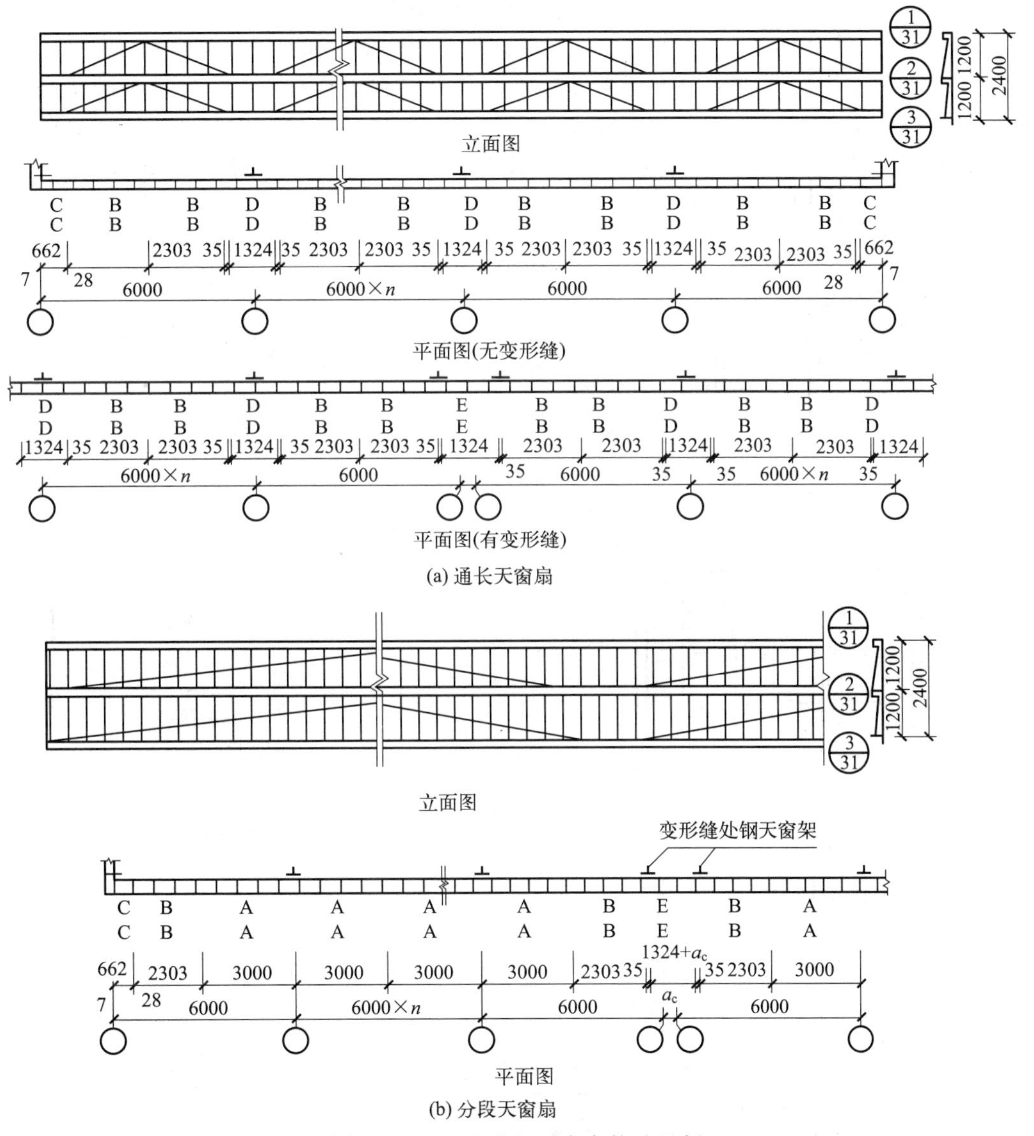

图 15-27　上悬式钢天窗扇构造示例

② 中悬式钢天窗扇。中悬式钢天窗扇因受天窗架的阻挡只能分段设置，一个柱距内仅设一樘窗扇。我国定型产品的中悬式钢天窗扇高度有900mm、1200mm和1500mm，可按需要组合。窗扇的上冒头、下冒头及边梃均为角钢，窗芯为T型钢，窗扇转轴固定在两侧

图 15-28 天窗端壁

的竖框上。

(3) 天窗端壁

天窗两端的承重围护构件称为天窗端壁（图 15-28）。通常，预制钢筋混凝土端壁用于钢筋混凝土屋架，见图 15-29(a)；而钢天窗架采用压型钢板端壁，见图 15-29(b)，用于钢屋架。为了节省材料，钢筋混凝土天窗端壁常做成肋形板代替天窗架，支承天窗屋面板。端壁板及天窗架与屋架上弦的连接均通过预埋铁件焊接。

(4) 天窗屋面和檐口

天窗的屋面构造一般与厂房屋面构造相同。当采用钢筋混凝土天窗架、无檩体系大型屋面板时，其檐口构造有两类：①带挑檐的屋面板，无组织排水的挑檐出挑长度一般为 500mm，见图 15-30(a)；②设檐沟板，有组织排水可采用带檐沟屋面板，见图 15-30(b)，或者在天窗架端部预埋铁件焊接钢牛腿支承天沟，见图 15-30(c)。

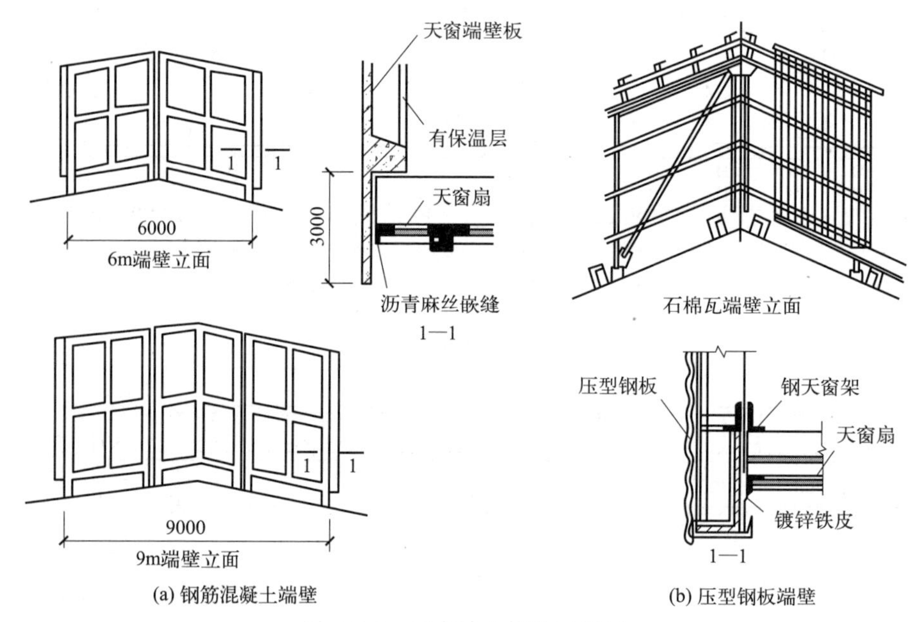

图 15-29 天窗端壁构造示意图

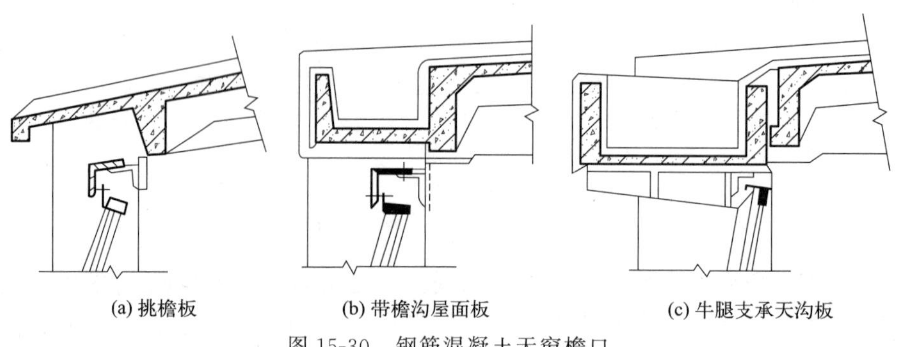

图 15-30 钢筋混凝土天窗檐口

钢结构天窗的屋面、檐口与厂房的屋面、檐口构造相同。

(5) 天窗侧板

在天窗扇下部需设置天窗侧板，侧板的作用是防止雨水溅入车间及防止因屋面积雪挡住天窗扇。从屋面至侧板上缘的距离一般为 300mm，积雪较深的地区，可采用 500mm。

侧板的形式应与屋面板构造相适应。当屋面为无檩体系时，侧板可采用钢筋混凝土槽形板［图 15-31(a)］或钢筋混凝土小型平板［图 15-31(b)］。当屋面为有檩体系时，侧板常采用石棉瓦、压型钢板等轻质材料，如图 15-32 所示。

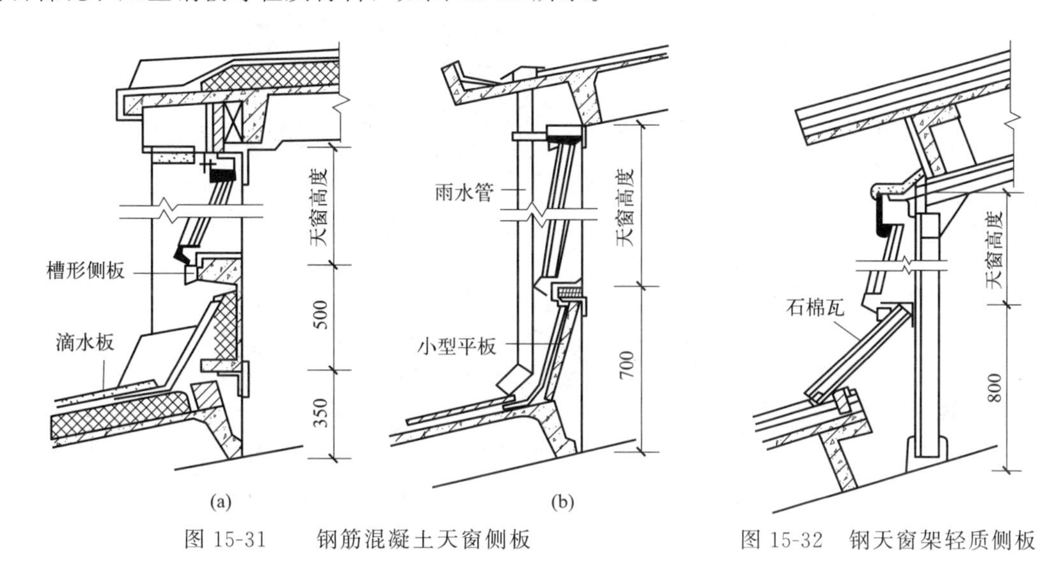

图 15-31　钢筋混凝土天窗侧板　　图 15-32　钢天窗架轻质侧板

15.4.1.2　平天窗

平天窗采光效率高，且布置灵活、构造简单、适应性强。但应注意避免眩光，做好玻璃的安全防护，及时清理积尘，选用合适的通风措施。它适用于一般冷加工车间。

(1) 平天窗类型

平天窗的类型有采光罩、采光板、采光带三种（图 15-33）。

① 采光罩是在屋面板的孔洞上设置锥形、弧形透光材料，图 15-34(a) 为弧形采光罩。

② 采光板是在屋面板的孔洞上设置平板透光材料，如图 15-34(b) 所示。

③ 采光带是在屋面的通长（横向或纵向）孔洞上设置平板透光材料［图 15-34(c)］。

图 15-33　采光带和采光罩

(2) 平天窗的构造

平天窗可分别用于钢结构屋面和钢筋混凝土大型屋面。用于钢结构屋面的平天窗按屋面板材的不同，其构造也有所差异。

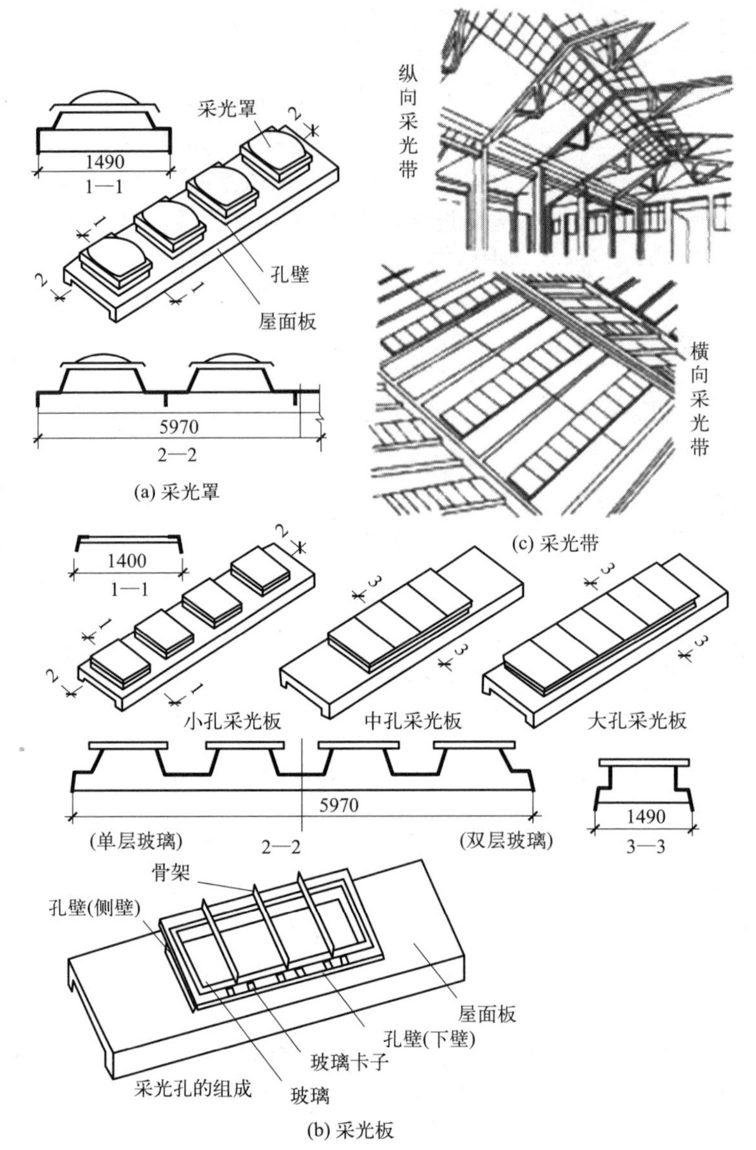

图 15-34 平天窗的各种形式

① 钢结构屋面的平天窗。平天窗的井壁由钢板基座、夹芯板、聚氨酯泡沫填充材料组成；其外侧覆泛水板，并采用拉铆钉固定在夹芯板屋面上，然后涂密封胶。

② 透光材料及安全措施。透光材料可采用玻璃、有机玻璃和玻璃钢等。由于玻璃的透光率高，光线好，所以采用玻璃最多。从安全性能看，可考虑选择钢化玻璃、夹层玻璃、夹丝玻璃等。从热工性能方面来看，可考虑选择吸热玻璃、反射玻璃、中空玻璃等。如果采用非安全玻璃应在其下设金属安全网。若采用普通平板玻璃，应避免直射阳光产生眩光及辐射热，可在平板玻璃下方设遮阳格片。

③ 通风措施。平天窗的作用主要是采光，若需兼作自然通风时，有以下几种方式：采光板或采光罩的窗扇做成能开启和关闭的形式［图 15-35(a)］；带通风百页的采光罩［图 15-35(b)］；组合式通风采光罩，它是在两个采光罩之间设挡风板，两个采光罩之间的垂直口是开敞的，并设有挡雨板，既可通风，又可防雨［图 15-35(c)］；在南方炎热地区，可采用平天窗结合通风屋脊进行通风的方式［图 15-35(d)］。

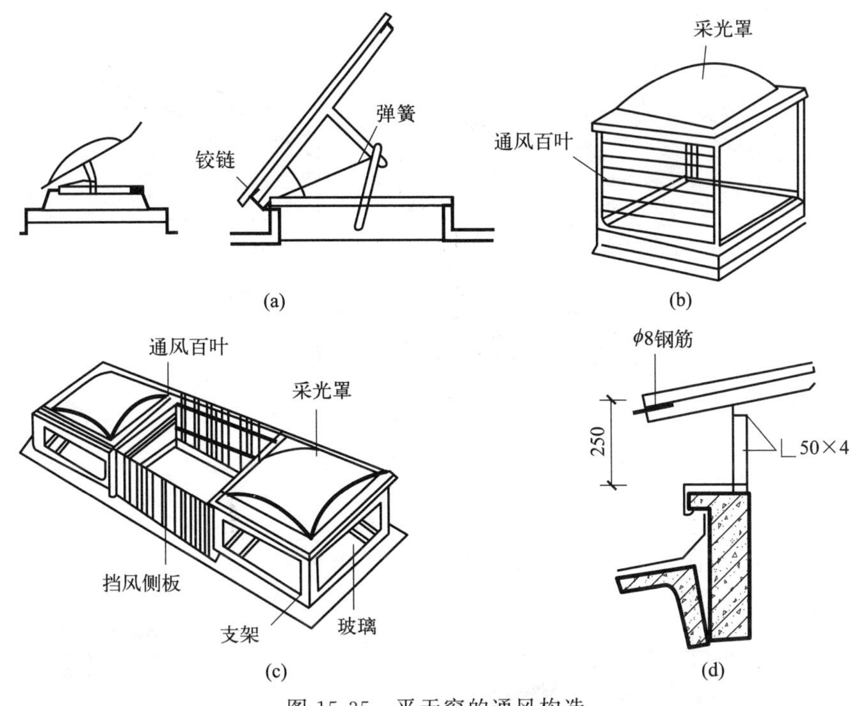

图 15-35　平天窗的通风构造

15.4.1.3　锯齿形天窗

锯齿形天窗（图 15-36）是将厂房屋盖做成锯齿形，在其垂直面（或稍倾斜）设置采光天窗。它具有采光效率高，光线稳定等特点，但应注意其采光方向性强，车间内的机械设备宜与天窗垂直布置。锯齿形天窗多用于要求光线稳定和需要调节温、湿度的厂房（如纺织、精密机械等类型的单层厂房），天窗开向北面，避免阳光直射入室内。为了保证采光均匀，锯齿形天窗的轴线间距不宜超过工作面至天窗下缘高度的 2 倍。因此，在跨度较大的厂房中设锯齿形天窗时，宜在屋架上设多排天窗（图 15-37）。锯齿形天窗的构成与屋盖结构有密切的关系，种类较多，以下介绍常见的两种。

图 15-36　锯齿形天窗外观

（1）纵向双梁及横向三脚架承重的锯齿形天窗

它由两根搁置在 T 形柱上的纵向大梁、天沟板、三脚架、屋面板和天窗扇及天窗侧板所组成。纵向大梁和天沟板构成通风道，图 15-38 为其构造示例。

当横向跨度较大和不需要设通风道的厂房，可直接由三角形屋架支承屋面板组成锯齿形天窗（图 15-39、图 15-40）。

（2）纵向双梁及纵向天窗框承重的锯齿形天窗

如图 15-41 所示，它也是由两根纵向大梁及天沟板组成通风道，但取消了横向三脚架，屋面板上端直接搁置在钢筋混凝土天窗框上，下端搁置在另一大梁上。与纵向双梁及横向三脚架承重的锯齿形天窗相比，简化了构件类型和施工工序。图 15-42 为其构造示例。也可采用箱形梁替代两根纵向大梁（图 15-43），它既是承重构件，又是通风道，构件的类型进一步减少。但由于箱形梁构件较大，需用大型吊装设备。

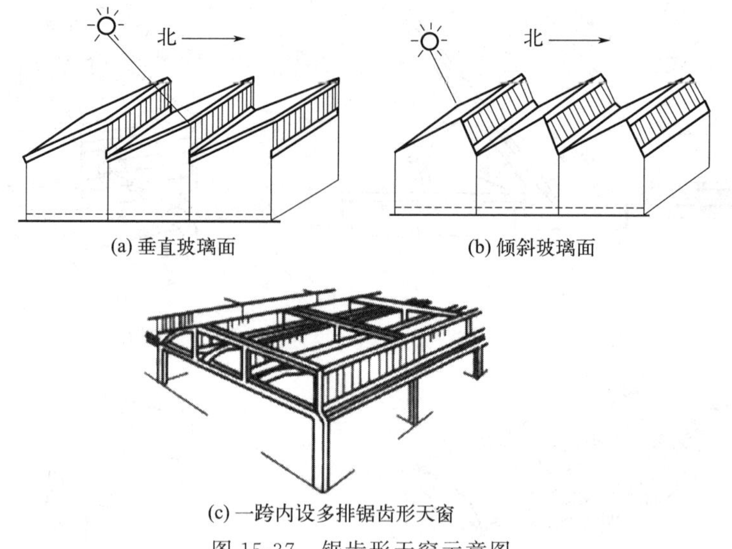

(a) 垂直玻璃面　(b) 倾斜玻璃面

(c) 一跨内设多排锯齿形天窗

图 15-37　锯齿形天窗示意图

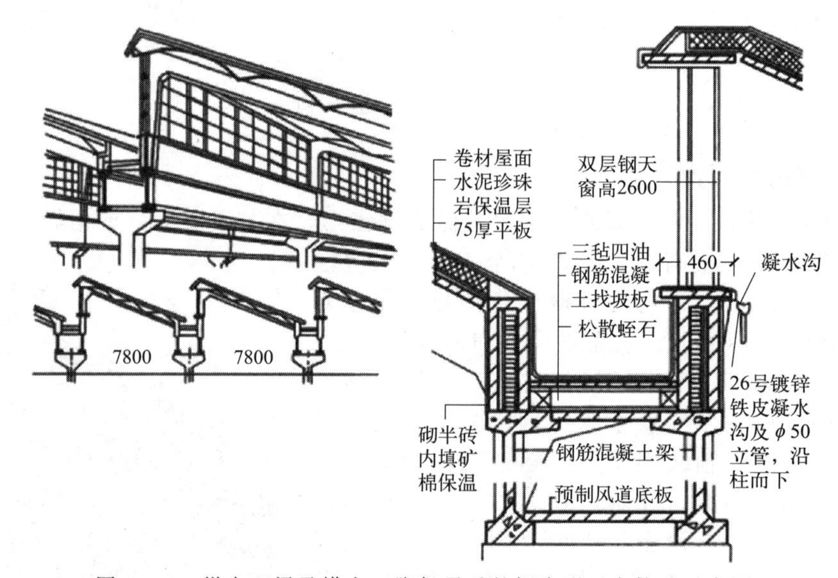

图 15-38　纵向双梁及横向三脚架承重的锯齿形天窗构造示意图

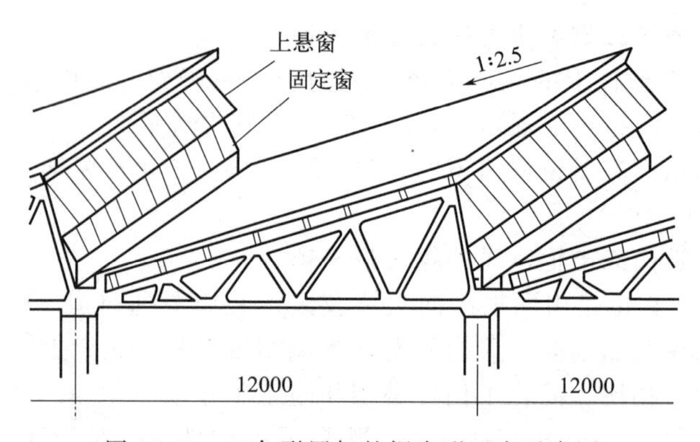

图 15-39　三角形屋架的锯齿形天窗示意图

图 15-40　横向锯齿形天窗内景图

图 15-41　纵向锯齿形天窗内景图

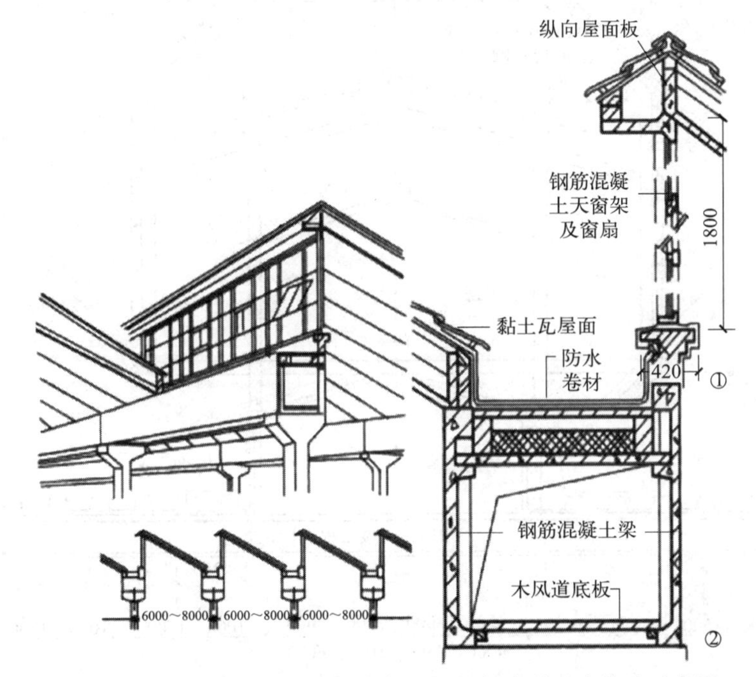

图 15-42　纵向双梁及纵向天窗框承重的锯齿形天窗构造示意图

15.4.2　通风天窗

通风天窗主要用于热加工车间，亦称排风天窗。为使天窗能稳定排风，应在天窗口外加设挡风板。除寒冷地区采暖的车间外，其窗口开敞，不装设窗扇，为了防止飘雨，须设置挡雨设施。图 15-44 是矩形通风天窗。

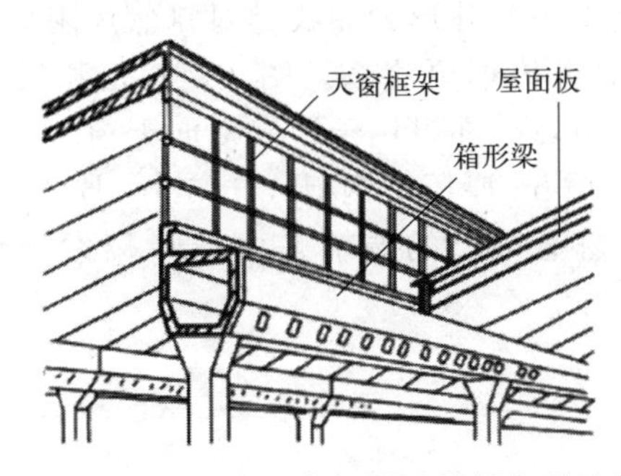

图 15-43　纵向箱形梁及纵向天窗框承重的锯齿形天窗构造示意图

图 15-44　矩形通风天窗

15.4.2.1 钢结构通风天窗

通风天窗主要分为弧线形通风天窗和折线形通风天窗、薄型通风天窗及通风帽等几种形式。

(1) 折线形通风天窗

折线形通风天窗如图15-45所示。当通风天窗为横向天窗时，其天窗钢支架与屋面的连接有两种方式：一种为钢板支座式，钢板支座可采用槽钢，支承在钢檩条上，天窗钢支架固定在钢板支座及钢檩条上；另一种为槽钢托梁于钢檩条上。

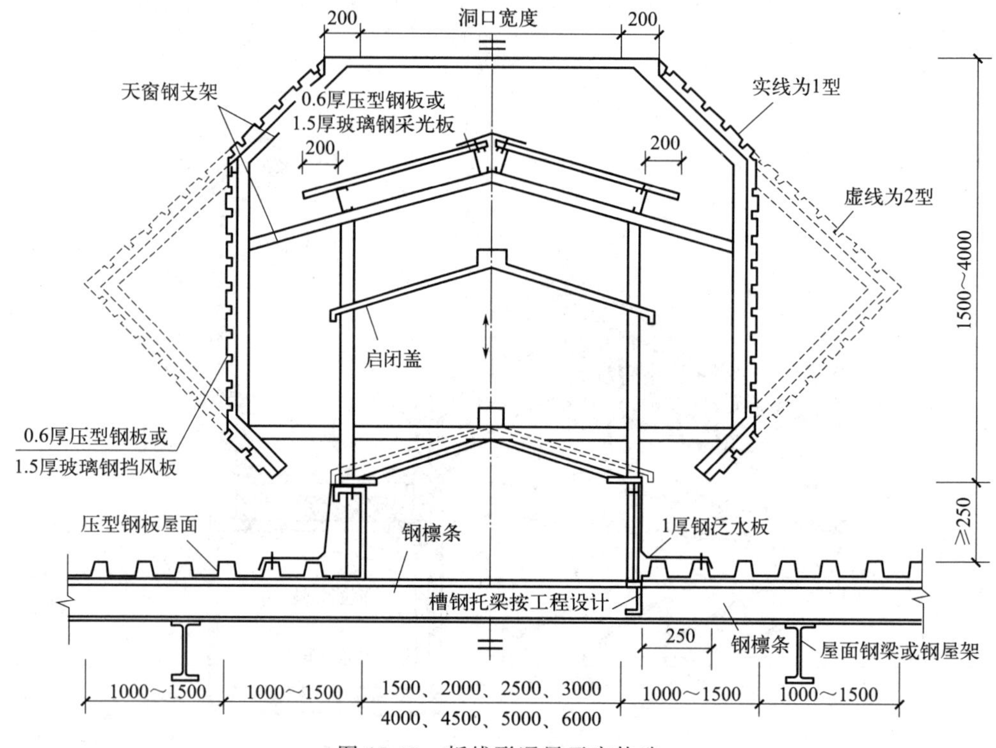

图15-45 折线形通风天窗构造

折线形通风天窗的屋面采用0.6mm厚压型钢板或1.5mm厚玻璃钢采光板，主要起防雨作用。其下部设一层启闭盖，主要作用是调节通风开口的大小。

天窗钢支架由专业厂家生产，可采用角钢、方钢管或槽钢。折线形通风天窗既可用于横向天窗，也可用于屋脊的纵向天窗，仅天窗钢支架的连接节点不同。

(2) 弧线形通风天窗

与折线形通风天窗相比，弧线形通风天窗由于其外形为曲线，对自然风阻力较小，能形成较好的气流，使厂房结构受风荷载较小，通风排烟更流畅。图15-46是弧线形通风天窗(用于屋脊的纵向通风天窗)，选用不同的连接节点，亦可用于厂房横向天窗。

弧线形通风天窗的屋面板、侧板均采用0.6mm厚压型钢板或1.5mm厚玻璃钢采光板；与折线形通风天窗不同的是，弧线形通风天窗通风口的调节是由升降拉索操作活动风板(1.5mm厚玻璃钢板)实现的。

15.4.2.2 钢筋混凝土通风天窗

(1) 挡风板的形式及构造

挡风板由面板和支架两部分组成。面板常采用石棉水泥瓦、玻璃钢瓦、压型钢板等轻质

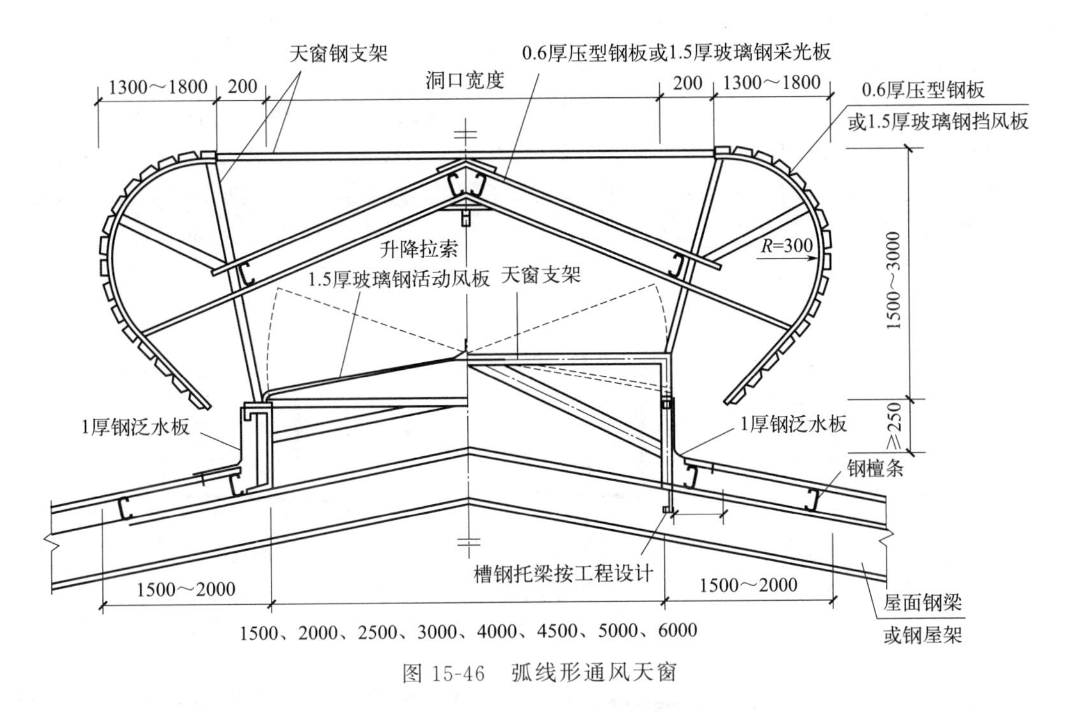

图 15-46　弧线形通风天窗

材料，可做成垂直的、倾斜的、折线形和曲线形等几种形式（图 15-47）。向外倾斜的挡风板通风性能最好。折线形和曲线形挡风板的通风性能介于外倾与垂直挡风板之间。内倾挡风板通风性能较差，但有利于挡雨。

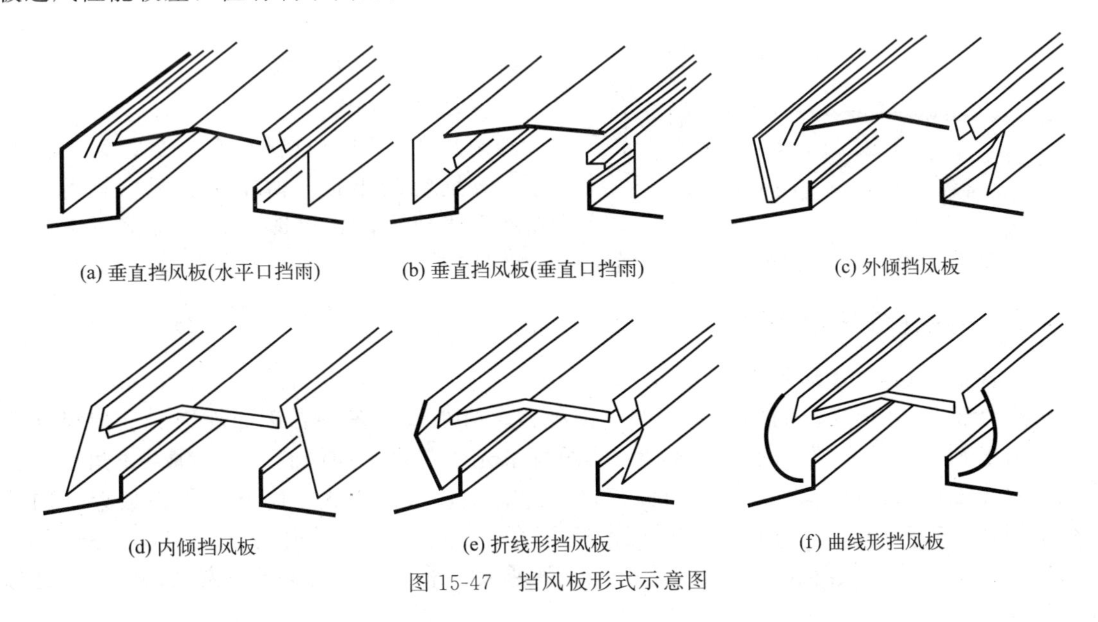

图 15-47　挡风板形式示意图

挡风板支架的材料主要为型钢及钢筋混凝土。其构造形式可参照本书相关内容，其中：

① 立柱式。当屋面为无檩体系时，立柱支承在屋面板纵肋处的柱墩上，并用支撑与天窗架连接，挡风板与天窗架的距离会受到屋面板布置的限制。当屋面为有檩体系时，立柱可支承在模条上，但该构造处理复杂，很少采用。

② 悬挑式。挡风板支架固定在天窗架上，屋面不承受挡风板的荷载，因此挡风板与天窗之间的距离不受屋面板的限制，布置灵活，但悬挑式挡风板增加了天窗架的荷载，且对抗

震不利。

（2）挡雨设施

天窗的挡雨方式可分为水平口、垂直口设挡雨片以及大挑檐挡雨三种（图 15-48）。挡雨片的间距和数量，可用作图法求出。图 15-49 为水平口挡雨片的作图法：先定出挡雨片的宽度与水平夹角，画出高度范围 h，然后以天窗口下缘“A”点为作图基点，按图中的 1、2、3 各点作图，按顺序求出挡雨片的间距，直至等于或略小于挡雨角为止，即可定出挡雨片应采用的数量。

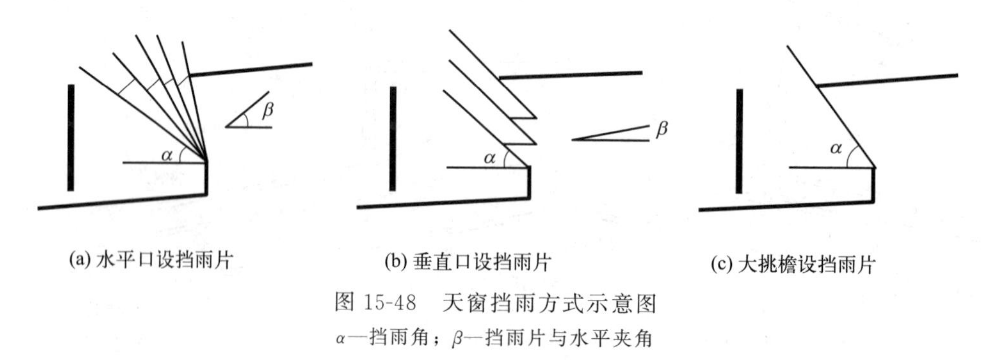

图 15-48 天窗挡雨方式示意图

α—挡雨角；β—挡雨片与水平夹角

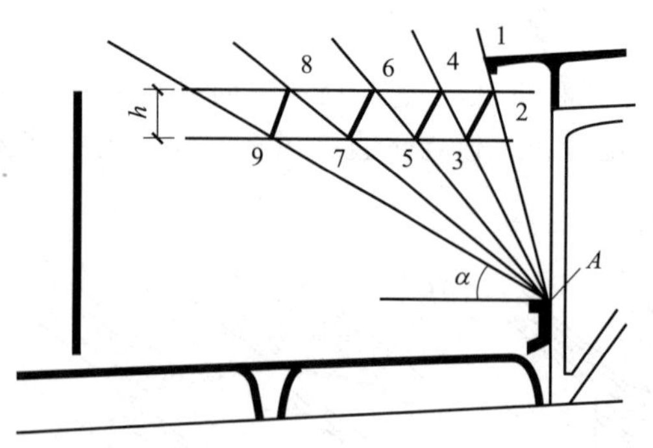

图 15-49 水平口挡雨片的作图法

挡雨角 α 的大小，应根据当地的飘雨角及生产工艺对防雨的要求确定。有挡风板的天窗，挡雨角可增加约 10°，一般按 35°～45°选用；风雨较大地区按 30°～35°选用；生产上对防雨要求较高的车间及台风暴雨地区，α 可酌情减小或使排风区完全处于遮挡区内。

（3）挡雨片构造

挡雨片所采用的材料有石棉瓦、钢丝网水泥板、钢筋混凝土板、薄钢板、瓦楞铁等。当天窗有采光要求时，可改用铅丝玻璃、钢化玻璃、玻璃钢波形瓦等透光材料。其构造做法可参照图 15-50。

15.4.3 其他形式的天窗

（1）梯形天窗与 M 形天窗

梯形天窗与 M 形天窗的构造与矩形天窗类似，外形有所不同，因而在采光、通风性能方面有所区别。梯形天窗［图 15-51(a)］的两侧采光面与水平面倾斜，一般成 60°角。它的采光效率比矩形天窗高 60%，但均匀性较差，并有大量直射阳光，防雨性能也较差，国外常有采用，国内应用较少。M 形天窗［图 15-51(b)］是将矩形天窗的顶盖向内倾斜而成。倾斜的顶盖便于疏导气流及增强光线反射，故其通风、采光效率比矩形天窗高，但排水处理较复杂。

（2）三角形天窗

三角形天窗与采光带类似，但三角形天窗的玻璃顶盖呈三角形，通常与水平面成 30°～40°角，宽度较大（一般为 3～6m），须设置天窗架（图 15-52），常采用钢天窗架。三角形天窗同样具有采光效率高的特点，但其照度的均匀性比平天窗差，构造也复杂一些。

（3）通风屋脊

通风屋脊是在屋脊处留出一条狭长的喉口，然后将此处的脊瓦或屋面板架空，形成脊状

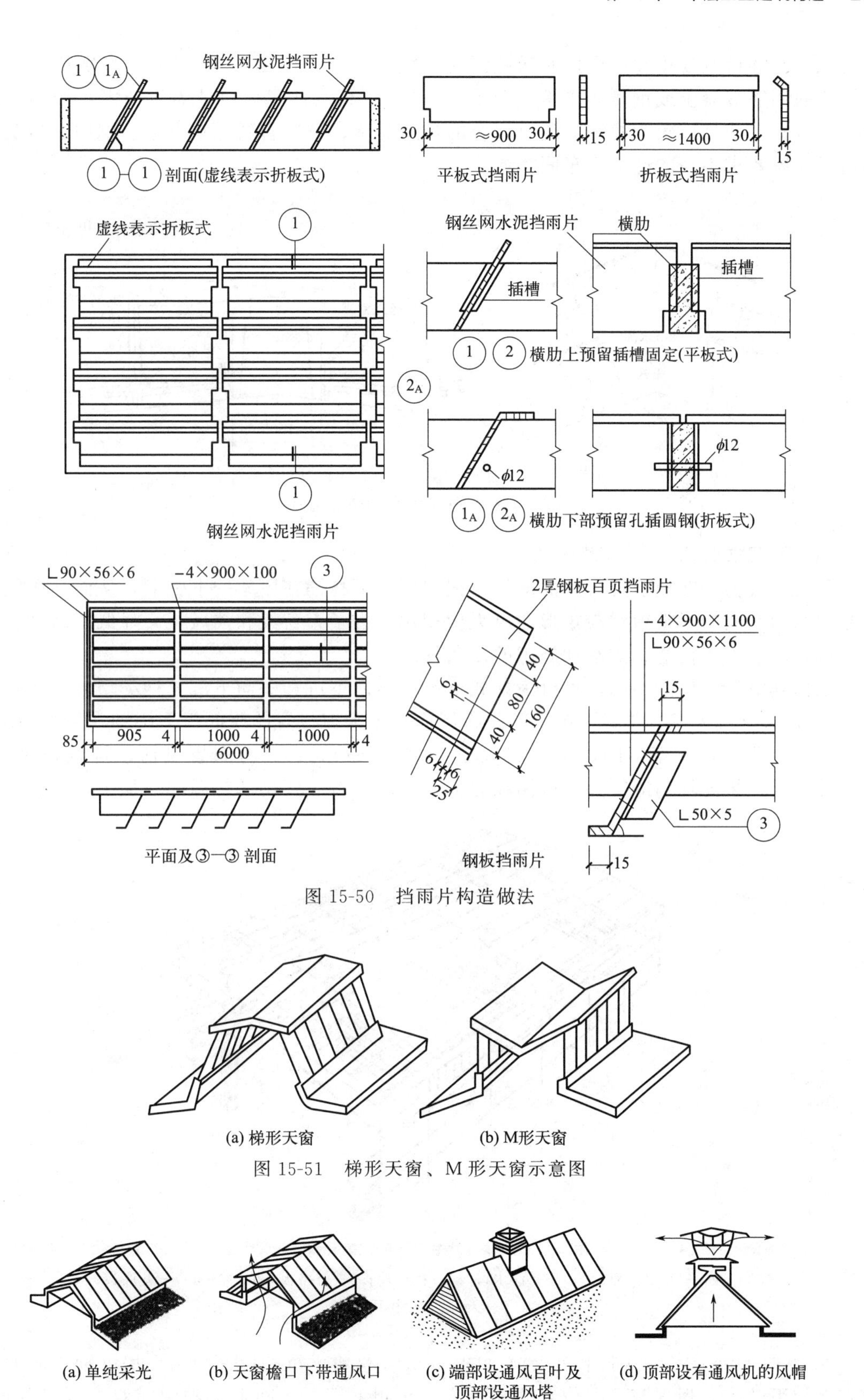

图 15-50　挡雨片构造做法

图 15-51　梯形天窗、M 形天窗示意图

图 15-52　用于三角形天窗的屋架形式

的通风口。喉口宽度小时，可用砖墩或混凝土墩子架空［图 15-53(a)］；喉口宽度大时，可用简单的钢筋混凝土或钢支架支承［图 15-53(b)］。在两侧通风口处需设挡雨片挡雨；也可设置挡风板，使排风较为稳定。通风屋脊的构造简单、省工省料，缺点是易飘雨、飘灰，主要用于通风要求不高的冷加工车间。

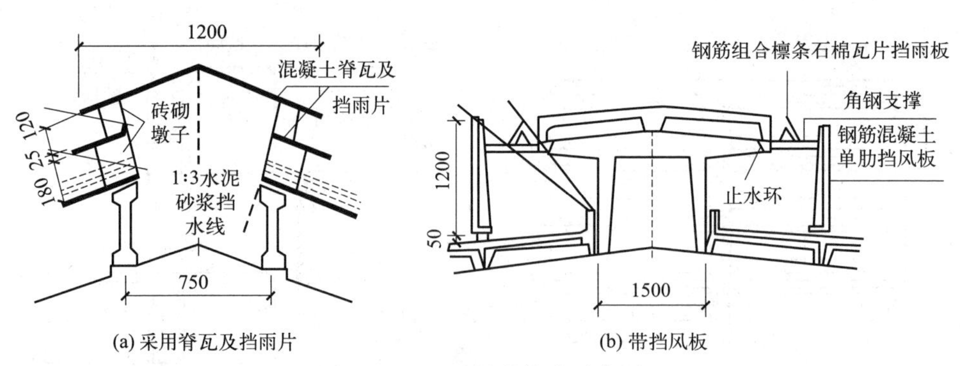

(a) 采用脊瓦及挡雨片　　(b) 带挡风板

图 15-53　通风屋脊构造示意图

(4) 下沉式天窗

下沉式天窗是在拟设置天窗的部位，把屋面板下移铺在屋架的下弦上，从而利用屋架上下弦之间的空间构成天窗。与矩形通风天窗相比省去了天窗架和挡风板，降低了高度、减轻了荷载，但增加了构造、防水和施工的复杂程度。

根据其下沉部位的不同，可分为井式下沉、纵向下沉和横向下沉三种类型。

① 井式下沉天窗。井式下沉天窗是将屋面拟设天窗位置的屋面板下沉铺在屋架下弦上，形成一个个凹嵌在屋架空间内的井状天窗（图 15-54）。它具有布置灵活、排风路径短捷、通风性能好、采光均匀等特点，多用在热加工车间及有一些局部热源的冷加工车间。

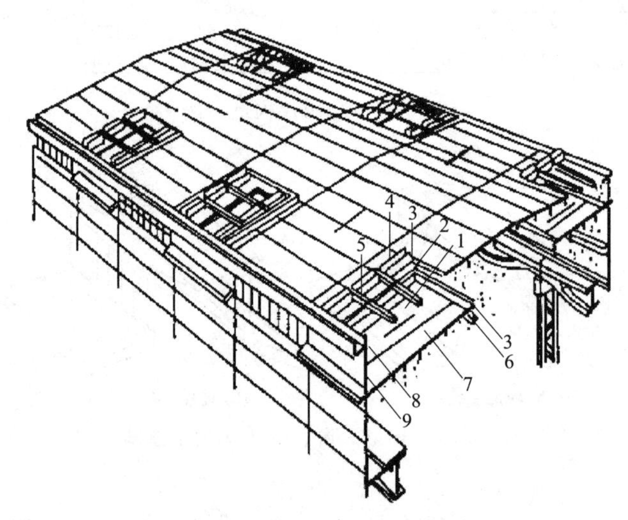

图 15-54　井式下沉天窗示意图

1—水平口；2—垂直口；3—泛水口；4—挡雨片；5—空格板；6—檩条；7—井底板；8—天沟；9—挡风侧壁

② 纵向下沉天窗。纵向下沉天窗（图 15-55）是将下沉的屋面板沿厂房纵轴方向通长搁置在屋架下弦上，根据其下沉位置的不同分为两侧下沉、中间下沉和中间双下沉三种形式。两侧下沉的天窗通风采光效果均较好；中间下沉的天窗采光、通风均不如两侧下沉的天窗，

较少采用；中间双下沉的天窗采光、通风效果好，适用面大。

③ 横向下沉天窗。横向下沉天窗（图 15-56）是将相邻柱距的整跨屋面板上下交替布置在屋架的上、下弦，利用屋架高度形成横向的天窗。横向下沉天窗可根据采光要求及热源布置情况灵活布置。特别是当厂房的跨间为东西向时，横向天窗为南北向，可避免东西晒。

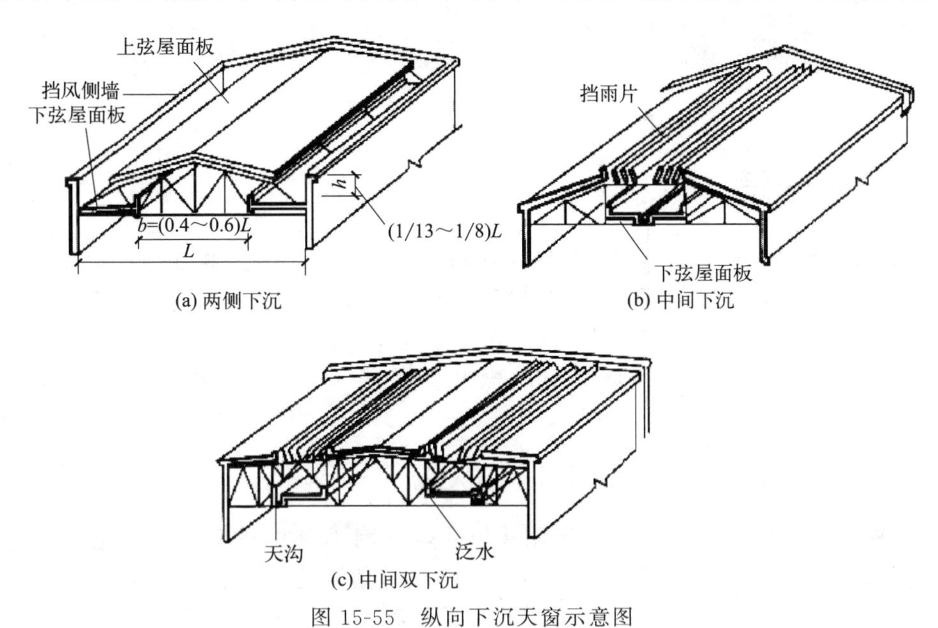

图 15-55　纵向下沉天窗示意图

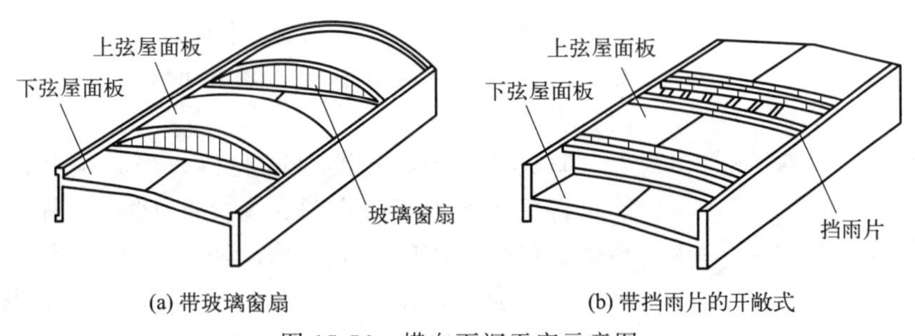

图 15-56　横向下沉天窗示意图

思考题

1. 大型板材墙板的类型有哪些？
2. 大型板材墙板的布置方式有哪些？
3. 厂房屋面体系按屋面构造可分为哪些体系？
4. 工业地面的构造层次有哪些？
5. 天窗的作用是什么？
6. 采光天窗有哪些类型？
7. 通风天窗的作用及适用范围？
8. 横向下沉式天窗的分类有哪些？
9. 纵向下沉式天窗的分类有哪些？

第 16 章 建筑防火构造和建筑节能

16.1 防火构造

民用建筑内应设防火墙划分防火分区。建筑物内如没有上下层相连通的走马廊、开敞楼梯、自动扶梯、传送带、跨层窗等开口部位时，应按上下连通层作为一个防火区。需设排烟设施的走道，净高不超过 6m 的房间，应采用挡烟垂壁、隔墙或从顶棚下突出不小于 50mm 的梁划分防烟区。每个防烟分区的建筑面积不宜超过 500m^2，且防烟分区不应跨越防火分区。

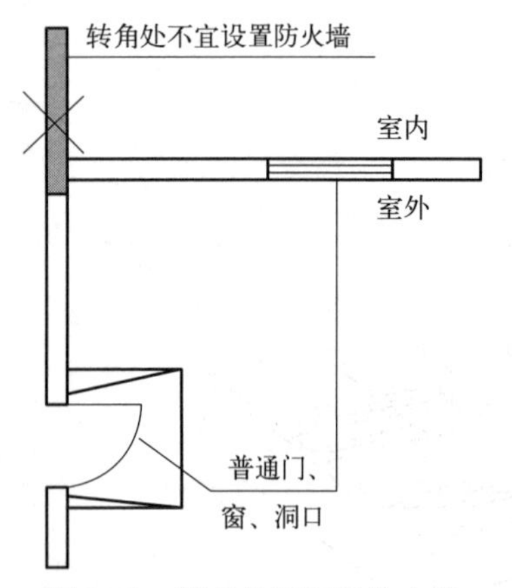

图 16-1　转角处不宜设防火墙

16.1.1 防火墙

民用建筑的防火墙不宜设在 U、L 形建筑物的转角处（图 16-1）。如设在转角附近，内转角两侧墙上的门窗洞口之间最近的水平距离不应小于 4m（图 16-2）；当相邻一侧装有固定一级防火窗时，距离可不受限制（图 16-3）。紧靠防火墙两侧的门窗洞口之间最近的水平距离不应小于 2.00m。当水平间距小于 2.00m 时，应设置固定一级防火门、窗。

防火墙上不应开设门窗洞口，当必须开设时，应设置能自行关闭的甲级防火门、窗（图 16-4）。输送可燃气体和易燃、可燃液体的管道，均严防穿过防火墙（图 16-5），防火墙内不应设置排气道（图 16-6）；其他管道也不宜穿过防火墙，如必须穿过时，应采用非燃烧材料将其周围的空隙紧密填塞。穿过防火墙的管道的保温材料应采用非燃材料。

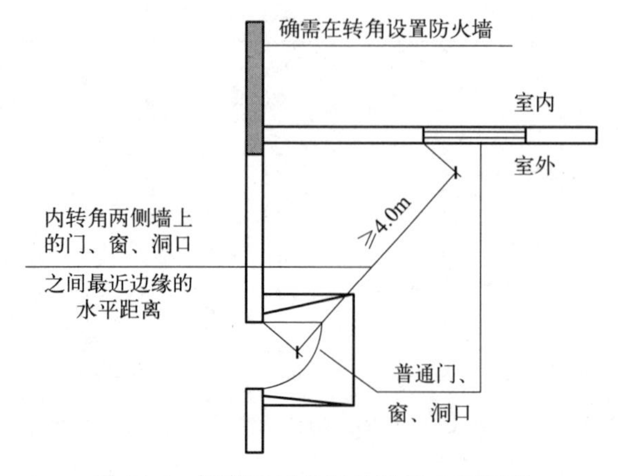

图 16-2　门窗洞口之间最近的水平距离

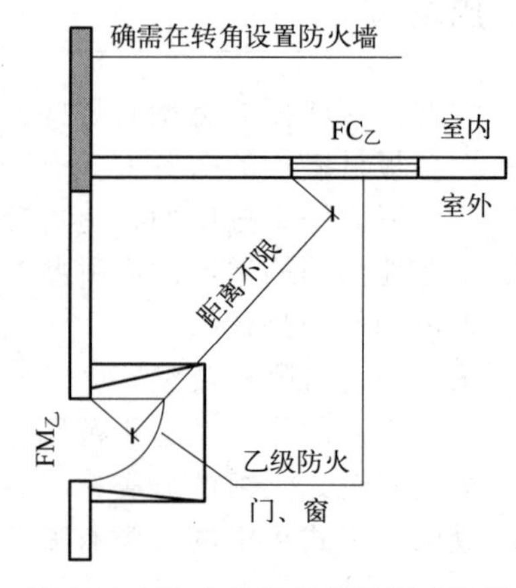

图 16-3　防火门窗洞口间距离不限

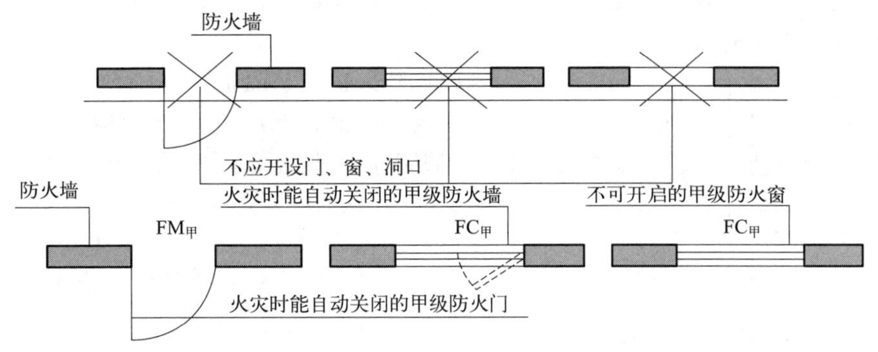

图 16-4　防火墙上开设门窗的规定

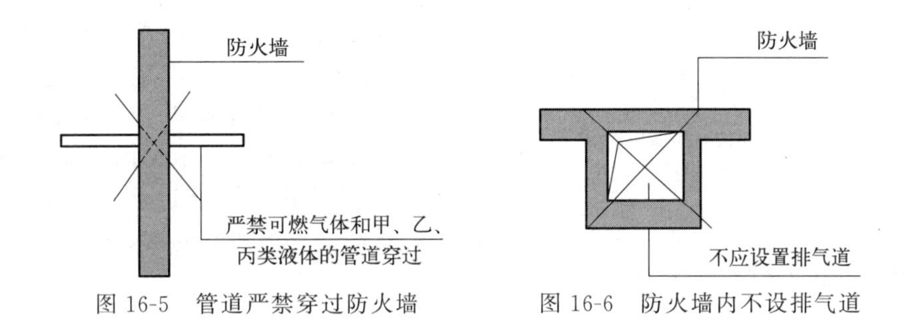

图 16-5　管道严禁穿过防火墙　　图 16-6　防火墙内不设排气道

16.1.2　建筑构件和管道井

(1) 隔墙

建筑物内的防火隔墙应从楼地面基层隔断至梁、楼板或屋面板的底面基层（图 16-7），屋面板的耐火极限不应低于 0.5h（图 16-8）。

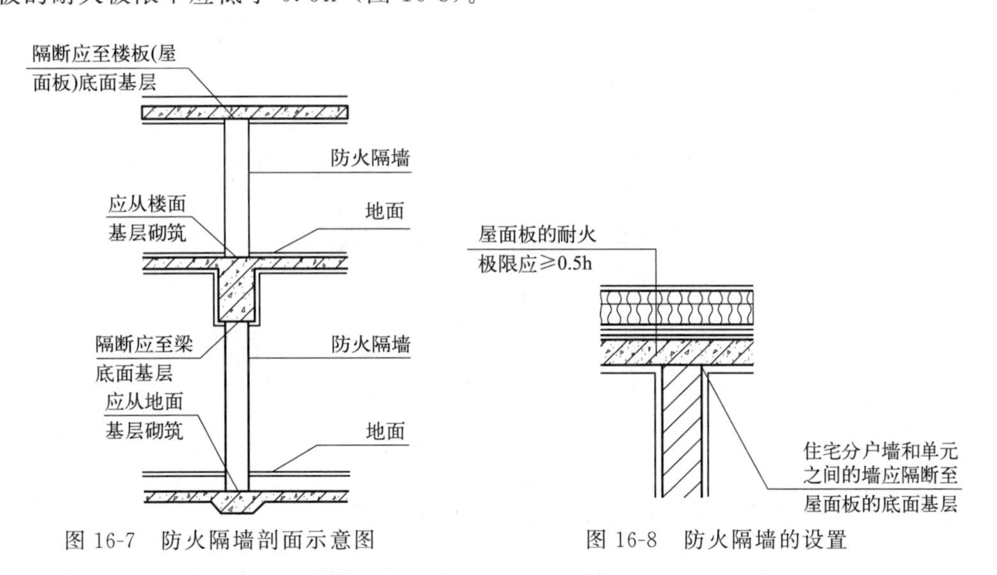

图 16-7　防火隔墙剖面示意图　　图 16-8　防火隔墙的设置

民用建筑内的隔墙应砌至梁板底部，且不宜留有缝隙。

附设在民用建筑内的自动灭火系统的设备室，应采用耐火极限不低于 2.00h 的隔墙，1.50h 的楼板和甲级防火门与其他部位隔开。

地下室内存放可燃物平均重量超过 $30kg/m^2$ 的房间隔墙，其耐火极限不应低于 2.00h，房间的门应采用甲级防火门。

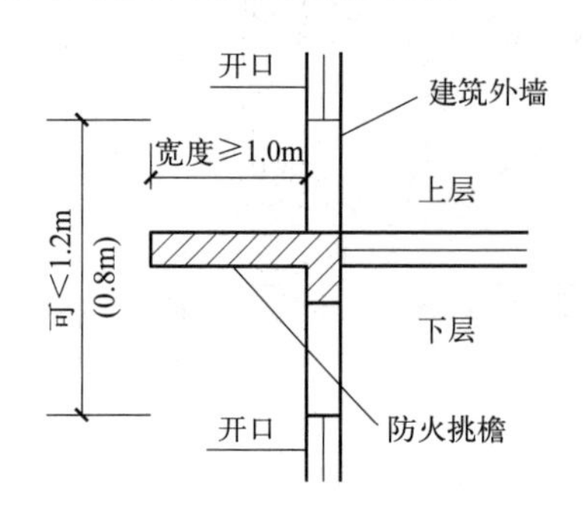

图 16-9 防火挑檐的设置
当室内设置自动喷水灭火系统时，
上、下层开口之间的墙体高度执行括号内数字；
如下部外窗的上沿以上为一层的梁时，
该梁高度可计入上、下层开口间的墙体高度

(2) 防火挑檐和隔板

建筑外墙上、下层开口之间应设置高度不小于 1.2m 的实体墙或宽度不小于 1.0m、长度不小于开口宽度的防火挑檐（图 16-9）；住宅建筑外墙上相邻户开口之间的墙体宽度不应小于 1.0m；小于 1.0m 时，应在开口之间设置突出外墙不小于 0.6m 的隔板（图 16-10）。防火挑檐和隔板的耐火极限和燃烧性能均不应低于相应耐火等级建筑外墙的要求。

(3) 电梯井

电梯井应独立设置，井内严禁敷设可燃气体和甲、乙、丙类液体管道，不应敷设与电梯无关的电缆、电线等。电梯井井壁除开设电梯门洞和通气孔洞外，不应开设其他洞口。电梯门不应采用栅栏门。

电缆井、管道井、排烟道、排气道、垃圾道等竖向管道井，应分别独立设置。其井壁应为耐火极限不低于 1.00h 的不燃烧体，井壁上的检查门应采用丙级防火门（图 16-11）。

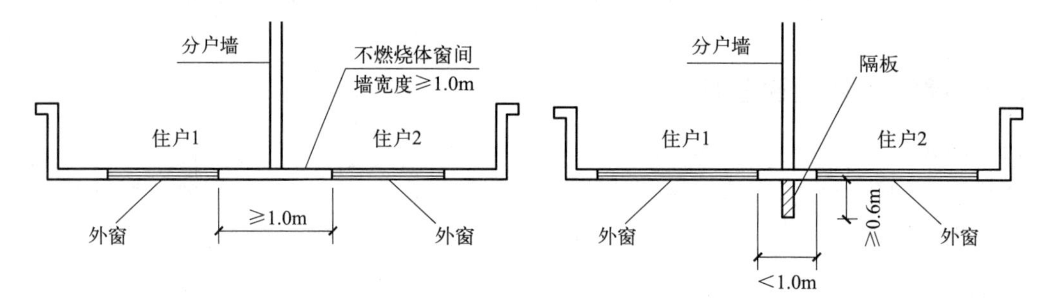

图 16-10 住宅平面示意图

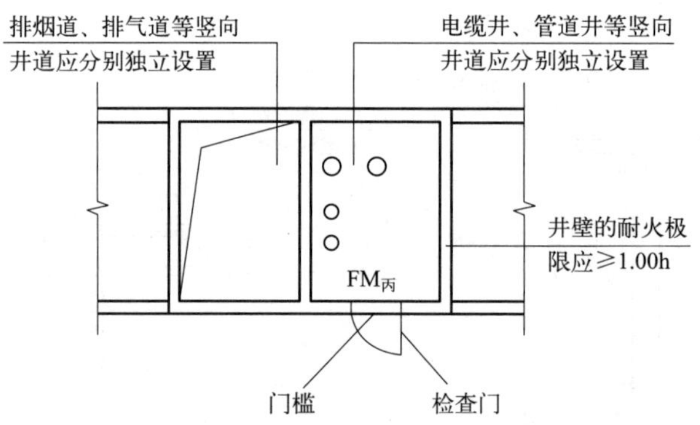

图 16-11 管道井内平面示意图

建筑内的电缆井、管道井应在每层楼板处采用不低于楼板耐火极限的不燃材料或防火封堵材料作防火分隔。电缆井、管道井与房间、走道等相连通的孔洞，其空隙应采用不燃烧材料填塞密实。

16.1.3　屋面、闷顶和变形缝

屋面采用金属承重结构时，其吊顶、望板、保温材料等均应采用不燃烧材料，屋面金属承重构件应采用外包敷不燃烧材料或喷涂防火涂料等措施，并应符合耐火极限，或设置自动喷水灭火系统。

变形缝构造基层应采用不燃烧材料（图 16-12）。电缆、可燃气体管道和甲、乙、丙类液体管道，不应敷设在变形缝内。当其穿过变形缝时，应在穿过处加设不燃烧材料套管，并应采用不燃烧材料将套管空隙填塞密实（图 16-13）。

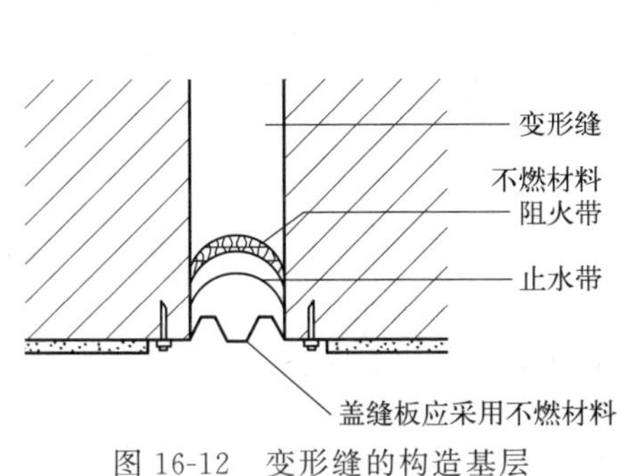

图 16-12　变形缝的构造基层

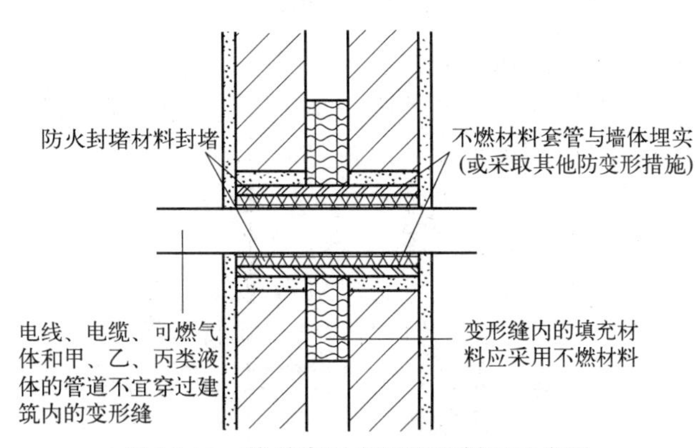

图 16-13　管道穿过变形缝的剖面示意图

16.1.4　防火门、窗和防火卷帘

防火门、防火窗应划分为甲、乙、丙三级，其耐火极限甲级应为 1.20h、乙级应为 0.90h、丙级应为 0.60h。防火门应为向疏散方向开启的平开门，并在关闭后应能从任何一侧手动开启。

用于疏散的走道、楼梯间和前室的防火门，应具有自行关闭的功能。双扇和多扇防火门，还应具有按顺序关闭的功能。常开的防火门，当发生火灾时，应具有自行关闭和信号反馈的功能。

变形缝附近的防火门，应设在楼层数较多的一侧，且门开启后不应跨越变形缝（图 16-14）。

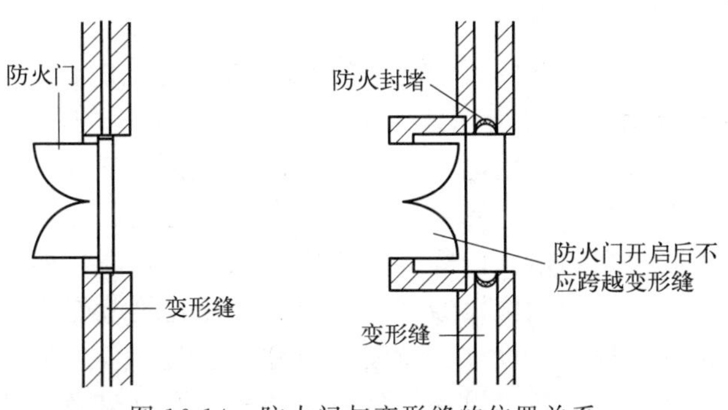

图 16-14　防火门与变形缝的位置关系

采用防火卷帘代替防火墙时，防火卷帘应符合防火墙耐火极限的判定条件或在其两侧设闭式自动喷水灭火系统，其喷头间距不应小于 2.00m。防火卷帘应具有防烟功能，其与楼板、梁、墙、柱之间的空隙应采用防火封堵材料封堵，在火灾发生时能靠自重自动关闭，并

给予信号反馈。

16.2 建筑节能与绿色建筑

"绿色建筑"是指在建筑的全生命周期内，最大限度地节约资源（节能、节地、节水、节材)，保护环境和减少污染，为人们提供健康、舒适和高效的使用空间，与自然和谐共生的建筑。

16.2.1 绿色建筑的设计要求

(1) 人居环境的营造

更新观念和技术手段，摒弃盲目提供密闭性和盲目提高固定的室内环境设计参数的设计原则与习惯，采用实时动态的室内环境设计参数，以贴近自然环境的变化规律，充分利用自然条件和可再生能源，做到人与自然和谐共生。

(2) 合理利用资源

尽可能减少对不可替代资源（如矿物、土地、土壤等）的耗费，控制对不可耗尽资源（空气、太阳能等）及可替代和可维持资源（如动物植物群落等）的利用强度，保护资源再生所必需的环境条件，并尽可能利用可再生的能源，如太阳能、风能、潮汐能、地热能等。

(3) 提高能源效率

能源效率就是指以尽可能少的能源及尽可能小的环境破坏带来尽可能多的效用。在设计阶段，可以通过多种设计手段，达到节能的目的：①利用基地有利的自然因素减少建筑能耗，如自然通风、自然空调系统、自然采光；②对建筑外围护结构进行节能设计，通过其良好的保温、隔热作用减少在建筑使用过程中不必要的能耗；③对建筑能量系统进行集成，充分利用建筑本身存在和产生的各种"废热"和"废冷"；④考虑所使用的建筑材料在生产、运输、加工过程中的能量消耗。

(4) 保护生态环境

建筑设计要与周围生态环境相融合，减少由于建筑的营造和使用对地球自然环境的影响，如控制噪声、建材污染、垃圾污染、水污染等对生态景观的破坏，减少常规能源的消耗而产生的环境负荷等。

16.2.2 建筑能耗与建筑节能

建筑能耗是指建筑全生命周期内所消耗的能源，包括建造能耗、使用能耗和拆除能耗。通常，我们所说的建筑能耗主要是指在建筑使用过程中所消耗的能源，主要包括采暖、通风、空调、热水、炊事、照明、家用电器、电梯和建筑有关设备等方面的能耗。

我国是能耗大国，能耗总量居世界第二位，其中建筑能耗已占到全社会总能耗的30%。随着人们生活水平的不断提高，对室内舒适度的要求也越来越高，如果不注重建筑节能，那么建筑能耗将不断增加，势必影响国民经济的发展，因此建筑节能势在必行。

建筑节能是在建筑物的规划、设计、新建（改建、扩建)、改造和使用过程中，执行节能标准，采用节能型的技术、工艺、设备、材料和产品，通过提高围护结构的保温、隔热能力，提高供热系统的效率，加强建筑物用能系统的运营管理，利用可再生能源，在保证室内环境质量的前提下，减少供热、空调制冷制热、照明、热水供应等的能耗。

多年以来，我国开展了相当规模的建筑节能工作，采取先易后难、先城市后农村、先新建后改建、先住宅后公建、从北向南逐步推进的策略，全面推进我国的建筑节能工作。目前，无论是居住建筑，还是公共建筑，正在执行第三步（平均节能率65%）节能标准。

16.2.3 建筑节能设计

建筑节能设计是保证全面建筑节能效果的重要环节，有利于从源头上杜绝能源的浪费。

建筑节能设计包括节能整体设计与节能建筑单体设计。

（1）节能整体设计

节能整体设计即要充分体现“建筑设计结合气候”的设计思想，分析构成气候的决定因素，即太阳辐射因素、大气环流因素、地理因素等的有利和不利影响，通过建筑的规划布局，创造有利于节能的微气候环境。节能整体设计主要从建设选址、建筑和道路布局、建筑朝向、建筑体型、建筑间距、冬季主导风向、太阳辐射、建筑外部空间环境构成等方面深入研究。

（2）节能建筑单体设计

节能建筑单体设计分为三部分：一是从建筑设计本身出发，包括建筑平面布局、建筑体型体量设计、窗地面积比或窗墙面积比设计等方面；二是节能技术设计，如节能建筑的墙体设计、窗户设计、地面和屋面设计等；三是类似于生态建筑的特殊节能建筑设计，如太阳能建筑、生土建筑、绿色建筑和自然空调式建筑等。

由于建筑节能内容涉及广泛，工作面大，是一项系统工程，本书将重点介绍建筑外围护结构的节能构造。外围护结构是指同室外空气直接接触的围护结构，如外墙、屋面、外门与外窗等。实现外围护结构的节能，就是提高外墙、屋面、地面、门窗围护结构中各部分的保温隔热性能，以减少热损失，并提高门窗的气密性，减少空气渗透而导致的热能损耗。

16.3 墙体节能构造

我国政府陆续出台了民用建筑节能设计标准和管理规定，各地也大力发展适应当地条件的节能住宅和墙体材料。由于外墙墙面面积约占围护结构面积的45%，因此，外墙保温材料的选用对节能降耗起着至关重要的作用。传统的用重质单一材料增加墙体厚度来达到保温的做法已不能适应节能和环保的要求，而复合墙体越来越成为墙体的主流。复合墙体一般用块体材料或钢筋混凝土作为承重结构，与保温隔热材料复合，或在框架结构中用薄壁材料加以保温隔热材料作为墙体。目前常用的保温隔热材料主要有岩棉、矿渣棉、聚苯乙烯泡沫塑料、膨胀珍珠岩、膨胀蛭石、加气混凝土及胶粉聚苯颗粒浆料等。

复合墙体的做法多种多样。根据外墙保温材料与主体结构的关系，可分为内保温复合墙体、外保温复合墙体和夹心复合墙体三类。

16.3.1 内保温复合墙体

内保温复合墙体是指将承重材料与高效保温材料进行复合使用的墙体，主要由以下层次组成：

主体结构层：外围护结构的承重受力部分，可采用现浇或预制混凝土外墙、砖墙或砌块墙体。

空气层：用胶黏剂将保温板粘贴在基层墙体上，形成空气层。其作用是切断水分的毛细渗透，防止保温材料受潮。同时，外墙结构表面由于温度低出现凝结水，通过结构层的吸入而不断向室外转移、散发。另外，空气层增加了一定的热阻，有利于保温。其厚度一般为8～12mm。

保温层：可采用高效绝热材料，如岩棉、各种泡沫塑料板，也可采用加气混凝土块、膨胀珍珠岩制品等。

覆面保护层：作用是防止保温层受到破坏，阻止室内水蒸气渗入保温层，可选用纸面石膏板。

图 16-15 所示为增强粉刷石膏聚苯板内保温复合墙构造。

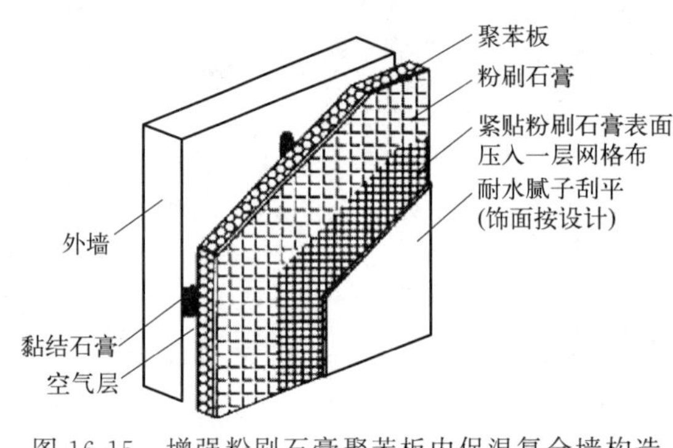

图 16-15 增强粉刷石膏聚苯板内保温复合墙构造

内保温复合墙体在构造上不可避免地形成热工薄弱节点，如混凝土过梁、各层楼板与外墙交接处、内外墙相交处等一些保温层覆盖不到的部位会产生冷桥，需要采取必要的加强措施。内保温复合墙体施工方便，多为干作业施工，较为安全方便，施工效率高，而且不受室外气候的影响。由于保温层设在内侧，占据一定的使用面积，若用于旧房节能改造，施工时会影响住户的正常生活。即使是新房，装修时往往会破坏内保温层，且内保温的墙体难以吊挂物件或安装窗帘盒、散热器等。另外，由于内侧的保温层密度小，蓄热能力小，因此会导致室内温度波动大，房间的热稳定性差。这种墙体适合于外墙用石材装修的公共建筑，以及外墙有较好饰面的既有公共建筑的节能改造工程。

16.3.2 外保温复合墙体

外保温复合墙体是指在墙体基层的外侧粘贴或吊挂保温层，并覆以保护层的复合墙体。这种保温做法，既可用于新建建筑，也可用于既有建筑的外墙节能改造。

(1) 外保温复合墙体的优点

与内保温复合墙体相比，外保温复合墙体具有以下优势：

① 保护主体结构，延长建筑物使用寿命。由于保温层在主体结构外侧，缓冲了因温度变化导致结构变形产生的应力（图 16-16），避免了雨水冻融干湿循环造成的结构破坏，减少了空气中有害气体和紫外线对围护结构的侵蚀。

保温层有效地提高了主体结构的使用寿命。

② 避免热桥的影响。外保温防止热桥部位产生结露，切断了热损失的渠道。

③ 避免围护结构内部结露。外保温的做法，在构造上形成了“内紧外松”，在水蒸气通道上实现了“进难出易”，从而有效地避免了围护结构内部结露。

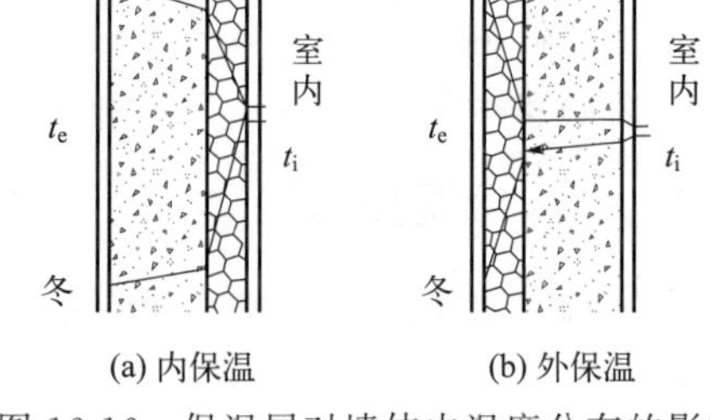

图 16-16 保温层对墙体内温度分布的影响

④ 有利于保持室内热稳定性。由于加热容量大、蓄热能力好的结构层设置在保温层内侧，当室内受到不稳定热作用时，室内空气温度上升或下降，墙体结构能够吸收或释放热量，有利于室温保持稳定。

⑤ 便于旧房改造。对旧房进行节能改造时，采用外保温方式无须住户临时搬迁，基本不会影响正常生活。

⑥ 可以避免装修时对保温层的破坏。

(2) 外保温复合墙体的构造层次及做法

对于外墙外保温系统，根据保温层所用材料的状态及施工方式的不同，有多种类型，如聚苯板薄抹灰外墙外保温系统、胶粉聚苯颗粒保温浆料外保温系统、模板内置聚苯板现浇混凝土外保温系统、硬质聚氨酯泡沫塑料外保温系统及复合装饰板外保温系统等。下面主要介绍聚苯板薄抹灰外保温复合墙的构造层次及做法，如图 16-17 所示。

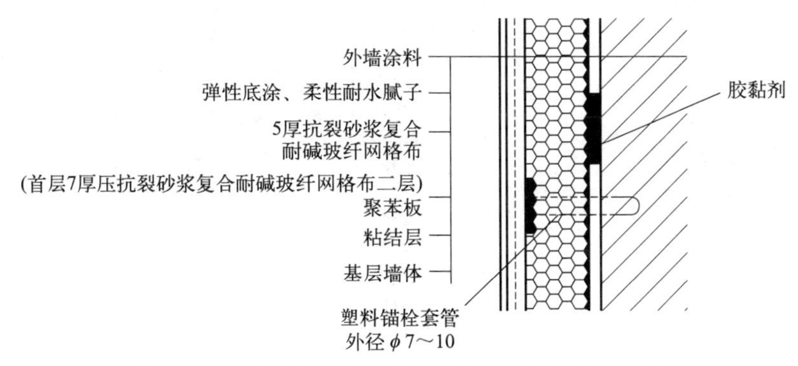

图 16-17　聚苯板薄抹灰外保温复合墙体的构造层次

① 基层墙体。基层墙体可以是混凝土外墙，也可以是各种砌体墙。

② 粘结层。粘结层的作用是保证保温层与墙体基层粘接牢固。不同的外保温体系，黏结材料的状态也不同，对于聚苯板或挤塑聚苯板，以粘贴为主，辅以锚栓固定，同时，为保证保温板在黏结剂固化期间的稳定性，一般用塑料钉钉牢。

③ 保温层。外保温复合墙体的保温材料可用膨胀型聚苯乙烯（EPS）板、挤塑型聚苯乙烯（XPS）板、岩棉板、玻璃棉毡及超细保温浆料等。其中，阻燃膨胀型聚苯乙烯板应用普遍。保温层的厚度应经过热工计算确定，以满足节能标准对该地区墙体的保温要求。

聚苯板应按顺序方式粘贴，竖缝应逐行错缝，墙角部位聚苯板应交错互锁，门窗洞口四角的聚苯板应用整块板切割成形，不得拼接。

④ 保护层。保护层即在保温层的外表面涂抹聚合物抗裂砂浆，内部铺设一层耐碱玻纤网格布增强，建筑物的一层应铺设两层网格布加强。其作用是改善抹灰层的机械强度，保证其连续性，分散面层的收缩应力和温度应力，防止面层出现裂纹。网格布必须完全埋入底涂层内，既不应紧贴保温层，影响抗裂效果，也不应裸露于面层，避免受潮导致其极限强度下降。薄型抗裂砂浆的厚度一般为 5～7mm。

在勒脚、变形缝、门窗洞口、阴阳角等部位应加设一层网格布，并在聚苯板的终端部位进行包边处理，如图 16-18 所示。

⑤ 饰面层。不同的保温体系，面层厚度有所差别，但厚度要适当。过薄，结实程度不够，难以抵抗外力的撞击；增强网格布离外表面较远，难以起到抗裂的作用。一般薄型面层在 10mm 以内为宜。

外保温系统优先选用涂料饰面。高层建筑和地震区、沿海台风区、严寒地区等优先选用面砖饰面。

采用涂料饰面时，应先压入网格布，用抗裂砂浆找平，然后刮柔性细腻子，刷弹性涂料。如采用饰面砖，应先用抗裂砂浆压入金属镀锌电焊网，用抗裂砂浆找平，然后用交接器粘贴面砖，再用面砖勾缝胶浆勾缝。

(3) 外保温复合墙体细部构造

勒脚、底层地面、窗台、过梁、雨篷、阳台等处是传热敏感部位，应用保温材料加强处理，阻断热桥路径，具体细部构造如图 16-19 所示。

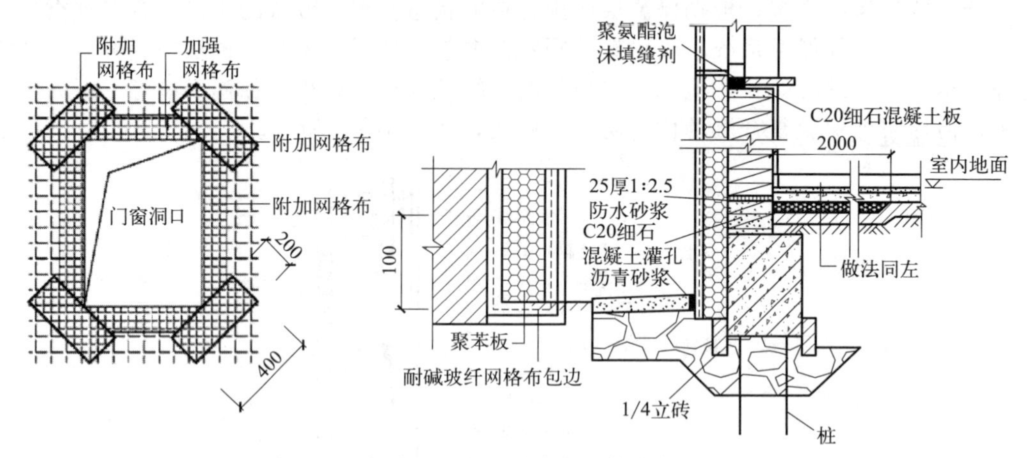

图 16-18 门窗洞口处网格布加强构造与包边处理

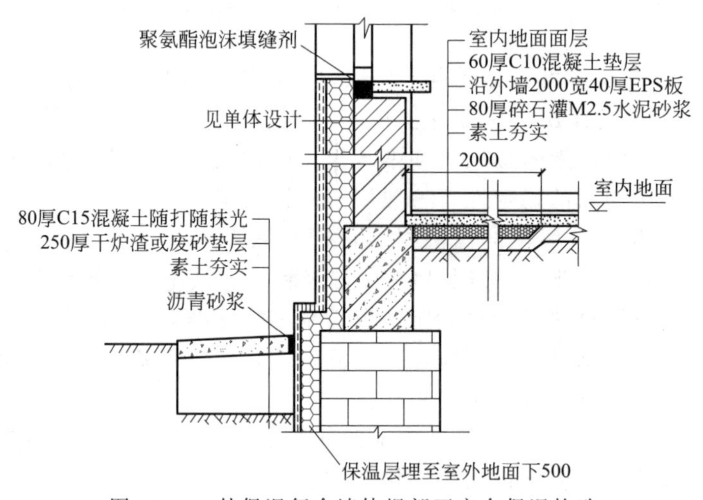

图 16-19 外保温复合墙体根部至窗台保温构造

16.3.3 夹心复合墙体

夹心复合墙体是将保温层夹在墙体中间，有两种做法：一种是双层砌块墙中间夹保温层；另一种是采用集承重、保温、装饰为一体的复合砌块直接砌筑。

双层砌块夹心复合墙体由结构层、保温层、保护层组成。结构层一般采用 190mm 厚的主砌块；保温层一般采用聚苯板、岩棉板或聚氨酯现场分段发泡，其厚度应根据各地区的建筑节能标准确定；保护层一般采用 90mm 厚劈裂装饰砌块。结构层与保护层砌体间采用镀锌钢丝网片或拉结钢筋连接，如图 16-20 所示。

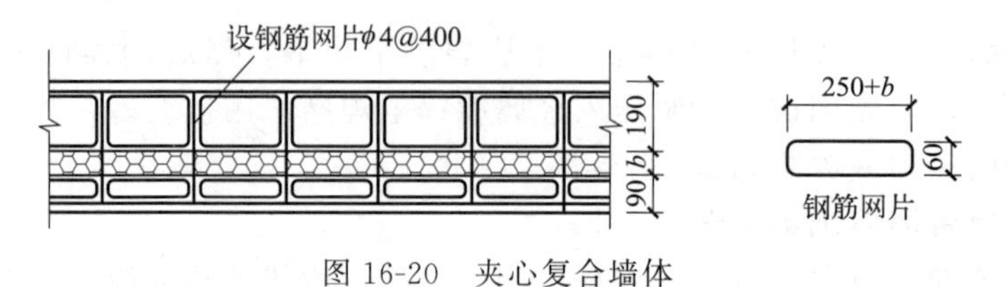

图 16-20 夹心复合墙体

16.4　地面节能构造

在严寒和寒冷地区，建筑底层室内采用实铺地面构造，对于直接接触土壤的周边部分，需要进行保温处理，减少经地面的热损失，即从外墙内侧到室内 2000mm 范围内铺设保温层。

对于直接接触室外空气的地板（如骑楼、过街楼的地板），以及不采暖地下室上部的顶板等，也应采取保温措施。以不采暖地下室为例，地下室以上的底层地面应全部做保温处理。保温层可设置在底层地面的结构层与地面面层之间，也可设在结构层之下，即地下室顶板之下。但后者要考虑板底有无管线铺设、施工是否方便、管道检修及防火规范的要求，如图 16-21 所示。

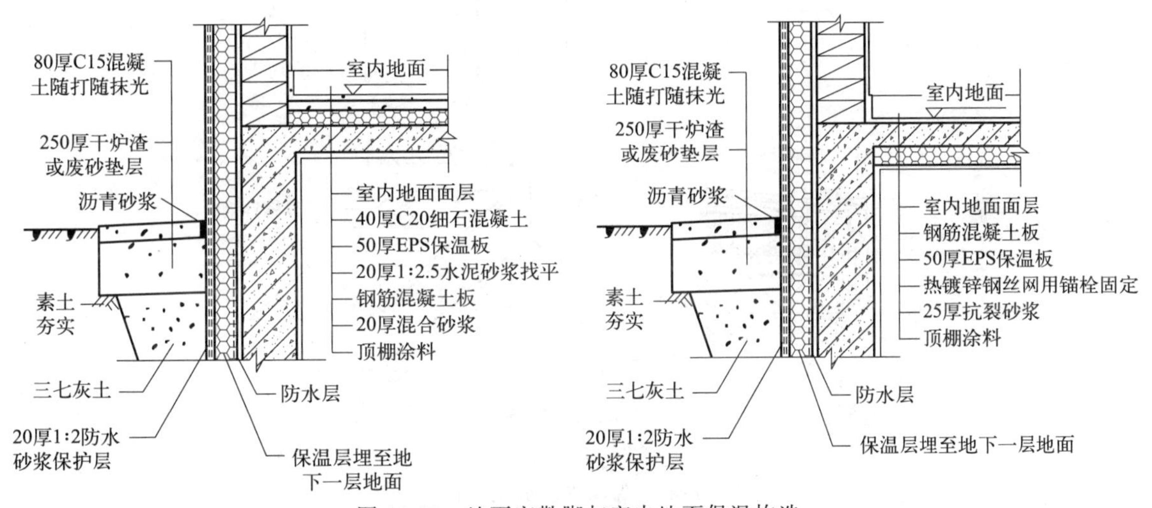

图 16-21　地下室勒脚与室内地面保温构造

16.5　屋面节能构造

屋面的保温、隔热是围护结构节能的重点之一。在寒冷地区，屋面设保温层以阻止室内热量散失；在炎热地区，屋面设隔热降温层以阻止太阳辐射传热至室内；在冬冷夏热地区（黄河至长江流域），建筑节能则要冬、夏兼顾。

屋面按照保温层所在的位置分类，有单一保温屋面、外保温屋面、内保温屋面和夹心屋面四大类。目前绝大部分屋面为外保温屋面。

保温材料有生产材料、现场浇筑的混合料和板块料三大类。在选择屋面保温材料时，应综合考虑建筑物的使用要求、屋面的结构形式、环境气候条件、防水处理方法和施工技术等因素。

保温屋面构造前面已经叙述，此处不再赘述。即使屋面设置保温层，但是在挑檐、天沟、女儿墙、雨水口及通风道等处依然是保温的薄弱环节，需要加强处理。具体细部构造如图 16-22～图 16-24 所示。

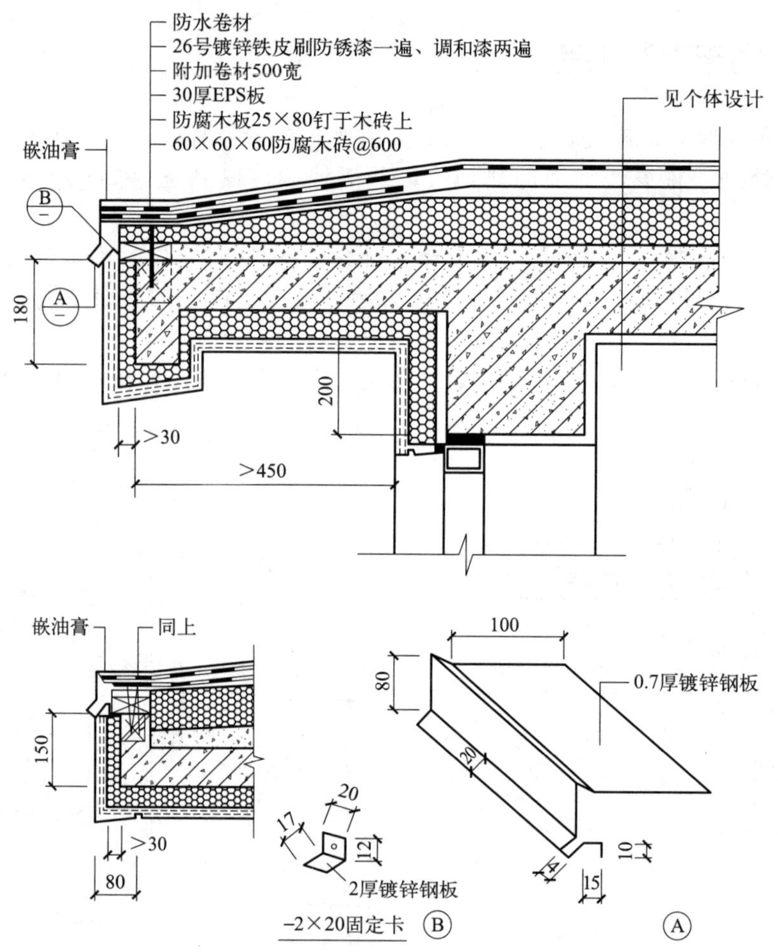

图 16-22 保温平屋面挑檐构造

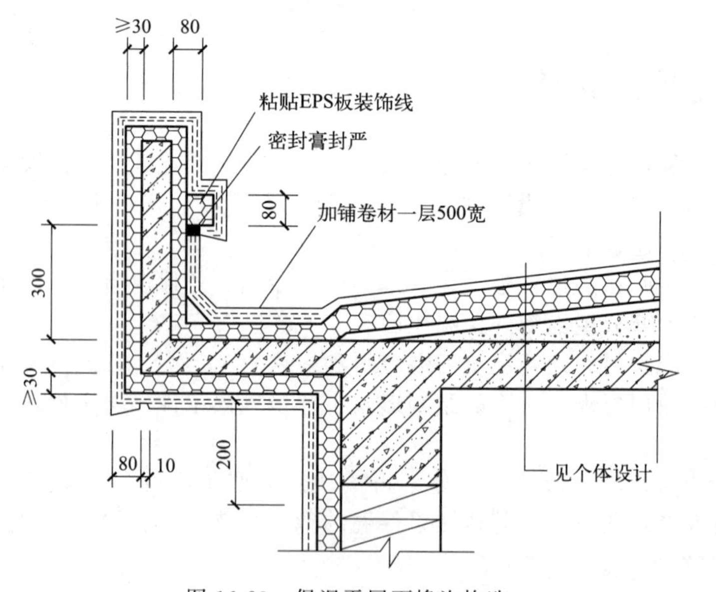

图 16-23 保温平屋面檐沟构造

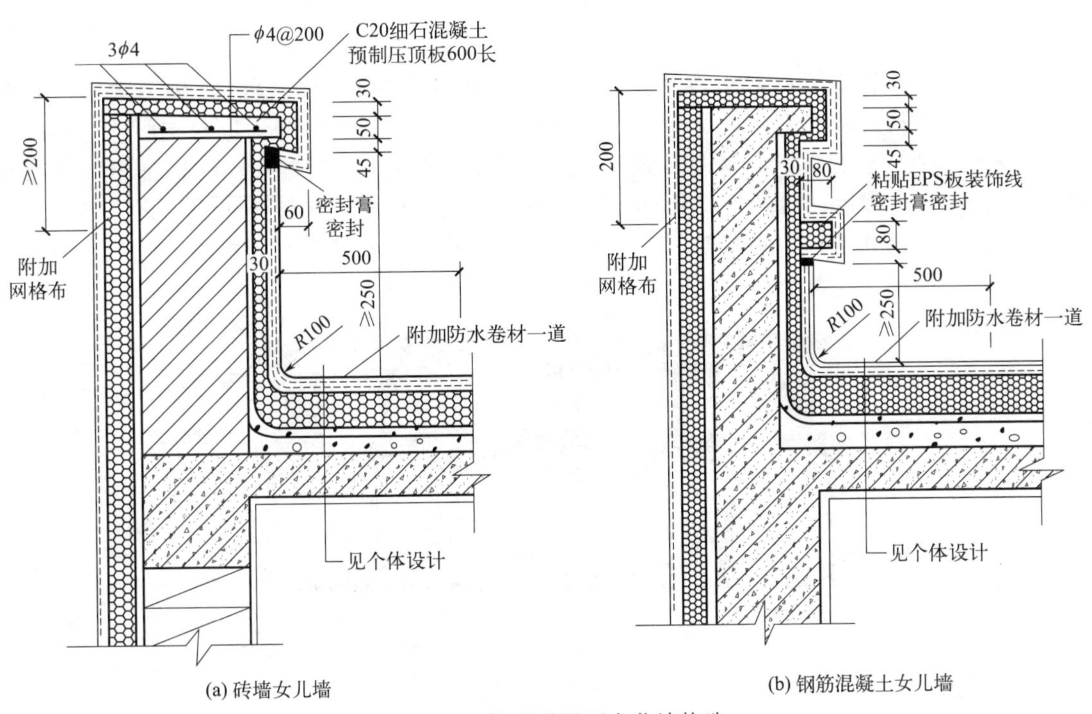

图 16-24　保温平屋面女儿墙构造

16.6　门窗节能构造

门窗是围护结构中保温隔热的薄弱环节，是影响建筑室内热环境和造成能耗过高的主要原因。例如，在传统建筑中，通过窗的耗热量占建筑总能耗的20%以上；在节能建筑中，由于保温材料的墙体热阻增大，窗的热损失占建筑总能耗的比例更大；在空调建筑中，通过窗户（特别是阳面的窗户）进入室内的太阳辐射热，极大地增加了空调负荷，并且随着窗墙面积比的增加而增大。造成门窗能量损失大的原因是门窗与周围环境进行的热交换，如通过门窗框的热损失；通过玻璃进入室内的太阳辐射热或向室外的热损失；窗洞口热桥造成的热损失；通过门窗缝隙造成的热损失。因此，门窗节能设计主要应从门窗形式、门窗型材、玻璃、密封等方面入手。

16.6.1　门窗节能设计

(1) 选择节能门窗形式

门窗形式是影响其节能性能的重要因素。以窗型为例，推拉窗的节能效果差，而平开窗和固定窗的节能效果显著。推拉窗在窗框下滑轨来回滑动，下部滑轨间有缝隙，上部也有较大的空间，在窗扇上下形成明显的对流交换，造成较大的热损失，无论采用何种保温隔热型材做窗框都达不到节能效果。平开窗的窗扇与窗框之间嵌有橡胶密封压条，窗扇关闭时密封橡胶压条压得很紧，几乎没有空隙，很难形成对流。固定窗的玻璃直接安装在窗框上，玻璃和窗框用胶条或密封胶密封，难以形成空气对流而造成热损失。可见，固定窗是最节能的窗型，但是考虑开启，设计时应优先选择平开（门）窗。

(2) 选用低传热的门窗型材

门窗框多采用轻质薄壁结构，室外门窗中能量流失的薄弱环节，门窗型材的选用至关重要。目前节能门窗的框架类型很多，如断热铝材、断热钢材、玻璃钢材以及铝塑、铝木等复合型材料。

铝合金、钢窗框等因材料本身的热导率很大，形成的热桥对外窗的传热系数影响比较大，必须采取断桥处理，即用非金属材，将铝合金、钢型材进行断热。断热铝材构造有穿条式和注胶式两种。前者是铝型材中间穿入聚酰胺尼龙（PA66）隔热条，将铝型材隔开形成断桥，如图 16-25 所示；后者是将具有优异的隔热性能的高分子材料浇注到铝合金型材槽口内，在型材中央固化形成一道隔热层。断热铝材门窗将铝、塑两种材料的优点集于一身，节能效果好，因而应用广泛。

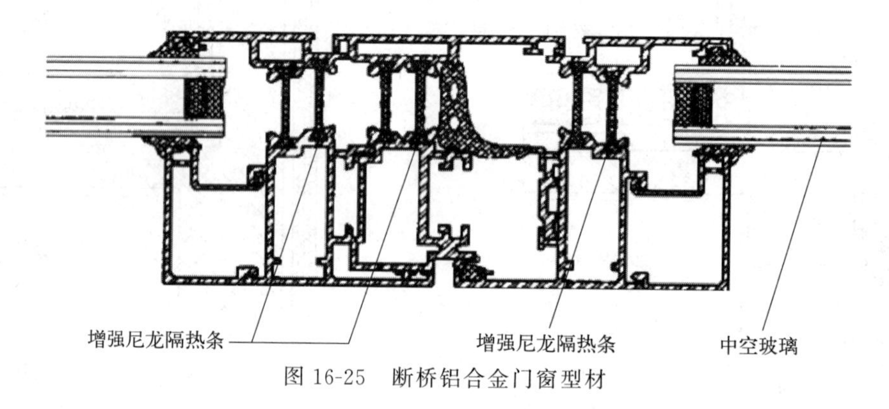

图 16-25 断桥铝合金门窗型材

玻璃钢门窗，即玻璃纤维增强塑料门窗，利用玻璃纤维作为主要增强材料，以热固性聚酯树脂作为基体材料，通过拉挤工艺生产出不同界面的空腹型材，然后通过切割等工艺制成的新型复合材料门窗，如图 16-26 所示。型材表面经打磨后，可用静电粉末喷涂、表面覆膜等多种工艺，获得多种色彩或质感的装饰效果。玻璃钢型材的纵向强度较高，一般情况下不用增强型钢，但型材的横向强度较低，门窗框角梃连接为组装式，连接处需要密封胶密封，防止缝隙渗漏。玻璃钢门窗具有质轻、高强、防腐、保温、绝缘、隔声等诸多优点，成为继木、钢、铝、塑之后的又一代新型门窗。

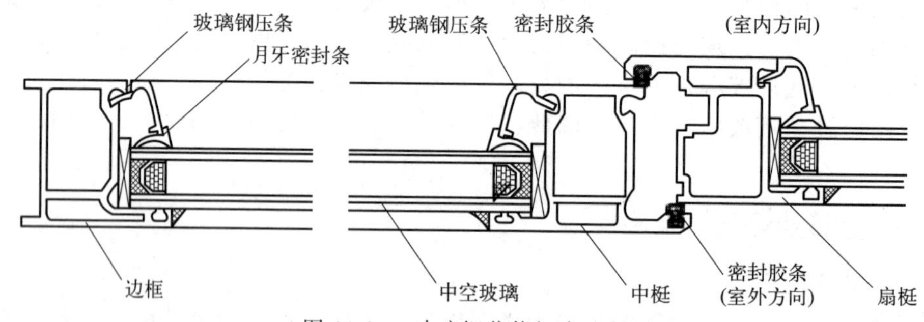

图 16-26 玻璃钢节能门窗型材

铝塑复合节能门窗型材将铝合金和塑料结合起来，铝型材平均壁厚达 1.4～1.8mm，表面采用粉末喷涂技术，保证门窗强度高、不变色、不掉色。中间的隔热断桥部分采用改良的 PVC 塑芯作为隔热桥，其壁厚为 2.5mm，强度更高。通过铝＋塑＋铝的紧密复合，铝材和塑料型材都有较高的强度，使门窗的整体强度更高。多腔室的结构设计，减少了热量的损失，加之三道密封设计，密封性能更好，如图 16-27 所示。

铝木节能门窗有木包铝门窗和铝包木门窗两种。木包铝节能门窗（图 16-28）运用等压原理，采用空心闭合截面的铝合金框作为主要受力结构，型材整体强度高，且气密性和水密

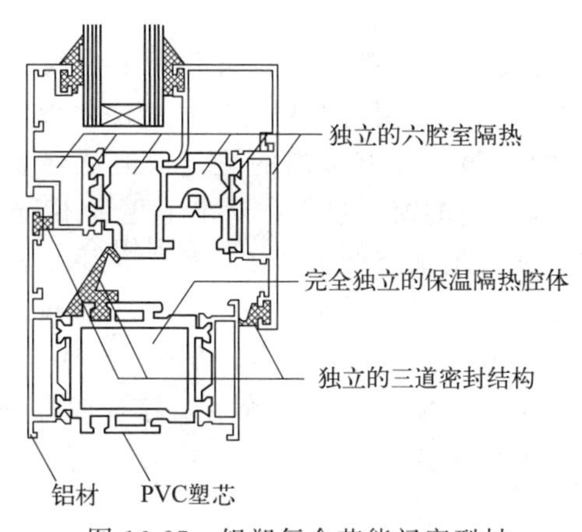

图 16-27　铝塑复合节能门窗型材

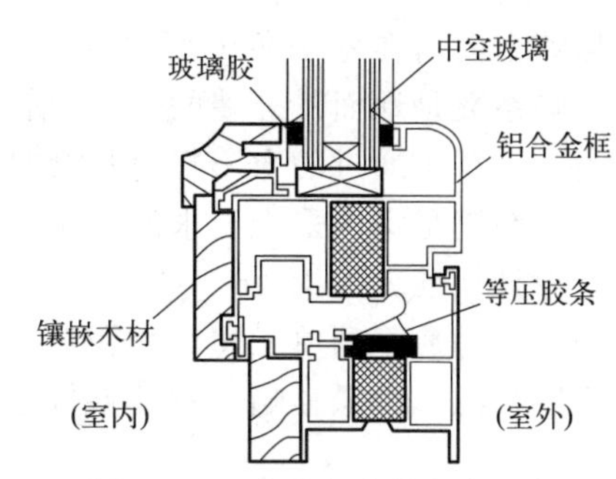

图 16-28　木包铝节能门窗型材

性好；在铝合金框靠室内的一侧镶嵌高档优质木材，质地细致，纹理样式丰富，装饰性强。铝包木节能门窗在其室外部分采用铝合金型材，表面进行氟碳喷涂，可以抵抗阳光中的紫外线及自然界中的各种腐蚀，室内部分为经过特殊工艺加工的高档优质木材，保留纯木门窗的特性和功能，外层的铝合金又起到较好的保护作用。

(3) 选用节能玻璃

在窗户中，玻璃面积占门窗总面积的 58％～87％，采用节能玻璃是提高门窗保温节能效果的一个重要措施。节能玻璃的种类包括吸热玻璃、镀膜玻璃、热反射玻璃和低辐射玻璃、中空玻璃和真空玻璃。吸热玻璃、镀膜玻璃、钢化玻璃、夹层玻璃等又可以组成中空玻璃或真空玻璃。建筑门窗使用中空玻璃是一种有效的节能环保途径，在实际工程中应用广泛。

中空玻璃又称密封隔热玻璃，由两层或多层玻璃构成，使用高强度、高气密性复合黏结剂，将玻璃片与内含干燥剂的铝合金框架粘接制成，玻璃周边用密封胶密封，中间夹层充入干燥气体，隔声、隔热、防结露并能降低能耗，框内的干燥剂用来保证玻璃片间空气的干燥度，如图 16-29 所示。可以根据要求选用不同性能的玻璃原片，如无色透明浮法玻璃、压花玻璃、吸热玻璃、热反射玻璃、夹丝玻璃、钢化玻璃等。

(4) 门窗密封要严密

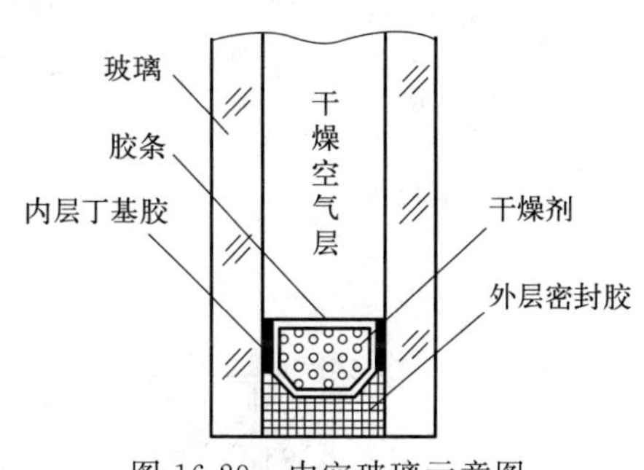

图 16-29　中空玻璃示意图

门窗框与墙体之间、框扇间、玻璃与框扇间的这些缝隙，是空气渗透的通道，影响门窗节能效果，应密封严密。门窗框与墙体间缝隙不得用水泥砂浆填塞，应采用弹性材料填嵌饱满，表面用密封胶密封。如塑钢门窗框与墙体间的缝隙，通常用聚氨酯发泡剂进行填充，不仅有填充作用，而且还有良好的密封保温和隔热性能。框扇之间、玻璃与框扇之间用密封条挤紧密封。密封条分为毛条和胶条。密封胶条必须具有足够的抗拉强度，良好的弹性、耐温性和耐老化性，断面尺寸要与门窗型材匹配，否则胶条经过太阳长期暴晒老化变硬、失去弹性、容易脱落，不仅密封性变差，而且易造成玻璃松动，产生安全隐患。常用的密封胶条材质主要有丁腈橡胶、三元乙丙橡胶（EPDM）、热塑性弹性体（TPE）、聚氨酯弹性体、硅橡胶等。

(5) 控制窗墙面积比

窗墙面积比是指窗洞口面积与房间里面单元面积（即建筑层高与开间定位线围成的面积）的比值。为了获得开阔的视野和良好的采光而加大窗洞口面积，这种做法对保温节能十分不利。尽管南向窗在冬季晴天可以获得更多的日照来补充室内的热量，但从保温性能来看，窗的传热系数是地面及外墙的3～5倍，其他朝向的窗户过大，对节能更为不利。另外，窗洞口太大，在夏季通过的太阳辐射热会过多，还会增加空调负荷。因此，从降低建筑能耗的角度出发，在满足室内采光要求的情况下，要严格控制窗墙面积比。《严寒和寒冷地区居住建筑节能设计标准》（JGJ 26—2018）对窗墙面积比有严格的规定，见表16-1。这里所指的窗墙面积比，是最不利单元窗墙面积比。实际上，窗墙面积比的确定要综合考虑不同地区冬夏季的日照情况、季风影响、室外空气温度、室内采光设计标准、外窗开窗面积与建筑能耗等因素。

表 16-1 严寒和寒冷地区窗墙面积比

朝向	窗墙面积比	
	严寒地区	寒冷地区
北	0.25	0.30
东西	0.30	0.35
南	0.45	0.50

16.6.2 节能门窗连接构造

上述几种节能门窗均采用塞口安装，方法基本相同。图16-30所示为铝合金节能门窗安装通用节点详图，其他节能门窗连接构造可参考选用。

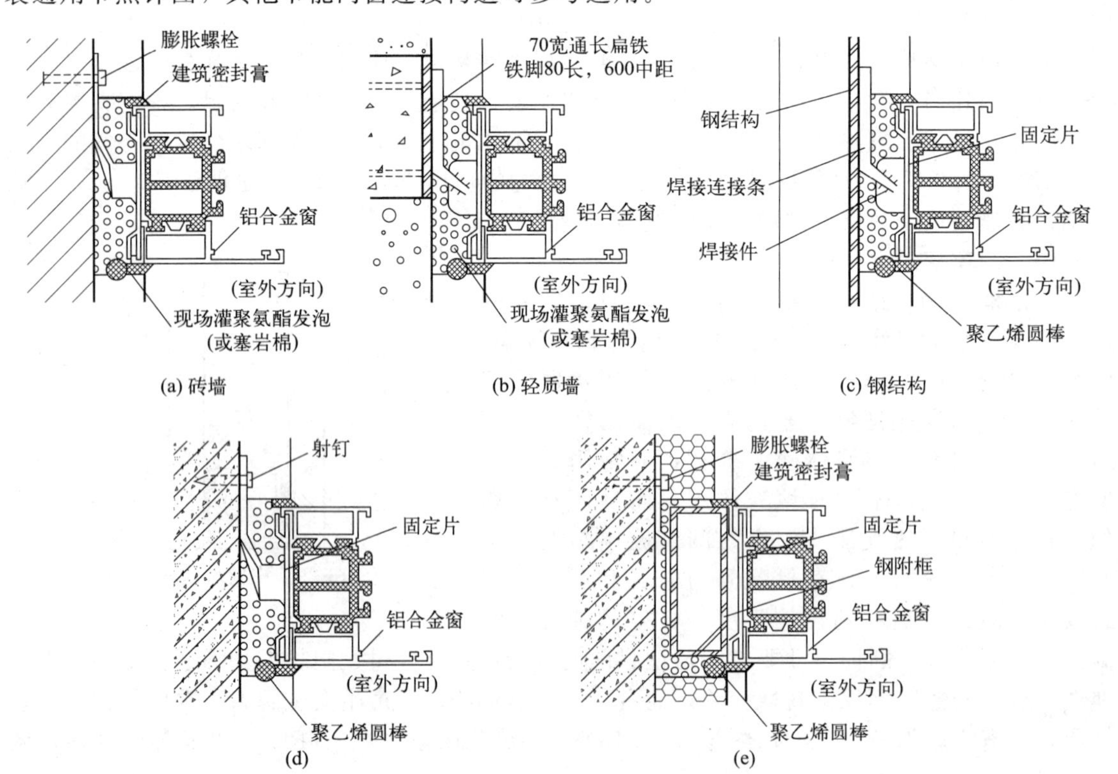

图 16-30 铝合金节能门窗安装通用节点

16.7　变形缝节能构造

在节能建筑中根据需要设置变形缝时，此处容易出现冷桥，成为节能建筑绝热保温的薄弱环节，影响建筑物整体的节能效果。但是，在外围护结构节能设计与施工时，对于外墙、屋面、门窗等处的节能处理比较重视，变形缝处的节能问题往往被人忽视。因此，要取得良好的节能效果，还要解决好变形缝处的节能构造，即在安装外墙装饰板或屋面盖缝板之前，应将保温材料塞入变形缝内，填塞密实。待装饰盖板固定好后，再对变形缝两侧的保温层进行适度处理，严禁直接覆盖。墙身变形缝与屋面变形缝节能构造如图 16-31 和图 16-32 所示。

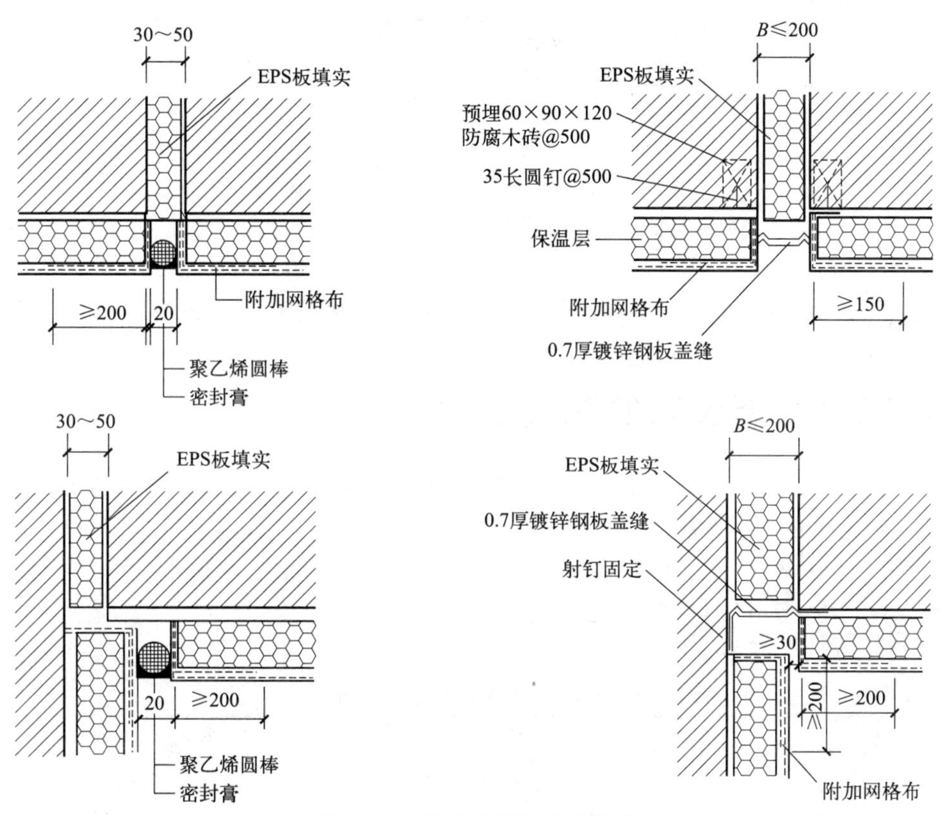

图 16-31　墙身变形缝节能构造

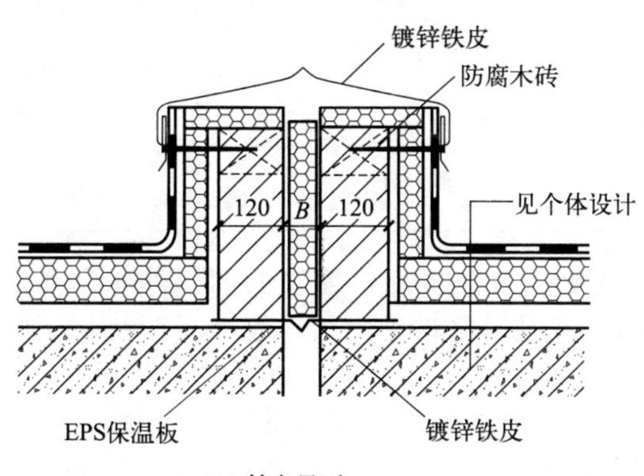

(a) 等高屋面

图 16-32

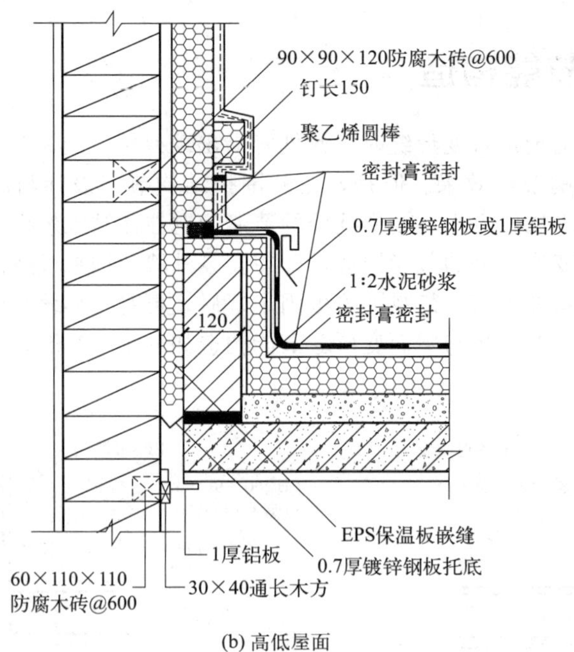

(b) 高低屋面

图 16-32 屋面变形缝节能构造

16.8 建筑外墙保温的防火要求

随着建筑节能工作的不断推进，外墙保温材料的广泛应用，保温材料的防火性能不达标或存在施工质量问题，都给建筑防火留下了极大的安全隐患，为此，在《建筑设计防火规范(2018 年版)》(GB 50016—2014) 中对保温材料的防火等级以及节点构造做了严格的规定。

(1) 对材料燃烧性能的规定

① 材料燃烧性能分级。见表 16-2。

表 16-2 保温材料燃烧性能分级

GB 8624—2012	GB 8624—1997	燃烧性能	常见各类保温材料
A_1	A	不燃性	岩棉、矿棉、泡沫玻璃、无机保温砂浆等
A_2			
B	B_1	难燃性	酚醛、胶粉聚苯颗粒等
C			
D	B_2	可燃性	模塑聚苯板(EPS)、挤塑聚苯板(XPS)、聚氨酯(PU)、聚乙烯(PE)等
E			
F	B_3	易燃性	对于不属于 B_1、B_2 级的可燃类建筑保温材料，其燃烧性能定为 B_3 级

② 保温材料燃烧性能规定。规范规定，建筑的内、外保温系统，宜采用燃烧性能为 A 级的保温材料，不宜采用 B_2 级保温材料，严禁采用 B_3 级保温材料。

(2) 对内保温构造的防火要求

建筑外墙采用内保温系统时，保温系统应符合下列规定：

① 对于人员密集场所，用火、燃油、燃气等具有火灾危险性的场所以及各类建筑内的疏散楼梯间、避难走道、避难间、避难层等场所或部位，应采用燃烧性能为 A 级的保温材料。

② 对于其他场所，应采用低烟、低毒且燃烧性能不低于 B_1 级的保温材料。

③ 保温系统应采用不燃材料作防护层。采用燃烧性能为 B_1 级的保温材料时，防护层的厚度不小于 10mm。

(3) 对夹心保温构造的防火要求

建筑外墙采用保温材料与两侧墙体构成无空腔复合保温结构体时，该结构体的耐火极限应符合 GB 50016 的有关规定。当保温材料的燃烧性能为 B_1、B_2 级时，保温材料两侧的墙体应采用不燃材料且厚度均不应小于 50mm。

(4) 对外保温构造的防火要求

① 设置人员密集场所的建筑，其外墙外保温材料的燃烧性能应为 A 级。

② 与基层墙体、装饰层之间无空腔的建筑外墙外保温系统，其保温材料应符合下列规定：

a. 住宅建筑：

建筑高度大于 100m 时，保温材料的燃烧性能应为 A 级。

建筑高度大于 27m，但不大于 100m 时，保温材料的燃烧性能不应低于 B_1 级。

建筑高度不大于 27m 时，保温材料的燃烧性能不应低于 B_2 级。

b. 除住宅建筑和设置人员密集场所的建筑外，其他建筑：

建筑高度大于 50m 时，保温材料的燃烧性能应为 A 级。

建筑高度大于 24m，但不大于 50m 时，保温材料的燃烧性能不应低于 B_1 级。

建筑高度不大于 24m 时，保温材料的燃烧性能不应低于 B_2 级。

(5) 对有空腔构造保温系统的防火要求

除设置人员密集场所的建筑外，与基层墙体、装饰层之间有空腔的建筑外墙外保温系统，其保温材料应符合下列规定：

① 建筑高度大于 24m 时，保温材料的燃烧性能应为 A 级。

② 建筑高度不大于 24m 时，保温材料的燃烧性能不应低于 B_1 级。

(6) 外墙防火要求

当建筑的外墙外保温系统采用燃烧性能为 B_1、B_2 级的保温材料时应符合下列规定：

① 除采用 B_1 级保温材料且建筑高度不大于 24m 的公共建筑或采用 B_1 级保温材料且建筑高度不大于 27m 的住宅建筑外，建筑外墙上门、窗的耐火完整性应不低于 0.5h（图 16-33）。

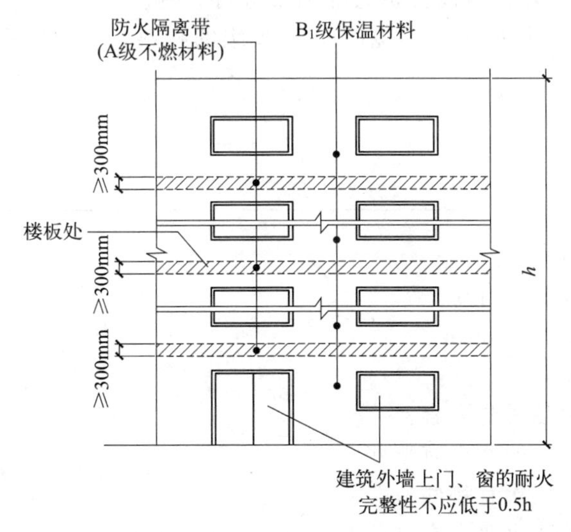

图 16-33　当采用 B_1 级保温材料时，建筑外墙耐火完整性

② 应在保温系统中，每层设置水平防火隔离带。防火隔离带采用燃烧性能为 A 级的材料，防火隔离带的高度不应小于 300mm（图 16-34）。

③ 建筑的外墙外保温系统应采用不燃材料在其表面设置防护层，防护层应将保温材料完全包覆。当采用 B_1、B_2 级保温材料时，防护层厚度不应小于 15mm，其他层不应小于 5mm（图 16-35）。

④ 建筑外墙外保温系统与基层墙体、装饰层之间的空腔，应在每层楼板处采用防火封堵材料封堵。

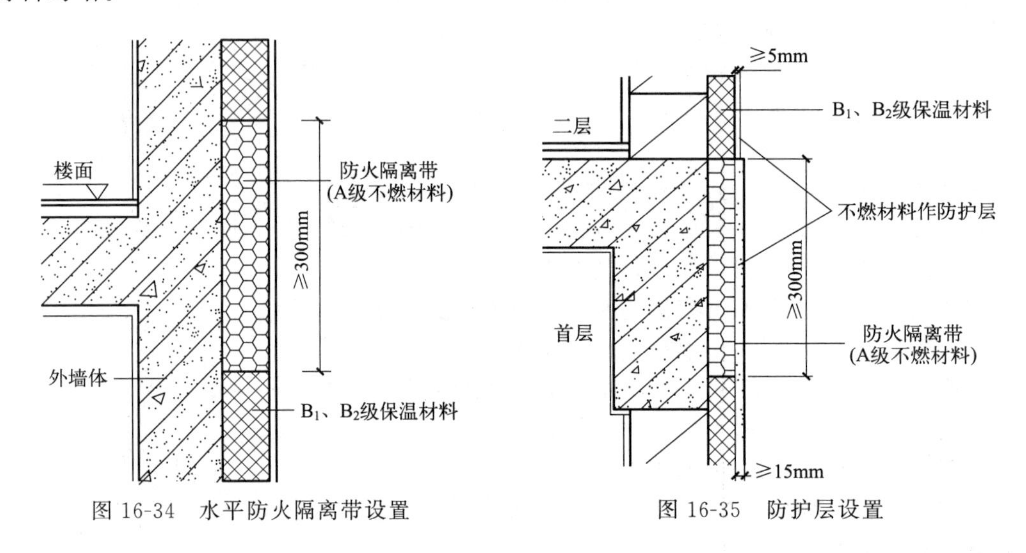

图 16-34 水平防火隔离带设置　　图 16-35 防护层设置

(7) 屋面防火要求

建筑的屋面保温系统，当屋面板的耐火极限不低于 1.00h 时，保温材料的燃烧性能不应低于 B_2 级；当屋面板的耐火极限低于 1.00h 时，保温材料的燃烧性能不应低于 B_1 级。采用 B_1、B_2 级保温材料的外保温系统应采用不燃材料作防护层，防护层的厚度不应小于 10mm。

当建筑的屋面和外墙外保温系统均采用 B_1、B_2 级保温材料时，屋面与外墙之间应采用宽度不小于 500mm 的不燃材料设置防火隔离带进行分隔。

其他建筑外墙的装饰层应采用燃烧性能为 A 级的材料，但建筑高度不大于 50m 时，可采用 B_1 级材料。

思考题

1. 什么是绿色建筑？
2. 绿色建筑的设计要求有哪些？
3. 什么是建筑能耗？
4. 什么是建筑节能？
5. 建筑节能设计包括哪些内容？
6. 外墙保温复合墙体的优点有哪些？
7. 外墙保温的构造层次有哪些？
8. 建筑外墙保温的防火要求有哪些？

参考文献

［1］ 李必瑜，王雪松．房屋建筑学［M］．武汉：武汉理工大学出版社，2014.
［2］ 郭学明．装配式混凝土建筑构造与设计［M］．北京：机械工业出版社，2018.
［3］ 陈岚．房屋建筑学［M］．北京：北京交通大学出版社，2017.
［4］ 柯龙，赵睿．建筑构造［M］．成都：西南交通大学出版社，2019.
［5］ 魏华，王海军．房屋建筑学［M］．西安：西安交通大学出版社，2015.
［6］ 董海荣，赵永东．房屋建筑学［M］．北京：中国建筑工业出版社，2017.
［7］ 刘昭如，周健．房屋建筑构成与构造［M］．上海：同济大学出版社，2011.
［8］ 王旭东，范桂芳．建筑构造［M］．哈尔滨：哈尔滨工业大学出版社，2014.
［9］ 杨慧，高晓燕．基础工程［M］北京：北京理工大学出版社，2019.
［10］ 焦欣欣，高琨，肖霞．建筑识图与构造［M］．北京：北京理工大学出版社，2018.
［11］ 颜志敏．房屋建筑学［M］．2 版．哈尔滨：哈尔滨工业大学出版社，2017.
［12］ 杨维菊．建筑构造设计（上册）［M］．北京：中国建筑工业出版社，2017.
［13］ 杨维菊．建筑构造设计（下册）［M］．北京：中国建筑工业出版社，2017.
［14］ 樊振和．建筑构造原理与设计［M］．4 版．天津：天津大学出版社，2004.
［15］ 王雪松，许景峰．房屋建筑学［M］．3 版．重庆：重庆大学出版社，2018.
［16］ 郝峻弘．房屋建筑学［M］．2 版．北京：清华大学出版社，2015.
［17］ 王瑞．建筑节能设计［M］．2 版．武汉：华中科技大学出版社，2015.
［18］ 赵西平．房屋建筑学［M］．2 版．北京：中国建筑工业出版社，2017.
［19］ 王万江，曾铁军．房屋建筑学［M］．4 版．重庆：重庆大学出版社，2017.
［20］ 同济大学，西安建筑科技大学，东南大学，重庆大学．房屋建筑学［M］．5 版．北京：中国建筑工业出版社，2016.
［21］ 孟琳．房屋建筑学［M］．北京：北京理工大学出版社，2018.
［22］ 艾学明．建筑材料与构造［M］．2 版．南京：东南大学出版社，2018.